21世纪高等院校信息与通信工程规划教材
21st Century University Planned Textbooks of Information and Communication Engineering

通信光缆与电缆线路工程

（第2版）

胡庆 张德民 张颖 编著

Communication Optical Cable and Electric Cable Line Engineering (2nd Edition)

人民邮电出版社
北京

图书在版编目（CIP）数据

通信光缆与电缆线路工程 / 胡庆，张德民，张颖编著. -- 2版. -- 北京 : 人民邮电出版社，2016.1
21世纪高等院校信息与通信工程规划教材
ISBN 978-7-115-40929-4

Ⅰ. ①通… Ⅱ. ①胡… ②张… ③张… Ⅲ. ①光缆通信－通信线路－通讯工程－高等学校－教材②通信电缆－通信线路－通讯工程－高等学校－教材 Ⅳ. ①TN913.33②TN913.32

中国版本图书馆CIP数据核字(2015)第269145号

内 容 提 要

本书系统地阐述了现代通信工程设计中所涉及的光缆、电缆、综合布线工程、无线网络规划与优化、基站工程设计的基础和实际工程建设操作规程。本书力求体现工程教育思想，在阐述通信工程设计基础理论、技术时，紧密与工程应用实例有机结合，注重以图表形式来配合文字叙述。全书共 12 章，主要包括光纤、光缆和光器件的结构类型和特性参数，核心网与接入网光缆线路工程设计，光缆施工、线路测试与维护，通信电缆分类、型号和电气特性参数，通信电缆串音和防串音措施，接入网电缆线路工程设计，电缆施工、线路测试和维护，综合布线系统线路工程设计，无线网络规划与优化的原则、目标、内容、流程及实施，基站工程初步设计与施工。全书每章都配有复习题和思考题。本书选取了当前通信光缆工程、电缆工程与无线网络工程中的最新内容进行介绍，概念清楚，形象直观。

本书可作为高等学校通信与信息类、电子技术类专业本科生教材，也可作为相关通信工程技术人员的培训教材或参考书。

◆ 编　　著　胡　庆　张德民　张　颖
　责任编辑　张孟玮
　执行编辑　李　召
　责任印制　沈　蓉　彭志环

◆ 人民邮电出版社出版发行　　北京市丰台区成寿寺路 11 号
　邮编　100164　　电子邮件　315@ptpress.com.cn
　网址　http://www.ptpress.com.cn
　北京九州迅驰传媒文化有限公司印刷

◆ 开本：787×1092　1/16
　印张：18　　2016 年 1 月第 2 版
　字数：470 千字　　2024 年 8 月北京第 5 次印刷

定价：48.00 元

读者服务热线：(010) 81055296　印装质量热线：(010) 81055316
反盗版热线：(010) 81055315

前言

信息传输是信息社会的重要基础之一，有线、无线传输线路技术及工程的发展与通信领域网络技术的发展密切相关。随着“无线城市、宽带中国、光网城市”战略规划的实施，通信工程设计、施工、规划和优化又将进入新一轮建设高潮。为了适应通信工程技术发展的快速性、多样性、移动性和融合性，以及知识更新的强烈需求，作者融合了近十几年的教学经验和工程实践，注重教学与科研相长，力图将科研成果融入教材中，确保教材的前沿性、科学性和系统性。与此同时，还通过定期参与工程实践、知名IT企业培训等活动来保持与行业的紧密联系，并就相关标准充分听取国际电联电信标准化部门（ITU-T）传输组中我国专家的意见，力求给读者呈献一个比较全面、系统的从理论到实践的通信工程设计的完整框架。

《通信光缆与电缆线路工程（第2版）》是通信与信息工程类专业的重要专业课教材，为适应当今读者需要，提升广阔的适用面，内容做了适当的增补与压删，主要增加了“接入网的光缆线路工程设计”“APON、GPON、EPON接入技术比较”“接入网工程概预算”“接入网光缆线路工程设计文件的编制”“接入网电缆线路工程设计”“综合布线线路工程设计”“无线网络规划/优化”“基站工程初步设计”等专业知识。与此同时压缩和删除了“通信电缆工程设计”等部分内容。本书对当前通信光缆、电缆和无线网络工程中的最新技术应用做了介绍，以形象、直观的图表配合文字叙述，较好地体现了其系统性，全书内容翔实，与工程应用紧密结合。

全书共12章，主要包括光缆、光纤和光器件的结构及特性参数，光缆线路工程设计，设计文件的编制和工程概、预算的编制，光缆线路施工、接续、测试及竣工技术文件编制，光缆线路维护常见的障碍及处理，电缆的结构及特性参数，通信电缆串音和防串音措施，电缆线路施工、接续及设备安装，用户线路工程设计实例，电缆线路、维护常见的障碍及处理、测试，综合布线系统、无线网络规划与优化、基站工程初步设计。

本书第1～4章和第6～11章由胡庆编写，第5章由胡庆、张颖编写，第12章由张德民编写。全书由胡庆统稿。在全书编写期间得到唐宏、胡敏、余翔、王俊、刘鸿等大力协助，在此一并表示感谢。

本书可作为高等学校通信及信息类和电子技术类专业本科生教材，也可作为工程技术人员参考书。

编　者

2015年8月

目 录

第 1 章　绪论

信息传输技术是信息社会的三大标志技术之一，“光缆、电缆和无线传输工程技术”的发展，决定着整个通信网络的发展进程。特别是在国家提出“三网融合”发展战略的今天，高速信息传输线路作为“三网融合”的基础，必将推进光缆、电缆、无线和综合布线线路工程设计、施工与建设进入新高潮。在探讨通信光缆、电缆线路与无线传输工程时，首先应对通信系统、通信网络、传输技术等相关的基本概念、基本原理进行了解，明确光缆、电缆与无线传输工程所处地位，为后续学习传输工程相关内容作一个有效的铺垫。

1.1　通信系统、通信网及传输技术

在人类社会活动中，可以广义地认为各种客观事物的状态及其变化都属于信息。信息可以有多种表现形式，以电话等方式携带的信息通常是实时传送的信息，而书刊、资料、光盘等媒体记录的信息则更多的是非实时传送的信息。

人们经常需要把自己的想法、意见、消息、情报与别人进行交流，这种互通信息的方式或过程就叫通信。广义上说，无论采用何种方法，使用何种传输介质，只要将信息从一地传送到另一地，均可称为通信。再比如，在古代人类利用烽火台、击鼓、驿站快马接力、信鸽、旗语等实现信息传递也都属于简单通信。此类简单通信只能在白天和近距离内进行，受到传送时间和空间距离的限制。要实现远距离全天候的通信，并达到迅速、有效、准确、可靠的目的，就要借助于电子技术，建立通信系统，把要传递的声音、文字、图像等信息转换成电信号，然后通过介质传送到接收方，再还原成原来的信息。例如，电话通信是把语音信号变成电信号传送到远方去的通信方式；图像通信是把固定的或活动的图像信号变成电信号传送到远方去的通信方式等。下面对通信系统模型及工作原理进行简单介绍。

1.1.1　现代通信系统模型

分处 A、B 两地的任意两用户（人与人，机器与机器，人与机器）间的信息传递是通过通信系统来实现的。通信系统由发信设备、传输信道、接信设备组成，如图 1-1 所示。

信源是消息的产生地，其作用是把各种消息转换成原始电信号，称之为消息信号或基带信号。电话机、电视摄像机和传真机、计算机等各种终端设备都是信源。它们既可以是模拟信源，输出的是模拟信号，也可以是数字信源，输出离散的数字信号。

发信设备位于变换器 A 的这一端，基本功能是将信源变换成与信道相适配的、适合信道中传输的电信号或光信号。

信道是信号传输通道的简称，是指传输信号的物理介质，通常由自由空间、光缆、全塑市话对称电缆、同轴电缆等组成。其主要功能是尽可能减小电信号或光信号在信道中的传输

损耗，并尽可能减少因畸变和噪声造成的对有用信号的干扰，顺利地把电信号自 A 点（发信端）迅速且正确无误地输送到 B 点（收信端）。

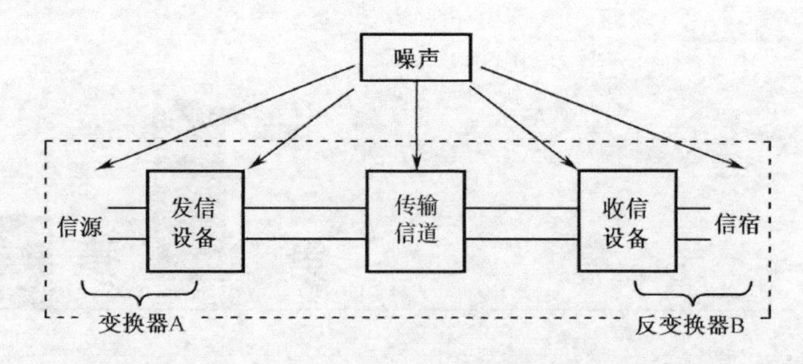

图 1-1　点-点通信系统的模型示意图

噪声不是人为加入设备的，而是电信传输系统中各种设备以及信道中所固有的。噪声会使有用信号发生畸变，使终端设备、传输信道工作处在非线性状态。当噪声叠加在有用信号上时，将会降低有用信号的信噪比，进而降低了通信质量。

收信设备位于反变换器 B 的那一端，基本功能是完成发信设备的逆过程，即将从信道收下来信号进行衰减补偿，并消除或减小畸变和噪声对有用信号的干扰，进行反变换，使其信息重现原始基带信号原貌。

信宿是传输信息的归宿点，是消息接收者，其作用是将原始基带信号还原成相应的消息。

图 1-1 概括地描述了一个点-点的通信系统组成，它反映了一般通信系统的共性，因此称为通信系统一般模型。根据研究的对象以及所关注的问题不同，图 1-1 模型中的各小方框的内容和作用将有所不同，因而相应有不同形式的更具体的通信系统模型。

下面通过图 1-2 进一步了解实际通信系统一般结构。一个完整的通信系统除了必须具备传输信道部分外，还需有用户终端设备、交换机、多路复用设备和传输终端设备（收发信机）等。

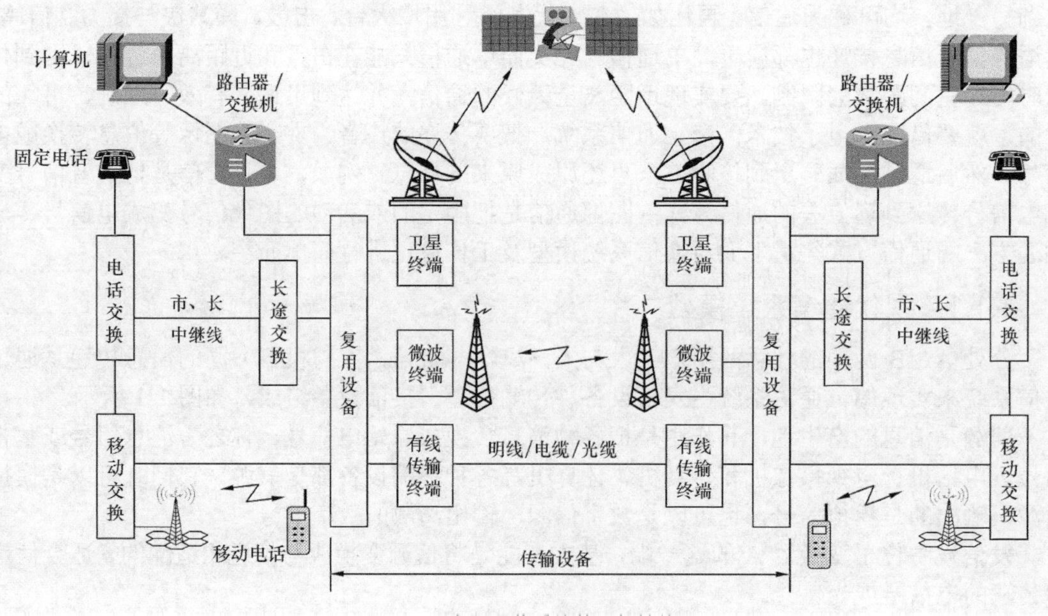

图 1-2　实际通信系统的一般结构

图 1-2 所示的固定电话、移动电话和计算机等都是用户终端设备。用户终端设备的作用

是将语音或数据信号转换成电信号，或者进行反变换。交换设备的作用是实现局内或局间用户间的信号交换或转接。复用设备的作用是实现多路信号的复用（汇接），可采用频分、时分、码分多种形式的复用，以提高物理信道的传输容量。传输终端设备（如卫星终端、微波终端等）的主要作用是将待传输的信号转换成适合信道传输的信号或进行反变换等。这里的电缆、光缆、微波、卫星是不同形式的传输介质或信号载体。

当通信系统采用电缆作为传输介质时，此时传输终端设备为电缆通信终端设备，相应的通信系统为电缆通信系统。若采用光缆作为传输介质时，此时的传输终端设备即为光端机，相应的通信系统就称为光缆（光纤）通信系统。若采用微波作为载体，用微波中继站作信号转接，此时传输终端设备就是微波端站，相应的通信系统就称为微波通信系统。若仍采用微波作为载体，用卫星作中继站，此时传输终端设备就是卫星地面站（或地球站），相应的传输系统就称为卫星通信系统。

不管何种通信系统，都离不开传导电磁波的介质，任何两点之间的电磁波传播介质通常被称为“通信线路”或“信道”。由光缆或电缆作为电磁波传播介质的通信线路称为“有线通信线路”，由自由空间或大气层作为电磁波传播介质的通信线路称为“无线通信线路”。

由上述可知，有线通信与无线通信的系统基本结构是很类似的，其差异主要在于电信号载体、传输介质和传输终端设备不同，对于无线通信的信号在自由空间的传输过程需要天线完成电信号向电磁波转换并发射或逆过程。无线通信系统服务范围不同，其天线结构不同。如图 1-3 所示，比如定向、全向天线主要作为移动通信基站天线使用，八木天线用于移动通信直放站使用，其余天线用于微波接力和卫星通信天线使用。

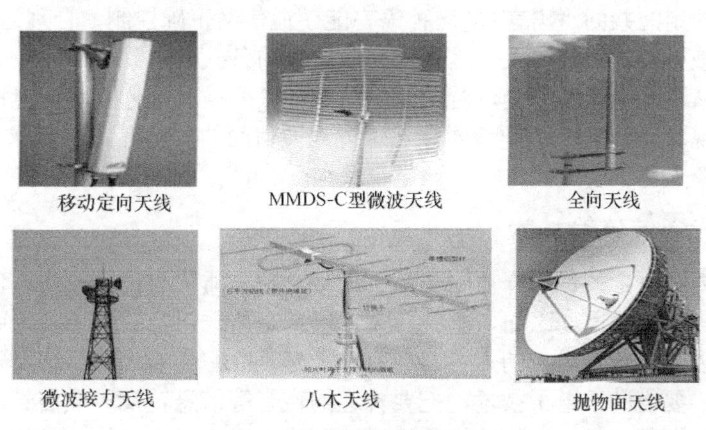

图 1-3 常用天线的实物结构图

1.1.2 现代通信网概念

欲让 A、B 两地的用户互相通信，必须在他们之间建立一个通信系统。对于离散分布的 n 个用户，若要让其中任意两用户能互相通信，最简单的方法是用传输线把各用户（如 A、B、C、D、E、F）两两连接起来，如图 1-4（a）所示，这样就需要建立 $n(n-1)/2$ 个通信系统的连接。在这众多传输设备与通信线路纵横交错下，构成了通信网。通信网的基本拓扑结构主要有网状、星状、复合型、环状和总线型等，如图 1-4（b）所示。

一个完整通信网络实质上是由用户终端设备、传输设备、交换设备和相应的信令、协议、标准、资费制度与质量标准等软硬件构成。

用户终端设备是以用户线为传输信道的终端设施，也称为终端节点。

传输设备是为用户终端和业务网提供传输服务的电信终端，主要包括数字复用/解复用设备和光收/发信机设备。

交换设备用于完成用户群内的各个用户终端之间通信线路的汇聚、转接和交换，并控制信号的流向。交换设备的种类有：源于电话通信的程控电话交换机、源于数据通信的分组交换机、源于宽带通信的 ATM 交换机、软交换机、IMS（IP 媒体子系统）及光交换机等。

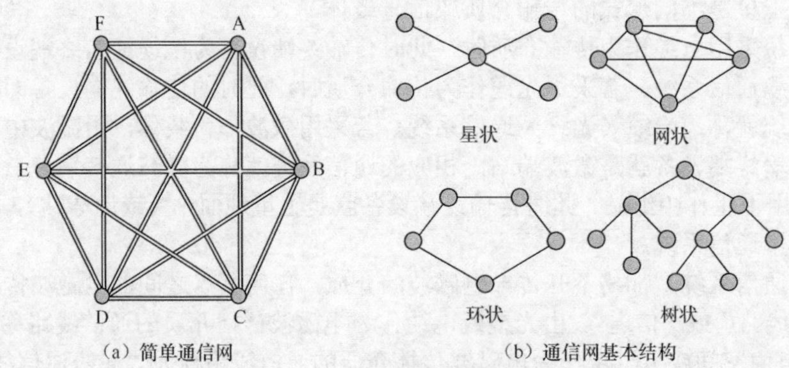

图 1-4 通信网结构示意图

信令系统是通信网的神经系统。比如，电话要接通，必须传递和交换必要的信令，完成各种呼叫处理、接续、控制与维护管理等功能。信令系统可使网络作为一个整体而正常运行，有效完成任何用户之间的通信。

协议是通信网中用户与用户、用户与网络资源、用户与交换中心间完成通信或服务所必须遵循的规则和约定的共同“语言”。这种语言能使通信网正确控制、合理运行。

标准是由权威机构建议的协议，是通信网应遵守的条款。

通信网可以从不同的角度分类，若从通信的业务来分类，可分成固定电话网（电信网）、移动电话网、电视网、数据网、因特网等。21 世纪通信网的发展方向是全球化、宽带化、数据化、网络化和个人化。

1.1.3 现代通信传输技术

通信信号需要在一定的物理介质中传播。这种物理介质称为传输介质。传输介质是提供 A、B 两地传递信息的通道。比如，空气（大气层）是传送声音的介质，因而人与人之间能面对面交谈，可以直接听到对方的声音。在月球上是没有空气的，在月球上要完成两个人之间面对面的交谈，要借助于电子技术，把要传递的声音等信息转换成电信号，然后通过介质传送，才能听到对方的声音。电信号的传输以速度快、距离远为优势，是信息传输的一种重要的手段。那么，电信号传输的介质有哪些呢？

一般来说，电信号的变化体现在电压或电流的变化上，电压或电流的变化会导致导线周围的电场或磁场的变化。电场与磁场的总称为电磁场。电磁场的传播需要一定的时间过程，其在真空的传播速度可达 3×10^8m/s，这种以很高速度传播的电磁场叫做电磁波。所以，电信号的传输实质是电磁波的传播，它的传播方式因传输的介质不同可分为两类：一类是电磁波在自由空间的传播，这种传播方式叫作无线传输，其能量比较分散，传输效率较低；另一类是电磁波沿某种传输线传播，这种传播方式叫做有线传输，其传输的电磁波能量大部分集中在传输线周围，传

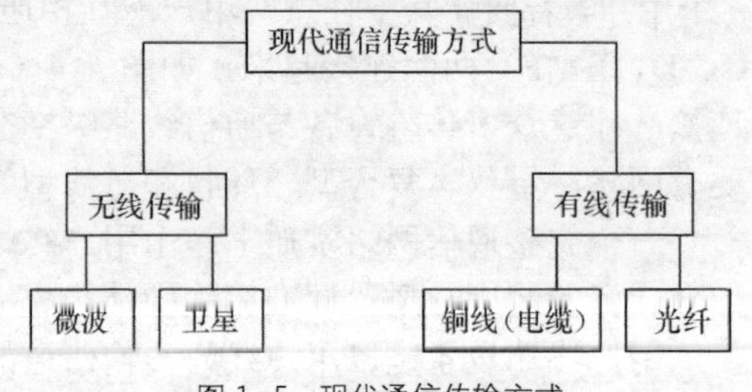

图 1-5 现代通信传输方式

输效率较高。现代通信传输方式可用图 1-5 来概括。

现有的传输线有架空明线、对称电缆、同轴电缆、金属波导管和光纤等。各类传输线结构如图 1-6 所示。

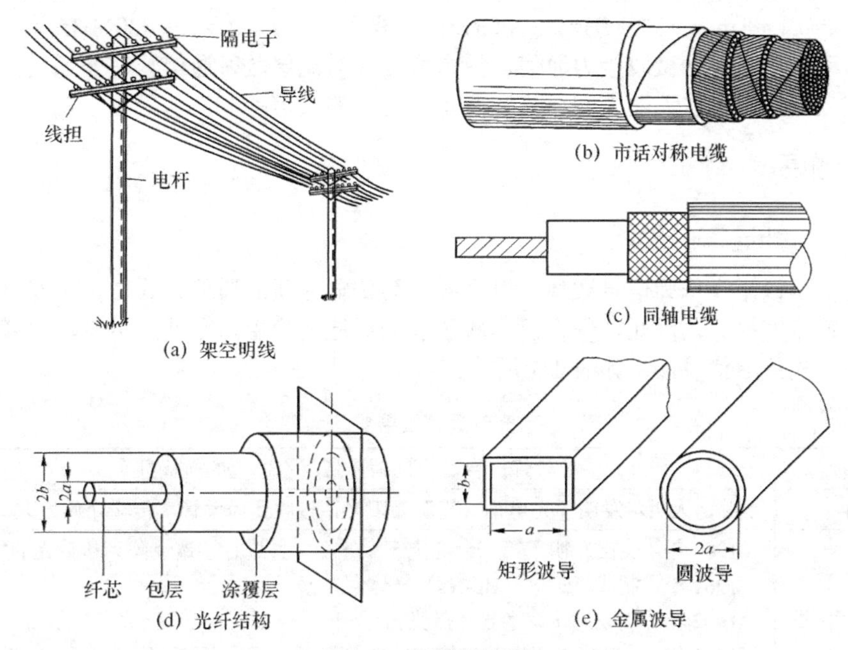

图 1-6 有线通信线路

无线电传播的传输介质是对流层、平流层或电离层，传播方式有直射波、地反射波、地表波、天波（短波）和散射波等，如图 1-7 所示。

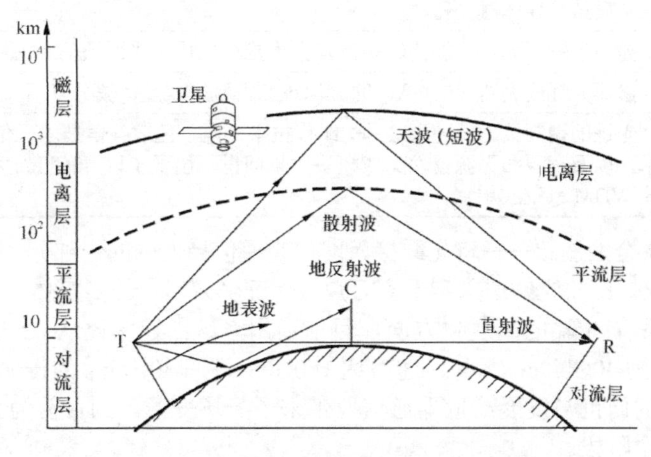

图 1-7 大气层的结构和无线电波的传播

一条无线信道的构成需要有发射机、发射天线、接收天线和接收机。无线信道比有线信道受到更多自然界和人为的干扰；但无线信道也具有有线信道无可比拟的优点，它不受导线的限制，因此收信者可以在范围极其广泛的地域接收信号。无线信道可根据电信号使用频率的不同分为短波、超短波、微波等。

短波（λ=10～100m，f=3～30MHz）经电离层的一次或数次反射，通信距离可达上万公里，主要用于应急、抗灾中的电话及数据通信。

超短波（λ=1～10m，f=30～300MHz）主要以直线视距方式在大气层中传输，传输距离约 50km，也可在对流层中作数百公里的超视距通信，主要用于 280MHz 高速寻呼、无绳电话、对讲电话及超短波数字通信等。

微波（λ=0.1～1m，f=300MHz～300GHz）主要用于 900MHz、1 800MHz 和 2 000MHz 公用陆地移动电话、地面微波接力通信、卫星通信、对流层散射通信、空间通信（即用微波在地球站与人造卫星和航天器之间通信）及特殊地形的通信等。

1.2 光纤通信

1.2.1 光纤通信的发展

光纤通信是以激光作为信息载体，以光纤作为传输介质的通信方式。由于光纤的传光性能优异，传输带宽极大，因此，现在已形成了以光纤通信为主，微波、卫星、电缆通信为辅的通信格局。光纤通信发展史如表 1-1 所示。

表 1-1 光纤通信发展史

古代光通信	烽火台、夜间信号灯、水面上的航标灯
1880 年	美国人贝尔发明了光电话（光源为阳光，接收器为硒管，传输介质为大气）
20 世纪 60 年代	1960 年，美国发明了第一台红宝石激光器，并进行了透镜阵列传输光的实验 1961 年，制成氦—氖（He-Ne）气体激光器 1962 年，制成砷化镓半导体激光器 1966 年，英籍华人高锟就光缆传输的前景发表了具有历史意义的论文，此时光纤损耗约为 1 000dB/km
20 世纪 70 年代	1970 年，美国康宁公司研制成功损耗为 20dB/km 的石英光纤 1970 年，美国贝尔实验室和日本 NEC 公司先后研制成功室温下连续振荡的 GaAlAs 双异质结半导体激光器
20 世纪 80 年代	提高传输速率，增加传输距离，大力推广应用，光纤通信在海底通信获得应用
20 世纪 90 年代	掺铒光纤放大器（EDFA）的应用迅速得到了普及，波分复用（WDM）系统实用化
21 世纪	先进的调制技术、超强 FEC 纠错技术、电子色散补偿技术、偏振复用相干检测技术，以及有源和无源器件集成模块大量问世，出现了以 40Gbit/s 和 100Gbit/s 为基础的 WDM 系统应用

近年，着力解决全网瓶颈——将光纤接入网作为通信接入网的一部分，直接面向用户。提出“光进铜退”策略，即将光纤引入到千家万户，保证亿万用户的多媒体信息畅通无阻地进入信息高速公路。在网络传输的高速化方面，目前商用系统的速率已从 155.520Mbit/s 增长到 10Gbit/s，不少已达到 40Gbit/s；另外，速率达 160Gbit/s 和 640Gbit/s 的传输试验也获得成功。

光纤通信技术的问世与发展给世界通信业带来了一场变革。到目前为止光纤通信的发展可以粗略地分为 4 个阶段。

第一阶段（1966～1976 年），从基础研究到商业应用的开发时期。在这个时期，实现了短波长（0.85μm）低速率（34Mbit/s 或 45Mbit/s）多模光纤通信系统，无中继传输距离约 10km。

第二阶段（1976～1986 年），以提高传输速率和增加传输距离为研究目标，大力推广应用的大发展时期。在这个时期，实现了工作波长为 1.31μm、传输速率为 140～565Mbit/s 的单模光纤通信系统，无中继传输距离为 50～100km。

第三阶段（1986～1996 年），以超大容量和超长距离为目标、全面深入开展新技术研究的时期。在这个时期，实现了 1.55μm 色散移位单模光纤通信系统。采用外调制技术，传输速率可达 2.5～10Gbit/s，无中继传输距离可达 100～150km。

第四阶段（1996～2006 年），主要研究光纤通信新技术，例如，超大容量的密集波分复用技术使最高速率达到 256×40Gbit/s=10Tbit/s 和超长距离的光孤子通信技术等。

第五阶段（2006 年至今），目前人们正涉足光纤通信系统的研究和开发，其特征是超宽带（单根光纤传输容量 Tbit/s 以上），超长距离（光放大距离可达数千 km），光交换（克服电交换瓶颈），智能化（智能光网络技术）。

新一代光纤的开发趋势朝着通信业务网络功能细分方向发展，如核心网、城域网、接入网使光纤与之对应发展，现广泛应用的常规单模光纤（ITU-T G.652）在 1310nm 为零色散，在 1550nm 为最低损耗，其工作波长为 1310nm。色散位移单模光纤（ITU-T G.653）低损耗和零色散均在 1550nm，工作波长为 1550nm。截止波长位移单模光纤（ITU-T G.654）在 1550nm，衰减仅为 0.15dB/s。非色散位移单模光纤（ITU-TG.655），其在 1550nm 损耗小，色散小，非线性效应小。还有宽带光传送的非零色散光纤（ITU-TG.656），接入网用弯曲衰减不敏感单模光纤（ITU-TG.657），从新一代光纤开发方向可以看出，在传输特性上降低了衰减、色散和克服了非线性现象，光纤的工作波长由 850nm 和 1310nm 向 1550nm 和 2000nm 波长区域扩展。

1.2.2 光纤线路的传输特点

光纤通信为什么发展得如此快速？因为与电缆和微波等通信方式相比，以光纤作为传输线路主要有以下的特点。

1. 通信频带极宽，通信容量大

由于光纤本征带宽达 240GHz，因此传输容量大，一根光纤理论上可以同时传输近 100 亿路电话和 1 000 万路电视节目。

2. 传输衰减小，传输距离长

由于光纤的传输损耗很低，现已做到 0.2dB/km 以下，因而可以大大增加通信无中继距离，这对于长途干线和海底传输十分有利。在采用了先进的相干光通信，光放大器和光孤子通信技术之后，无中继通信距离可提高到几百公里，甚至上千公里。

3. 抗电磁干扰，传输质量高

光纤抗电磁干扰能力很强，这对于电气铁路和高压电力线附近的通信极为有利，也不怕雷击和其他工业设备的电磁干扰，因此在一些要求防爆的场合使用光纤通信是十分安全的。

4. 信号串扰小，保密性好

光纤传输是限制在光纤内的，光能几乎不会向外辐射，因此不存在光缆中各光纤之间信号串扰，很难被窃听，信号传输质量高，保密性好。

5. 光纤尺寸小、重量轻，便于施工运输，节省地下空间资源

光纤几何尺寸小，细如发丝，可绕性好，可多根成缆，便于敷设。光纤重量轻，特别适用于飞机、轮船、卫星和宇宙飞船。

1.2.3 光纤（光缆）线路的传输方式

光纤线路传输有两种方式，一种是双纤单向传输方式，另一种是单纤双向传输方式。目前最常用的是双纤单向传输方式，如图 1-8 所示。该方式的光纤传输系统主要用于骨干（长途）网、本地网以及光纤接入网。

光纤传输系统是由发送设备、传输线路和接收设备 3 大部分构成。其中电发射机的作用是对来自信息源的电信号进行模/数转换，并做多路复用处理。光发射机（如激光器 LD 或发光二极管 LED）的作用是实现电/光转换，即把电信号调制成光信号，送入光纤，传输至远方。

光接收机（如光电二极管 PIN 或 APD）的作用是实现光/电转换，即把来自光纤的光信号还原成电信号，经放大、整形、复原后，送至电接收机，完成数字信号的分接以及数/模转换。

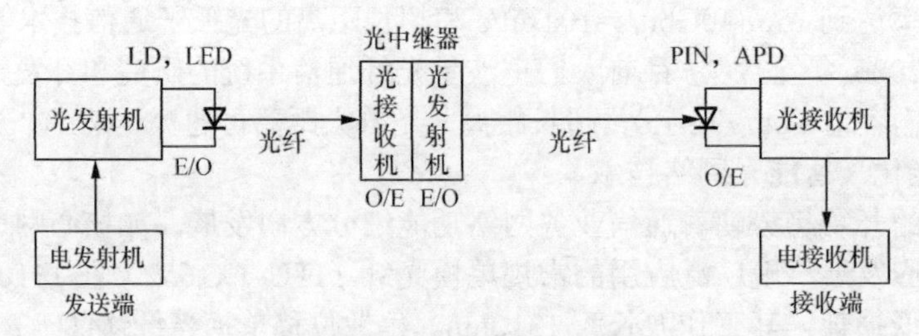

图 1-8　光纤传输系统示意图

对于长距离的光纤传输系统，还需要中继器，其作用是将经过长距离光纤衰减和畸变后的微弱光信号放大、整形、再生成具有一定强度的光信号，继续送向前方，以保证良好的通信质量。目前的中继器有光-电-光形式和光纤放大器形式。

1.2.4　通信光纤光缆的应用

光纤光缆传输系统不仅适用于通信骨干网、本地网及接入网，而且也广泛应用于有线电视网、互联网、局域网等信息网络中。光纤除了在公用通信和专用通信中大量使用外，还在军事、航空航天、测量、传感、自动控制、医疗卫生等许多领域得到广泛的应用。

1. 光纤在通信骨干网、本地网传输系统中的应用

通信骨干网、本地网传输主要以光纤传输为主，其传输系统示意图如图 1-8 所示。

2. 光纤在用户接入网中的应用

光纤接入网是指在用户接入网中采用光纤作为主要传输介质来实现用户信息传送的应用形式。光纤接入网的主要优点是可以传输宽带业务，即计算机数据业务、交互式网络电视（IPTV）业务和传统电话业务等，且传输质量好，可靠性高，网径一般较小，可不需要中继器等。图 1-9 所示为一种光纤接入网结构示意图。光纤接入网将光纤引入千家万户，保证多媒体信息畅通无阻。

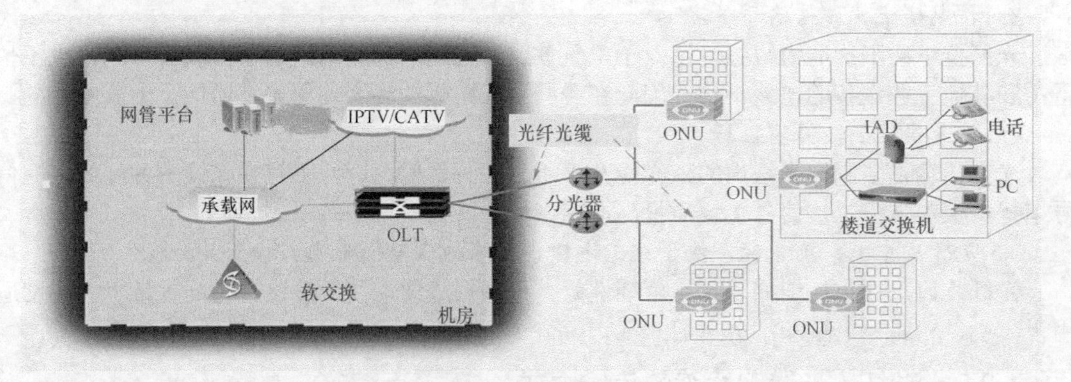

图 1-9　光纤接入网示例

3. 光纤在电视、数据传输中的应用

利用光纤作为有线电视（CATV）的干线传输介质，可大大提高信号传输质量，为多功能、大容量的信息传送提供了基础。然而，做到光纤到户成本很高，难于大规模实现，因此，目前 CATV 网的最佳选择是光纤与同轴电缆混合（HFC）的传输方式。

4. 光纤在计算机校园网络中的应用

利用光纤传输 1 000Mbit/s 数据信号的计算机校园网，其结构如图 1-10 所示。

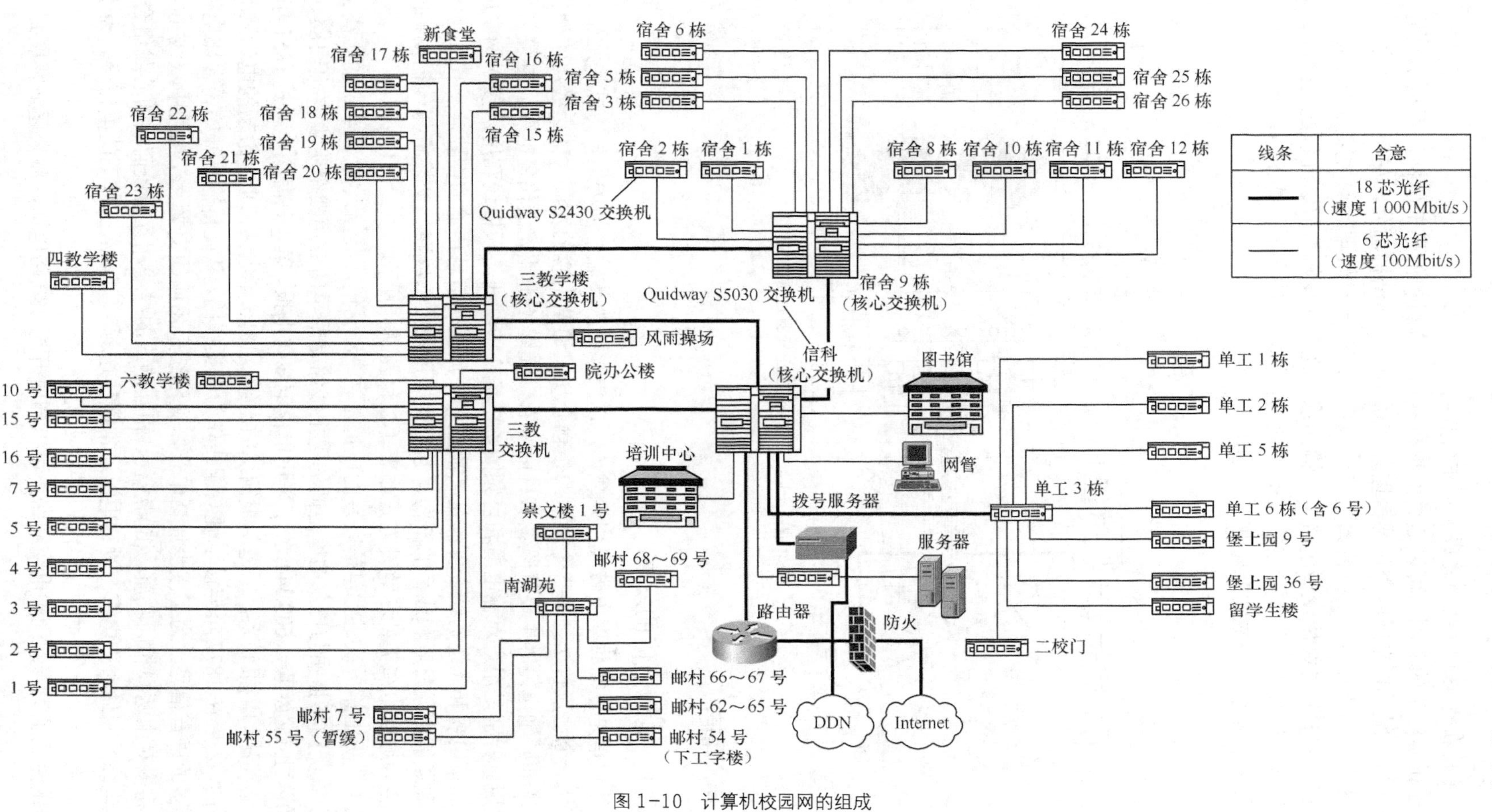

图 1-10 计算机校园网的组成

5. 光纤在桥梁工程结构健康监测中的应用

对于桥梁结构的监测，可以通过汇集桥梁结构或材料的局部属性，观测出负荷和使用期限内的属性，用F-P光纤应变传感器埋置在桥梁的不同结构部分，如桥柱、桥梁、桥面等，就可从这些局部传感器中得到桥梁的整个属性。这是一种较理想的桥梁监测方式，如图1-11所示，它是由F-P光纤应变传感器、传输光缆、光纤应变测量仪、光纤配线架和自动光纤多路开关组成，桥梁不同位置的结构应变被敷设在该位置的光纤传感器监测到，并由光缆传到远处的集中监测室，完成实时监测。

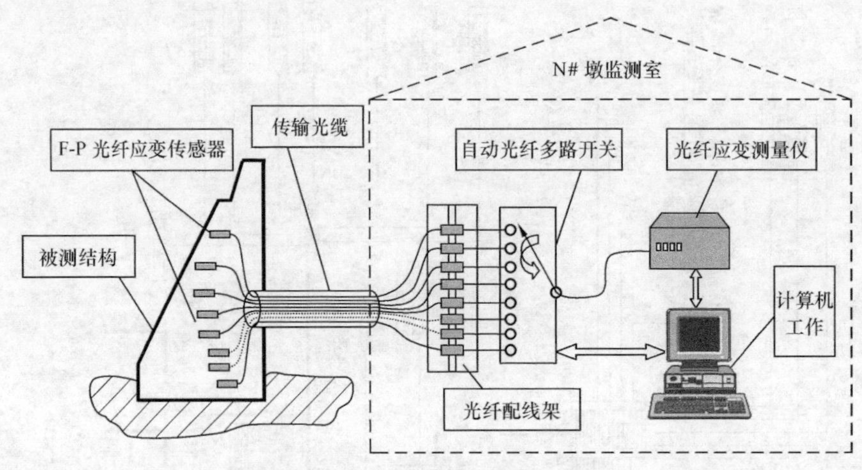

图1-11 光纤应力/应变测量系统

1.3 电缆通信

1.3.1 电缆通信的发展

电缆通信是以高频率电磁波作为载体，以电缆作为传输介质的通信方式。通信电缆是将电信号从一个地点传送到另一个地点的传输介质。通信电缆的发展大体上经历了架空明线、对称电缆和同轴电缆等主要阶段。从目前来看，光缆还不能完全代替电缆，电缆与光缆还应并存使用，特别是用户对称电缆和射频同轴电缆在中继线、天馈线和用户接入网中应用较为广泛。通信电缆和光缆的结合可满足高质量和大流量的信息传输的需要。

按照通信电缆材质和线径的不同，它可用于用户接入线路、交换机与传输设备间的中继线等。各种通信电缆类型和敷设方式如表1-2和表1-3所示。

人类历史上第一次进行电信联系的电报是在1837年，英国人在1.5km的距离上做了电报表演。在美国华盛顿与巴尔的摩之间的电报线路是最早的商用架空明线，它于1844年建成，全长40英里（1英里=1 609.344米），采用单根铜线传电报。第一条海底电缆是1851年完成的，它实现了英法的电报联系，也是单根铜线的电缆。1876年电话问世，最初的电话是利用电报线通话的，之后在1877年架设了硬双铜线作为电话线路，从此传输线开始传输比电报信号频率高得多的语音信号。为了减少通话串音，又陆续采用明线交叉、在电缆中双线相互扭绞等办法。将多对由两根相同线质、相同线径、相互绝缘的导线相互扭绞而成的芯线组合在一起，构成了电缆，叫做对称电缆。对称电缆通常能传送频率为4MHz以下的电信号。为了传送更高频率的电信号，在20世纪30年代后期，出现了一种新型结构的电缆叫作同轴电缆。在1941年，美国建成了第一条同轴电缆线路，可以同时开通480路电话，后来逐渐发展到一条同轴电缆上可同时开通 10 080 路和 13 200 路电话。1955 年完成第一条从纽芬兰到苏格兰的海底越洋同轴电话电缆。1970 年，用于通信的激光器和光纤相继研制成功，从而使通信传输的容量进一步扩大。

表 1-2　　各种传输线型和敷设方式

传输线型	结构	双线					
		对称型			同轴型		
		明线	电缆		中	小	微
			对扭式	星绞组			
	线质	金属线					
		铁、铝、铜	铝、铜		铜		铜（超导）
	线径	1.6～4.0（mm）	0.32～1.2（mm）		2.6/9.5（mm）	1.2/4.4（mm）	0.7～2.9（mm）
线路建筑方式		架空	架空、地下（直埋、管道、隧道）、水底				
		暴露型			隐蔽型		

表 1-3　　不同传输线型及各自的占用频带

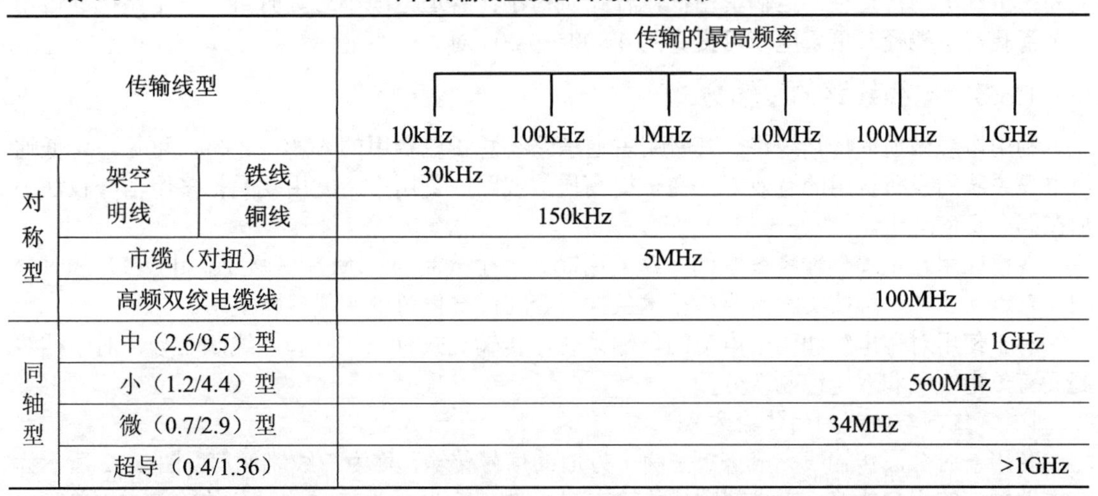

传输线型			传输的最高频率（10kHz、100kHz、1MHz、10MHz、100MHz、1GHz）
对称型	架空明线	铁线	30kHz
		铜线	150kHz
	市缆（对扭）		5MHz
	高频双绞电缆线		100MHz
同轴型	中（2.6/9.5）型		1GHz
	小（1.2/4.4）型		560MHz
	微（0.7/2.9）型		34MHz
	超导（0.4/1.36）		>1GHz

通信电缆线路于 19 世纪 70 年代传入我国，1871 年丹麦大北电报公司的业务首先通过海缆进入上海，在上海开办了电报局。丹麦、俄罗斯、英国等相继侵占中国的电信主权。我国自主建设、自己掌管的第一条电信线路，是 1887 年福建巡抚丁日昌在中国台湾高雄和台南之间建设的明线电报线路，全长 95 华里[1 里（华里）=500 米]。1962 年，在北京和石家庄之间开通了我国设计制造的 60 路载波长途高频对称电缆线路。1976 年，我国开通了自己设计、制造的 1 800 路京沪杭同轴电缆线路，同年还建成了中国上海与日本熊本县之间的海底同轴电缆线路，可以开通 480 路电话。1979 年，我国研制成功通信光缆。20 世纪 80 年代以后通信光缆逐渐用于长途通信线路，成为我国的主要通信手段。

近年来，我国已建起了以城市为中心、光缆为中继线、电缆为用户线的较完整的城乡电话通信线路网、CATV 用户网，大、中型厂矿企业也都建有规模不等的专用通信网。

1.3.2　全塑电缆线路的传输特点

全塑市话对称电缆，简称全塑电缆。自 1986 年以来，国内大量采用全塑市话对称电缆线路，其结构如图 1-6（b）所示。全塑电缆具有下列特点。

1. 全塑电缆电特性好，传输质量优良

导线的绝缘层电阻较高，对填充型和非填充型电缆，原信息产业部标准分别要求其电阻不低于 3 000MΩ·km 和 10 000MΩ·km。此种电缆的串音防卫度高，由于基本单位（10 对或 25 对）内各线对扭绞长度不同，相当于线对间作了交叉。对于内屏蔽电缆，可传输 PCM 信号，线对利用率接近 100%。

2. 便于机械化、自动化施工

全塑电缆重量轻，电缆盘长较长（200～300m），电缆接头少，护套光滑，便于运输和施工；芯线绝缘和单位间扎带的颜色采用全色谱，便于线对的编号、对号、接续、成端和配线等操作；芯线接续采用卡接法，接续可靠，可以传输模拟信号和数字信号。

3. 维护方便、故障少、使用寿命长

卡接法接续不用剥除芯线绝缘，导线不受损伤，断线故障少；电缆接头封合采用热缩套管等方法，不易进水，即使进水后也不会漫延；塑料护套是绝缘体，不会产生化学腐蚀和电化学腐蚀，所以全塑电缆使用寿命较长；自承式架空不用挂电缆挂钩，所以施工方便。

4. 投资经济

芯线采用细线径、护套以塑代铅，节省有色金属铜和铅；全塑电缆制造简单，自动化程度高；全塑电缆重量轻，运输费用低，杆路负荷小；管道电缆小对数时可多条全塑电缆占用一个管孔，小线径时单条电缆可提高到 4 800～6 000 对。

1.3.3 电缆线路的传输方式

利用电缆做通信传输线路，其费用占通信系统总投资费用的 50%～89%，可见，降低通信电缆系统的投资费用的有效方法在于提高通信线路的复用率。复用就是把多组信号设法叠加在同一个信道上。

现已应用在电缆传输系统中的多路复用制式有空分制（SDM）、频分制（FDM）和时分制（TDM）3 种，可按实际需要和技术条件组合在同一信道中实现多路复用。

对于使用对称电缆和同轴电缆的传输系统，传输制式有二线制和四线制之分，对于四线制又有单电缆制和双电缆制之分。

1. 二线制与四线制的传输方式

利用一对金属传输线完成来、去两个方向的信号传输，称为二线制通信。图 1-12 所示为在本地网中的用户线路，二线制频分传输方式，图 1-13 所示为二线制时分传输方式。单管中同轴电缆线路也是采用二线制传输方式，来、去话路（或信息）分别占用不同的高、低频带，因此又称为双频带二线制。

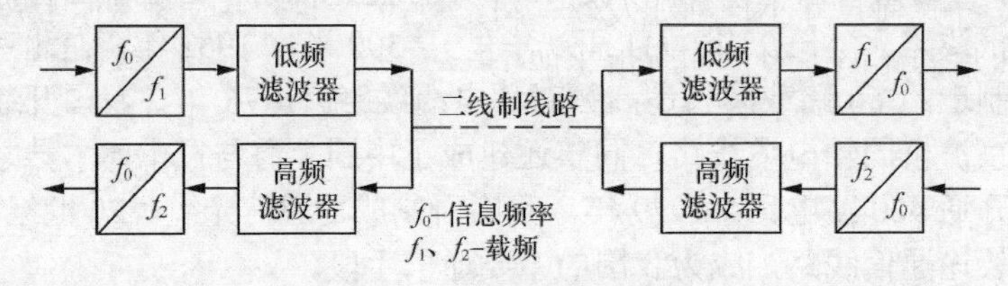

图 1-12 二线制频分传输方式

当来、去信号传输各在一对线传输时，称为四线制通信。在这种传输方式中，来、去方向的语音信号（或信息）分别使用不同的线对，但占用的频带或码速相同。图 1-14 所示为电缆数字传输系统，使用四线制线路。

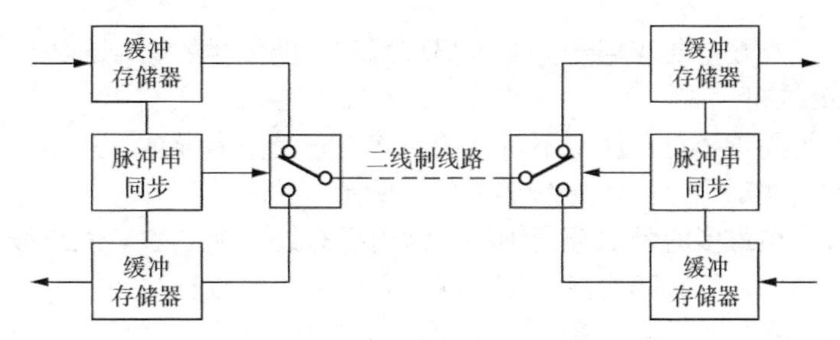

图 1-13 二线制时分传输方式

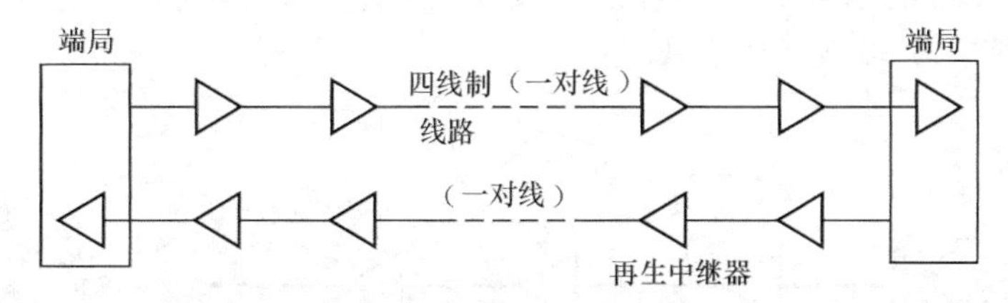

图 1-14 电缆数字传输方式

2. 四线制的单电缆制和双电缆制

高频通信电缆线路，无论采用 TDM 或 FDM 方式，大多应用四线制。在四线制中，如果用同一条电缆传输两个方向的信号称为单电缆制。在单电缆制中，因回路间近端串音衰减较低，必须选择近端串音衰减较高的两对线传输两个方向的信号。如果所有的来话线对都在一根电缆内，而所有的去话线对在另一根电缆内，则称为双电缆制。采用双电缆制可提高两对芯线间的近端串音衰减。

1.3.4 通信电缆的应用

通信电缆主要有架空明线、全塑对称电缆和同轴电缆。目前全塑对称电缆和同轴电缆大量用于智能大楼综合布线（局域网）、市话用户接入网、有线电视的用户接入线、移动通信的基站发射机与天线间的馈线等场合。

1. 架空明线及应用

架空明线是将金属裸导线架设在电线杆上的一种常用通信线路，它主要由导线（金属裸导线）、电杆、线担、隔电子和拉线等组成，如图 1-6（a）所示。

架空明线暴露在大自然环境中，容易受外界电磁场的干扰。当传输信号频率较高时，具有一定的辐射性，使线路衰耗和串音增大，所以它的复用程度较低，现今多用于专网通信，如利用高压输电线实现载波通信，利用铁路电气机车输电线实现载波通信等。一般开通为 12 路载波电话，传输频率为 150kHz。

2. 全塑对称电缆的应用

目前全塑对称电缆在用户接入网中应用最广泛，它是用多股芯线按一定规则扭绞而成。典型的用户接入网结构如图 1-15 所示。

全塑对称电缆线对通过扭绞构成双绞线。一般来说，扭绞长度在 3.81～14cm 内，铜导线的直径为 0.4～1mm。扭绞越密，其支持的传输速度越高。

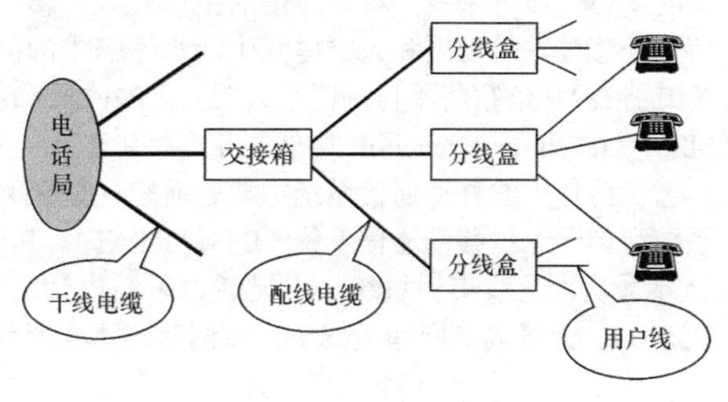

图 1-15 用户接入网结构

双绞线3、4、5类线主要应用于计算机局域网和智能大楼的综合布线。

3. 同轴电缆的应用

同轴电缆又称为同轴线对，属于不对称的结构，它是由内导体，外导体，内外导体之间的绝缘介质和外护层4部分组成，如图1-6（c）所示。

目前同轴电缆应用最多的是射频同轴型，常用于有线电视CATV入户线、移动通信网中基站到发射天线之间的数据线和交换机到传输设备电接口的数据线等场合。

有线电视CATV系统的网络结构一般采用星状/树状混合结构，如图1-16所示。在CATV系统中，干线电缆、配线电缆和用户电缆都可以使用同轴电缆，其特性阻抗标称值均为75Ω。这种电缆的使用频率为300MHz～1GHz。

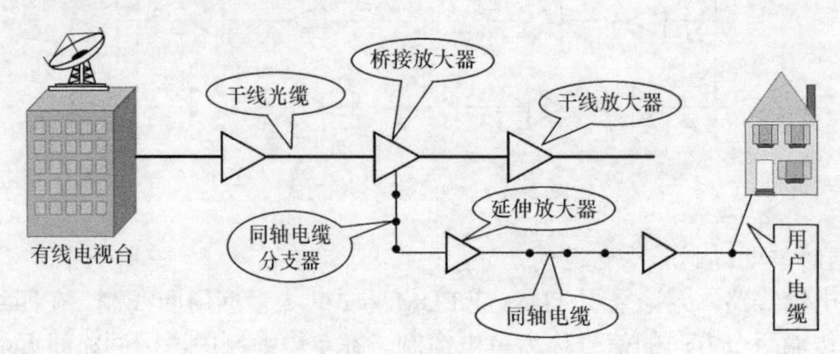

图1-16 CATV系统结构

干线电缆的直径一般为12.7～22.0mm，屏蔽衰减不低于80dB，反射衰减不低于26dB。干线电缆的长度一般为几公里到十几公里。

配线电缆的直径一般为 9.5～11.5mm，其他技术特性与干线电缆相同。配线电缆的长度一般为1～3km。

用户电缆的直径一般不超过7mm，外导体通常是铜丝编织层，外护套通常由阻燃聚乙烯或耐光聚乙烯制成。用户电缆屏蔽衰减一般为35～80dB。

1.4 移动通信

1.4.1 移动通信的发展

一般来说，移动通信是通信的双方至少有一方处于运动状态中所进行的信息传递和交换的通信方式，即移动通信是移动体之间的通信，或移动体与固定体之间的通信。

移动通信中的移动体可以是人，也可以是汽车、轮船、航天器、收音机等处于移动状态中的物体。通常来说，移动通信的主体是人，移动通信的发起者和接收者都是人类，但随着信息处理技术的发展和人类提高生活水平需求的促进，未来移动通信系统（甚至所有通信系统）的信源和信宿将不再局限于人类，即P2P（person to person）方式，P2M（person to machine）、M2M（machine to machine）方式将大行其道，为人类生活带来更大的便利。

目前使用的移动通信系统主要有航空（航天）通信系统、航海通信系统、陆地移动通信系统和国际卫星移动通信系统（INMARSAT）。其中陆地移动通信系统（PLMN）又包括无线寻呼系统、无线市话系统（小灵通、无绳电话、）、集群移动通信系统、蜂窝移动通信系统（GSM）、无线局域网和无线个人域网等。本章只针对陆地峰窝移动通信发展进行讨论。

早在1920年至1940年专用移动通信起步，其代表是美国底特津市警察使用的车载无线电系统，工作频率为30～40MHz。

在1946年中期至1960年末期，公共移动通信开始问世，其代表是美国贝尔公司在圣路易斯城建立了共用汽车电话网。

1960年中期至1970年中期，是大区制蜂窝移动通信的起步阶段。美国推出了改进型移动电话业务（IMTS）系统，使用150MHz和450MHz频段，采用了大区制、中小容量，实现了无线频道自动选择并能够自动接续到公用电话网。

1970年中期至1980年中期，是小区制蜂窝移动通信蓬勃发展阶段。1978年年底，美国贝尔试验室研制成功先进移动电话系统（AMPS），建成了蜂窝状移动通信网。后续其他发达国家如日本、德国、英国、法国、加拿大等也相继开发蜂窝移动通信网，使用450MHz、800MHz和900MHz频段。

1980年中期至1990年末期，第二代蜂窝移动通信网进入了发展和成熟阶段。世界上的一些国家开发出来数字化的第二代（2G）蜂窝移动通信网络系统。TDMA/FDMA系统的典型代表是欧洲的GSM、日本的PDC、北美的D-AMPS（IS-54，目前使用的是IS-136），CDMA系统的典型代表是美国的IS-95A/B。使用800MHz、900MHz和1800MHz频段。

1990年代末开始阶段是第三代（3G）移动通信技术发展和应用阶段。1999年11月5日在芬兰赫尔辛基召开的ITU TG8/1第18次会议上最终确定了3类共55种技术标准作为第三代移动通信的基础，其中WCDMA，cdma2000和TD-CDMA是3G的主流标准。使用1800MHz和2000MHz频段。

2000年初以CDMA技术为特点的第三代移动通信系统（3G）的迅猛发展为客户提供了较为丰富的数据业务体验，并且随着通信技术的发展，其增强型版本HSDPA和HSUPA在3GPP完成了其标准化工作。

3GPP的基本思想是采用以B3G或4G为新的传输技术和网络技术来发展LTE，使用3G频段实现宽带无线接入市场，3GPP于2005年3月正式启动了空中技术的长期演进（LTE，Long Term Evolution）项目，3GPP2也启动了类似超移动宽带的AIE项目。

可以预想，移动通信系统将朝着高传输速率方向发展，未来移动通信系统将提供全球性优质服务，真正实现人类通信的最高目标——个人通信，“即5W”。

1.4.2 移动通信的特点

移动通信区别于固定通信的主要特点是它的“移动性（Mobility）”，即移动终端或移动用户不受地域限制，随时随地发送和接收信息（话音或数据）的能力。正因为“移动性”这一显著特点，从而带来了用户使用通信网络的灵活性，与此同时，也带来了很多复杂的影响。下面对此进行分析。

1. 移动性

移动性包括设备移动性（Equipment Mobility）和用户移动性（User Mobility）。设备移动性是用户移动性的基础，它使得移动设备能够不受位置限制地保持原有的通信；用户移动性则允许移动用户在任何地点使用任何形式的终端设备实现通信。为了支持移动终端和移动用户的移动性，移动通信网络需要建立一套有效的移动性管理（Mobility Management）机制。移动台发送信息的过程比较简单，它首先向网络请求一定的资源，然后就能够与网络实现信息交互了。

2. 传播环境复杂

移动通信是在复杂的干扰环境中进行的传输。无线电波传输方式具有复杂性、开放性。移动通信系统的移动台和基站台所发射的微波段的无线电波，在传播中不仅存在大气（自由空间）传播损耗，还有经多条不同路径来的众多反射波合成的多径信号产生的多径衰落。地形构造、粗糙程度和各种建筑物的阻挡、屏蔽作用，以及散射和多径反射等的影响都将使信号发生衰落。

移动通信除去一些常见的外部干扰，如天电干扰、工业干扰和信道噪声外，在系统和系统之间还会产生干扰。因为在移动通信系统中，除了基站有多部收发信机在同一地点工作外，常常还有多部用户终端在同一地点工作，这些移动终端之间会产生干扰。归纳起来主要干扰有邻道干扰、互调干扰、同频道干扰、多址干扰，以及近地无用的强信号压制远端有用的弱信号的现象，即“远近效应”等。因此，在移动通信系统中，如何对抗和减少这些有害干扰的影响是至关重要的。为此，发展了一系列新技术，如扩频技术、信道编码与交织技术、信道均衡技术、分集技术、锁相技术、信道估计技术、信号检测技术和智能天线技术等来对抗干扰。

3. 频谱资源有限

移动通信的用户量大而频谱资源非常有限。一般认为，无线电波的频率是相当宽而用不完的，但实际上移动通信的频率资源非常有限。首先，移动通信业务一般只能工作在 3GHz 以下的频段，即使在这些频段内，也有广播、电视、导航、定位、军事、科学实验室、医疗卫生等业务占用了大部分频率资源；其次，全球移动用户数已达到 10 亿，超过了有线用户数，并且每年还在高速增长；再次，人们对移动通信的业务需求越来越多样和丰富，已不满足于简单的话音和短信，移动通信业务还在向高速数据传输、多媒体业务等发展，而这些高速数据传输、多媒体业务将需要比话音业务大得多的带宽。

如何提高通信系统的通信容量，始终是移动通信发展中的焦点。为了解决这一矛盾，一方面要开辟和启用新的频段；另一方面要研究各种新技术和新措施，以压缩信号所占的频带宽度和提高频谱利用率。

4. 网络结构多样性

移动通信网络可以组成带状（如铁路公路沿线）、面状（如覆盖一城市或地区）或立体状（如地面通信设施与中、低轨道卫星通信网络的综合系统）等，可以单网运行，也可以多网并行并实现互连互通，这种复杂的网络结构和相互连接需求，决定了对网络的管理和控制相对比较复杂，因此研究多网融合也成为移动通信网络研究的热点。

5. 移动终端要求高

移动终端作为用户接入移动通信网络的设备，必须具有普通电话终端的基本特性，以及无线收发的能力。除此之外，考虑到移动性的特点，还会有不同的要求。对面向个人用户的手机终端，主要要求是体积小、重量轻、省电、操作简单和携带方便，当然，随着技术的进步，人们已经不满足于手机仅仅具备通话功能，而在娱乐、文档处理、多媒体应用等方面都提出了新的要求，因此智能手机已经逐渐取代普通手机，成为市场的主流终端。车载台和机载台除要求操作简单和维修方便外，还应保证在震动、冲击、高低温变化等恶劣环境中正常工作。

移动通信传输效果涉及的因素众多。移动通信的传输质量的好坏不仅受传输和应用环境的影响，还与移动通信系统所采用的传输频段、工作方式、多址技术、组网方式等有密切关系。

1.4.3 移动通信的传输方式

移动通信的传输方式可由 GSM 移动通信网络来表示。它一般包括移动台（MS）、基站子系统（BSS）、网络子系统（NSS）等几部分。移动通信系统能实现移动网络内部各用户之间的通信，还可以与其他通信网络（如 PSTN、Internet 等）中的用户进行通信。典型的陆地蜂窝移动通信系统如图 1-17 所示。

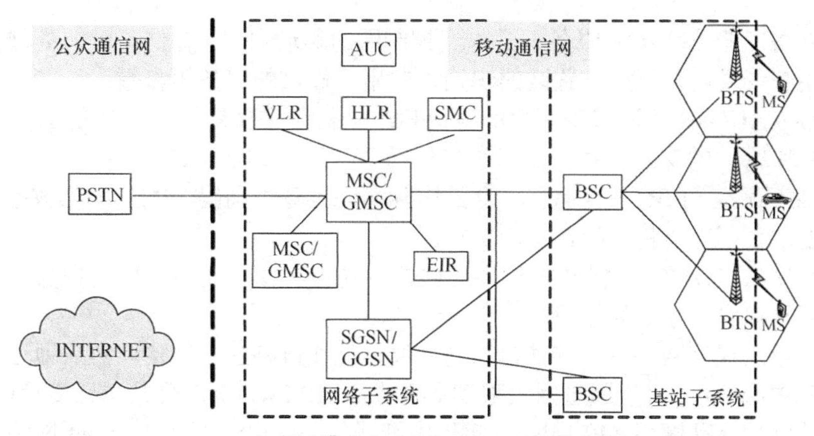

图 1-17 数字蜂窝移动通信 GSM 网络的基本结构

移动台（**Mobile Station，MS**）是移动通信系统不可缺少的一部分，它有手持机和车载台等类型。移动台就是移动客户设备部分，它由两部分组成：移动终端（MT）和客户识别卡（SIM）。移动终端提供用户通过无线信道接入移动通信网络的能力，此外，MT 通常还能提供一些除通话功能以外的其他信息处理、休息娱乐等额外功能，这一点在智能手机方面表现尤为突出。SIM 卡中保存有认证客户身份所需的所有信息及与网路和客户有关的管理数据，并能执行一些与安全保密有关的重要信息，以防止非法客户进入网路。把SIM 卡插入 MT 中，用户才能合法地接入网络，使用运营商提供的各种业务。

基站子系统（Base Station Subsystem，BSS）包括一个基站控制器（BSC）和由其控制的若干个基站收发信机（BTS）或基站（BS），负责无线发送、接收和无线资源管理等基本功能。BSS 通过无线接口直接与移动台相连接，又与网络子系统（NSS）中的移动业务交换中心相连接，从而实现移动用户之间或者移动用户与固定网络用户之间的通信连接。

基站收发信机（BTS）包括无线发射/接收设备、天线和所有无线接口特有的信号处理部分。基站收发信机可看作一个无线调制解调器，负责移动信号的接收、发送处理。移动用户必须通过 BTS 接入通信网络。

基站控制器（BSC）主要提供对 BSS 的控制作用，其主要功能包括：通过与 MSC 相连接的 A 接口，传输呼叫控制、移动性管理等信息；实现无线信道管理，包括无线信道的字样分配、调频管理、呼叫信道监测、BSC 控制区内的越区切换等。

BTS 与 BSC 之间采用有线中继电路传输信号，有时也可采用微波中继方式。

网络子系统主要包括移动交换中心（MSC/GMSC）、归属位置寄存器（HLR）、访问位置寄存器（VLR）、认证中心（AUC）、短消息业务中心（SMC）、移动设备识别寄存器（EIR）等。

移动业务交换中心（MSC）：是 NSS 的核心，对于位于它管辖区域中的移动台进行控制、交换，移动交换中心主要用来处理信息的交换和整个系统的集中控制管理，负责交换移动台各种类型的呼叫，如本地呼叫、长途呼叫和国际呼叫，提供连接维护管理中心的接口，还可以通过标准接口与基站子系统、其他 MSC、固定电话网（PSTN）/Internet 等外部网络连接。为有效地提供分组数据业务，现在移动交换子系统还包括相应的分组业务节点，如 SGSN、GGSN 等。

归属位置寄存器（HLR）：管理部门用于移动用户管理的数据库。每个移动用户都应在其归属位置寄存器注册登记。HLR 主要存储两类信息，有关用户的参数和用户目前所处位置的信息。

访问位置寄存器（VLR）：服务于进入其控制区的移动用户，存储与呼叫处理有关的一些数据，例如用户的号码，所处位置区的识别，向用户提供的服务等参数。

鉴权中心（AUC）：认证移动用户的身份和产生相应鉴权参数（随机数 RAND，符号响应 SRES，密钥 Kc）的功能实体。

设备识别寄存器（EIR）：存储移动台的国际移动设备识别码（IMEI）的数据库。主要完成对移动设备的识别、监视、闭锁等功能。

操作维护中心（OMC）：操作维护系统中的各功能实体。允许远程集中操作维护管理，并能支持高层网络管理中心的接口。

在现有的移动通信网络中，移动台与基站通过无线链路建立连接，然后通过地面电路连接到移动业务中心（MSC），再通过网关移动业务中心（GMSC）接入公共电话交换网络（PSTN）或其他的公共陆地移动网络（PLMN），实现中继线与固定电话网及 Internet 网络的连接，实现移动用户和市话用户或 Internet 用户之间的通信，从而构成一个有线、无线相结合的移动通信系统。

BTS 设有无线收发信机和天馈线等设备，每个 BTS 都有一个可靠通信的服务范围，称为无线小区（简称小区，Cell），移动网络就是由若干个这样的小区所构成，通过分析可以知道，如果采用正六边形的小区对服务范围进行覆盖，往往可以在频谱利用率、网络规划等方面取得较好的效果，因此进行移动网络覆盖分析的时候经常采用正六边形小区覆盖，其结构非常类似蜂窝，所以又可以把小区制移动通信系统称为蜂窝移动通信系统。

复习题和思考题

1．简述通信系统的基本组成及各部分的功能。
2．简述光缆传输系统结构及各部分的功能。
3．为什么要发展光纤作为传输线？
4．二线制与四线制的传输方式含义是什么？
5．简述通信电缆、光纤光缆的特点。
6．光纤通信应用领域及发展趋势是什么？
7．通信电缆的应用领域有哪些？
8．通信电缆的传输方式有哪些？目前主要采用哪种方式？
9．光缆是否能代替金属电缆？
10．架空明线的传输方式是否还可以在当今进一步应用？
11．画图说明 GSM 网络结构。
12．移动通信主要特点？列举移动通信发展典型过程。

第2章 光纤、光缆和光器件

光纤、光缆和光器件是提供光信号的传输信道及信道所需功能的器件，是构成光纤通信系统的重要组成部分。本章围绕光纤、光缆和光器件的结构、类型及特性等进行介绍。

2.1 光纤

在光纤通信中，实现光信号长距离传输的光波导是一种称为光导纤维（简称光纤）的圆柱体介质波导。光纤是工作在光频下的一种介质波导，它引导光能沿着轴线平行方向传输。

2.1.1 光纤的结构

光纤是由两层或多层透明介质（即不同折射率的玻璃材料）拉制而成，其基本结构如图2-1 所示。内层为纤芯，是一个透明的圆柱形介质，其作用是以极小的能量损耗传输载有信息的光信号。多模光纤纤芯的标称直径 $2a$ 为 50μm 或 62.5μm，单模光纤纤芯的标称直径为 9～10μm。紧靠纤芯的外面一层称为包层，从结构上看，它是一个空心的、与纤芯共轴的圆柱体介质，其作用是保证光全反射只发生在纤芯内，使光信号封闭在纤芯中传输。通信光纤的包层标称直径 $2b$ 为 125μm。为了实现光信号的传输，要求纤芯折射率 n_1 比包层折射率 n_2 稍大些，这是光纤结构的关键。另外还有一个涂覆层，其作用是为了进一步确保光纤不受外界的机械作用的影响。

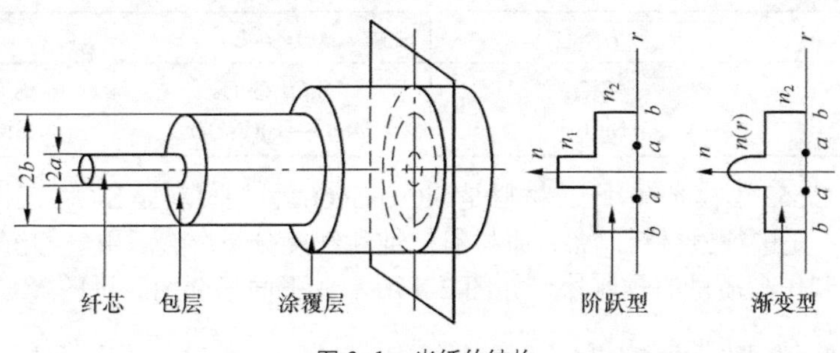

图 2-1 光纤的结构

有关光纤的导光原理一般可以采用射线理论（几何光学）和波动理论来解释，本书不进行论述。这里主要从光纤结构、制造工艺、特性等方面研究和认识光纤。

2.1.2 光纤的制造过程

光纤的制造主要考虑光纤材料的选择和制造工艺。在光纤原材料的选择过程中，考虑的主要因素有：高纯度、高透明度、光传输损耗小、折射率径向分布控制易于调整等，材料自身有较高的机械强度和良好的化学稳定性。制造光纤主要原材料为人造石英（SiO_2），其特点是：没有“熔点”，在较高温度下变得比较柔软，且能直接气化，软化点在 1 730℃以内，它是各向同性的介质，即 $n_x=n_y=n_z$。

超纯的熔融石英玻璃 SiO_2 提取，所用原料为 $SiCl_4$，化学反应式为

$$SiCl_4 + O_2 \xrightarrow{1700^\circ C} SiO_2 + 2Cl_2 \uparrow$$

熔融石英玻璃的折射率约为 1.458，线性热膨胀系数约为 5.5×10^{-7}km/K。为了使纤芯的折射率高于包层的折射率，在制作光纤时必须将某些物质掺入石英中，如 GeO_2、P_2O_5、B_2O_3 等。GeO_2、P_2O_5、TiO_2、Al_2O_3 和 B_2O_3、F 等掺杂剂的提取所用的主要原料为 $GeCl_4$、$POCl_3$、$BC1_3$ 和 SF_6 等。化学反应式为

$$GeCl_4 + O_2 \xrightarrow{1700^\circ C} GeO_2 + 2Cl_2 \uparrow$$

常用的 GeO_2、P_2O_5、TiO_2、Al_2O_3 和 B_2O_3、F 等掺杂剂的浓度对折射率分布的影响如图 2-2 所示。掺杂剂除对折射率、线膨胀系数及材料提纯具有影响外，对光纤的传输性能及光纤的设计制作也都会产生作用，如图 2-3 所示。光纤材料掺杂方案设计如表 2-1 所示。

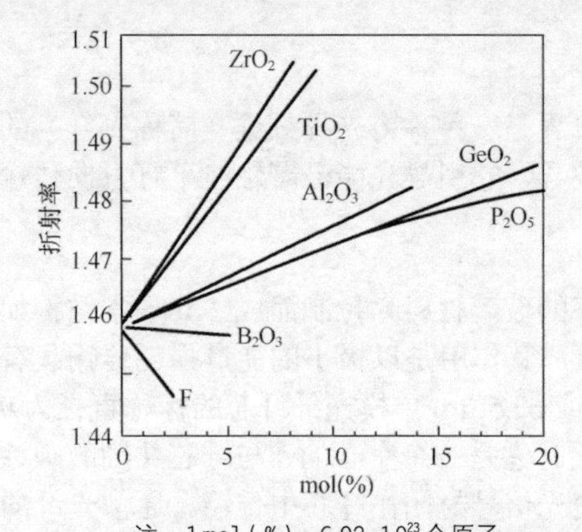

注：1mol（%）=6.02×10^{23}个原子

图 2-2 掺杂变更 SiO_2 玻璃的折射率

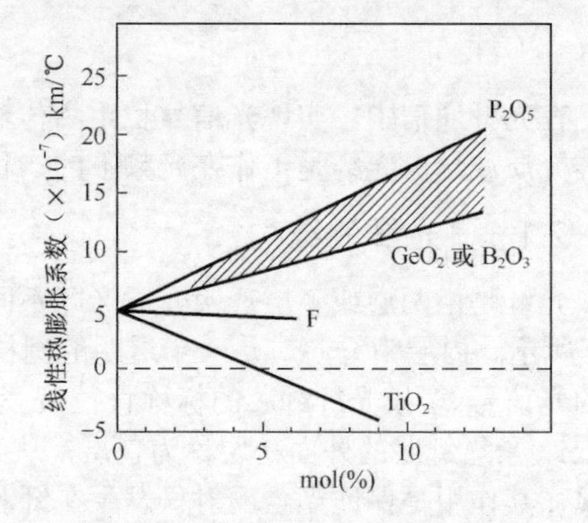

图 2-3 掺杂变更 SiO_2 玻璃线膨胀系数

表 2-1　　单模光纤掺杂方案

	方案 1	方案 2	方案 3
纤芯	SiO_2	SiO_2-GeO_2	SiO_2-GeO_2-F
包层	SiO_2-F	SiO_2-(F)(P_2O_5)	SiO_2-F(P_2O_5)

目前常用的 G.652 单模光纤，纤芯材料是 SiO_2+GeO_2，包层材料是 SiO_2，其折射率为 1.458。

制造光纤时，先进行原材料制备、原材料提纯和纯度分析，然后用气相沉积法（MCVD）或非气相沉积法制作高质量的预制棒，如图 2-4 所示。下面只介绍改进的 MCVD 法。

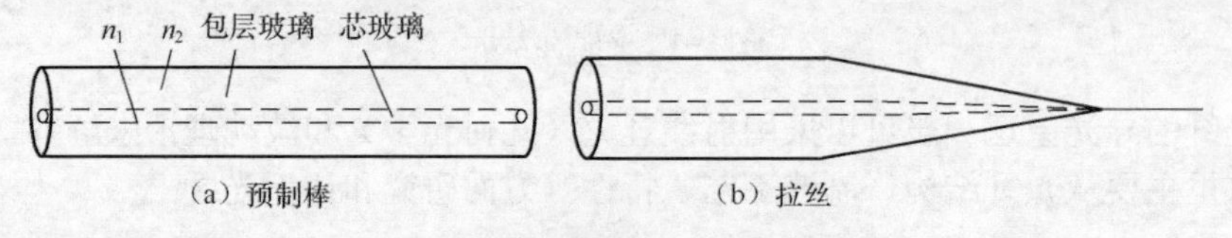

图 2-4 光纤预制棒及拉丝示意图

MCVD 法制造过程是首先在把一根外径 18～25mm，壁厚 1.4～2mm 的石英管夹在车床上，原料进入石英管内壁上沉积为光纤的包层玻璃，其次在包层内沉积纤芯玻璃，最后则是“烧缩成预制棒”，其工艺流程如图 2-5 所示。

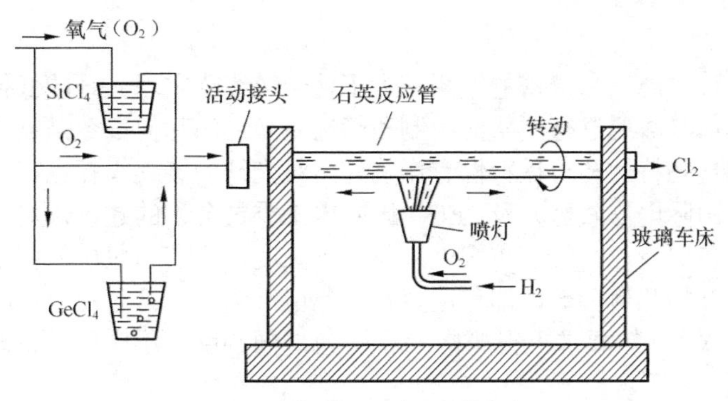

图 2-5　管内 MCVD 法预制棒制备

将光纤预制棒拉制成光纤的制作过程可按图 2-6 和图 2-7 所示进行安装即可。

拉丝机由预制棒输送装置、电阻加热炉、线径测量仪、线径控制电路、炉温控制系统、预涂覆装置、固化设备、筛选试验设备和牵引辊收线系统等构成，部分装置如图 2-6 所示。

预制棒由输送装置按照某个速度连续地送往管状加热炉中，加热炉用来提供使石英玻璃软化所必需的温度，当预制棒尖端受热黏度变低，自身因重力逐渐下垂变细而成纤维。线径测量仪用来监测光纤的直径，并根据反馈信息控制炉温和拉丝牵引转速度。

预涂覆装置的作用是在裸光纤外表面上涂覆一层紫外固化涂料或热固化聚合物，以增强光纤高抗拉和抗弯曲能力，如图 2-7 所示。

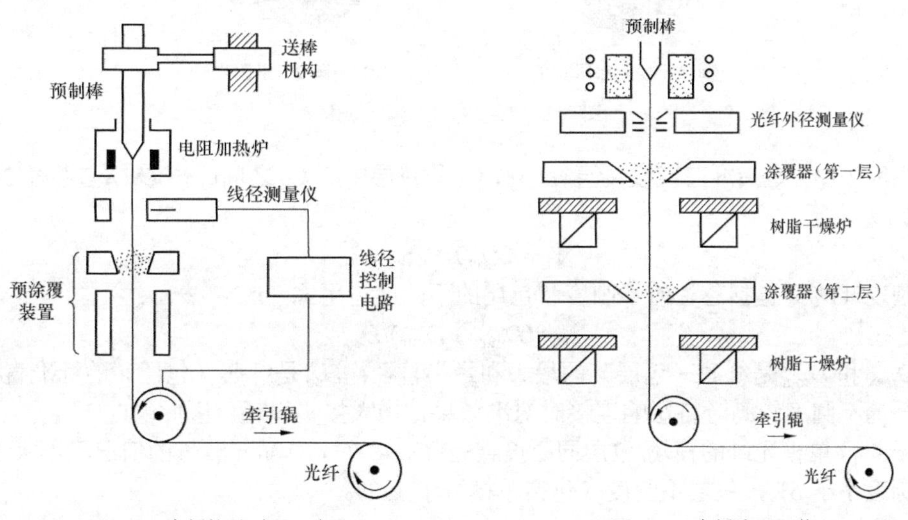

图 2-6　光纤拉丝过程示意图

图 2-7　光纤涂覆工艺

经涂覆之后的每根光纤可承受几百克的拉力，欲要光纤达到通信工程的实际要求，必须要经过加强芯和外护套等成缆工艺，进一步增加光纤的机械强度。

2.2　光纤的主要参数、特性及类型

2.2.1　光纤的主要参数

光纤的结构参数主要有光纤的几何参数、折射率分布、数值孔径（*NA*）、模场直径和截止波长等，这些参数与光纤横截面径向 *r* 有关，与光纤的长度及传输状态无关。下面从工程角度简单介绍其主要结构参数。

1．几何参数

光纤的几何参数与施工有紧密的联系，为了使光缆线路实现光纤的低损耗连接，光纤制造厂商对光纤的几何参数要进行严格的控制和筛选。光纤的几何参数是制造光纤时的重要依据，除了对光纤的传输特性和机械特性有影响外，对光纤的接续损耗也产生较大影响。

按照 ITU-T（国际电信联盟）及 IEC（国际电工委员会）的建议，对多模光纤的几何参数，即纤芯直径、包层直径、纤芯不圆度、包层不圆度、纤芯与包层的同心度等提出了严格的要求。对单模光纤的几何参数，即包层直径、包层不圆度、纤芯与包层的同心度误差（模场与包层的同心度误差）等要求也很严格。纤芯/包层同心度和不圆度是指纤芯在光纤内所处的中心程度，如图 2-8 所示。

纤芯直径主要是对多模光纤而言。阶跃型光纤，纤芯、包层界限分明，而梯度型光纤则边界不明显。

包层直径又称光纤的外径，它是指裸纤的直径。无论是多模光纤还是单模光纤，必须保证外径尺寸合格才能保证连接质量。ITU-T 规定：通信光纤的外径均要求为 125±3μm。

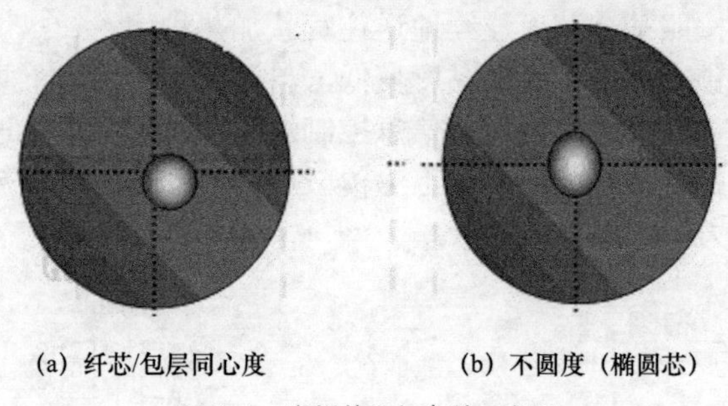

(a) 纤芯/包层同心度　　(b) 不圆度（椭圆芯）

图 2-8　光纤的几何参数示意图

同心度（Y_C）是指纤芯或模场直径中心 O_1 和包层中心 O_2 之间距离 O_1O_2 与芯径 $2a$ 之比，用式（2.1）表示：

$$Y_C=(O_1O_2)/2a \tag{2.1}$$

不圆度（N_C）包括芯径的不圆度和包层的不圆度，用式（2.2）表示：

$$N_C=(D_{max}-D_{min})/D_{co} \tag{2.2}$$

其中，D_{max} 和 D_{min} 是纤芯（包层）的最大和最小直径；D_{co} 是纤芯（包层）的标准直径。

光纤的不圆度较高时将影响连接时对准效果，增大接头损耗。因此，ITU 规定：光纤同心度小于 6%，单模光纤的模场/包层同心度误差（O_1O_2）在 1 310nm 波长的情况下不大于 1μm，纤芯不圆度小于 6%，包层不圆度（包括单模）小于 2%。

2．数值孔径（NA）

数值孔径是多模光纤的重要参数之一，它表征了多模光纤接收光的能力，同时和光源耦合效率、光纤微弯损耗的敏感性和带宽有着密切的关系，数值孔径（NA）大，容易耦合，微弯敏感小，带宽较窄。ITU-T 对单模光纤没有将数值孔径作为正式参数进行规定。

阶跃型光纤数值孔径的定义为

$$NA=\sqrt{n_1^2-n_2^2} \tag{2.3}$$

其中，n_1 为阶跃型光纤纤芯的折射率，n_2 为包层的折射率。

渐变型光纤的局部数值孔径定义为

$$NA=\sqrt{n^2(r)-n_2^2} \tag{2.4}$$

其中，$n(r)$为渐变型光纤纤芯的折射率，n_2为包层的折射率。

3. 模场直径

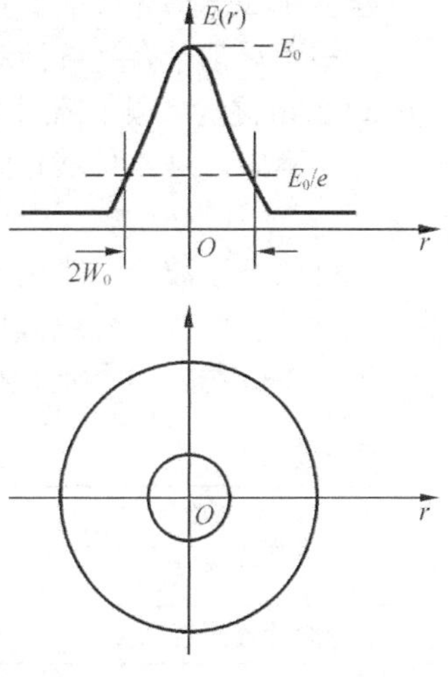

图 2-9　基模近场功率分布图

模场是指单模光纤中基模 LP_{01} 的场强随空间变化的分布。模场直径是单模光纤特有的一个参数，模场直径是基模 LP_{01} 近场光斑的直径，实际上基模光斑没有明显的边界，其特征如图 2-9 所示。单模光纤的基模场强不仅分布于纤芯中，而且有相当部分的能量在包层中传输，这是因为单模光纤的纤芯直径 8～9μm 与工作波长 1.3～1.5μm 处于同一量级，其光的衍射效应存在，因而单模光纤纤芯直径在实际应用中已失去了意义，而应改用模场直径的概念来代替。如图 2-9 所示，模场直径的定义是设 LP_{01} 模的电场强度分布 $E(r)=E_0\exp(-r^2/W^2_0)$，取其最大值 $E(0)=E_0$ 的 $1/e$ 处所对应光纤横截面径向 r 上两点之间的宽度为模场直径，用 $2W_0$ 表示。模场直径可用公式近似表示为

$2W_0 = 2\lambda/(\pi\, n_1\sqrt{\varDelta})$

对λ=1.31μm，n_1=1.5，$\varDelta = 0.36\%$，$2W_0 = 2\lambda/(\pi\, n_1\sqrt{\varDelta}) = 2\times1.31/(3.14\times1.5\times\sqrt{0.36\%}) =$ 9.27μm。模场直径是描述单模光纤中光能集中程度的。对施工来说，模场直径失配的光纤连接损耗较大。ITU-T 建议模场直径为（9～10）±1μm。

4. 截止波长

截止波长是单模光纤所特有的结构参数，它给出了保证单模传输的光波长范围。所谓截止波长，是指二阶模 LP_{11} 不能传播的波长。单模光纤单模传输时，要求光纤通信系统的工作波长（λ）必须大于截止波长（λ_c），比如$\lambda>\lambda_c$，否则单模光纤将工作在多模区，产生模式色散和模式噪声，从而导致传输性能恶化和带宽下降。截止波长对于光纤设计制造意义重大。由于实际的截止波长与光纤长度和所处状态有关，目前 ITU-TG.650 中已定义了 3 种实际测试的截止波长：光纤截止波长（λ_c）、成缆光纤截止波长（λ_{cc}）和跳线光缆光纤的截止波长（λ_{cj}）。

（1）理论截止波长λ_{ct}

$$\lambda_{ct} = \frac{2\pi}{V_c} n_1 a\sqrt{2\varDelta} \qquad (2.5)$$

其中，V_c为 LP_{11} 模的归一化截止频率，对于阶跃光纤 V_c=2.405，对平方率光纤 V_c=3.518；n_1 为纤芯的折射率；a 为光纤半径；$\varDelta$为相对折射率差（$\varDelta \approx \frac{n_1 - n_2}{n_1}$）；$n_2$ 为包层折射率。

（2）光纤截止波长λ_c

光纤截止波长是指包含一个半径为 140mm 环的、其他部分平直的 2m 长一次涂覆光纤所测得的截止波长。

（3）成缆光纤的截止波长λ_{cc}

ITU-T 建议将 22m 长的光缆平直安放，剥去被测光缆两端护套裸露 1m 长的光纤，并将两根以上裸露光纤松绕为一个半径为 40mm 的环后，测得的截止波长为成缆光纤的截止波长。成缆光纤的截止波长反映了典型敷设条件下，光缆中光纤的截止波长。λ_{cc} 估算式为

$$\lambda_{cc} = 0.8\lambda_{ct} + 190\text{nm} \qquad (2.6)$$

从λ_{cc} 估算式可看出$\lambda_{cc}<\lambda_{ct}$。

（4）跳线光缆光纤的截止波长λ_{cj}

一根两端都带有光纤活动接头的单芯或多芯软光缆称为跳线。一般跳线长度有2m、5m、10m和20m之分，测试截止波长时，选用跳线长度不应超过20m。

在实际中，这4种截止波长有以下关系。

$$\lambda_{ct}>\lambda_{c}>\lambda_{cj}>\lambda_{cc} \tag{2.7}$$

光纤的截止波长一般由光纤制造商测定。光缆截止波长实质上要比光纤截止波长短，对于系统设计者而言，光缆截止波长更为有用。

表2-2和表2-3所示分别为渐变多模光纤和普通单模光纤的结构参数实例。

表2-2　　渐变多模光纤结构参数实例

名称	50/125多模	62.5/125多模
芯径$2a$	50±3μm	62.5±3μm
参考表面直径$2b$	125±3μm	125±2μm
纤芯/参考表面同心偏差c	≤6%	≤6%
纤芯不圆度	<6%	≤6%
包层不圆度	<2%	≤2%
折射率分布$n(r)$	近似于抛物线	近似于抛物线
数值孔径	0.20±0.02	0.275±0.015

表2-3　　G.652单模光纤结构参数实例

结构参数	技术指标
模场直径	9～10μm±10%（λ=1.3μm）
包层直径$2b$	125±2μm
模场/包层同心度误差	1 310nm波长不大于1μm
包层不圆度	小于2%
截止波长λ_{cc}	1 270nm

2.2.2　光纤的主要特性

在光缆传输工程应用中，除了光纤结构参数外，还应了解光纤传输特性，即损耗、色散、非线性效应等对光传输的影响，以及使用环境中温度和机械强度对光纤的影响。

1. 光纤的损耗特性

光纤的损耗又称衰减。光信号在光纤中传输，随着传输距离增加，光的强度减弱，其规律为

$$P(L)=P(0)10^{\frac{\alpha(\lambda)L}{10}} \tag{2.8}$$

其中，$P(0)$为L=0处注入的平均光功率；$P(L)$为传输距离L处的平均光功率；$\alpha(\lambda)$为波长为λ时的光纤损耗系数，单位为dB/km；L为传输距离，单位为km。

当光纤损耗均匀时，工程上普遍采用的损耗系数定义为

$$\alpha(\lambda)=\frac{10}{L}\lg\frac{P(0)}{P(L)}\qquad(\mathrm{dB/km}) \tag{2.9}$$

在经过长为Lkm光纤传输后，波长为λ的传输光的总损耗$A(\lambda)$用式（2.10）计算，得

$$A(\lambda)=\alpha(\lambda)\times L \quad (\text{dB}) \tag{2.10}$$

光纤产生损耗的原因很多，从材料结构、制造缺陷（熔炼、拉丝、套塑）、弯曲到接续施工和运行的每一个环节都可能产生损耗，其类型有吸收损耗、散射损耗和使用附加损耗，如表 2-4 所示。

表 2-4　　光纤的传输损耗

<table>
<tr><td rowspan="4">光纤本身的传输损耗</td><td rowspan="2">吸收损耗</td><td>材料杂质吸收</td><td>过渡金属正离子（Cu^{2+}，Fe^{2+}，Cr^{2+}，Co^{2+}，Ni^{2+}，Mn^{2+}，V^{2+}，Po^{2+}）吸收，在可见光与近红外波段吸收；OH^-根负离子吸收（OH^-的吸引峰在 0.95 μm，1.23 μm，1.37 μm）</td></tr>
<tr><td>材料固有吸收
（基本材料本征吸引）</td><td>紫外区吸引（电荷转移波段）
近红外区吸引（分子振动波段）</td></tr>
<tr><td rowspan="2">散射损耗</td><td>波导结构散射
（制作不完善造成）</td><td>折射率分布不均匀引起的散射
光纤芯径不均匀引起的散射
纤芯与包层界面不平引起的散射
晶体中气泡及杂物等引起的散射</td></tr>
<tr><td>材料固有散射</td><td>瑞利散射
受激拉曼散射 }光学非线性效应引起
受激布里渊散射</td></tr>
<tr><td rowspan="3">光纤使用时引起的传输损耗</td><td colspan="2">接续损耗
（包括活动接续和固定接续）</td><td>固有因素：芯径失配、折射率分布失配、数值孔径失配、同心度不良等
外部因素：纤芯位置的横向偏差、纤芯位置的纵向偏差（活接头存在，熔接头没有）、光纤的轴向角偏差、光纤端面受污染</td></tr>
<tr><td colspan="2">弯曲损耗</td><td>在敷设和连接光缆时，光纤的弯曲半径小于容许弯曲半径所产生的损耗</td></tr>
<tr><td colspan="2">微弯曲损耗</td><td>光纤轴产生微米级弯曲引起的损耗</td></tr>
</table>

（1）吸收损耗

吸收损耗主要来源于石英玻璃材料本身的缺陷和所含杂质，尤其和 OH^-离子的反应。吸收损耗主要包括：本征吸收、杂质吸收和结构缺陷吸收。本征吸收是石英玻璃自身固有的吸收，即红外、紫外吸收；杂质吸收是玻璃材料中含有铁、铜等过渡金属离子和 OH^-离子，在光波激励下由离子振动产生的电子阶跃吸收光能而产生的损耗。为了使由杂质引起的损耗小于 1dB/km，必须将杂质含量减小到 10^{-8} 量级以下。

（2）散射损耗

散射损耗是由于材料的不均匀使光散射将光能辐射出光纤之外导致的损耗。光纤的散射损耗主要有瑞利散射、米氏散射、受激布里渊散射、受激拉曼散射、附加结构缺陷散射、弯曲散射和泄漏等。

光纤制造时，由于熔融态玻璃分子的热运动引起其内部结构的密度不均匀和折射率起伏，故对光产生散射，比光波长小得多的粒子引起的散射称为瑞利散射；与光波同样大小的粒子引起的散射称为米氏散射。

引起光纤损耗的散射主要是瑞利散射，瑞利散射具有与短波长的 $1/\lambda^4$ 成正比的性质，即 $\alpha_R=A/\lambda^4$。对掺锗的光纤而言，$A\approx0.63\text{dB}\mu\text{m}^4/\text{km}$。$\lambda$分别为 0.85μm、1.31μm 和 1.55μm 时，α_R 分别约为 1.3dB/km、0.3dB/km 和 0.1dB/km。除瑞利散射损耗较大外，其他散射损耗只是瑞利散射损耗的百分之一。

（3）附加损耗

附加损耗属于来自外部的损耗或称应用损耗，如在成缆、施工安装和使用运输中使光纤扭曲、侧压等造成光纤宏弯和微弯所形成的损耗等。微弯是在光纤成缆时随机性弯曲产生的，所引起附加损耗一般很小，光纤宏弯曲损耗是最主要的。在光缆接续和施工过程中，不可避免地出现弯曲，它的损耗原理如图 2-10 所示。

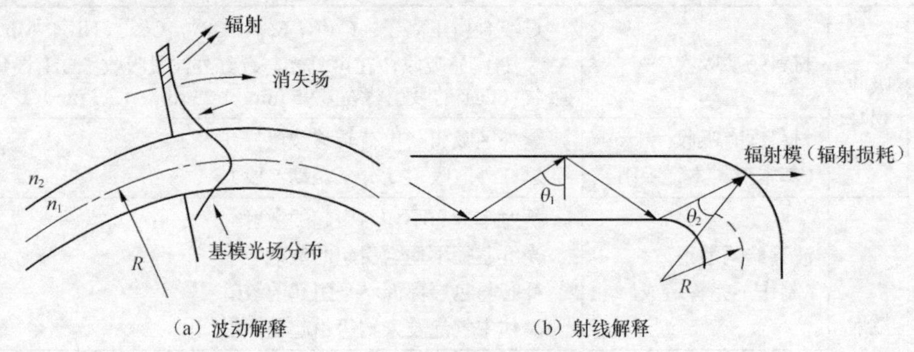

（a）波动解释　　（b）射线解释

图 2-10　光纤弯曲辐射损耗

宏弯曲损耗α_T可近似表示为

$$\alpha_{\mathrm{T}} = C_1 \mathrm{e}^{-C_2 R} \quad (\mathrm{dB/km})$$

其中，C_1，C_2是与曲率半径 R 无关的常数。光纤宏弯曲程度越大，曲率半径越小，损耗越大。当弯曲程度不大时，其弯曲损耗可以忽略，但当弯曲半径 R 小到某一值时，宏弯曲损耗将不能忽略，此时的弯曲半径为临界弯曲半径 R_c，其估算公式为

$$R_{\mathrm{c}} \approx \frac{3n_1^2 \lambda}{4\pi(n_1^2 - n_2^2)^{3/2}} \tag{2.11}$$

由（2.11）式可以看到，纤芯与包层折射率相差越大，临界弯曲半径越小。例如，n_1=1.5，Δ=0.2%，λ=1.55μm，则 R_c=975μm，显然该值是相当小的。也就是说，当光纤弯曲半径一定时，传输的光信号波长越长，传输损耗越大。因此，在施工过程中严格规定了光缆的允许弯曲半径，把弯曲损耗降低到可忽略不计的程度。

随着光纤制造技术的提高，杂质吸收、结构不完善等产生的损耗已降到很小。因此，目前高质量的光纤，其损耗已达到或接近理论计算值。图 2-11 所示为光纤损耗系数随波长变化的频谱曲线，从图可知，波长 1.38～1.4μm 的峰值损耗为最大。存在 3 个低损耗窗口：0.85μm、1.3μm 和 1.55μm，对应于光纤已开发应用的波段为 0.8～0.9μm 的短波段，损耗约为 2dB/km；1.2～1.7μm 长波段中，1.3μm 波长的损耗已达 0.5dB/km；1.55μm 波长的损耗低达 0.2dB/km。

2. 光纤的色散特性

光纤不仅因有损耗使光信号传输受到限制，同时光信号传输还受到色散（多模光纤习惯称带宽）的限制。对于数字信号的光脉冲，经光纤传输时，脉冲宽度随距离增长而展宽，严重时，前后脉冲将互相重叠，形成码间干扰，导致通信系统误码率增加，从而使传输距离和传输容量受到限制，这种现象称为光纤的色散。

引起脉冲展宽（色散）的因素很多，对于多模光纤主要有模式色散、材料色散和波导色散等，其中模式色散是主要因素。对于单模光纤由于只传输一种模式，故不存在模式色散，主要受材料色散、波导色散和偏振模色散的影响。

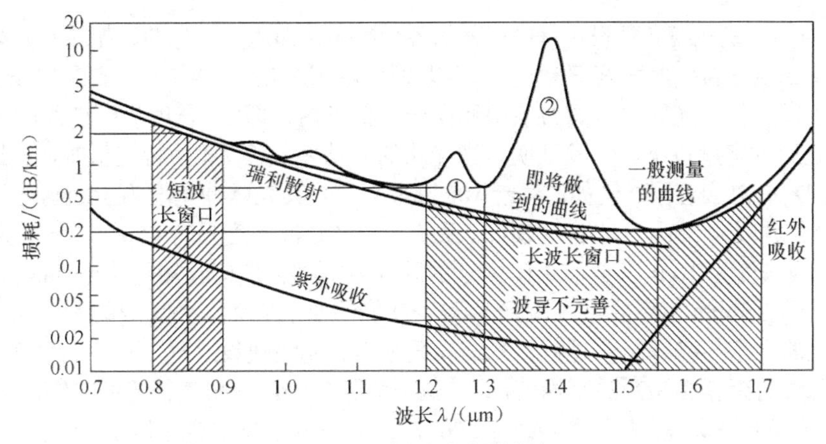

图 2-11 光纤损耗频谱曲线

（1）模式色散

模式色散一般存在于多模光纤中。因为在多模光纤中同时存在多个模式，不同模式沿光纤轴向传播的群速度是不同的，它们到达终端时，必定会有先有后，出现时延差，从而引起脉冲宽度展宽，如图 2-12 所示。

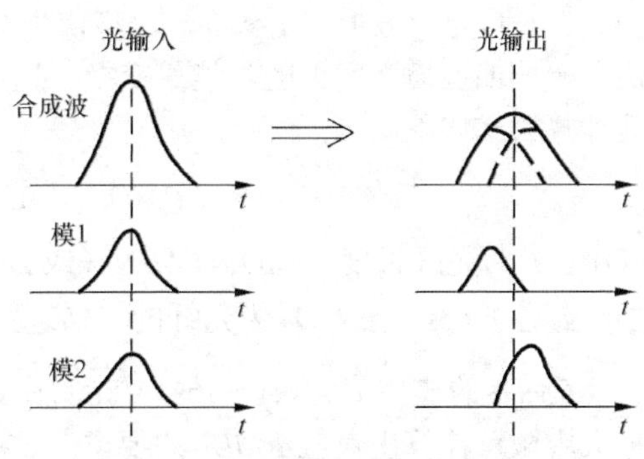

图 2-12 模式色散的脉冲展宽

（2）材料色散

由于光纤材料的折射率随所传输光的波长而变化，不同波长的光信号同时经光纤传输时其群速度不同，从而引起传输时延差，导致光脉冲展宽，这就是材料色散。这里需要说明一下，在数字光纤通信系统中，实际使用的光源的输出光并不是单一波长，而是具有一定的谱线宽度。

（3）波导色散

波导色散与光纤的几何结构、纤芯尺寸、相对折射率差等因素有关，故也称为结构色散。由于有一部分光会进入包层内传播（这部分光能量的大小与光波长有关），其速度不同，因而造成光脉冲展宽，这就是波导色散。一般来说，对于单模光纤波导色散是主要因素，它通常比材料色散小。但在 1.3μm 波段，材料色散变小，使得两者相接近。

（4）偏振模色散

偏振模色散（*PMD*）是单模光纤特有的一种色散。在单模光纤中实际传输中可能存在两个相互正交的偏振模，它们的电场分别沿 x，y 方向偏振，记作 LP^{x}_{01} 和 LP^{y}_{01}。光纤中的场强分布并不能直接观测。从理论上讲，任意偏振态的光矢量都可以看成两个相互垂直的线偏振光的合成。对于非理想的圆柱对称结构的单模光纤中，LP^{x}_{01} 和 LP^{y}_{01} 两个偏振模相互独立地在光纤中传输，其相位常数 βx，βy 不同，即两个偏振模式不再兼并，它们沿光纤传输产生时延差，导致脉冲的展宽，即引起偏振模色散，如图 2-13 所示。图 2-13 中 $\Delta\tau$ 即为两个偏振模分量之间的群时延差 *DGD*，也称为 *PMD*。

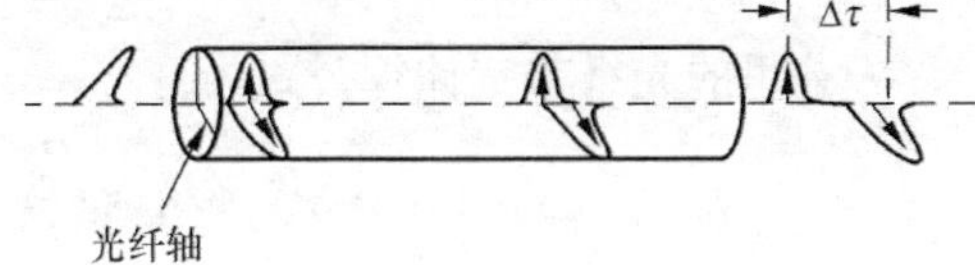

图 2-13 偏振模色散

造成单模光纤 *PMD* 的内在原因是纤芯的不圆度和残余内应力引起相互垂直的本征偏振以不同的速度传输，进而造成数字系统的光脉冲展宽和模拟系统的信号失真，传输速率受限。造成单模光纤

PMD 的外在原因则是成缆和敷设过程中引入的各种影响，即压力、弯曲、扭转及光缆连接等。

人们已认识到 *PMD* 对大容量数字和模拟通信系统影响是严重的。若要 10Gbit/s 以上的高速系统能正常工作，光脉冲展宽必须限制在一定范围内，即 L 长度光纤链路的最大 DGD_L 应该在 30%光脉冲宽度以下。实验证明，当光路的光功率代价 *P*p 为特定值时，L 长度光纤链路的最大 DGD_L 有对应容限。例如，对于 10Gbit/s 系统，其光脉冲宽度为 100ps，当 *P*p 为 1dB 时，DGD_L 最大容限为 30ps；对于 40Gbit/s 系统，其光脉冲宽度只有 25ps，当 *P*p 为 1dB 时，DGD_L 最大容限只能为 10ps 以下，超出 10ps 的脉冲展宽则会使接收端无法正确地恢复原信号。由此可知，高于 40Gbit/s 速率的系统，对光纤 *PMD* 值的要求成为至关重要的考虑因素。而 *PMD* 值是随机变化的，它与光纤制作过程、光缆成缆过程、光缆敷设过程、外界温度变化等有关。实际上常用总群时延差 DGD_L 的平均值，即 *PMD* 系数（PMD_C）来表征光纤光缆的 *PMD* 特性。

PMD 与光纤的平均总双折射（$\Delta\beta=\beta x-\beta y$）和平均偏振模耦合长度 h 有关。当光纤长度很短时（$L \ll h$），*PMD* 近似与光纤长度 L 成正比，其计算公式如下。

$$PMD_L = DGD_L = PMD_C \times L \text{ (ps)}$$

当光纤长度足够长时（$L \gg h$，典型值为 2km 以上），此时由于沿光纤产生足够多模式耦合，快和慢的偏振模之间伴随着能量交换，这将会降低脉冲展宽，*PMD* 与长度的平方根成正比，其计算公式如下。

$$PMD_L = DGD_L = PMD_C \times \sqrt{L} \text{ (ps)} \tag{2.12}$$

其中，L 为光纤长度（km）；PMD_L（或 DGD_L）为长度 L 光纤的总偏振模色散（或偏振模总群时延差）（ps）；PMD_C 为光纤的 *PMD* 系数（$\text{ps}/\sqrt{\text{km}}$）。

PMD_C 的典型值为 $0.1\sim1\text{ps}/\sqrt{\text{km}}$。在 PMD_C 和 DGD_L 之间存在一定的换算关系，从 DGD_L 最大容限可计算出对应 PMD_C 的要求。如在 400Gbit/s 的高速系统中，传输 100km 后，PMD_C 限制在 $0.1\,\text{ps}/\sqrt{\text{km}}$ 以内，一般系统对 *PMD* 系数最大设计值为 $0.5\text{ps}/\sqrt{\text{km}}$。

（5）光纤的带宽

在常规速率应用场合中，光纤的色散特性可以用脉冲展宽$\Delta\tau$、光纤的带宽 B_0 和光纤的色散系数 D 这 3 个物理量来描述。

脉冲展宽$\Delta\tau$是光脉冲经过传输后在时间坐标轴上展宽的程度，是色散特性在时域的描述；而带宽 B_0 是这一特性在频域的描述。在频域中对于调制信号而言，光纤可以被看做是一个低通滤波器。当调制信号的高频分量通过它时，就会受到衰减，也就是说要想输入信号（调制信号）的幅度保持不变，只改变调制信号的频率，则经光纤传输后输出信号的幅度将会随调制信号的频率而发生变化。

ITU-T 建议 1km 的光纤带宽计算公式为

$$B_0 = \frac{\varepsilon \times 10^6}{D \times \Delta\lambda \times 1} \tag{2.13}$$

单位长度光纤的脉冲展宽量$\Delta\tau$与色散系数 D 的关系为

$$\Delta\tau = D \times \Delta\lambda \times 1 \tag{2.14}$$

L 公里的光纤带宽计算公式为

$$B_\text{r} \approx \frac{B_0}{L} = \frac{\varepsilon \times 10^6}{D \times \Delta\lambda \times L} \tag{2.15}$$

其中，D 的单位为 ps/(nm·km)；$\Delta\tau$的单位为 ps；光源谱宽$\Delta\lambda$的单位为 nm；光纤的带宽 B_0 的单位为 MHz；常数ε=0.115（多纵模激光器），ε=0.306（单纵模激光器）。

在 DWDM 高速光纤传输系统中，着重考虑 PMD 对光纤距离影响情况，可由式（2.16）得出：

$$L=[\frac{1}{10PMD_{\mathrm{C}}\times B_{\mathrm{L}}}]^{2} \quad 或 \quad B_{\mathrm{L}}=\frac{1}{10PMD_{\mathrm{C}}\sqrt{L}} \tag{2.16}$$

其中，PMD_{C}为偏振模色散系数（$\mathrm{s}/\sqrt{\mathrm{km}}$），$B_{\mathrm{L}}$为传输速率（bit/s），$L$ 为光纤中继距离（km）。

【例 2-1】 设某光纤在 1.31μm 波长的最大色散系数 D=3.5ps/(nm·km)，如用一中心波长为 1.31μm 的半导体激光器产生传输光，其谱线宽度为$\Delta\lambda$=4nm，试求出该光传输 1km 长度光纤的色散$\Delta\tau$。

解：由式（2.14），容易求出其色散为

$$\Delta\tau=D\times\Delta\lambda\times L=3.5\times4\times1=0.014\text{ns}=14\text{ps}$$

2.2.3 光纤非线性特性

在带有掺铒光纤放大器加上密集波分复用器的大容量高速率的光纤通信系统中，由于光纤中传输的工作波长多、功率大，可能产生各种光纤非线性效应。如果不予以适当抑制，这种现象将会严重地降低系统的传输性能，限制再生中继距离。

光纤的非线性可分为两类：受激散射和折射率扰动。通常，把导致非线性现象产生的最低光功率的大小称为“阈值”。

1. *受激散射*

受激散射有两种形式：受激布里渊散射和受激拉曼散射。

（1）受激布里渊散射

当一个窄线宽、高功率光信号沿光纤传输时，将产生一个与输入光信号同向的声波，此时声波波长为光波长的一半，且以声速传输，这种光信号和声波之间的相互作用所引起的非线性现象称为受激布里渊散射（Stimulated Brillouin Scattering，SBS）。

在光纤中，光波与声波相互作用，一些向前传输的光波改变方向向后传输，从而减少了向前传输的光功率，并限制了到达光接收端的信号光功率。在所有的光纤非线性效应中，SBS 的阈值最小，它的准确值取决于信号光源的谱线宽和光纤的类型。典型的 SBS 阈值在 1～21mW 数量级，且与信道数无关。

（2）受激拉曼散射

当一个强光信号入射到光纤中，引发光纤中的分子共振时，受激拉曼散射（Stimulated Raman Scattering，SRS）效应便会发生。

光信号与光纤材料分子相互作用产生受激拉曼散射。SRS 光是向前、后两个方向传播的，可采用光隔离器来消除后向传输的光功率。SRS 阈值与光纤传输的信道数、信道间隔、每个信道的平均光功率以及系统的中继距离有关。对单信道系统而言，SRS 阈值约为 1W，远远大于 SBS 阈值。因此，SRS 对于单信道系统基本没有什么影响。

对于多信道系统（DWDM），由于后向散射的 SRS 效应，高频信道能量通过 SRS 向低频信道转移，造成信噪比劣化，因此 SRS 将最终造成光纤通信容量限制，是发生信道串扰的主要因素。

2. *折射率扰动*

在正常光功率的作用下，石英玻璃光纤的折射率是保持恒定的。但在用大功率半导体激光器和掺铒光纤放大器的情况下，光纤获得高的光功率会引起光纤的折射率变化，它们变化的关系式如下。

$$n = n_0 + \frac{n_2 P}{A_{eef}} \tag{2.17}$$

其中，n 为折射率；n_0 为线性折射率；n_2 为非线性折射率系数；P 为输入光功率；A_{eef} 为光纤有效面积。

折射率扰动引起的3种非线性效应为：自相位调制、交叉相位调制和四波混频。

（1）自相位调制

自相位调制（Self Phase Modulation，SPM）是指光脉冲在光纤中传输时，由于光场强度自身引起的相位改变，进而导致光脉冲频谱扩展。如果SPM十分严重，那么在密集波分复用系统中，光谱展宽会重叠进入邻近的信道，从而严重影响系统性能。SPM对系统性能的影响可通过选用低色散或零色散的光纤来减小。

在某些条件下，SPM是有利的。可利用SPM与激光器啁啾和正波长色散的相互作用来暂时压缩传输的脉冲，正是这种相互作用允许色散限制值，比完全无啁啾的线性系统高出50%。

（2）交叉相位调制

交叉相位调制（Cross Phase Modulation，CPM）是任一个波长信号的相位受其他波长信号的强度起伏调制产生的。CPM是一个脉冲对其他信道脉冲相位的作用，产生方式与SPM相同。所不同的是SPM发生在单信道和多信道系统中，而CPM则仅出现在多信道系统中。CPM会使信号脉冲展宽，再加上光纤色散的缘故，会使信号脉冲在经过光纤传输后产生较大的时域展宽，并在相邻波长信道中产生干扰。

（3）四波混频

四波混频（Four Wave Mixing，FWM）是指由两个以上不同波长的光信号在光纤的非线性影响下，除了原始波长信号外，还会产生许多额外的混合新光波，其原理如图2-14所示。新波长数与原始波长数呈几何关系递增，即 $N = \frac{N_0(N_0 - 1)}{2}$（$N_0$ 为原始波长数）。四波混频（FWM）与信道间隔关系密切，信道间隔越小，FWM越严重。

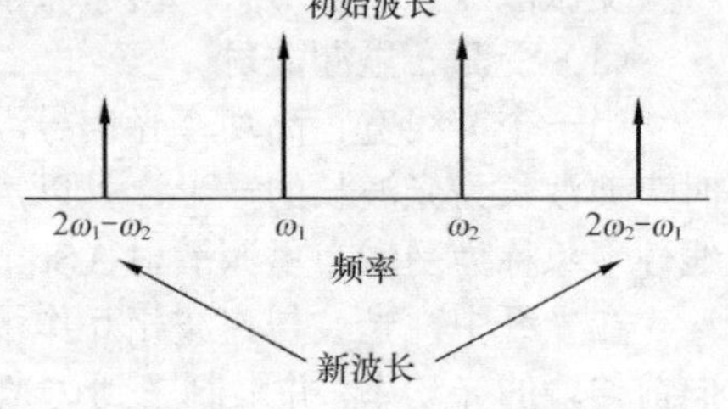

图2-14 四波混频产生原理

FWM对波分复用系统的影响如下：一是将波长的部分能量转换为无用的新生波长，从而损耗光信号的功率；二是新生波长可能与某信号波长相同或重叠，造成干扰。这种非线性效应会严重地损坏眼图图形和产生系统误码。

总而言之，光纤的非线性效应将会限制系统的容量。对于非线性效应的控制方法要综合考虑。

2.2.4 光纤的机械和温度特性

要使光纤在实际的通信线路上使用，它必须具备足够的机械强度以便成缆和敷设，因此光纤的机械特性是非常重要的。从理论上估算外径为125μm的光纤所能承受的抗拉力将达30kg。但实际的光纤表面或内部总是不可避免地存在微裂纹，如图2-15所示。

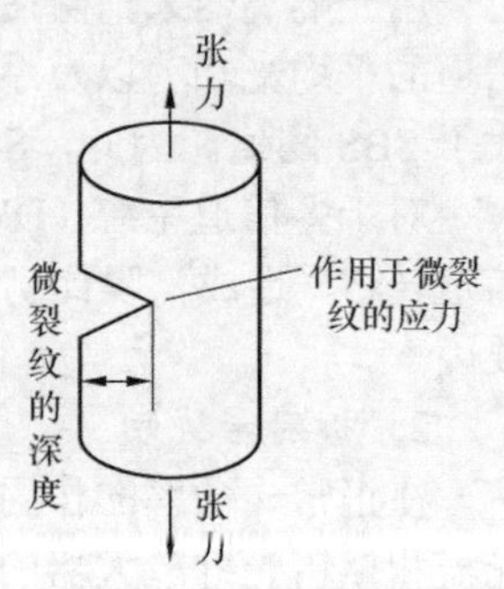

图2-15 光纤断裂与应力关系

实用化光纤的抗拉强度要求大于240g拉力/根。目前商用光纤的强度已达到432g拉力/根以上。用于工程的光纤，一般都大于400g拉力/根，较好的光纤在700g拉力/根以上，用于海底光缆的光纤强度还要高一些。

光纤的使用寿命，从机械性能上讲是指断裂寿命。光纤、光缆制造以及工程建设中，一般是按20年的使用寿命设计的，但光纤使用寿命因受使用环境（如温度、潮气以及静态、动态疲劳）的影响而不完全一致。据目前人们推测，用20年设计寿命的光纤，实际可能使用30年到40年。

光纤的温度特性主要由光纤材料决定。生产光纤时，在光纤刚拉出时立即涂上保护涂覆层和外加套塑层。由于光纤整体结构中各种材料的线膨胀系数不一致，如石英玻璃的线膨胀系数为 3.4×10^{-7}km/℃，而塑料涂覆层（或有机树脂）为 1×10^{-4}km/℃，即当温度变化1℃时，石英光纤和塑料涂覆层的长度变化量相差近1 000倍，也就是说，光纤长度变化1mm时，塑料涂层的长度要改变1m。在标准温度（室温20℃）下，石英光纤和塑料涂层的长度变化相同；当温度下降时，因为两者收缩系数不同，光纤受到轴向压缩力而弯曲，光纤损耗就增大；当温度升高时，光纤又受到轴向伸长力而产生应力，导致损耗增加。光纤损耗随温度变化的曲线如图2-16所示。

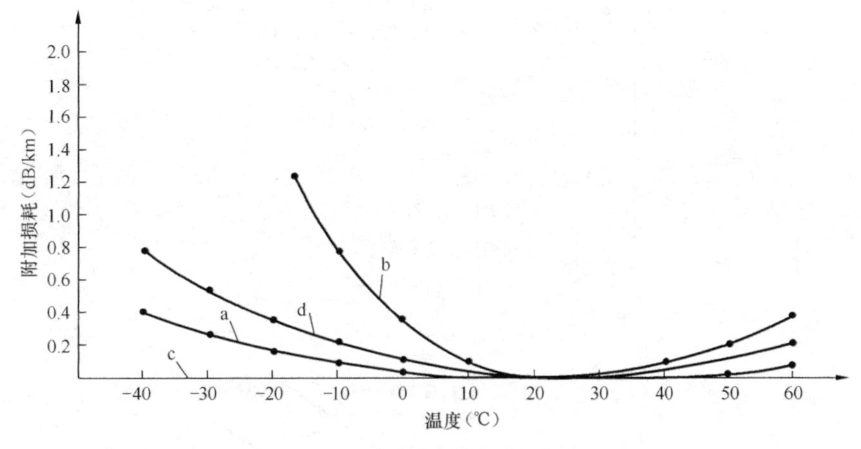

图2-16 温度对光纤的损耗的影响

2.2.5 光纤的分类及应用

光纤可依据材料、波长、传输模式、纤芯折射率分布和制造方法的不同进行分类，可归纳为如图2-17所示。

单模光纤以其损耗低、频带宽、容量大、成本低、易于扩容等优点，作为一种理想的通信传输介质，在全世界得到极为广泛的应用。

根据ITU-T已给建议和不断修订的单模光纤标准有G.652、G.653、G.654、G.655、G.656、G.657以及多模光纤标准G.651，至今已有G.651～G.657等系列光纤产品种类，在抑制色散上各有所长。下面分别对这些种类及其应用加以介绍。

（1）G.652光纤及应用

G.652光纤又叫非色散位移单模光纤。这种光纤的特点是在1 310nm波长处（1 300～1 324nm）色散为0～3.5ps/(nm·km)，在1 550nm波长附近衰减最小，约为0.22dB/km，但有较大的正色散18～20ps/(nm·km)。这种光纤的工作波长可采用1 310nm，也可采用1 550nm。G.652光纤于1983年开始商用，是当前使用最为广泛的单模光纤，据统计在世界各地敷设量已高达7千万千米之多。

绝大多数信号传输系统都采用G.652光纤，在2.5Gbit/s以下一般为衰减限制系统，而10Gbit/s及其以上的为色散限制系统，G.652光纤的色散如图2-18所示。常规G.652光纤的传输性能及其应用场所如表2-5所示。

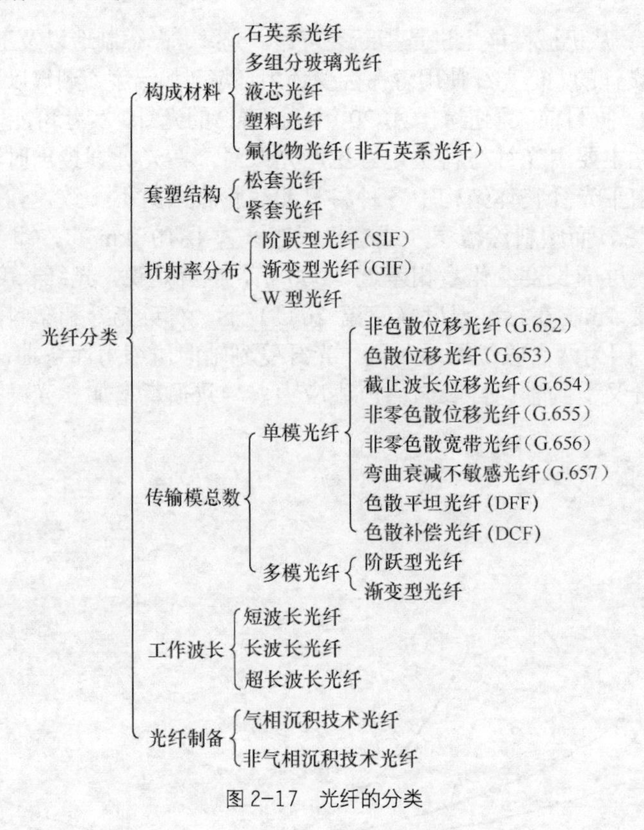

图 2-17　光纤的分类

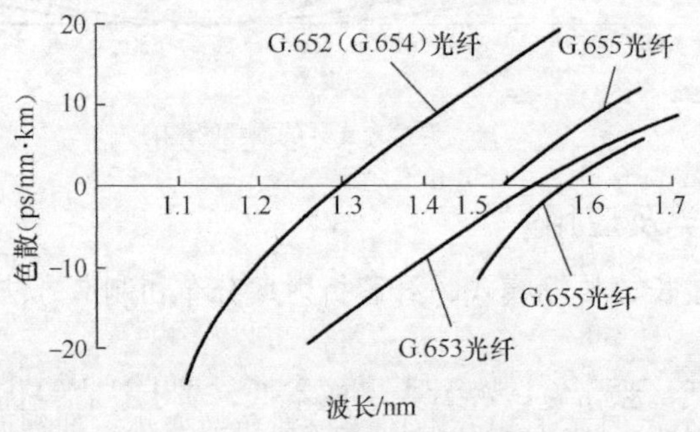

图 2-18　单模光纤的色散

表 2-5　　　　非色散位移单模光纤（G.652 光纤）

性能	模场直径（μm）	截止波长 λ_{cc}（nm）	零色散波长（nm）	工作波长（nm）	最大衰减系数（dB/km）	最大色散系数（ps/(nm・km)）
要求值	1 310nm (8.6～9.5)±0.7	$\lambda_{cc}\leqslant 1\,250$ $\lambda_{c}\leqslant 1\,250$ $\lambda_{cj}\leqslant 1\,250$	1 310	1 310 或 1 550	1 310nm 时最大衰减系数 <0.35 1 550nm 时最大衰减系数 <0.25	1 310nm 时最大色散系数 3.5 1 550nm 时最大色散系数 18
应用场合	最广泛用于数据通信和模拟图像传输介质，其缺点是工作波长为 1 550nm 时色散系数高达 18ps/(nm・km)，阻碍了高速率、远距离通信的发展					

2003 年 ITU-T 对 G.652 光纤建议进行了修改，严格要求光纤的 *PMD* 指标，把 G.652 光纤分为 G.652A、G.652B、G.652C 和 G.652D 4 种类型。G.652A 的 PMD_C 小于 $0.5\text{ps}/\sqrt{\text{km}}$，支持 10Gbit/s 系统传输距离可达 400km，40Gbit/s 系统传输距离为 2km，10Gbit/s 以太网传输距离达 40km。G.652B 的 PMD_C 小于 $0.2\text{ps}/\sqrt{\text{km}}$，支持 10Gbit/s 系统传输距离可达 300km，40Gbit/s 系统传输距离为 80km。G.652C 基本与 G.652A 相同，但在 1 550nm 的衰减更低，而且消除了 1 380nm 附近的水吸收峰，系统可以工作在 1 360～1 530nm 波段，比较典型的有朗迅科技公司 1998 年研发的全波光纤。G.652D 的属性与 G.652B 基本相同，而其衰减与 G.652C 相同，即可工作在 1 360～1 530nm 波段。

（2）G.653 光纤及应用

G.653 光纤即色散位移光纤，色散位移光纤是通过改变光纤的结构参数和折射率分布形状，力求加大波导色散，将最小零色散点从 1 310nm 位移到 1 550nm，实现了 1 550nm 处最低衰减和零色散波长一致，于 1985 年开始商用。G.653 光纤传输性能及其应用场所如表 2-6 所示。

表 2-6　色散位移单模光纤（G.653 光纤）

性能	模场直径（μm）	截止波长 λ_{cc}（nm）	零色散波长（nm）	工作波长（nm）	衰减系数（dB/km）	色散系数（ps/(nm · km)）
要求值	1 310nm 时 8.3	≤1 270	1 550	1 550	1 310nm 时衰减系数≤0.45 1 550nm 时衰减系数≤0.25	1 310nm 时色散系数为−18 1 550nm 时色散系数为 0
应用场合	这种光纤的优点是在 1 550nm 工作波长衰减系数和色散系数均很小。它主要用于单信道几千千米海底系统和长距离陆地通信干线。其缺点是单信道阻碍波分复用					

（3）G.654 光纤及应用

G.654 光纤即截止波长位移光纤。该光纤在 1 550nm 波长区具有极小的衰减损耗 0.18dB/km，其零色散波长在 1 310nm 附近，截止波长位移到了较长波长，最佳工作波长范围为 1 500～1 600nm，具有很好的抗弯曲性能。G.654 光纤传输性能及其应用场所如表 2-7 所示。

表 2-7　截止波长位移光纤（G.654 光纤）

性能	模场直径（μm）	截止波长 λ_{cc}（nm）	零色散波长（nm）	工作波长（nm）	衰减系数（dB/km）	色散系数（ps/(nm · km)）
要求值	1 550nm 10.5	≤1 530	1 310	1 550	1 310nm 时衰减系数≤0.45 1 550nm 时衰减系数≤0.20	1 310nm 时色散系数为 0 1 550nm 时色散系数为+18
应用场合	这种光纤的优点是在 1 550nm 工作波长衰减系数极小，其抗弯曲性能好，它主要用于远距离无需插入有源器件的无中继海底系统，其缺点是制造困难，价格昂贵					

（4）G.655 光纤及应用

G.655 光纤即非零色散位移光纤，于 1994 年特别为适于 DWDM 传输系统设计制造的。

2003 年 ITU-T 对 G.655 光纤的建议进行了修改，把 G.655 光纤分为 G.655A、G.655B 和 G.655C 3 种类型。G.655A 光纤支持波道间隔在 200GHz 以上的 DWDM 系统在 C 波段（1 530～1 565nm）的应用。G.655B 光纤支持以 10Gbit/s 为基础波道间隔在 100GHz 及以下的 DWDM

系统在 C 波段和 L 波段（1 565～1 625nm）的应用，传输距离可达 400km 以上。G.655C 光纤的 PMD_C 小于 0.2ps/$\sqrt{km}$，既支持波道间隔在 100GHz 及以下的 DWDM 系统在 C 波段和 *L* 波段的应用，又能使 *N*×10Gbit/s 系统传输距离达 3 000km 以上，使 *N*×40Gbit/s 系统传输距离达 80km 以上。

据报道，美国康宁公司已用这种光纤成功地进行了长达 360km 无色散补偿的、传输容量达 80Gbit/s（8×10Gbit/s）的传输实验。

非零色散位移单模光纤有望大量用于新建的高速率、大容量、长距离的 DWDM 通信系统。G.655 光纤传输性能及其应用场所如表 2-8 所示。

表 2-8　非零色散位移单模光纤（G.655 光纤）

性能	模场直径（μm）	截止波长 λ_{cc}（nm）	非零色散区（nm）	工作波长（nm）	衰减系数（dB/km）	非零色散区色散系数（ps/(nm・km)）
要求值	1 550nm：(8～11)±0.7	≤1 480	1 530～1 565	1 530～1 565	1 550nm 时：0.25 1 625nm 时：0.30	0.1≤|*D*|≤10
应用场合	这种光纤的优点是在 1 550nm 处有一较低的色散，保证抑制 FWM 等非线性效应，使得其能用在 EDFA 和波分复用结合的、传输速率在 10Gbit/s 以上的 WDM 和 DWDM 的高速传输系统中					

（5）G.656 光纤及应用

G.656 光纤又称为宽带光传送非零色散单模光纤，它是对 G.655 光纤的进一步改进，由 ITU-T 第 15 研究组在 2001～2004 年会议上由日本 NTT 和 CLPAJ 联合提出研究文稿，于 2004 年正式批准发布了 V1.0 版本，经 2005～2008 年研究期的修订，形成 2006 年 11 月发布的 V2.0 版本。这个版本对光纤色散规定，在 1 460～1 624nm 波长范围色散变化维持在较小范围[2～14ps/(nm・km)]，能有效抑制 DWDM 系统的非线性效应。其最小色散值在 1 460～1 550nm 波长区域为 1.00～3.60ps/(nm・km)，在 1 550～1 625mm 波长区域为 3.60～4.58ps/(nm・km)；其最大色散系数值在 1 460～1 550nm 波长区域为 4.60～9.28ps/(nm・km)，在 1 550～1 625nm 波长区域为 9.28～14ps/(nm・km)。这种光纤非常适合于 S、C、L 三个波段利用。波长范围在粗波分复用和密集波分复用之中。G.656 光纤传输性能及其应用场所如表 2-9 所示。

表 2-9　宽带光传送非零色散单模光纤（G.656 光纤）

性能	模场直径（μm）	截止波长 λ_{cc}（nm）	非零色散区（nm）	工作波长（nm）	衰减系数（dB/km）	色散系数（ps/(nm・km)）
要求值	1 550nm (7～11)+0.7	≤1 450	1 530～1 565	1 530～1 565	1530nm 时：0.35 1625nm 时：0.40	3≤*D*≤14
应用场合	G.656 光纤可保证通道间隔 100GHz，40Gbit/s 系统至少传 400km。人们预测 G.656 光纤可能成为继 G.652 和 G.655 之后的又一个广泛应用的光纤					

（6）G.657 光纤及应用

G.657 光纤又称为弯曲衰减不敏感光纤，光是为了实现光纤到户的目标，在 G.652 光纤的基础上开发出的最新的一个光纤品种。G.657 弯曲衰减不敏感单模光纤光缆特性的标准是 ITU-T 于 2006 年 11 月发布的。这类光纤最主要的特性是具有优异的耐弯曲特性，其弯曲半径可达到常规的G.652光纤的弯曲半径的1/4～1/2。G.657光纤分A,B两个子类，其中G.657A型光纤的性能及其应用环境和G.652D型光纤相近，可以在1 260～1 625nm的宽波长范围内（即O,E,S,C,L 5个工作波段）工作；G.657B型光纤主要工作在1 310nm、1 550nm和1 625nm 3个波长窗口，其更适用于实现FTTH的信息传送及安装在室内或大楼等狭窄的场所。G.657光纤传输性能及其应用场所如表2-10所示。

表2-10　　弯曲衰减不敏感单模光纤（G.657A光纤）

性能	模场直径（μm）	截止波长λ_{cc}（nm）	工作波长（nm）	衰减系数（dB/km）	色散斜率（ps/(nm^2·km)）
要求值	1 310nm 8.6～9.5+0.4	λ_{cc}≤1 260	1 310～1 550	1 310nm时：0.40 1 550nm时：0.30	1 310～1 324nm时：0.092
应用场合	当弯曲半径10mm、弯曲1圈时，1 550nm光波最大损耗0.75dB。适用于实现FTTH的信息传送、安装在室内或大楼等狭窄的场所				

（7）色散平坦光纤（DFF）及应用

1988年，色散平坦光纤商用化。这种光纤在1 310～1 550nm波段范围内都是低色散，且具有两个零色散波长，可用于工作波长在1 310nm和1 550nm的标准激光器以及LED进行高速传输的系统。这种光纤的传输性能如表2-11所示。

表2-11　　色散平坦光纤（DFF）

性能	模场直径（μm）	截止波长λ_{cc}（nm）	零色散波长（nm）	工作波长（nm）	最大衰减系数（dB/km）	最大色散系数（ps/(nm·km)）
要求值	1 310nm时：8 1 550nm时：11	≤1 270	1 310和 1 550	1 310～ 1 550	1 310nm时：≤0.25 1 550nm时：≤0.30	1 310nm时：0 1 550nm时：0
特点	这种光纤的优点是在1 310～1 550nm工作波长范围低色散					

（8）色散补偿光纤（DCF）及应用

色散补偿光纤是一种在1 550nm波长处有很大的负色散的单模光纤。当前实验色散补偿光纤的色散系数为−50～−548ps/(nm·km)，衰减一般为0.5～1.0dB/km。

当1 310nm单模光纤系统升级扩容至1 550nm波长工作区时，其总色散呈正色散值，通过在该系统中加入很短的一段负色散光纤，即可抵消几十公里常规单模光纤在1 550nm处的正色散，从而实现已安装使用的常规单模光纤升级扩容，可应用于1 550nm高速率、远距离、大容量的传输。色散补偿单模光纤的传输性能参数及应用场合如表2-12所示。

表2-12　　色散补偿单模光纤（DCF）

性能	模场直径（μm）	截止波长（nm）	零色散波长（nm）	工作波长（nm）	衰减系数（dB/km）	色散系数（ps/(nm·km)）
要求值	1 550nm：6	≤1 260	＞1 550	1 550	1 550nm：≤1.00	1 550nm：−150～−80
应用场合	这种光纤的优点是在1 550nm工作波长范围内有很大的负色散，其主要用作G.652光纤工作波长由1 310nm扩容升级至1 550nm进行色散补偿					

（9）G.651多模光纤及应用

ITU-T建议把50/125μm多模光纤定义为G.651光纤。G.651光纤按纤芯折射率分布可分为阶跃型和渐变型。渐变型多模光纤有A1a、A1b、A1c和A1d四种类型，工作波长都是850nm和1 310nm。A1a型和A1b型主要应用于数据链路和局域网，A1c和A1d型主要应用于局域网和光纤传感。A1a、A1b、A1c 和 A1d 4 种光纤的衰减依次为 0.8～1.5dB/km、0.8～2.0dB/km、2.0dB/km、3.0～4.0dB/km。阶跃型多模光纤有 A2、A3、A4 3 种类型，还是较为实用的。例如，工作在 850nm 的短波长窗口，可用于四次群以下的光纤通信系统，适用于短距离信息传输、局域网、数据链路、楼内局部布线和光纤传感器等。目前主要选用的是渐变型多模光纤。其标准几何参数和主要特性如表 2-13 所示。

表 2-13　　多模光纤主要特性

几何特性		芯径	包层直径	同心误差	不圆度
		50μm±6%	125μm±2.4%	＜6%	芯＜6%，包层＜2%
折射率分布		近似抛物线			
数值孔径（NA）		（0.18～0.24）±0.02			
波长 参数		850nm		1 300nm	
传输特性	衰减常数	A≤3.0dB/km B≤3.5dB/km C≤4.0dB/km		A≤0.8dB/km B≤1.0dB/km C≤1.5dB/km D≤2.0dB/km E≤3.0dB/km	
	模畸变带宽	A　B_{m}≥1 000MHz B　B_{m}≥800MHz C　B_{m}≥500MHz D　B_{m}≥200MHz		A　B_{m}≥1 200MHz B　B_{m}≥1 000MHz C　B_{m}≥800MHz D　B_{m}≥500MHz E　B_{m}≥200MHz	
	色散系数	≤120ps/(nm·km)		≤6ps/(nm·km)	

2.3　光缆

2.3.1　光缆的结构

光缆和电缆一样由加强元件、缆芯、填充物和外护层等构成。

常用的室外光缆结构有 4 种形式，即层绞式、骨架式、中心（束）管式和带状式，如图 2-19 所示。

缆芯一般是指带有涂覆层的单根或多根光纤合在一起再套上一层塑料管，并与不同形式的加强件和填充物组合在一起。

加强元件用于提高光缆施工的抗拉能力。在光缆中加一根或多根加强元件位于中心或分散四周，位于光缆中心的，称为中心加强；位于缆芯绕包一周的，称为铠装式加强。加强元件一般采用镀锌钢丝、多股钢丝绳、带有紧套聚乙烯垫层的镀锌钢丝、纺纶丝和玻璃增强塑料等。

光缆护层是由内护层和外护层构成的多层组合体。内护层一般用聚乙烯（PE）和聚氯乙烯（PVC）等；外护层可根据敷设而定，可采用铝带和聚乙烯组成的 LAP 外护套加钢铠装等，起到增强光缆抗拉、抗压、抗弯曲等机械保护性能的作用。

在光缆缆芯的空隙中注满填充物（如石油膏），石油膏是光纤防潮的最后防线，它可有效地阻止潮气及水的渗入和扩散，以延缓潮气及水对光纤传输性能的影响，同时还能减少光纤的相互摩擦。

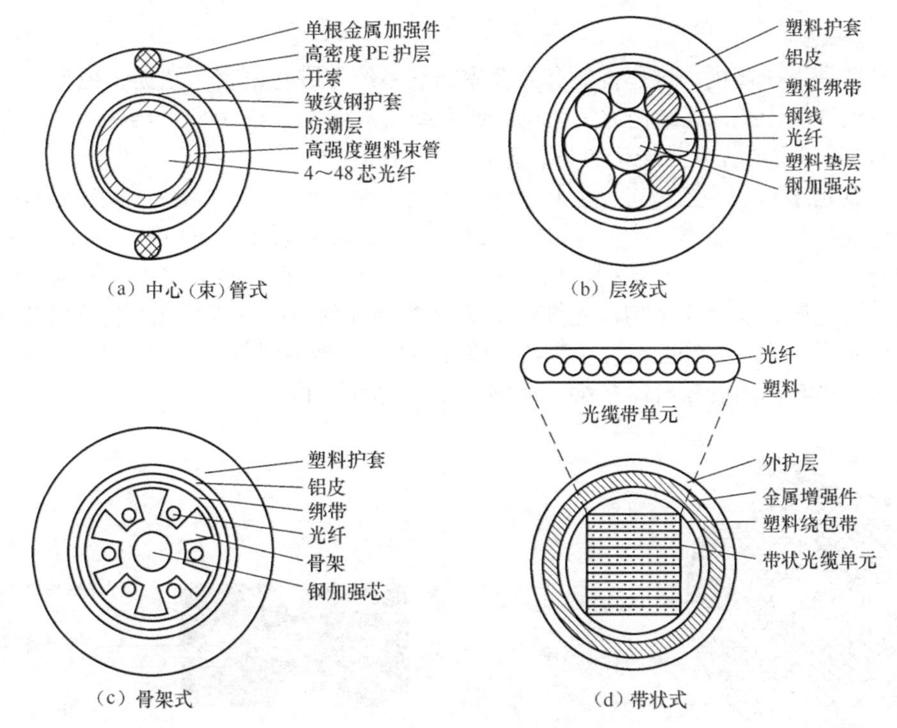

图 2-19 光缆结构

常用的室内光缆都是非金属的，结构有 4 种形式，即多用途室内光缆、分支光缆、互连光缆和皮线光缆，如图 2-20～图 2-23 所示。

（1）多用途室内光缆

多用途室内光缆是由紧套光纤和非金属加强件构成的，光纤与一根非金属中心加强件绞合形成结实的光缆。图 2-20 所示为 48 芯多用途室内光缆的结构。这种光缆的优点是：直径小、重量轻、柔软，易于敷设、维护和管理，适用于各种室内场合的需要。

（2）分支光缆

分支光缆用于各光纤的独立布线和分支，图 2-21 所示为一个 6 芯分支光缆结构。这种类型光缆主要用于中、短距离的传输，如大楼内向上的升井里、计算机房的地板下和光纤到桌面等。

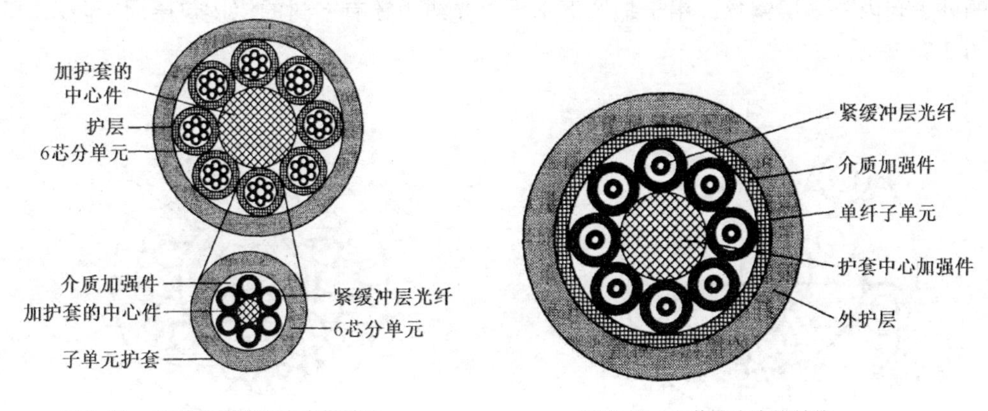

图 2-20 48 芯多用途室内光缆结构

图 2-21 6 芯分支光缆结构

（3）互连光缆

互连光缆是为计算机、过程控制和办公室布线系统等进行语言、数据、视频、图像传输设备互连所设计的光缆，其结构通常为单纤或双纤结构，图2-22为双纤结构。这些光缆里的光纤常为G.657，主要优点是连接容易、直径细、弯曲半径小。

（4）皮线光缆

皮线光缆与互连光缆作用类似，如图2-23所示。目前主要用于FTTH入户段拉到桌面上等。皮线光缆多为单芯、双芯结构，也可做成4芯结构，横截面呈8字型，加强件位于两圆中心，可采用金属或非金属结构，光纤位于8字型的几何中心。皮线光缆内光纤采用G.657小弯曲半径光纤，可以以20mm的弯曲半径敷设，适合在楼内以管道方式或布明线方式入户。皮线光缆可直接与输出的尾纤冷接续，能固定或者活动使用。

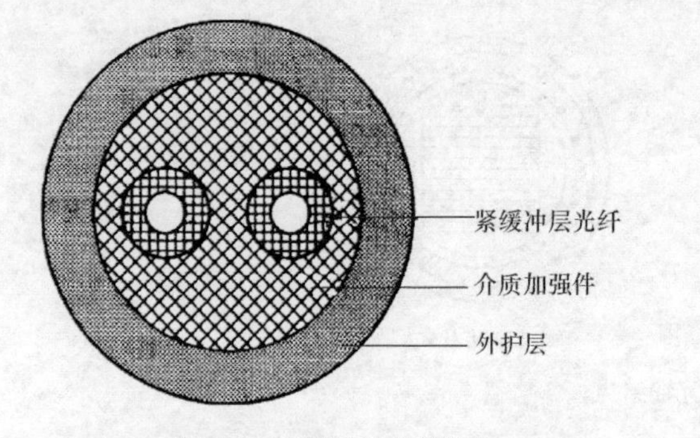

图2-22　双纤互连光缆结构

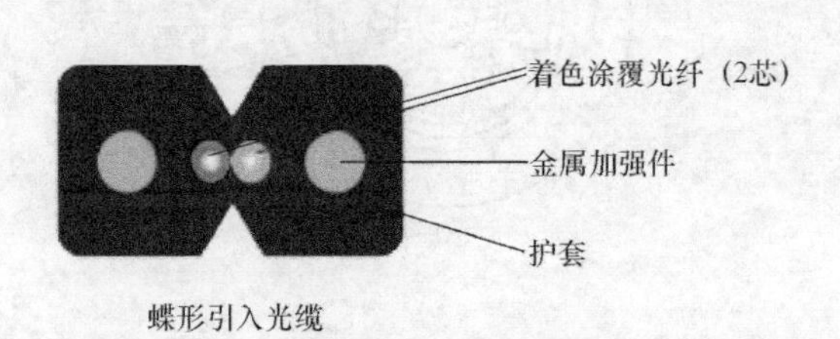

图2-23　2芯入户皮线光缆结构

常用的特种光缆主要有电力系统光缆、海底光缆和野战军用光缆等，如图2-24、图2-25所示。

（1）电力系统光缆

随着通信领域竞争的日益加剧，电力系统也组建了自己的大容量光纤通信网。在输电线路中，采用架空地线复合光缆（Optical Power Ground Wire，OPGW），OPGW光缆的结构是在电力接地线内包装一根光缆，如图2-24所示。OPGW光缆是安装在电力传输线路的铁塔顶部，主要提供电力部门传输监控变电站信息，包括内部通信。

（2）海底光缆

海底光缆因为船在深海布放光缆时，从海底到船，光缆的长度很长，有很大的下垂力，光缆的外护套内有多层钢丝，用于抵抗下垂力；光缆内还有密封的铝皮包层用于防水。其结构如图2-25所示。

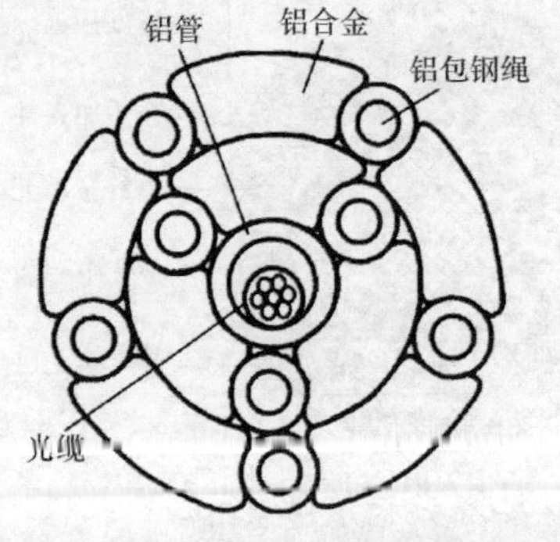

图2-24　架空地线复合光缆（OPGW）结构

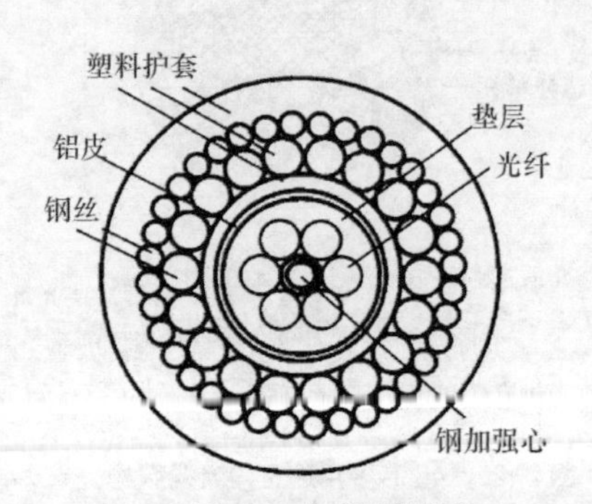

图2-25　海底光缆结构

海底光缆是为将陆地型光纤传输能力延伸至无中继站的海底应用而设计的光缆。

（3）野战军用光缆

野战军用光缆及特种军用光缆是为野战部队的战术通信、雷达车的信息传输、导弹制导鱼雷制导等应用而设计的光缆。

总之，光纤的种类决定了光缆的传输性能，光缆的结构类型则决定了光缆的机械性能和使用环境。

2.3.2 光缆的制造过程

光缆的制造主要考虑光缆材料的选择和制造工艺。在光缆原材料选择方面除了光纤外，还应当考虑以下 3 方面：光缆护层材料、填充物材料和加强件材料。

1. *光缆材料*

光缆护层材料主要有不同密度的聚乙烯护层料、阻燃护层料和复合材料 3 类。

不同密度的黑色聚乙烯（Polyethylene，PE）护层料由不同密度的聚乙烯树脂与抗氧剂、增塑剂、碳黑、加工改性剂按一定比例均匀混炼造粒制成。作为光缆外护层的聚乙烯有低密度聚乙烯（LDPE）、线性低密度聚乙烯（LLDPE）、中密度聚乙烯（MDPE）和高密度聚乙烯（HDPE）。由于它们的分子结构不同，所以具有不同的性能。

阻燃护层料按其是否含卤可分为两类：含卤阻燃料和无卤阻燃料。要求光缆护层具有长期保护缆芯、耐热、耐火、耐熔剂、无毒、低烟等性能。含卤阻燃护层料以聚氯乙烯（PVC）为基础树脂，与增塑剂和稳定剂按一定比例混合塑化造粒制成，具有良好的阻燃效果。在燃烧时会产生毒性。无卤阻燃料是以聚乙烯（PE）为基础树脂，再加有协同效应的无机阻燃剂加工制成的，它是一种无毒、低烟的洁净阻燃料。阻燃护层可应用于各种室内场所之中。

复合材料主要用于光缆铠装层，类型有钢塑复合带、铝箔塑复合带等，其作用可以保护缆芯免受机械损伤，提高光缆的侧压力、耐冲击力以及电磁屏蔽。

填充物材料主要有填充油膏、热熔胶、聚酯带、阻水带和芳纶带等。这里只介绍填充油膏、热熔胶、聚酯带组成与作用。

填充油膏可分为纤膏和缆膏两种。用在松套管中填充的油膏为纤膏，用在光缆其余部分填充的油膏为缆膏。纤膏是由天然油或合成油、无机填料、偶联剂、增黏剂、抗氧剂等以一定比例制成的一种白色半透明膏状物。缆膏是由矿物油、丙烯酸钠高分子吸水树酯、偶联剂、增黏剂、抗氧剂等制成的一种黄色半透明膏状物。

热熔胶是由高弹性、高抗张力强度和高伸长率的热塑性橡胶与混合粘树酯、调节剂、稳定剂一起经加工制成的一种棕色透明的弹性块状胶体，主要用于光缆铠装层复合带的搭接缝黏结，可以防止光缆铠装层径向和纵向渗水。

聚酯带（PET）的化学名称为聚对苯二甲酸乙二醇酯，主要用于光缆的包扎。

光缆的加强件材料主要用于改善光缆的机械强度，以金属材料（即钢丝和钢绞线）为主。钢丝有镀锌高碳钢丝、镀磷高碳钢丝和镀锌低碳钢丝三种。

2. *光缆制造设计原则*

在光缆设计时，需要考虑由应力引起的光纤损耗、光缆承受的敷设张力、余长、机械强度、温度、阻水、寿命等实用性质。

对于每根光缆，其光纤长度大于光缆皮长度，这称为余长。松套管中光纤余长一般应在1.0%~2.0%左右，也可适当设计长些。光纤余长与光缆的抗拉特性和温度特性有密切关系。

考虑光缆机械强度要求要合理选择光缆中的加强构件、杨氏模量、直径以及护层结构、铠装结构等。光缆的抗拉强度主要靠加强构件提供；光缆抗侧压力主要靠护层或铠装层提供；光缆防水防潮，主要靠铝-塑黏结护套或钢-塑黏结护套，以及光缆中的阻水油膏提供。

3. 光缆的制作流程

制作光缆的整个生产过程是：光纤套塑→与加强件绞合成缆芯→包扎（含填充油膏）→加护层或加装铠层。

光纤套塑是将光纤置于塑料套的中心，涂覆塑料套厚薄均匀，避免偏心或内套层出现空穴。在制作套塑光纤时，尼龙（或PE）颗粒经过加热、挤塑、冷却固化才形成光纤外边的塑料套；零散光纤芯线以适当的数量与加强件纽绞构成最佳形式基本缆芯组件，再将若干组件组成缆芯；包扎时应使包扎带的中心线与绕包缆芯表面呈切线关系，并要求包扎带边缘上张力保持均衡；缆芯加护层是利用挤塑机为缆芯包上外护层。通过这道工序，最终制成光缆。

4. 光缆端别与纤序的识别

光缆端别的识别在光缆施工中很重要，根据多年光缆施工经验积累，对于层绞式和骨架式光缆缆芯，有多根绞合元件，为便于光缆接续时一一对应不错纤，光缆一般要求按端别次序敷设，例如设计施工时，让各段光缆的A端都朝北（东）向，而光缆的B端都朝南（西）向的终端。光缆端别基本沿用电缆端别的规定，即面对光缆断面，红色松套管（或桔色）为起始色，绿色松套管（或蓝色）为终止色，以红到绿顺时针方向排列为A端，逆时针排列为B端。

对于中心管式光缆缆芯按光纤色谱排列次序，每束管内有4根或6根或8根或12根光纤，光纤色谱编号如表2-14所示。若束管内有4根光纤，则顺时针1～4排列为A端；若束管内有12根光纤，则顺时针1～12排列为A端，以逆时针排列为B端。

表2-14 光纤的色谱排列次序

光纤编号	1	2	3	4	5	6	7	8	9	10	11	12
光纤护套色	蓝	橙	绿	棕	灰	白	红	黑	黄	紫	粉红	青绿

2.3.3 光缆的分类及应用

光缆的种类一般可根据光缆缆芯结构、敷设方式、特殊适用环境等划分，如表2-15所示。

表2-15 光缆的种类及应用

分类方法	光缆种类
光纤传输模式	单模光缆、多模光缆（阶跃型、渐变型）
光纤状态	紧结构光缆、松结构光缆、半松半紧结构光缆
缆芯结构	层绞式光缆、骨架式光缆、中心（束）管式光缆、带状式光缆、单元式光缆
外护套结构	无铠装光缆、钢带铠装光缆、钢丝铠装光缆
光缆材料有无金属	有金属光缆、无金属光缆
适用范围	中继光缆、海底光缆、用户光缆、局内光缆、设备内光缆
敷设方式	直埋光缆、水底光缆、架空光缆、管道光缆
特殊适用环境	高压输电线采用的光缆、室内光缆、应急光缆、野战光缆

1. 按光缆的结构分类及应用

按光缆的结构不同分类，常用的室外光缆有4种：中心（束）管式、层绞式、骨架式和带状式，如图2-19所示。各种光缆的结构性能对比如表2-16所示。

表 2-16　　各种光缆缆芯特点对比

名称	层绞式	骨架式	束管式	带状式
结构图	图 2-19（b）	图 2-19（c）	图 2-19（a）	图 2-19（d）
容纳的光纤数	单元式：100 以上	以大于 10 为宜	单层：12 单元式：多纤	多达 1 000
传输性能	适中	性能极稳定	微弯损耗小	为使性能稳定，对护层有要求
加强件	要	要	要	要
适用场所	长途干线，局间中继线	长途干线、用户线	长途干线、用户线	长途干线、用户线

（1）中心管式光缆

中心管式光缆的松套光纤（单纤芯或多纤芯）无扭绞地直放在光缆的中心位置，这种位置最有利于减少光纤弯曲造成的损耗。加强构件可以是平行于中心管放置在外护套黑色聚乙烯中的两根平行高碳钢丝，也可以是螺旋绞绕在中心管上的多根低碳钢丝。

（2）层绞式光缆

紧套光纤或松套光纤螺旋绞合（以 S 绞合或以 Z 绞合）在中心加强构件上。层绞式光缆与中心管式光缆相比较，生产工艺设备相对复杂些，纤芯数多（最多 144 芯），缆中光纤余长易控制。

（3）骨架式光缆

一次涂覆光纤或二次涂覆紧套光纤，轻轻放入骨架槽中构成的光缆称为骨架式光缆。骨架式光缆生产工艺设备是三种光缆结构形式光缆中最复杂的一种，它要多一条生产骨架的生产线。骨架式光缆的纤芯数最多为 12 芯。

以上三种结构的光缆均可以用带状光纤来制成，其基本单元是由带状光纤构成的。

（4）带状式光缆

带状式光缆的优点是可容纳大量的光纤。随着光纤接入网和 CATV 网络的大量兴建，带状式光缆的需求将急速增加。对于带状结构光缆，每一带光纤数可达 2 根、4 根、6 根、8 根、10 根、12 根、24 根，按一定色标排列组成的平行光纤带。在带状式光缆中，骨架式带状式光缆已成为目前集成芯数最多的光缆，图 2-26 所示为 1 000 芯骨架式带状式光缆结构。

2. 按光缆的敷设方式分类及应用

按光缆敷设方式不同，室外光缆可分为管道光缆、直埋光缆、架空光缆和水底光缆，其护层各有不同，如图 2-27 所示。

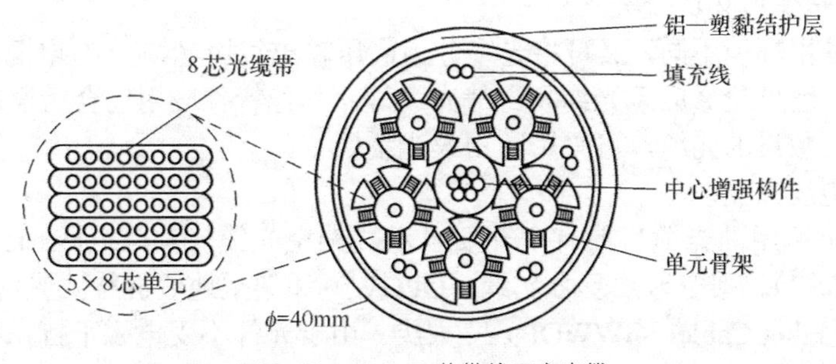

图 2-26　40×5×5 芯带状用户光缆

（1）管道光缆

管道光缆常用铝/塑复合带作为外护层，图 2-27 中所画的是它的结构，它由厚度为 0.2

（mm）的铝箔和聚乙烯塑料膜组合而成，这种外护层在受到侧压力时易发生形变，所以只能在通信管道或隧道中使用。

（2）直埋光缆

直埋光缆其特点是在 LAP 护套外加一层皱纹钢护层和 PE 护层（见图 2-27）。这种光缆能承受一定的侧压力，可直接埋在地下使用。

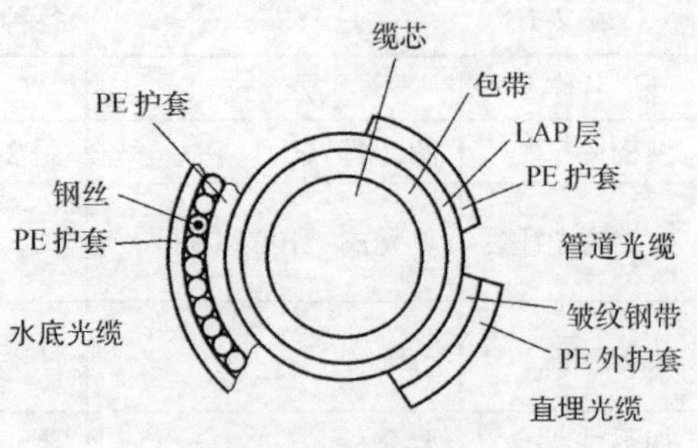

图 2-27　3 种光缆护层

（3）水底光缆

为了防止水进入光缆，提高光缆的抗拉伸能力，抵御外界的机械损伤，在缆芯外护套用铠装钢丝代替钢带铠装层。水底光缆主要用于通信线路的过河（海）区段。

（4）架空光缆

架空光缆可以用管道光缆或直埋光缆代替。根据架空光缆所处的地理环境，外护层可选用铝（或钢）塑复合带的结构形式，该光缆主要用于敷设在地面杆路上。

将几种外护层的光缆机械性能进行对比，如表 2-17 所示。图中的“√”表示优良，“○”表示可以适用，“×”表示不适用。

表 2-17　几种光缆外护层的机械性能对比

光缆外护层特点		PE	LAP	皱纹钢带+PE	LAP+皱纹钢带+PE	LAP+绕包钢管+PE	LAP+皱纹钢带+PE	LAP+钢线+PE
缆芯结构		骨架	骨架	骨架	骨架	骨架	骨架	骨架
抗拉强度（kg）		150～200	150～200	200～250	300～500	300～500	500	1 000
抗压强度（kg/10cm）		≈200	≈250	＞250	≈300	＞300	＞350	＞350
耐冲击（kg・m）		≈0.50	≈0.60	＞0.60	＞2.0	＞2.5	＞2.5	≈2.5
使用场合	架空	√	○	○	×	×	×	×
	管道	×	√	○	○	√	×	×
	直埋	×	×	×	√	○	○	○

3. 按光缆特殊使用环境分类及应用

按光缆特殊使用环境不同，又可将光缆分为高压输电线用光缆、光/电混合缆、室内光缆（无卤阻燃光缆）、室外抢修应急光缆和野战光缆等。其他特殊应用场合所需的光缆，如在白蚁比较严重的地段敷设的光缆，可采用防白蚁光缆。

（1）高压输电线用光缆

高压输电线上所用的光缆目前有全介质自承式架空光缆（All-Dielectric Self-Supporting Aerial Cable，ADSS）、架空地线复合光缆（OPGW）和架空地线缠绕式光缆（Ground Wire Wraparound Optic Fiber Cable，GWWOP）三大类。由于光纤不受电磁干扰，故可利用高压输电线路安装光缆，既可用于专用网建设，又可作为公用网建设。

ADSS 的特点是缆内无金属，中心放置玻璃纤维增强元件，护层内放置芳纶纱，使光缆重量轻而拉伸强度特别大，从而可用于铁塔间的跨距达到几百米甚至千米以上的情况。

OPGW 的特点是将光纤单元放入架空电力接地线中间，而不损害架空地线原有的电气性能（如短路或雷击的瞬间电流）、机械性能（如抗拉强度、振动等）、热性能（最高承受温度），从而实现信息的传输。OPGW 主要应用于新敷设的输电线路。

GWWOP 的特点是可缠绕在架空电力接地线上的直径细、重量轻的无金属光缆。

（2）光/电混合缆

光/电混合缆是指将电话用铜线对或铜馈电线放入光缆缆芯中，做成光/电混合缆。除中心管式外，可将这种光/电混合缆做成层绞式和骨架式。光/电混合缆多用在既需要进行光信号传输，又要进行电信号监控的部门，如铁路沿线使用的光/电混合缆。

（3）室内光缆

室内光缆的特点是直径细，便于分支，柔软性好，阻燃。多用于紧套光纤而不填油膏或非金属加强件，既可用单模光纤，也可用多模光纤，对光纤衰减要求不高。其主要在用户接入网（光纤到大楼、光纤到户）、局域网等多媒体传输网中使用。

（4）室外抢修应急光缆和野战光缆

应急光缆和野战光缆都具有直径细、重量轻、可反复快速放出和收回的特点。通常情况下，应急光缆每盘长度不超过 500m，也有的为每盘 1 000m；野战光缆每盘长度为 2 000m。这两种光缆均采用非金属加强构件，结构形式多采用外面层绞紧包光纤再绕包芳纶后挤包护套的结构，护套一般为黄色或黑色聚氨醋或聚乙烯。光缆的两端均装有 FC 型或 IEC60874 标准规定的其他型号的连接器。缆内光纤一般为 ITU-T G.652 单模光纤。

2.3.4 光缆型号与规格

光缆种类较多，具体型号与规格也多，根据《YD/T908—2011 光缆型号命名方法》的规定，光缆型号标识是由光缆型号代码和光缆中光纤规格代码（目前光纤规格代码已做了大量简化不再要求表示那么多的信息了）两部分组成，如图 2-28 所示。

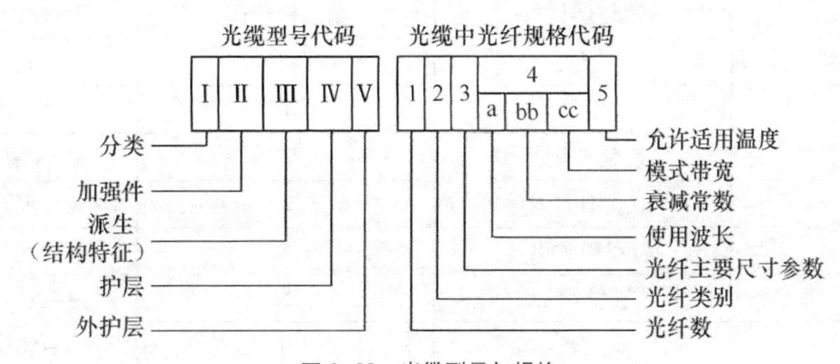

图 2-28 光缆型号与规格

1. 光缆型号代码及意义

（1）分类代码及意义

GY——通信用室/野外光缆
GYW——微型光缆
GYC——气吹布放微型光缆
GYL——路面微槽敷设光缆
GYP——防鼠齿排水管道光缆
GJ——通信用室/局内光缆
GJC——气吹布放微型光缆
GJX——蝶形引入光缆
GR——通信用软光缆
GS——通信用设备内光缆
GH——通信用海底光缆
GT——通信用特殊光缆
GW——通信用无金属光缆
GM——通信用移动式光缆
GJY——通信用室内外光缆
GJYX——通信用室内外蝶形引入光缆

（2）加强件代码及意义

无代号——金属加强件　　F——非金属加强件

G——金属重型加强件　　H——非金属重型加强件

（3）派生（结构特征）代码及意义

B——截面扁平形状　　C——自承式结构

E——截面椭圆形状　　D——带状结构

8——截面8字形状　　T——填充油膏式结构

X——中心管结构　　J——光纤紧套被覆结构

S——光纤束结构　　G——骨架槽结构

注：兼有不同派生时，应都写上，但按字母顺序并列。

（4）护套代码及意义

Y——聚乙烯护套　　A——铝-聚乙烯粘接护套（称A护套）

U——聚氨酶护套　　S——钢-聚乙烯粘接护套（称S护套）

L——铝护套　　F——非金属纤维增强-聚乙烯粘接护套（称F护套）

G——钢护套　　W——夹带钢丝的钢-聚乙烯粘接护套（称W护套）

V——聚氯乙烯护套　　H——低烟无卤护套

Z——阻燃材料护套　　Q——铅护套

（5）外护套代码及意义

外护套是指铠装层及铠装层外边的外护层，外护套的代码由两位数字组成。第一位数字表示铠装层材料，第二位数字表示外护层材料，其含义如表2-18所示。

表2-18　外护套的代码及含义

第一位代码	铠装层材料	第二位代码	外护层材料
0或无符号	无	无符号	无外护层
1	钢管	1	纤维外套
2	绕包双钢带	2	聚氯乙烯套
3/33	单/双细圆钢丝	3	聚乙烯套
4/44	单/双粗圆钢丝	4	聚乙烯套加覆尼龙套
5	皱纹钢带	5	聚乙烯保护管
6	非金属丝	6	阻燃聚乙烯套
7	非金属带	7	尼龙套加覆聚乙烯套

2. 光缆中光纤规格代码及意义

光纤的规格由光纤数和光纤类别构成。如果同一根光缆含有两种或以上的规格，中间应该由“-”符号连接。

（1）光纤数

光纤数是表示光缆中同一类别光纤的实际光纤数的数字。

（2）光纤类别代码及意义

依据国际电工委员会 IEC60793-2（2001）《光纤第二部分：产品规范》等标准，用大写字母A代表多模光纤。大写字母D、C 代表单模光纤。接着以数字和小写字母表示不同种类和类别的光纤。如B1.1表示G.652A/B光纤或B1.3表示G.652C/D光纤，B1.2表示G.654光纤，B2表示G.653光纤，B3表示色散平坦DFF光纤，B4表示G.655光纤。

3. 光缆类型举例

例如某光缆型号为 GYTA-12 B1.1，则说明该光缆是有金属加强构件、松套填充油膏式、铝-聚乙烯护层的通信用室外光缆，包括 12 芯 G.652A/B 单模光纤。

表 2-19 所示为一些常用光缆名称、型号和用途。

表 2-19　　一些常用光缆名称、型号和用途

习惯名称	型号	名称全称	用处
中心管式光缆	GYXTY	室外通信用、金属加强构件、中心管、全填充、夹带加强构件的聚乙烯护套光缆	架空、农话
	GYXTW	室外通信用、金属加强构件、中心管、全填充、夹带加强构件的钢-聚乙烯黏结护套光缆	架空、农话、管道
中心金属加强构件层绞式光缆	GYTA	室外通信用、金属加强构件、松套层绞、全填充铝-聚乙烯粘接护套光缆	架空、管道
	GYTS	室外通信用、金属加强构件、松套层绞、全填充钢-聚乙烯粘接护套光缆	架空、管道、直埋
	GYTY53+33	室外通信用、金属加强构件、松套层绞、全填充聚乙烯护套、皱纹钢带、聚乙烯层+双细圆钢丝铠装、聚乙烯外护层光缆	直埋、水底
非金属光缆	GYFTY	室外通信用、非金属加强构件、松套层绞、全填充聚乙烯护套光缆	架空 高压电感应区域
	GYFTY05	室外通信用、非金属加强构件、松套层绞、全填充聚乙烯套、无铠装、聚乙烯保护层光缆	架空、槽道 高压电感应区域
电力光缆	GYTC8Y	室外通信用、金属加强构件、松套层绞、全填充、聚乙烯套 8 字形自承式护套光缆	悬挂于高压输电塔上
带状光缆	GYDTY	室外通信用、金属加强构件、光纤带、松套层绞、全填充聚乙烯护套光缆	架空、管道、用户接入网
	GYDTY53	室外通信用、金属加强构件、光纤带、松套层绞、全填充聚乙烯护套、皱纹钢带铠装聚乙烯外护层光缆	直埋、用户接入网
防蚁光缆	GYTY04	室外通信用、金属加强构件、松套层绞、全填充、聚乙烯护套、无铠装、聚乙烯套加尼龙外护层光缆	管道防蚁场合
	GYTY54	室外通信用、金属加强构件、松套层绞、全填充、聚乙烯护套、皱纹钢带铠装、聚乙烯套加尼龙外护层光缆	直埋防蚁场合
室内光缆	GJFJV	室内通信用、非金属加强构件、紧套光纤、聚氯乙烯护层光缆	室内尾纤或跳线
	GJFJZY	室内通信用、非金属加强构件、紧套光纤、阻燃、聚乙烯护层光缆	室内布线或尾纤
	GJFDBZY	室内通信用、非金属加强构件、光纤带、扁平形、阻燃聚乙烯护层光缆	室内尾缆或跳线
阻燃光缆	GYTZS	室外通信用金属加强构件、松套层绞、全填充钢-阻燃聚乙烯黏结护套光缆	架空、管道、防火场合
入户光缆	GJXV-1B6a	单芯金属室内蝶形光缆（皮线光缆）	FTTH、家庭用户

2.4 光缆的主要特性

2.4.1 传输特性

光缆的传输特性主要由光纤决定，但光缆传输特性中的损耗特性往往要受外界影响。影响光缆损耗特性的主要原因有：温度特性，即温度变化对传输损耗的影响；侧压力特性，即成缆过程中以及光缆敷设时，侧压力对传输损耗的影响；弯曲特性，即成缆过程中、光缆敷设后以及光缆接续中光纤余长处理时的弯曲对传输损耗的影响；应变特性，即成缆过程中以及光缆敷设后，光纤应变对传输损耗和寿命的影响。引起光缆的损耗增加的主要原因如图 2-29 所示。

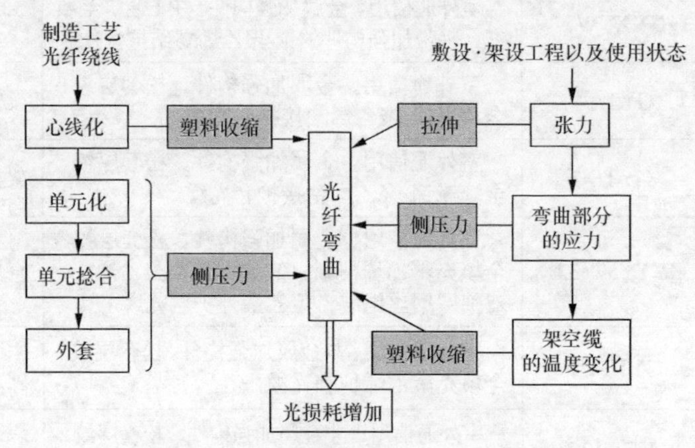

图 2-29 引起光缆的损耗增加的主要原因

2.4.2 机械特性

光缆在制造、运输、施工和使用过程中都会受到各种外部机械力作用。光缆在外机械力作用下，光缆中光纤传输性能很可能发生变化，使用寿命也可能缩短，甚至出现断纤现象。因此，光缆机械性能指标是光缆产品质量的重要技术指标。光缆机械性能指标有拉伸、压扁、冲击、反复弯曲、扭转、曲绕等受力状态，如表 2-20 所示。光缆机械性能应符合表 2-21 的规定。光缆在承受短期允许拉伸力和压扁力时，光纤附加衰减应小于 0.1dB，应变小于 0.1%，拉伸力和压扁力解除后光纤应无明显残余附加衰减和应变，护套应无目力可见的开裂。

表 2-20 光缆机械性能试验

序号	项目	方法	试验条件	指标要求
1	拉伸	GB 7425・2	试样有效长度 12m，以 10mm/min 的拉伸速度，最大拉力至光缆标称张力，维持 1 分钟，然后逐渐解除拉伸	① 光纤不断裂；②光纤损耗监视；试验中光功计变化≤0.05dB；试验解除后应无变化；③护层无可见裂纹；④有导电线光缆，导电线应保持导通状态
2	压扁	GB 7425・3	试样取 5 个压点（间隔>0.5m），每个压点的两个垂直径向各压一次，受压面积为 10cm，最大压力至光缆标称侧压力	
3	冲击	GB 7425・4	试样取 5 个点（间隔>0.5m），重垂落高为 1m，冲击次数不少于 3 次	
4	反复弯曲	GB 7425・5	心轴直径为 20 倍缆径，张力由产品指标定，有效长度 1m，由中央左右曲 90°，弯曲速率为每秒钟 1 外循环，应不少于 10 个循环	

续表

序号	项目	方法	试验条件	指标要求
5	扭转	GB 7425·6	试样有效长度 1m，一端悬吊重物（重量由产品指标定，一般 100g 左右），扭转角度为±100°，应不少于 10 个循环	

表 2-21　光缆机械性能应符合的拉伸力和压扁力规定

光缆类型	允许拉伸力（N）		允许压扁力（N/10cm）	
	短期	长期	短期	长期
管道和非自承架空	1 500	600	1 000	300
直埋	3 000	1 000	3 000	1 000
特殊直埋	10 000	4 000	5 000	3 000
浅水下	20 000	10 000	5 000	3 000
深水下	40 000	20 000	8 000	5 000

1. 抗拉性

抗拉性是指光缆纵向所能承受的最大拉力，一般要求在大于 1km 的光缆，其能承受的拉力在 100～400kg 范围。在光缆布放施工过程中，要在光缆端头施加一纵向拉力，当拉力超出规定值时，光缆可能会出现断裂（护层和加强件），损伤内部的光纤，会影响光纤的传输性能。

2. 抗压扁性

抗压扁性是指光缆能够承受的最大侧压力。多数光缆能够承受的最大侧压力在 100～400kg/10cm 范围。当侧压力超过规定限值时，光缆内的光纤损耗将增加，使传输性能变差，直至通信中断。

3. 抗冲击性

抗冲击性一般包括抗冲击、枪击和瞬间负荷增加。冲击和瞬间负荷增加是指光缆在极短时间内承受一定载荷的冲击后，光缆护套和缆内光纤损耗的变化情况。

抗枪击是指光缆在一定距离内承受铅弹射击的性能。

4. 抗弯曲性

抗弯曲性是指光缆的弯曲特性。当光缆在施工和使用中，受外力作用产生弯曲时，缆内光纤的传输损耗要发生变化。一般光缆最小弯曲半径在 200～500mm。当光缆弯曲特性较差时，就会危及缆内光纤，使光纤损耗增加。抗弯曲性一般包括光缆的弯曲、反复弯曲和扭转。

5. 耐磨性

耐磨特性是指光缆护层的耐磨损性。在光缆的布放过程中，可能会出现护层磨损，当护层磨损超出一定范围后，光缆护层就不能起到保护作用，会为之后的使用埋下故障隐患。

2.4.3 环境性能

光缆敷设到实际线路的路由上，将会遇到各种不利的自然环境的作用或人为因素的影响，下面重点关注在温度变化下的衰减、渗水、石油膏滴流等问题。

1. 温度特性

温度特性包括光纤的温度特性和缆内其他材料的温度特性两部分，其中光纤的温度特性是决定光缆传输质量的主要因素。光纤损耗随温度变化的曲线如图 2-16 所示。

2．阻燃特性

阻燃特性是指光缆在遭受火焰燃烧时，残焰自行熄灭的时间和光缆在火焰中燃烧一定时间内仍能正常保证通信的时间性能。光缆在布放和使用过程中，可能遭受火的侵害，为使光缆能在一定的时间内保证正常通信，要求光缆本身具有一定的阻燃特性。检验光缆的阻燃特性可从垂直燃烧、水平燃烧、倾斜燃烧和成束燃烧 4 个方面进行。

3．护层完整性

护层完整性是指光缆外护层是否有小孔和连接不密封现象。光缆护层的完整性直接关系到光缆内光纤能否正常工作。当光缆护层有砂眼或密封不严时，外界水分就会浸入光缆内部，使光纤传输损耗增大，通信质量降低直至通信中断。检验光缆护层完整性可采用充气法和电火花击穿法。

4．阻水性

阻水性是指光缆内部填充的石油膏阻止外部水分进入光缆的性能。阻水性又分为光缆的渗水和滴流两个特性。

渗水性是指开放的光缆端头（填充型）纵向阻水渗漏性能。光缆内填充石油膏的目的是防止水的侵入，如果不能阻止水的侵入，石油膏就失去了它应有的性能。

滴流性是指光缆内填充的石油膏随温度变化而滴流的特性。光缆内填充的石油膏在规定温度下应为凝固状，不能滴流，只有这样才能防止水的侵入。

光缆环境特性指标及检验方法如表 2-22 所示。

表 2-22　环境性能指标要求

序号	项目	方法	试验条件	指标要求
1	温度循环	GB 8405.2	试样应为一个制造长度的成品光缆，应在人工气候室内进行高、低温循环监测损耗温度特性（温度范围由光缆适用温度范围定）；由正常温度-低（或高）-高（或低）三个阶段应恒温一段时间，试验不少于两个循环	温度附加损耗应不大于光缆某一级温充范围的附加损耗规定值
2	渗水	GB 8405.4	在温度为 15～25℃，气压为 86kPa 正常大气条件下进行；采用 T 形或 L 形水套，水面高度为 1m（水中加荧光染料水）；光缆试样为 1m，试验 24 小时	应无水渗出
3	滴油	参照 IEC 标准	光缆试样 31cm，悬吊于烘箱内，温度升至 60℃并恒温 24 小时	应无油滴出

2.5　光纤光缆线路的基本器件及设施

光器件是光纤通信系统的重要组成部分。光器件可分为有源器件和无源器件两大类。光发射机采用的发光器件，如半导体激光器 LD、发光二极管 LED 等，光接收机采用的光检测器件，如 PIN、APD 等，光线路中采用光放大器，如掺铒光纤放大器 EDFA、光波长转换器等属于有源器件。光纤连接器、光分路耦合器、光开关、波分复用器、光滤波器、光衰减器、光隔离器、光环形器、光偏振控制器等属于无源器件。本节介绍一些基本光纤光缆线路所用的无源光器件的结构、工作原理及特性。

2.5.1　光纤连接器

1．活动连接器的结构与种类

光纤连接器又称光纤活动连接器，它是实现光纤（光缆）与光纤（光缆）之间、光纤（光缆）与光纤系统或仪表、光纤（光缆）与其他无源光器件之间的可拆卸连接，活动连接器的实物图如图 2-30 所示。光纤连接器的种类有：FC/FC 平面型、FC/PC 球面型、FC/APC 斜八度型、PC/SC 直插式方头型、ST-Q_9 式和多芯阵列式，其结构如表 2-23 所示。

2. 主要性能指标

评价一个光纤连接器的主要指标有 4 个，即插入损耗、回波（反射）损耗、重复性和互换性。

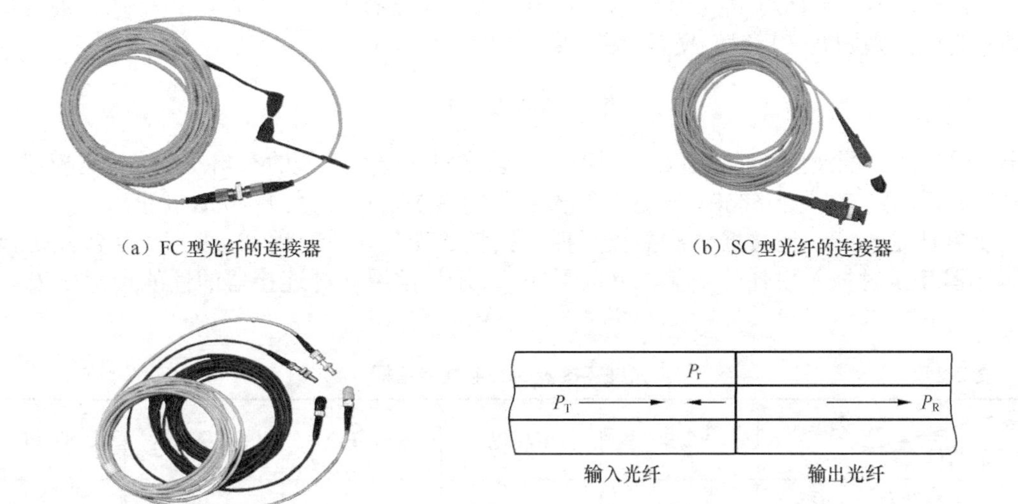

（a）FC 型光纤的连接器　（b）SC 型光纤的连接器

（c）ST 型光纤的连接器　（d）光纤的耦合示意图

图 2-30　光纤的连接器实物图与光纤的耦合图

表 2-23　　各种光纤连接器结构

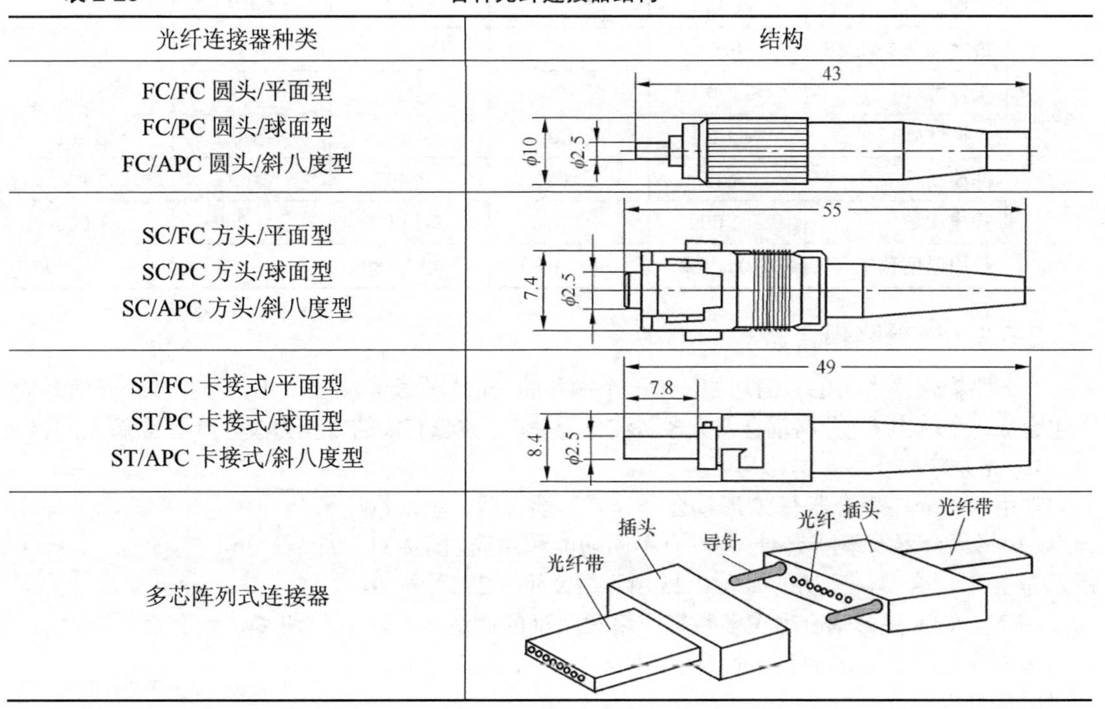

光纤连接器种类	结构
FC/FC 圆头/平面型 FC/PC 圆头/球面型 FC/APC 圆头/斜八度型	43 ϕ10 ϕ2.5
SC/FC 方头/平面型 SC/PC 方头/球面型 SC/APC 方头/斜八度型	55 7.4 ϕ2.5
ST/FC 卡接式/平面型 ST/PC 卡接式/球面型 ST/APC 卡接式/斜八度型	49 7.8 8.4 ϕ2.5
多芯阵列式连接器	插头 光纤带 导针 光纤 插头 光纤带

插入损耗用 L 表示。若光信号通过活动连接器的输入光功率为 P_T，输出光功率为 P_R，如图 2-30（d）所示，则插入损耗定义为

$$L = 10\lg\frac{P_T}{P_R}\ (\text{dB})$$

理想的光纤活动连接器是 $P_T=P_R$，$L=0$，这就要求两光纤准直，但实际上光纤连接损耗是难以避免的。

回波（反射）损耗用 R_L 表示。若光信号通过活动连接器的输入光功率为 P_T，后向反射光功率为 P_r，则回波（反射）损耗定义为：

$$R_L = 10\lg\frac{P_T}{P_r}\quad (\text{dB})$$

从定义式可知，回波损耗越大越好，以减少反射光对光源和系统的影响。一般传送模拟电视信号的光纤链路 R_L 大于 60dB，一般的光数字传输系统要求 R_L 大于 40dB 就可以。

重复性是指活动连接器多次插拔后插入损耗的变化，单位用 dB 表示。互换性是指光纤连接器互换时插入损耗的变化，单位用 dB 表示。常用光纤连接器的性能指标如表 2-24 所示。

表 2-24　　光纤连接器的一般性能指标

结构和特性 \ 类型		FC/PC	FC/APC	SC/PC	SC/APC	ST/PC
结构特点	插针套管（包括光纤）端面形状	凸球面	8° 斜面	凸球面	8° 斜面	凸球面
	连接方式	螺纹	螺纹	轴向插拔	轴向插拔	卡口
	连接器形状	圆形	圆形	矩形	矩形	圆形
性能指标	平均插入损耗/dB	≤0.2	≤0.3	≤0.3	≤0.3	≤0.2
	最大插入损耗/dB	0.3	0.5	0.5	0.5	0.3
	重复性/dB	≤±0.1	≤±0.1	≤±0.1	≤±0.1	≤±0.1
	互换性/dB	≤±0.1	≤±0.1	≤±0.1	≤±0.1	≤±0.1
	回波损耗/dB	≥40	≥60	≥40	≥60	≥40
	插拔次数	≥1 000	≥1 000	≥1 000	≥1 000	≥1 000
	使用温度范围/℃	-40～+80	-40～+80	-40～+80	-40～+80	-40～+80

2.5.2　光分路耦合器

光分路耦合器（OBD）的功能是把一个输入的光信号分配给多个输出，或把多个光信号输入组合成一个输出。光分路耦合器大多与波长无关，与波长有关的专称为波分复用器/解复用器。

1. 光分路耦合器基本结构

常用的光分路耦合器有 X 形耦合器、Y 形耦合器、星形耦合器、树形耦合器等不同类型，各具有不同功能和用途。图 2-31 所示是 X 形耦合器，其功能如表 2-25 所示。X 形（2×2）耦合器及 1×N、N×N 星形耦合器大多数采用熔融双锥的制造方法，即将多根裸光纤绞合熔融在一起而成，图 2-32 所示是 2×2 的单模光纤耦合机理。

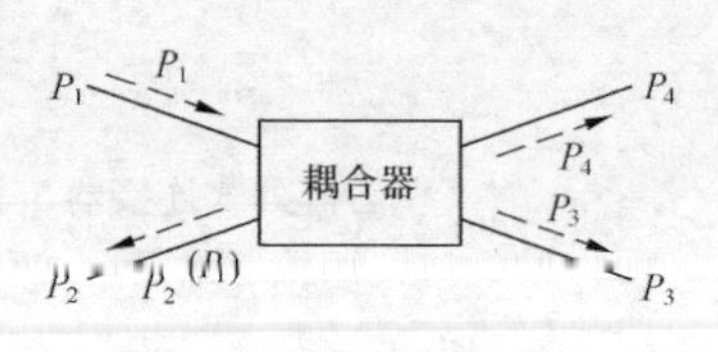

图 2-31　X 形耦合器模型

表 2-25　　　　　　　　　　　　**光纤耦合器的功能**

输入	按比例输出	作用
P_1	P_4，P_3	分路（P_2很小）
P_4，P_3	P_1	耦合（P_2很小）
P_2（P_r）	P_4，P_3	分路（P_1很小）

星形耦合器（N×M）如图 2-33 所示，其功能是把 N 根光纤输入的光功率组合在一起，均匀地分配给 M 根光纤输出，N 和 M 不一定相等。星形耦合器通常用作多端功率分配器。这种光耦合器与波长无关。

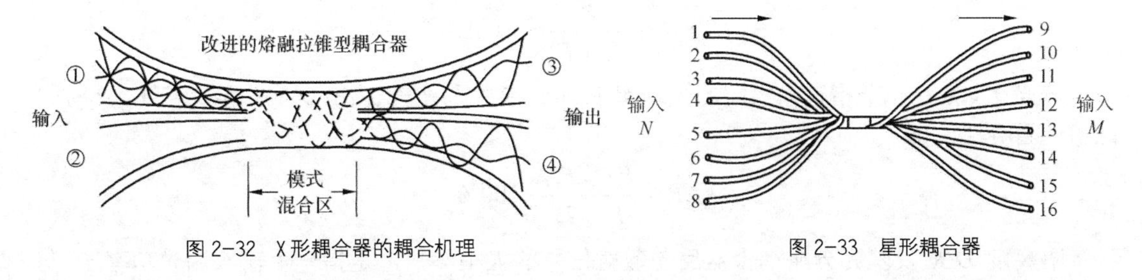

图 2-32　X 形耦合器的耦合机理　　　　图 2-33　星形耦合器

树形和星形耦合器的制作都可用 2×2 耦合器拼接而成，如图 2-34 和图 2-35 所示。光耦合器产品实物如图 2-36 所示。

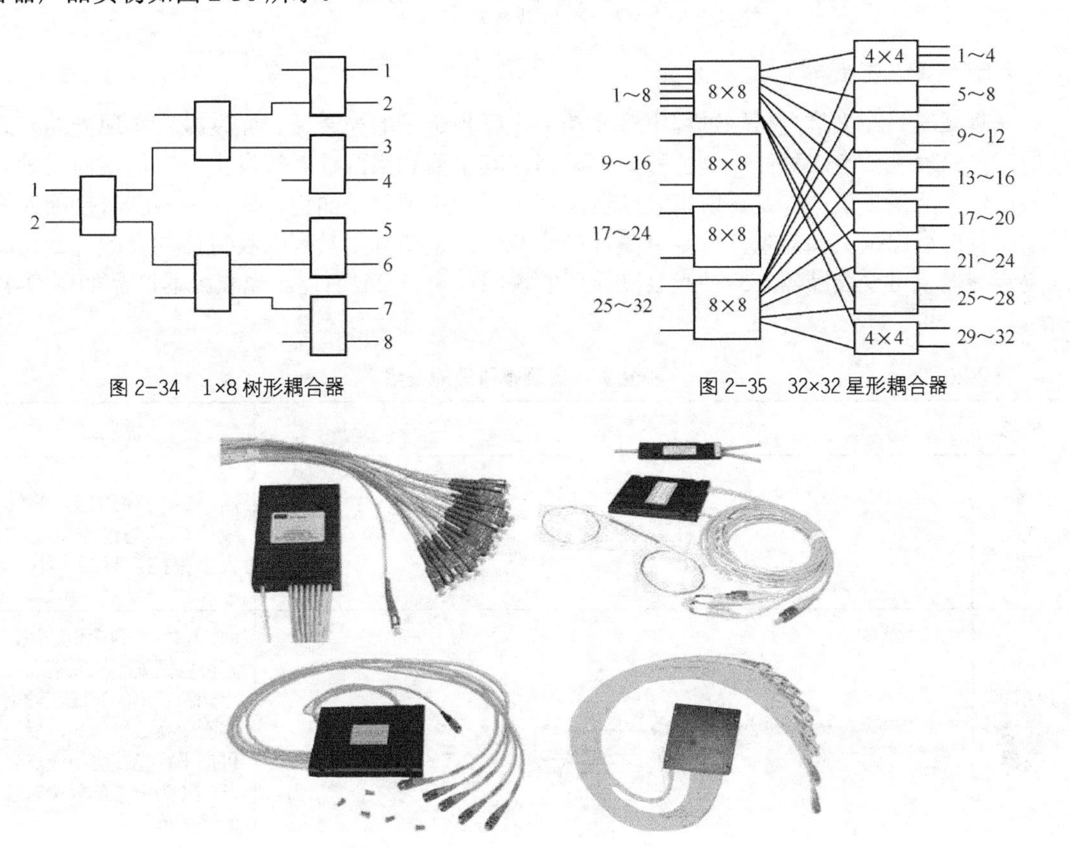

图 2-34　1×8 树形耦合器　　　　图 2-35　32×32 星形耦合器

图 2-36　1×N光分路耦合器产品实物图

2. 光分路耦合器的性能指标

光分路耦合器的性能指标有插入损耗、附加损耗、分光比和隔离度等，以图 2-31 所示的 X 形耦合器参考模型为例，讨论其主要性能指标。

插入损耗 L_i 是指一个指定输入端的光功率 P_1 与一个指定输出端的光功率 P_4（或 P_3）的比值取对数再乘 10，即

$$L_i = 10\lg\frac{P_1}{P_4(\text{或}P_3)} \quad (\text{dB})$$

附加损耗 L 是全部输入端的的光功率总和 P_1（或 P_1+P_2）与全部输出端的光功率总和（P_3+P_4）比值取对数再乘 10，即

$$L = 10\lg\frac{P_1}{P_4+P_3} \quad (\text{dB})$$

分光比 CR 是一个指定输出端的光功率 P_4（或 P_3）与全部输出端的光功率总和（P_3+P_4）比值的百分比，即

$$CR = \frac{P_3(\text{或}P_4)}{P_4+P_3}\times 100\%$$

隔离度 DIR 反映光分路耦合器反向散射信号的大小参数，是指一个输入端光功率 P_1 与由耦合器反射到其他输入端的光功率 P_2（或 P_r）的比值取对数再乘 10，即

$$DIR = 10\lg\frac{P_1}{P_2(\text{或}P_r)} \quad (\text{dB})$$

2.5.3 光衰减器

光衰减器是在光信息传输过程中对光功率进行预定量的光衰减。光衰减器实现光功率衰减的工作原理主要有 3 种：一是位移型衰减器，其主要利用两纤对接发生一定的横向或轴向位移，使光能量损失；二是反射型衰减器，其主要利用调整平面镜角度，使两纤对接的光信号发生反射溢出损失光能量；三是衰减片型衰减器，主要利用具有吸收特性的衰减片制作成固定衰减器或可变衰减器。3 种光衰减原理的说明如表 2-26 所述。光衰减器产品如图 2-37 所示。

表 2-26　　3 种光衰减器衰减原理的说明

种类	图示	说明
位移型光衰减器		L_1、L_2 为微透镜，其轴线位移 d 通过改变 d 的大小来控制衰减大小
反射型光衰减器		RL 为对 $\lambda/4$ 自聚焦透镜，它可以把处于输入端面的点光源发出的光线在输出端面变换成平行光，反之可把平行光线变换成点光源。M 为镀了部分透射膜的平面镜

续表

种类	图示	说明
衰减片型光衰减器	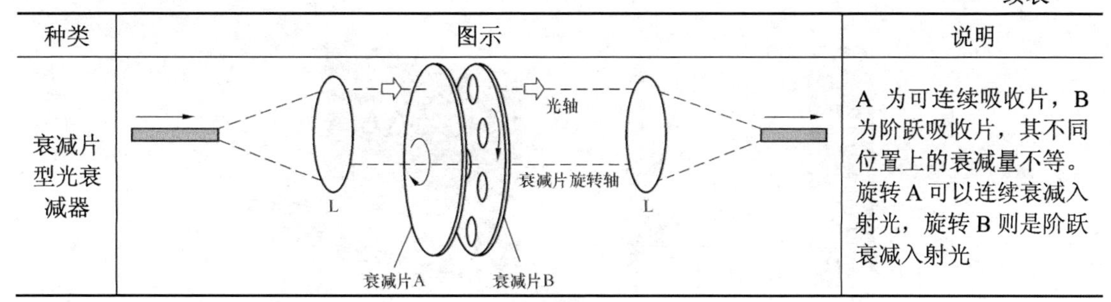	A 为可连续吸收片，B 为阶跃吸收片，其不同位置上的衰减量不等。旋转 A 可以连续衰减入射光，旋转 B 则是阶跃衰减入射光

（a）吸收膜固定衰减器

（b）小型可变衰减器

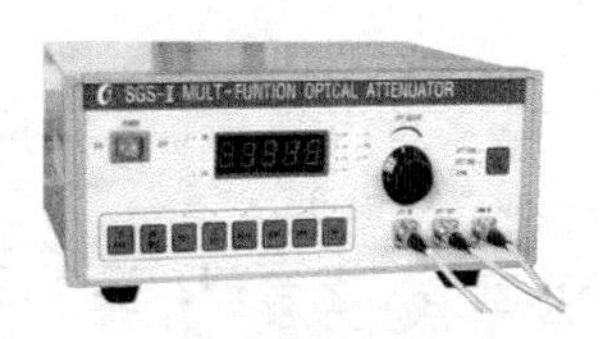

（c）可变衰减器仪表

图 2-37　光衰减器产品实物图

2.5.4　光缆接头盒

光缆接头盒是将两根或多根光缆连接在一起，并具有保护光缆接头功能的部件，是光缆线路工程建设中必须采用的，而且是非常重要的器材之一，光缆接头盒的质量直接影响光缆线路的质量和使用寿命。

1. 光缆接头盒基本结构和种类

光缆接头盒的基本结构如图 2-38 示。从图 2-38 中可以看出，这是一种由金属构件、热可缩管及防水带、黏附聚乙烯带构成的连接护套式光缆接头盒。

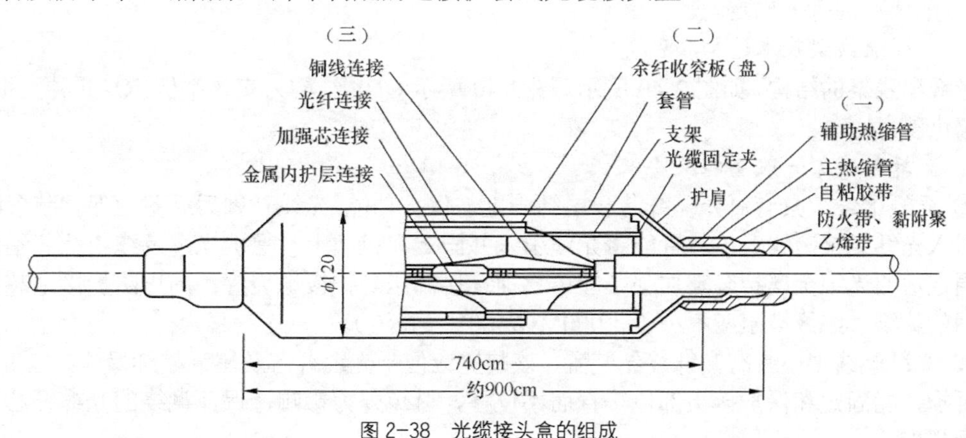

图 2-38　光缆接头盒的组成

光缆接头盒的主要种类有单端进/出光缆结构和两端进/出光缆结构，如图 2-39 所示。

当然光缆接头盒也可以按光缆使用场合分为架空、管道和直埋；或者按光缆连接方式分为直通接续和分歧接续；或者按密封方式分为可分为机械密封和热收缩密封。

2. 光缆接头盒的一般要求

① 光缆接头盒必须是经过鉴定的合格产品；埋式光缆的接头盒应具有良好的防水、防潮性能。

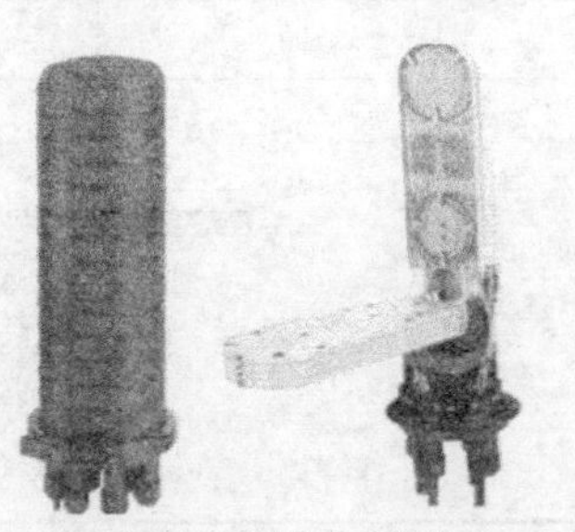
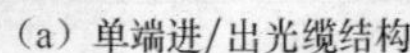
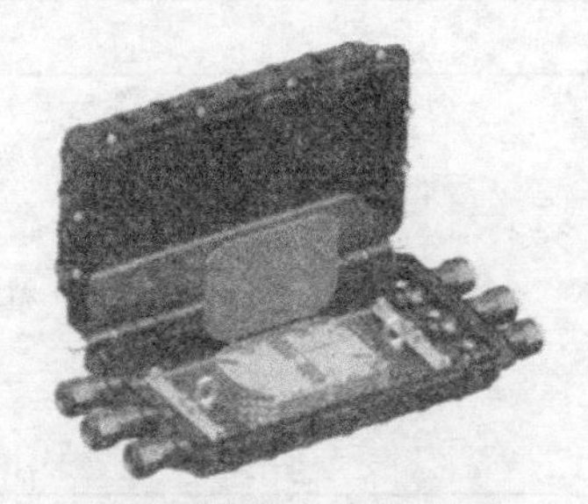

（a）单端进/出光缆结构　　（b）两端进/出光缆结构

图2-39　光缆接头盒的结构实物图

② 光纤接头的增强保护方式应为成熟的方法。通常采用热可缩管增强保护方式，热可缩管的材料应符合工艺要求。

③ 要求安装工艺合理，操作简便，连接时间短。由于长途光缆一般光纤芯数在12芯以上，为保证接续工作的连续性和工期要求，希望能在短时间内完成接续工作，一个光缆接头完成时间应尽可能在同一个工作日内。

④ 具有一定的机械强度。

⑤ 接续盒直径应能满足光纤余留长度的收容和弯曲半径的要求。

⑥ 具有可拆卸和重复使用性能。在施工和维护中，接头部位需维护或抢修时，无需截断光缆重新连接，而只需将接续盒打开，然后重新封装。

⑦ 提供光缆中金属构件的电气连通、接地或断开的功能。

2.5.5　光纤配线架

光纤配线架（ODF）是光缆和光通信设备之间的配线连接设备，应符合YD/T 778—2006《光纤分配架》的有关规定。

1. 光纤配线架基本结构和种类

光纤配线架的结构，如图2-40所示。图2-40所示ODF结构为实物举例，ODF种类很多，在此仅供参考。

2. 光纤配线架一般功能及要求

① 光纤配线架具有对光缆纤芯和尾纤固定与保护功能，光缆开剥后纤芯由保护装置固定后再引入光纤终接装置。该装置能将光缆引入并固定在机架上，保护光缆及缆中纤芯不受损伤；固定后的光缆金属护套及加强芯应可靠地连接高压防护接地装置；高压防护接地装置与机架间的绝缘，绝缘电阻应不小于1 000MΩ/500V（直流）。

② 光纤配线架应具有光纤终结装置，该装置应便于光缆纤芯及尾纤接续操作、施工、安装和维护，能固定和保护接头部位平直而不位移，避免外力影响，保证盘绕的光缆纤芯和尾纤不受损伤。

③ 光纤配线架具有调线功能。通过光纤连接器插头，能迅速方便地调度光缆中的纤芯序号及改变光传输系统的路序。

④ 每机架容量和单元容量（按适配器数量确定）应在产品企业标准中作出规定，光纤终接装置、光纤存储装置、光纤连接分配装置在满容量范围内应能成套配置。

⑤ 机架及单元内应具有完善的标识和记录装置，用于方便地识别纤芯序号或传输路序，且记录装置应易于修改和更换。

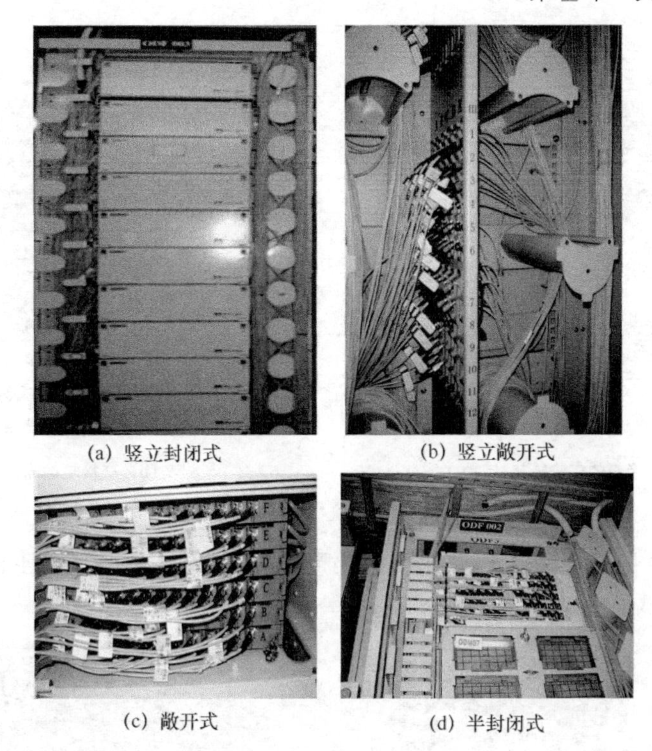

(a) 竖立封闭式　(b) 竖立敞开式

(c) 敞开式　(d) 半封闭式

图 2-40　光纤配线架结构实物图

2.5.6　光缆交接箱和光缆分纤盒

光缆交接箱主要是用于光缆接入网中主干光缆与配线光缆交接处的接口设备，应符合 YD/T 988—2007《通信光缆交接箱》的有关规定。

光分纤盒是用于配线光缆与用户引入光缆交接处的接口设备。

1. 光缆交接箱和光缆分纤盒基本结构和种类

光缆交接箱的结构主要由箱体、内部金属工件、光纤活动连接器及备用附件组成。按照使用场合不同，光缆交接箱可分为室内型和室外型两种，并可以落地、架空、壁挂安装。

光缆交接箱工作原理如图 2-41（a）所示，其结构如图 2-41（b）所示。图 2-41（b）中光缆交接箱结构图只是一种举例，实用种类很多，在此仅供参考。

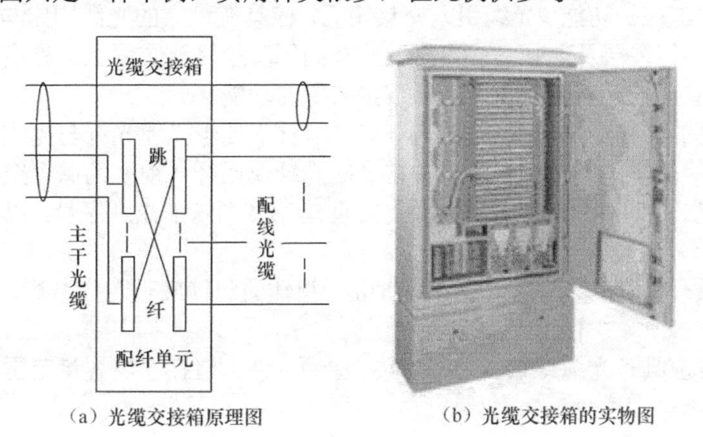

(a) 光缆交接箱原理图　(b) 光缆交接箱的实物图

图 2-41　光缆交接箱的结构图

光缆交接箱的实物结构，如图2-42所示。

(a) 交接箱的实物结构

(b) 交接箱的光纤测试

图2-42　光缆交接箱的实物图

光分纤盒主要是用于光缆接入网中配线光缆与光纤到家或大楼交接处的接口设备。光分纤盒的结构如图2-43所示。

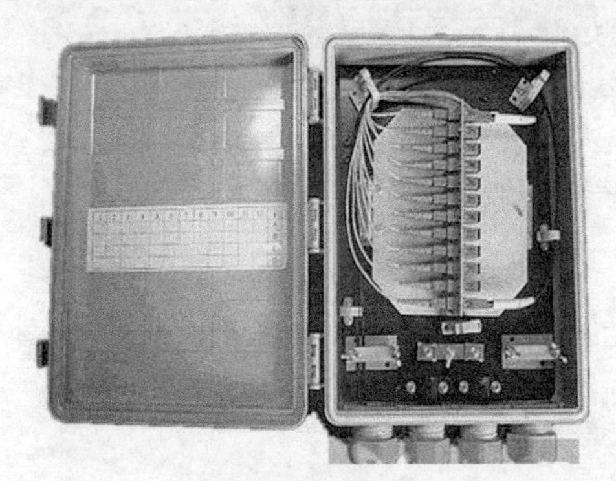

(a) 多口光分纤盒

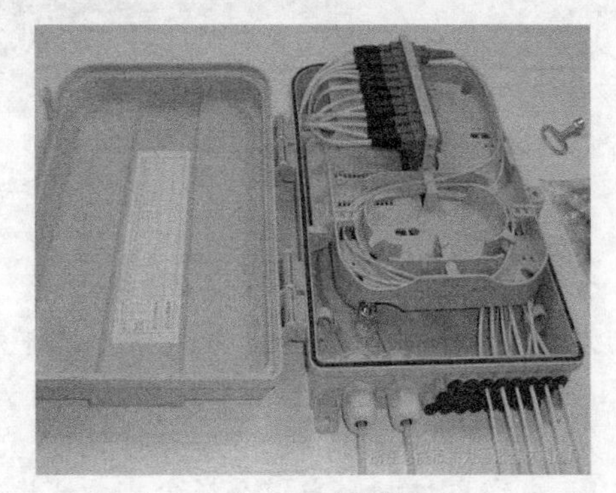

(b) 多口光分纤盒

图2-43　光缆分纤盒

2. 光缆交接箱和光缆分纤盒的一般功能及要求

光缆分纤盒功能要求与光缆交接箱功能要求基本一致，这里重点描述光缆交接箱功能要求。

① 光缆固定与保护功能。光缆引入交接箱后，应具有可靠的光缆固定与保护装置。固定后的光缆挡潮层、铠装层及加强芯应可靠地接在高压防护接地装置上；光缆开剥后，应具有将光纤用保护套管保护、固定并引至光纤熔接装置的功能。

② 光缆纤芯的终接功能。交接箱的光纤终接装置应便于光缆光纤与光缆光纤或尾纤的熔接、安装和维护等操作，同时设备应具备富余的光纤或尾纤（缆）的储存空间。

③ 调纤功能。通过光纤跳线，能迅速、方便地调度光缆中光纤序号，以及改变传输系统的路由。

④ 箱体应具有良好的抗腐蚀和耐老化功能，箱体的门锁应是防盗结构，具有良好的防破坏功能。

⑤ 容量配置应具备光缆终端、光纤熔接、余纤（缆）储存在满容量范围内且能方便操作的成套配置。

3. 技术性能指标要求

① 活动光纤连接器应满足相关标准中规定的“插入损耗”和“回波损耗”的要求。

② 高压防护接地装置与箱体金属工件之间的耐压水平应不小于直流 3 000V，1 分钟之内不击穿，无飞弧。

③ 高压防护接地装置与箱体金属工件之间的绝缘电阻，在试验电压为直流 500V 条件下，不小于 2×10^4MΩ。

④ 高压防护接地装置与光缆中金属加强芯、挡潮层及铠装层相连的地线截面应不小于 6mm^2。

复习题和思考题

1．从光纤结构上来描述，光纤的构成及各部分作用是什么？

2．光纤制备的原材料主要有哪些？选择纤芯和包层的材料的原则是什么？

3．光纤制备过程有哪几步？

4．光纤具有哪些结构参数？

5．光纤的数值孔径物理意义是什么？

6．单模光纤的模场直径的定义及其实用性是什么？

7．芯径和模场直径有什么不同？

8．单模光纤的截止波长的定义及其实用性是什么？

9．光纤损耗产生原因有哪些？哪些损耗可以克服？哪些不能克服？

10．什么是光纤的色散？在应用中如何补偿整个中继段光纤线路的色散？

11．光纤的非线性效应有哪些？如何产生的？

12．光纤在高、低温情况下，产生损耗的原因是什么？

13．简述 G.651，G.652，G.653，G.654，G.655，G.656 和 G.657 的特点。

14．设计一个全长为 1 000km（重庆-汉口），在原有 G.652 光纤线路上进行的改造工程。已知现要设计的传输系统是光密集型波分复用 DWDM（16 波）系统，其速率为 40Gbit/s。光纤线路应采取哪些措施使线路的色散基本为零？估计要加 ITU-T 建议的哪种光纤，多少千米？

15．目前使用的光缆的典型结构有哪几种？各有什么特点？

16．光缆在结构上是如何防潮、防水？

17．无金属光缆有什么特点？主要应用在什么场合？

18．光缆的制作工艺流程是什么？

19．引起光缆的损耗增加的主要原因是什么？

20．识别光缆型号：GYTS33-48B1；GYFTS-144B1 的含义。

21．加强构件在光缆中的作用及放置位置有哪些？

22．为什么光缆的皮长通常不等于光缆中光纤的长度？如何进行纤长和缆长的换算？

23．光缆 A、B 端别是如何规定的？施工时对光缆端别的布放是如何要求的？

24．简述光纤活动连接器主要指标有哪些？其中产生插入损耗的原因是什么？减少插入损耗的措施是什么？

25．光分路耦合器的主要特性指标有哪些？各自的定义如何？

26．试用 2×2 光耦合器构成一个 16×16 光耦合器阵列，要求如下。

① 计算需要多少台 2×2 光耦合器数？

② 画出 8×8 光耦合器连接图，标出输入、输出端口信号流向。

27．简述衰减器的种类、用途和一般制作原理。

28．光缆交接箱和光分纤盒的主要用途是什么？

第3章 核心网光缆线路工程设计

光缆通信线路工程的设计是指在现有通信网规划、整合、优化基础上，以通信网发展需要、先进的工程技术和经济实力分析为依据，依照技术标准、规范、规程，对工程项目进行勘察和技术分析，编制作为工程建设依据的设计文件。同时要求设计文件应准确反映综合技术的先进性、可行性以及经济性和社会效益，应满足在5～10年内的先进性和适用性。

光缆通信线路工程设计主要包括光纤通信系统设计（即核心网和接入网）和光缆线路工程设计（即线路勘察、传输设备配置、安装工程等）两大部分，它们属于如省际之间网、省市之间网、本地网、接入网等的光缆通信线路工程。

从传统的电话通信网络角度来划分核心网和接入网，如图3-1所示。

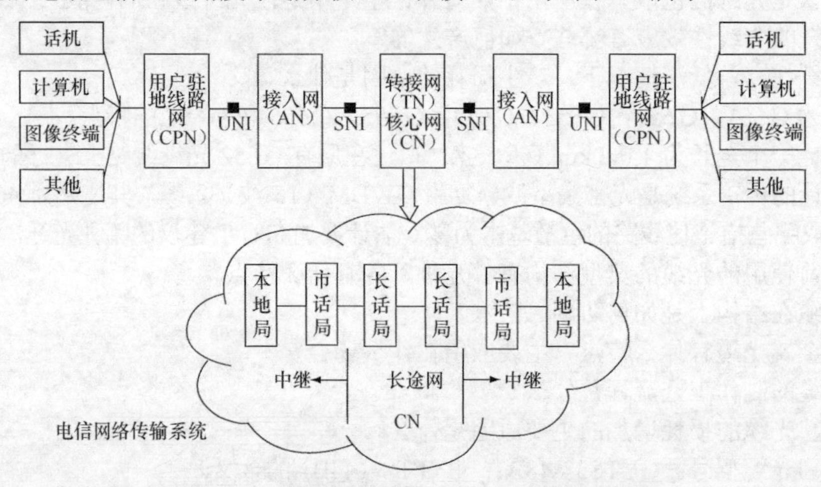

图3-1　电话通信网络的核心网和接入网划分示意图

核心网的光缆线路是以业务节点（SNI)为界，除了业务节点接口（SNI)到用户网络接口(UNI)之间的光缆线路之外的所有光缆线路，包括省际之间、省市之间、城域和本地各种业务节点接口（SNI)之间的光缆中继线路。核心网的常用的传输技术有光同步数字体制网络SDH、分组传输网PTN/ATN、密集型波分光传送网DWDM（OTN）等。

接入网由用户网络接口（UNI）和业务节点接口（SNI）之间的一系列传输实体（例如用户线、线路设备和传输设备和用户/网络接口设备等）组成。本章只介绍核心网的光纤线路的传输系统的设计。

3.1　核心网光纤通信系统设计

核心网光纤通信系统的设计主要针对在核心网的光纤通信系统进行的设计。系统设计的任务是遵循规范建议，采用先进、成熟技术，综合考虑地区发展规划、人口因素、现有资源、系统经济成本，合理地选用系统使用的光缆、光器件和设备等，明确系统的全部技术参数，完成实用系统的集成。

核心网的高速率光纤通信系统设计重点是核算中继段的长度和选择传输系统的制式及容量等级。还有对比较复杂的如 SDH、PTN/ATN、DWDM 技术的了解，以解决设计系统的传输容量大，传输距离远，业务种类多及流量大等问题。

3.1.1 系统设计原则

在系统设计时，不但符合国标、行业标准、技术规范的要求，还应尽量满足 ITU-T 的相关建议。在此基础上无论新建或改建系统一般应遵循下列原则。

① 系统性能必须符合本地传输网及长途传输网光纤数字传输系统的技术要求。

② 通用性强，能方便地与现有系统实现接口连网使用。专用通信网除内部系统实现接口连网使用外，还应考虑与公用通信网及其他专用通信网的接口连网使用，以增加通信组网的灵活性。

③ 功能完善，在技术上具有一定的先进性，以满足今后发展的需要。

④ 结构合理，施工、安装、维护方便。

⑤ 经济性好，投资效益高。

此外还应综合考虑最佳路由和局站设置、系统的容量（传输速率）、传输距离、业务流量、投资额度和发展的可能性等相关因素，合理选择系统的传输体制、光缆型号和光电设备型号等，以满足对系统性能的总体要求。

3.1.2 系统设计的基本参数

1. 确定系统的制式和速率等级

数字光纤传输体制有两种，即准同步数字体制（PDH）和同步数字体制（SDH）。PDH 早在 1976 年就实现了标准化，在 1990 年以前，光纤通信系统一直沿用 PDH。从 1988 年到 1995 年共通过了 15 个有关 SDH 的决议，从而给出了 SDH 的基本框架。

20 世纪 90 年代末期，SDH 设备和 DWDM 系统设备已日趋成熟，并在通信网中大量使用，考虑到 SDH 设备良好的兼容性和组网的灵活性，新建设的长途干线和大城市的市话通信线路一般选用 SDH 设备。

PDH 的传输速率在世界范围内形成了 3 种制式。在 ITU-T 标准 G.702 建议中，对 3 种制式的 PDH 速率等级作了明确规定，如表 3-1 所示。

表 3-1　　3 种 PDH 码速率等级标准

数字复接系列	一次群		二次群		三次群		三次半群		四次群		五次群	
码速容量	速率	容量	速率	容量	速率	容量	速率	容量	速率	容量	速率	容量
	Mbit/s	路	Mbit/s	路	Mbit/s	路	Mbit/s	路	Mbit/s	路	Mbit/s	路
中国、欧洲各国	2	30	8	120	34	480	—	—	140	1 920	565	7 680
北美各国	1.5	24	6.3	96	45	672	90	1 344	274	4 032		
日本	1.5	24	6.3	96	32	480	—	—	100	1 440	400	5 760

在ITU-T标准G.707建议中，对SDH速率等级作了明确规定，如表3-2所示。

表3-2 SDH码速率等级标准

速率等级	名称	比特速率（Mbit/s）
1	STM-1	155.520
4	STM-4	622.080
16	STM-16	2 488.320
64	STM-64	9 753.280

在系统设计时，将根据所需容量选择同步数字传输系列等级。一般大中等城市市内中继系统选用 STM-16；小城市及农话中继系统选用 STM-1/ STM-4；长途干线光通信系统选用 DWDM 的 32 波分复用，即 32×STM-16 系统。DWDM 系统的基础速率有：n×2.5Gbit/s 和 n×10Gbit/s。

2. 光纤通信的传输窗口及光纤选型

基于ITU-T对光纤的规范建议，系统设计者应根据系统的具体情况和需要，选择适当的光纤类型和工作波长。目前可选用的光纤类型从G.651到G.657。各光纤特性及适用范围参看2.2.5 小节的内容。目前广泛用于数字光纤系统窗口的工作波长分别为 850nm、1 310nm 和 1 550nm。设计时，可参照表3-3所示选取光接口指标的应用代码。表中I表示不超过2km距离的局内通信；S表示15km内短距离局间通信；L表示40～80km长距离局间通信。字母横杠后的第一位数字如1、4、16分别表示STM-1、STM-4、STM-16速率等级。第二位数字（即小数点后的数字）表示工作波长和光纤类型，如“1”表示工作波长1 310nm，光纤类型G.652光纤；“2”表示工作波长1 550nm，光纤类型G.652或G.654光纤；“3”表示工作波长1 550nm，光纤类型G.653光纤；“5”表示工作波长1 550nm，光纤类型G.655。

通常DWDM的光通道的核心（骨干）网的光纤类型，应关注G.655和G.656光纤；SDH制式本地（城域）网的光纤类型应关注G.652和G.656光纤。

表3-3 光接口分类及其应用

应用		局内通信	局间通信		
			短距离	长距离	
光源标称波长（nm）		1 310	1 310	1 310	1 550
光纤类型		G.651	G.652	G.652	G.652
传输距离（km）*		≤0.5	～15	～40	～80
STM等级	STM-1	I-1	S-1.1	L-1.1	L-1.2
	STM-4	I-4	S-4.1	L-4.1	L-4.2
	STM-16	I-16	S-16.1	L-16.1	L-16.2

注：*距离只用于分类，而不起规范作用。

3.1.3 传输系统中继段距离的设计

光纤传输最长中继段距离由光纤衰减和色散等因素决定。在实际的工程应用中，设计方式分为两种情况，第一种情况是衰减受限系统，即中继段距离长度根据S和R点之间的光通道衰减决定。第二种情况是色散受限系统，即中继段距离长度根据S和R点之间的光纤色散决定。光纤传输中继段距离示意图如图3-2所示。

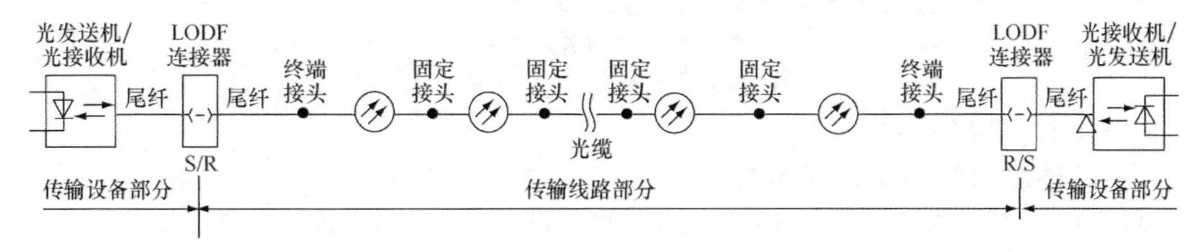

图 3-2 光纤传输系统中继段距离示意图

1. SDH 传输系统中继段距离的估算

（1）SDH 系统衰减受限中继段距离估算

衰减受限系统中继段距离可用式（3.1）估算，即

$$L=\frac{P_S-P_r-P_P-M_e-\sum A_C}{A_f+A_S+M_C} \tag{3.1}$$

其中，用 L 表示衰减受限中继段长度（km）；用 P_S 表示 S 点发送光功率（dBm）；用 P_r 表示 R 点接收灵敏度（dBm）；用 P_P 表示光通道功率代价（dB），即因反射、码间干扰、模分配噪声和激光器啁啾而产生的总退化。光通道功率代价不超过 1dB，对于 L-16.2 系统，则不超过 2dB。M_C 表示光缆富余度（dB/km），是指光缆线路运行中的变动（如维护时附加接头或增加光缆长度等）。外界环境因素会引起的光缆性能劣化，S 和 R 点间其他连接器性能劣化，因此在设计中应保留必要的富余量。在一个中继段内，光缆总的富余度不应超过 5dB，设计中按 3～5dB 取值。用 M_e 表示设备富余度（dB），通常取 3dB；$\sum A_C$ 表示 S 和 R 点之间所有光纤活动连接器损耗（dB）之和，如 ODF 架上的短接光纤连接设备连接器衰减，FC 型连接器的衰减为平均 0.8dB/个，PC 型的衰减为平均 0.5dB/个；A_C 表示每个活动连接器损耗（dB/个）；A_f 表示光纤损耗系数（dB/km）；A_S 表示每千米光缆固定接头平均衰减（dB/km），与光缆质量、熔接机性能、操作水平有关。设计中按平均值 0.05～0.08dB/km 取值。

（2）SDH 系统色散受限中继段距离估算

根据 ITU-T 建议，色散受限系统中继段距离可用式（3.2）估算。

$$L=\frac{\varepsilon\times10^6}{D\times\Delta\lambda\times B} \tag{3.2}$$

其中，L 为色散限制中继段长度（km）；当光源为多纵模激光器时，ε 取 0.115，单纵模激光器时取 0.306；B 为线路信号比特率（Mbit/s）；$\Delta\lambda$ 为光源的谱宽（nm）；D 为光纤色散系数（ps/(nm・km)）。

【例 3-1】 设计一个 STM-4 长途光纤通信系统，使用 G.652 光纤，工作波长选定 1 310nm，相关系统参数为：平均发送光功率 P_S=−3dBm，接收灵敏度 P_r=−28dBm，活动连接器总损耗 $\sum A_C=2\times0.8$dB，光通道功率代价 P_P=0.5dB，光缆光纤损耗系数 A_f=0.4dB/km，光缆固定接头平均损耗 A_S=0.06dB/km，光缆富余度 M_C= 0.04dB/km，设备富余度 M_e=2dB，系统采用单纵模光激光器，其谱宽 $\Delta\lambda$=4nm。试估计出该系统的最长中继段距离的值。

解：按式（3.1）可计算估计出该系统的中继段距离为

$$L=\frac{P_S-P_r-P_P-M_e-\sum A_C}{A_f+A_S+M_C}$$
$$=\frac{-3-(-28)-0.5-2-2\times0.8}{0.4+0.06+0.04}=41.8\text{km}$$

按式（3.2）可计算估计出该系统的中继段距离为

$$L=\frac{\varepsilon\times10^6}{D\times\Delta\lambda\times B}=\frac{0.306\times10^6}{3.5\times4\times622.080}\approx35.1\text{km}$$

即实际最大中继距离为 35.1km。

2. DWDM 系统中继段距离估算

DWDM 系统最大中继距离估算，也是按照衰减受限和色散受限的两个条件来估算的。DWDM 系统的传输线路主要设置有：光终端复用 OTM、光交叉连接 OXC、光放大器 OLA（光中继器）和光放大器之间对应的光放段 L_A、中继段 SR 或复用段，如图 3-3 所示，图中 OLA 为掺铒光纤放大器。DWDM 传输系统中继距离的设计，需根据光功率、色散和信噪比的计算结果，确定光放大器的增益类型和中继段内允许的光放段数量。

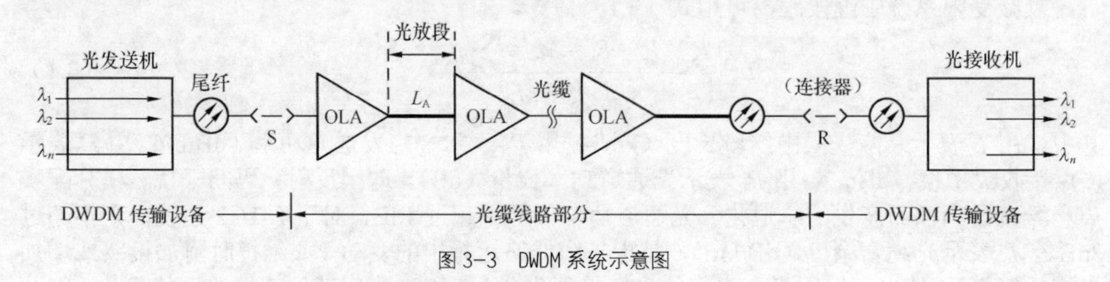

图 3-3 DWDM 系统示意图

（1）DWDM 系统衰减受限中继段距离估算

首先讨论 DWDM 系统的光放段距离 L_A 估算。

DWDM 传输系统的光放段一般按等增益传输进行设计。以中继段为单元，中继段内各个光放大器均设计为等增益工作状态，各放大器的输出光功率均相同，其接收灵敏度也相同，如光放段的光缆损耗小于放大器的增益，则应用光衰减器进行调节。

光线路放大器的增益类型一般为 22dB、30dB、33dB 3 种类型，根据光放大器的增益类型，通过光放段的光功率计算，按一个中继段内最多的光放段个数来选择。

光放段的长度一般按式（3.3）计算：

$$L_A=\frac{G-\sum A_C}{A_f+M_C+A_S} \tag{3.3}$$

其中，L_A 为光放段长度（km）；G 为光放大器增益（dB）；$\sum A_C$ 为光放段间光纤连接器损耗之和（dB）；A_f 为光纤衰减系数（dB/km）；M_C 为光缆富余度（dB/km）；A_S 为每 km 光纤固定接头平均损耗（dB/km）。

【例 3-2】 如某 G.652 单模光纤系统扩容改造为 DWDM 系统工程，工作波长采用 1 550nm，实测光纤双向平均衰减系数 $A_S+A_f=0.25$dB/km（含光纤固定接头损耗），光缆富余度 $M_C=0.04$dB/km，光纤连接器总损耗 $\sum A_C=2\times0.5$dB。计算出放大器的增益与所对应的光放段的长度，如表 3-4 所示。

表 3-4 光放大器的增益与所对应的光放段的距离估算

光放大器的增益 G（dB）	22	30	33
光放段距离估算 L_A（km）	72	100	110

光放段的设置段数必须要和系统发 S、收 R 间中继段距离进行权衡，总的来说，如果减少光放大器的增益，那么在光纤通信系统 S、R 间的传输中继段距离间增加光放段的段数是

可行的。一般每个系统 S、R 之间可达 3 个 120km 的光放段或 8 个 80km 光放段的级联。通常以每个光放段的外部设备预算损耗值（dB）来对传输系统进行规范。如 3 级联系统可表示为 3×33dB 系统，8 级联系统可表示为 8×22dB 系统。

DWDM 系统衰减受限中继段距离 L 估算，按式（3.4）计算：

$$L=\sum_{i=1}^{n}L_{Ai}=\sum_{i=1}^{n}\frac{G_i+\sum A_{Ci}}{A_{fi}+M_{Ci}+A_{Si}} \tag{3.4}$$

其中，n 为 DWDM 系统光放段数量；第 i 光放段的长度 L_{Ai}(km)、放大器增益 G_i(dB)、光纤连接器损耗之和 $\sum A_{Ci}$ (dB)、光纤衰减系数 A_{fi}(dB/km)、光缆富余度 M_{Ci}(dB/km)、每 km 光纤固定接头平均损耗 A_{Si}（dB/km）。

（2）DWDM 系统色散受限中继段距离估算

中继段的距离与允许的光放段数量需符合光通道色散和信噪比的要求。一个中继段光通道允许的色散即为一个中继段的总的最大色散，多数厂商的 DWDM 系统总的允许的最大色散值设为 6 400ps/nm 和 12 800ps/nm 两挡。如果已知光纤的色散系数，允许的中继段距离 L 可按式（3.5）计算，计算允许的中继段距离如表 3-5 所示。

$$L=\frac{D_{\max}}{D} \tag{3.5}$$

式（3.5）中，L 为色散受限系统中继段距离（km）；$D_{\max}$ 为 S 和 R 点之间允许的最大色散值（ps/nm）；D 为光纤色散系数[（ps/(nm・km)]。

表 3-5　色散系数与对应的中继段距离估算值（设工作波长在 1 550nm 窗口）

光纤类型	G.652		G.655	
光纤的色散系数 D（ps/(nm・km)）	20		6	
光通道允许的色散 $D_{\max}$(ps/nm)	6 400	12 800	6 400	12 800
中继段距离 L(km)	320	640	1 060	2 133

配置 DWDM 系统中继段距离，必须同时满足光功率、光放大器的增益、光通道色散、光信号的信噪比。另外在传输系统的指标方面，仍应满足 SDH 系统关于抖动与误码指标的要求。对于中继段应满足误码 BER 小于或等于 1×10^{-12} 的要求。

在 DWDM 系统中，中继段的信噪比的计算比较复杂，单波道的信噪比一般要求大于或等于 20dB（或 22dB）。假如单波道输出光功率 P_0=7dBm，光放大器噪声系数 N_f=8dB，光放段增益 G 分别为 22dB、30dB、33dB 的情况下，光放段数量 N 可用式（3.6）计算：

$$N=10^{\frac{58+P_0-N_f-G-OSNR}{10}} \tag{3.6}$$

其中，P_0 为单波道输出光功率（dBm）；N_f 为光放大器的噪声系数（dB）；G 为光放段增益（dB）；$OSNR$ 为单波道信噪比（dB）；58 为综合系数；计算结果如表 3-6 所示。

表 3-6　光放段数量与对应的光放段增益估算值

单波道信噪比（dB）	20			22		
光放段增益（dB）	22	30	33	22	30	33
光放段数量（个）	≥8	5	2	≥8	3	1

3. 高速光纤系统偏振模色散 PMD 受限中继段距离估算

当设计高速率光纤系统（如 DWDM 系统）时，其传输速率在 10Gbit/s 以上，光纤链路

偏振模色散 PMD 直接限制了系统传输速率或者中继段距离，可由式（2.16）得出：

$$L=[\frac{1}{10PMD_{\mathrm{C}}\times B_{\mathrm{L}}}]^{2} \quad 或 \quad B_{\mathrm{L}}=\frac{1}{10PMD_{\mathrm{C}}\sqrt{L}}$$

其中，PMD_{C} 为偏振模色散系数（$\mathrm{s}/\sqrt{\mathrm{km}}$），$B_{\mathrm{L}}$ 为传输速率（bit/s），L 为光纤中继距离（km）。

表 3-7 所示为 PMD_{C} 与传输速率和光纤传输距离的关系。

表 3-7　PMD_{C} 与传输速率和传输距离的关系

$PMD_{\mathrm{C}}(\mathrm{ps}/\sqrt{\mathrm{km}})$	2.5Gbit/s 的传输距离	10Gbit/s 的传输距离	40Gbit/s 的传输距离
3.0	178km	11km	<1km
1.0	1 600km	100km	6km
0.5	6 400km	400km	25km
0.2	40 000km	2 500km	156km
0.1	160 000km	10 000km	625km

3.2 光缆线路工程建设程序

基本建设是以资金、材料、设备为条件，通过勘察设计、建筑安装等一系列的脑力和体力的劳动，建设各种生产与服务设施等，形成扩大再生产的能力。

建设流程或称建设程序。建设程序就是工程项目建设的过程中必须遵循的顺序，是在总结工程建设的实践经验基础上制定的，反映了项目建设的客观内在规律，也是企业对投资建设项目进行管理的工作程序。

我国的基本建设程序就是把基本建设过程分为若干个阶段，以文件和行政法规的形式规定了每个阶段的工作内容、原则、审批程序等内容，工程建设项目要依照执行或参考执行的工作程序。这些步骤有严格的先后次序，不能任意颠倒。它反映了基本建设过程的客观规律。

光缆线路工程是光缆通信线路工程的一个重要组成部分，光缆线路工程设计范围是以本局 ODF 架连接器至对方局的 ODF 之间，如图 3-4 所示。

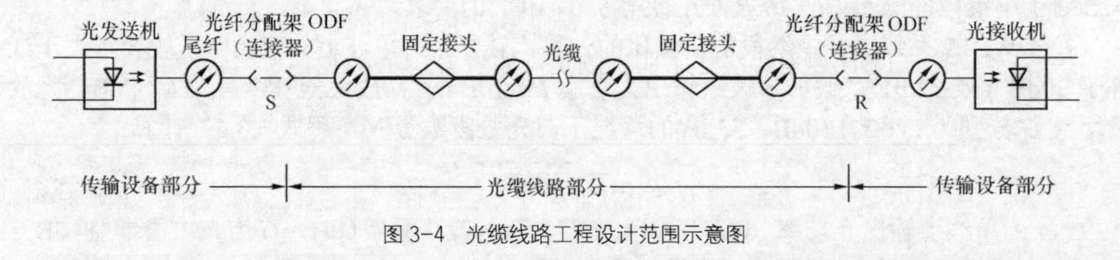

图 3-4　光缆线路工程设计范围示意图

在我国，大中型和限额以上的建设项目从建设前期工作到建设、投产要经过中长期规划、企业业务发展需要、项目建议书、可行性研究、可行性评估、设计招投标、初步设计、年度计划安排、施工准备、施工图设计、施工监理招投标、开工报告、施工阶段、初步验收、试运行、竣工验收、投产使用共计 17 个环节。具体到通信行业基本建设项目和技术改造建造项目，尽管其投资管理、建设规模等有所不同，但建设过程中的主要程序基本相同。

邮电部 1990 年 107 号文《邮电基本建设程序规定》对通信行业的工程项目建设程序作出详细的规定。一般大中型光缆通信工程的建设程序如图 3-5 所示，可以划分为工程立项阶段、工程实施阶段和工程验收投产3个阶段。

3.2.1 立项阶段

立项阶段是光缆线路工程建设的第一阶段，它以中长期行业规划和企业发展需求为依据，经过调查、预测、分析项后，拟定项目建议书、可行性研究和项目评估决策到最后设计项目招投标书。

1. 项目建议书

项目建议书的提出是工程建设程序中最初阶段的工作，是在投资决策前拟定该项目的轮廓。它包括如下主要内容。

① 项目提出的背景，建设的必要性和主要依据。引进的光缆通信线路工程设备，还应介绍国内外主要产品的对比情况和引进的理由，以及几个国家同类产品的技术、经济分析比较。

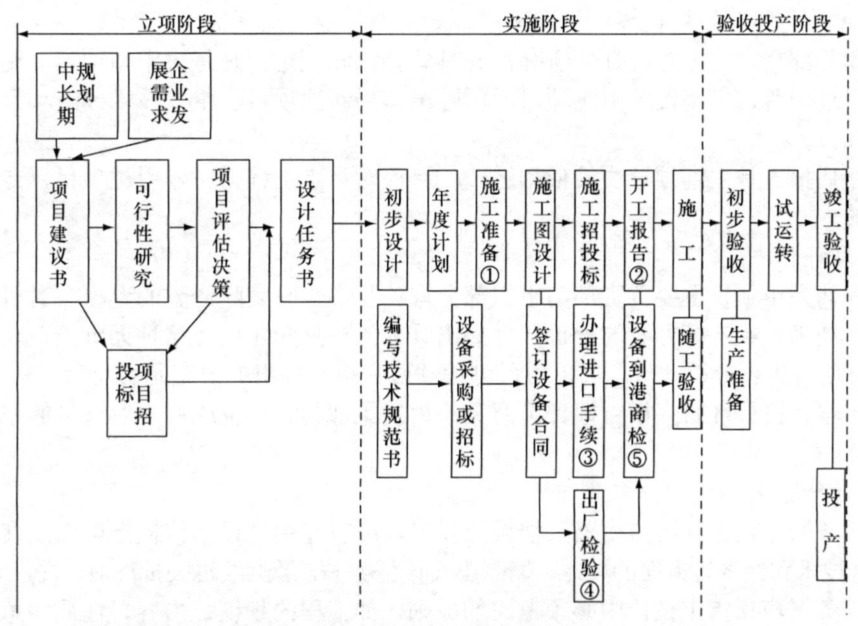

附注：① 施工准备包括：征地、拆迁、三通一平、地质勘探等；
② 开工报告：属于引进项目或设备安装项目（没有新建机房），设备发运后，即可写出开工报告；
③ 办理进口手续：引进项目按国家有关规定办理报批及进口手续；
④ 出厂检验：对复杂设备（无论购置国内、国外的）都要进行出厂检验工作；
⑤ 设备到港商检：非引进项目为设备到货检查。

图3-5 光缆线路工程建设程序

② 建设规模、地点等初步设想。

③ 工程投资估算和资金来源。

④ 工程进度和经济、社会效益估计。

拟定的项目建议书报经有审批权限的部门批准后，可以进行可行性研究工作，但并不表明项目非上不可，项目建议书不是项目的最终决策。

2. 可行性研究

项目建议书经审批后，可根据审批结果进行可行性研究和组织专家对项目进行评估。可行性研究是对建设项目在技术、经济上是否可行的分析论证。也是工程规划阶段重要组成部分。在可行性研究的基础上编制可行性研究报告。可行性研究报告是确定建设项目、编制设计文件和项目最终决策的重要依据。要求必须有相当的深度和准确性。

可行性研究报告内容根据其行业不同而各有侧重,《邮电通信建设项目可行性研究编制内容试行草案》的规定通信建设工程可行性研究报告一般包括以下几项主要内容。

① 需求预测和建设规模，投资的必要性和意义。

② 建设与技术方案论证，可行性研究的依据和范围。

③ 建设可行性条件，提出拟建规模和发展规模，新增通信能力等的预测。

④ 配套及协调建设项目的建议，实施方案的比较论证，包括通路组织方案、光缆、设备选型方案以及配套设施。

⑤ 项目实施进度安排的建议，实施条件，对于试点性质工程或首次应用新技术的工程尤其应阐述其理由。

⑥ 维护组织、劳动定员与人员培训。

⑦ 主要工程量与投资估算、资金筹措、经济及社会效果评价。

国家和各部委、地方对可行性研究都有具体要求和规定：凡是大中型项目、利用外资项目、技术引进项目、主要设备引进项目、国际出口局新建项目、重大技术改造项目都要进行可行性研究。

专家评估报告是主管领导决策依据之一。目前对重点工程、技术引进项目，专家评估是十分重要的。

3. 项目评估决策

专家评估是由项目主要负责部门组织部分理论扎实、有实际经验的专家，对可行性研究的内容进行技术、经济等方面的评价，并提出具体的意见和建议。这种评价论证是站在客观的角度，对项目进行分析评价，决定项目可行性研究报告提出的方案是否可行，科学、客观、公正地提出项目可行性研究报告地评价意见，为决策部门、单位或业主对项目的审批决策提供依据。

4. 设计任务书

设计任务书是在进行通信线路工程设计以前，应首先由建设单位根据电信发展的长远计划，并结合技术和经济等方面的要求，编制出设计任务书，经上级机关批准后，进行设计工作。

设计任务书应该指出设计中必须考虑的原则，如工程的规模、内容、性质和意义；对设计的特殊要求；建设投资、时间和“利旧”的可能性。

设计任务书是确定项目建设方案的基本文件，是编制设计文件的主要依据，应根据可行性研究报告推荐的最佳方案进行编写，然后视项目规模报请主管部门批准生效后，由建设单位委托具备相应资质的勘察设计单位进行初步设计。

设计任务书的主要内容包括以下几个方面。

① 建设目的、依据、建设规模，以及本项目与全网的关系。

② 预期增加的通信能力，包括线路和设备的传输容量。

③ 光缆线路的走向，终端局、各中间站配置及其配套情况。

④ 经济效益预测、投资回收年限估计及引进项目的用汇额。

⑤ 财政部门对资金来源等审查意见。

3.2.2 实施阶段

根据上述建设程序图可知，实施阶段包括初步设计、年度计划、施工准备、施工图设计、施工招标和委托、开工报告及施工等。

设计过程的划分是根据项目的规模、性质等不同情况而定的。对于比较成熟的本地网光缆线路工程设计可以采用一阶段设计（或初步设计）。一般大中型项目采用二阶段设计，即初步设计和施工图设计。大型、特殊工程项目或对于技术上比较复杂而缺乏设计经验的项目，也可实行三阶段设计，即初步设计、施工图设计和技术设计。对一些规模不大、技术成熟或可以套用标准设计的项目，经主管部门同意，不分阶段一次完成的设计，称一阶段设计。设计文件的具体编制方法见3.4节。

1. 初步设计

初步设计是指根据批准的可行性研究报告和设计任务书，按照国家的有关政策、法规、技术规范，在规定的范围内，考虑拟建工程在综合技术的可行性、先进性及其社会效益、经济效益；结合客观条件，应用相关的科学技术成果和长期积累的实践经验；按照工程建设的需要，利用现场勘察、测量所取得的基础资料、数据和技术标准；运用现阶段的材料、设备和机械、仪器等编制概（预）算；将可行性研究中推荐的最佳方案具体化，形成图纸、文字，为工程实施提供依据的过程。

初步设计的主要任务是确定项目的建设方案、进行设备的选型、编制工程项目总概算量。初步设计文件应当满足编制施工招标文件、主要设备材料订货和编制施工图设计文件的需要，是下一阶段施工图设计的基础。

初步设计的目的是按照已批准的设计任务书或审批后的方案报告，通过深入的现场勘查、勘测和调查，进一步确定工程建设方案，并对方案的政治原则性和经济指标进行论证，编制工程概算，提出该工程所需投资额，为组织工程所需的设备生产、器材供应，工程建设进度计划提供依据，以及对新设备、新技术的采用提出方案。

2. 年度计划

年度计划应包括整个工程项目和年度投资及进度计划，是保证工程项目总进度要求的重要文件。

建设项目必须具有经过批准的初步设计和总概算，经资金、物资、设计、施工能力等综合平衡后，才能列入年度建设计划。

年度计划文件包括基本建设拨款计划、设备和主材采购、储备计划、贷款计划、工期组织配合计划等。经批准的年度建设计划是进行基本建设拨款或贷款的主要依据。

3. 施工准备

工程建设准备是完成开工前的各项主要准备工作，如勘察工作中水文、地质、气象、环境等资料的收集；路由障碍物的迁移、交越处理措施手续；主要材料、设备的预订货以及施工队伍的招选等。

工程计划安排根据已经批准的初步设计的总概算编制年度计划。对资金、材料、设备进行合理安排，要求工程建设保持连续性、可行性，以确保工程项目建设的顺利完成。

施工准备是基本建设程序中的重要环节，衔接基本建设和生产的桥梁。建设单位应根据建设项目或单项工程的技术特点，适时组成机构，做好以下几项工作。

① 制定建设工程管理制度，落实管理人员。

② 汇总拟采购设备、主材的技术资料。

③ 落实施工和生产物资的供货来源。

④ 落实施工环境的准备工作，如：征地、拆迁、“三通一平”（水、电、路通和平整土地）等。

4. 施工图设计

施工图设计的目的，是为了按照经过批准的初步设计进行定点定线测量，确定防护段落和各项技术措施具体化，是工程建设的施工依据。故设计图必须有详细的尺寸，具体的做法和要求。图上应注有准确的位置、地点，使施工人员按照图就可以施工。

施工图设计主要内容是根据批准的初步设计和主要设备订货合同，绘制出正确、完整和尽可能详细的施工图纸。包括：标明房屋、建筑物、设备的结构尺寸，安装设备的配置关系和布线，施工工艺和提供设备、材料明细表，并编制施工图预算，如图3-6所示。

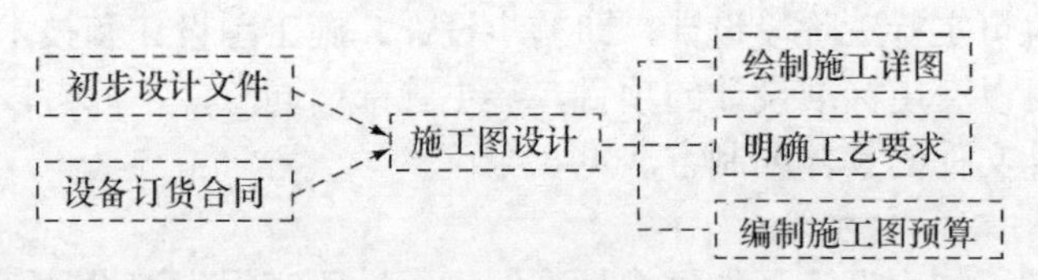

图3-6　施工图设计主要内容示意图

施工图设计完成后，必须委托由施工图设计审查单位审查并加盖审查专用章后使用。审查单位必须是取得审查资格，且符合审查权限要求的设计咨询单位。

光缆线路工程都必须经过两个主要过程，就是勘测设计过程和施工过程。勘测设计包括勘察、测量、编制设计文件3个步骤。

5. 施工招投标

施工招标是建设单位将建设工程发包，鼓励施工企业投标竞争，从中评定出技术、管理水平高、信誉可靠且报价合理的中标企业。推行施工招标对于择优选择施工企业，确保工程质量和工期具有重要意义。

建设单位组织编制标书，公开向社会招标，预先明确在拟建工程的技术、质量和工期的基础上，建设单位与施工企业或监理企业各自应承担的责任和义务；依法签订合同，组成合作关系。施工招标依照《中华人民共和国招标投标法》规定，可采用公开招标和邀请招标两种形式。

6. 开工报告

经施工招标，签订承包合同后，建设单位在落实了年度资金拨款、设备和主材的供货及工程管理组织后，于开工前一个月会同施工单位向主管部门提出开工报告。

在项目开工报批前，应由审计部门对项目的有关费用计取标准及资金渠道进行审计，然后方可正式开工。

7. 施工

通信建设项目的施工应由持有相关资质证书的单位承担。施工单位应按批准施工图设计进行施工。

施工监理代表建设单位对施工过程中的工程质量、进度、资金使用进行全过程管理控制。

在施工过程中，对隐蔽工程在每一道工序完成后，由建设单位委派的工地代表随工验收，验收合格后才能进行下一道工序。

工程施工是施工组织按照设计文件、施工合同和施工验收规范、技术规程的规定，通过生产诸要素的优化配置和动态管理，组织通信建设工程项目实施的一系列生产活动。

3.2.3 验收投产阶段

为了充分保证通信光缆线路的施工质量，工程结束后，必须经过验收才能投产使用。这个阶段的主要内容包括初步验收、生产准备、工程移交和试运行，以及竣工验收5个方面。

1. 初步验收

光缆通信工程项目按批准的设计文件内容全部建成后，应由主管部门组织建设单位、档案管理单位、投资建设单位以及设计、施工、维护等单位进行初验，并向上级有关部门递交初验报告。初验后的光缆线路和设备一般由维护单位代维。大、中型工程的初验，一般光缆线路部分和设备部分分别进行，小工程可一起进行。

初验合格后的工程项目即可进行工程移交，开始试运行。

2. 生产准备、工程移交和试运行

生产准备是指工程交付使用前必须进行的生产、技术和生活等方面的必要准备，包括以下内容。

① 培训生产人员。一般在施工前配齐人员，并可直接参加工程施工、验收等工作。

② 按设计文件配置好工具、器材及备用维护材料。

③ 组织好管理机构、制定规章制度，以及配备好办公、生活等设施。

试运行是指工程初验后到正式验收、移交之间的设备运行。一般试运行期为3个月，大型或引进的重点工程项目试运行期可适当延长。试运行期间，由维护部门代维，但施工部门负有协助处理故障、确保正常运行的职责。

工程移交是在线路初验合格、施工正式结束后，将工程技术资料、借用器具、工余料以及移留问题的处理等及时移交维护部门。

3. 竣工验收

在试运行期内电路开放，按地方网管理，即一级干线试运行阶段按二级干线管理使用。

竣工验收是在系统和试运行结束后，并具备了验收交付使用的条件，由相关部门组织对工程进行系统验收。竣工验收是对整个光缆通信系统进行全面检查和指标抽测。对于中小型工程项目，可视情况适当地简化验收程序，将工程初验同竣工验收合并进行。

3.3 核心网光缆线路工程设计

光缆线路工程设计的重要工作内容有光缆线路路由的选择、局/中继站选址及建筑要求、敷设方式的选择及确定、光纤光缆类型的选择、光缆光纤的接续和预留及保护要求、光缆线路防护要求、光缆成端要求、光缆线路的传输性能指标的设计、光缆线路施工中应注意事项等。

3.3.1 光缆线路工程设计的内容及要求

一般小型工程只采用一阶段设计，一阶段设计是以初步设计（含图纸设计）或施工图设计。大中型项目采用二阶段设计，即初步设计和施工图设计，大型、特殊工程项目或对于技术上比较复杂而缺乏设计经验的项目，也可实行三阶段设计，即初步设计、施工图设计和技术设计。根据项目规模、性质等不同，光缆线路工程设计的内容及要求可由设计阶段不同而区别。下面对3个阶段设计的主要内容进行叙述。

1. 初步设计

初步设计是根据批准的可行性研究报告、设计任务书、初步勘测资料及设计规范要求进行的。初步设计文件一般是分册编制，其中包括初步设计说明、工程建设方案、初步设计概算和图纸等内容。这3部分主要内容和主要要求如表3-8和表3-9所示。

表3-8 初步设计内容与主要要求

内容	主要要求
概述	①设计依据；②设计内容与范围和工程建设分期安排；③工程主要工作量；④线路技术与经济指标；⑤维护体制及人员数、车辆的配备原则
选定路由方案的论述	①光缆线路具体路由确定；②干线路由方案及选定的理由
主要设计标准和技术措施	①光缆结构、型号和光电参数；②单盘光缆的光、电主要参数；③光缆连接和接头保护；④光缆的敷设方式和要求；⑤光缆的防护要求；⑥光中继站的建筑方式及要求

表 3-9　　初步设计概算与图纸的内容及主要要求

内容	主要要求
概算说明	①概算依据；②有关费率及费用的取定；③有关问题的说明
概算总表	①概算总表；②建筑工程概算表；③建筑安装工程概算表；④主要设备及材料表；⑤维护仪表及机具、工具表；⑥无人光中继站主要材料表；⑦次要材料表；⑧其他有关工程费用表
图纸	①光缆线路工程路由图；②光缆线路传输系统配置图；③光缆线路进局管道路由图；④光缆截面图；⑤水底光缆路由图

2. 技术设计

技术设计是根据已批准的初步设计进行的。当技术设计及修正总概算批准后，即可作为编制施工图设计文件。技术设计相关内容和主要要求如表 3-10 和表 3-11 所示。

表 3-10　　技术设计内容与主要要求

内容	主要要求
概述	①工程概况；②设计依据；③设计内容与范围；④主要设计方案变更论述；⑤工程量表；⑥线路技术经济指标；⑦维护体制及人员数、车辆的配备原则
选定路由方案的论述	①沿线自然条件简述；②各线路路由方案论述及选定的理由
主要设计标准和技术措施	①光纤光缆主要技术要求和指标；②光缆结构及应用场合；③光缆的敷设和连接要求；④光缆系统配置及防护；⑤无人地下中继建筑标准；⑥其他特殊地段的技术保护措施
其他有关问题的说明	①落实与有关部门的协议；②仪表的配置原则说明；③光缆数量调整及其他说明

表 3-11　　技术设计概算与图纸的内容及主要要求

内容	主要要求
修正概算	修正概算表格对应初步设计光缆线路部分概算表
图纸	①光缆线路路由图；②光缆线路传输系统配置图；③光缆线路进局管道路由图；④光缆截面图；⑤水底光缆路由图

3. 施工图设计

施工图设计是在初步设计的基础上进行的，为线路工程建设和组织施工提供依据。一方面建设单位要根据施工图文件控制建设安装工程造价、办理工程造价款结算和考核工程成本；另一方面施工单位要根据施工图进行施工，即施工人员“按图施工”。施工图设计的具体内容和要求如表 3-12 和表 3-13 所示。

表 3-12　　施工图设计的内容及主要要求

内容	主要要求
概述	①设计依据；②设计内容与范围和工程建设分期安排；③本设计变更初步设计的主要内容；④主要工程量表
选路由的概述	①光缆线路路由；②沿线自然和交通情况；③市区及管道路由
敷设安装标准和技术措施和施工要求	①光缆结构及应用场合；②单盘光缆的技术要求；③光缆的敷设与安装要求；④光缆的防护要求和措施；⑤光中继站的建筑方式；⑥光缆的防护要求和措施；⑦特殊地段和地点的技术保护措施；⑧光缆进局的安装要求；⑨维护机构、人员和车辆的配置
其他有关问题的说明	①施工注意事项和有关施工的建议；②对外联系工作

表 3-13 施工图设计设备、器材表和施工图纸的内容及要求

内容	主要要求
设备、器材表	①主要材料表；②中继站土建主要材料表；③线路维护队（班）用房器材表；④水泥盖板、标石材料表；⑤维护仪表、机具工具表；⑥次要材料表；⑦线路安装、接头工具表
图纸	①（中继）光缆线路路由图；②传输系统配置图；③光缆线路施工图；④光缆排流线布放图；⑤管道光缆路由图；⑥光缆接头及保护图；⑦直埋光缆埋设及接头安装图；⑧进局光缆安装方式图；⑨光缆进局封堵和保护；⑩监测标石加工图

3.3.2 光缆线路路由的选择

长途干线光缆线路路由的选择，必须以工程设计合同或工程设计委托设计和光缆通信网络规划为依据，遵循“路由稳定可靠、走向经济合理、便于施工维护及抢修”的原则。选择路由时，尽量兼顾国家、军队、地方和个人的利益，多勘察、多调查、综合考虑，进行多方案比较，使其投资少、见效快。

① 选择光缆线路路由时，应以现有的地形、地物、建筑设施和既定的建设规划书为主要依据，并应远离干线铁路、高速公路、水利、长途输送管道等重要设施和重大军事目标，选择路由长度最短、弯曲较少的路由。

② 光缆线路路由应该选择在地质稳固、地势平坦的地段，不宜强求长距离的大直线，需考虑当地的水利和平整土地规划的影响。

③ 光缆线路应尽量少翻越山岭，宜选择在地势变化不剧烈、土石方工作量较少的地方，避开陡峭、沟壑、滑坡、泥石流，以及洪水危害、水土流失的地方。

④ 市区内的光缆线路路由应与当地城建、电信等有关部门协商确定。

3.3.3 局/中继站的选择及建筑要求

局/中继站的选择原则：在传输长度允许的条件下，局/中继站应首先考虑设置在现有机房内。若没有现有的机房可利用时，局/中继站的设置地点应符合以下要求。

① 应选择交通方便，供电、供水方便的地区，且有利于施工及维护抢修。

② 应选择便于地线安装，避开电厂、变电站、高压杆塔和其他防雷接地装置的地方。局/中继站的建筑要求如下。

① 新建局/中继站时应选用地上型的建筑方式。当环境安全或设备工作条件有特殊要求时，局/中继站机房也可采用地下或半地下结构的建筑方式。

② 新建、购买或租用局/中继站机房，其承重、消防、高度、面积、地平、机房环境等指标均应符合 YD/T 5003—2005《电信专用房屋设计规范》和其他相关标准的要求。

3.3.4 敷设方式与光纤光缆的选择

1. 光缆敷设方式的选择

光缆敷设方式的选择针对长途和市区内是有所不同的。非市区地段的长途光缆干线的敷设方式以直埋和简易塑料管道敷设为主，架空光缆是目前应用较多的一种光缆敷设方式，特别是在省内光缆线路、本地线路及边远地区也可采用。通常光缆线路在农村、野外地区敷设采用直埋方式。在环境条件不适合采用直理方式和施工费用过大等情况下，可以采用其他的敷设方式。

光缆线路进入市区、城镇部分，应采用管道敷设方式为主，对不具备管道敷设条件的地段，可采用简易塑料管道、槽道或其他适宜的敷设方式。长途光缆线路遇到下列情况，可以

采用架空敷设方式。

① 穿越河沟、峡谷等地段，施工特别困难或赔偿费用过高的地段。

② 已有杆路并可以利用架挂的地段，市区暂时无条件建设管道的地段。

但要注意在最低气温低于-30°的地区，经常遭受强风暴或沙暴袭击的地段不宜架空敷设。本地光缆线路在城区内应采用管道敷设方式，在郊区宜采用管道敷设方式，在没有管道的地段可采用埋式加塑料管保护的方式。

2. 光纤光缆的选型

光纤光缆的选型，根据需要建设的光传输系统和网络的实际情况与之相适应的不同性能的光纤光缆。首先应考虑光纤的种类、参数及适用范围，然后考虑对光缆结构的选择。

光纤的选型见第2章的相关内容和3.1.2节应用场合下光纤选型的方案。

① 核心网络建设时可选择G.655和G.656光纤。因为G.655和C.656光纤的截止波长已降到1 450nm，并且在1 460～1 625nm波长段的色散指标为0.1～10ps/(nm·km)和1～14 ps(nm·km)的正色散，非常适合更宽的波长范围内波分复用，以及获得更多的DWDM的光通道。

② 城域（本地）网络建设时可选择G.652和G.656光纤。因为G.652光纤对于10Gbit/s和40Gbit/s传输速率的信号允许具有更长的传输距离。G.656光纤可适用于大容量粗波分复用（CWDM）和DWDM传输网络。

光缆选型主要考虑以下几个因素。

① 光缆纤芯数的选择。光缆使用寿命按20年考虑，光缆纤芯数量的确定主要考虑以下几个因素。

- 根据网络安全可靠性要求，必须预留一定的纤芯，以满足各种系统保护的需求。
- 考虑工程中远期扩容所需要的光纤数量。
- 随着通信技术的飞速发展，考虑今后数据、图像、多媒体等新业务对缆芯的需求。
- 考虑向其他公司提供租纤业务所需的光纤数量。
- 考虑光缆施工维护、故障抢修的因素。

② 光缆结构选型常见的光缆缆芯结构有层绞式、骨架式、中心（束）管式和带状管式4种。在工程设计中缆芯结构的选择，应该根据光缆的敷设方式、环境、工程的需要和光缆的价格等因素决定。

- 直埋光缆：PE内护层＋防潮铠装层＋PE外护层或防潮层＋铠装层＋PE外护层，宜选用GYTA53、GYTA33、GYTS和GYTY53等结构。
- 管道或采用塑料管道保护的光缆：防潮层＋PE外护层，宜选用GYTA、GYTS、GYTY53和GYFTY等结构。
- 架空光缆：防潮层＋PE外护层，宜选用GYTA、GYTS、GYTY53、GYFTY、ADSS和OPGW等结构。
- 水底光缆：防潮层＋PE内护层＋钢丝铠装层＋PE外护层，宜选用GYTA33、GYTS333和GYTS43等结构。
- 局内光缆：阻燃材料外护层。
- 防蚁光缆：直埋光缆结构＋防蚁外护层（聚酞胺或聚烯烃共聚物）。

3.3.5 光缆接续与光缆预留

工程设计中，应根据勘测路由的长度来计算出光缆敷设的总长度，并进行光缆配盘。光缆应尽量做到整盘敷设，以减少中间接头。配盘后，管道光缆接头应避开交通要道口。架空光缆接头应落在杆上或杆旁 1m 左右。在光缆的接头处，光缆与光纤均应留有一定的预留，以备日后维修或二次接续用。光缆布放预留长度如表 3-14 所示。

表 3-14　　陆地光缆布放预留长度表

敷设方式	直埋	管道	架空	爬坡（埋）
自然弯曲增加长度（m/km）	6～8	10	7～10	10
人孔内弯曲增加长度（m/每孔）		0.5～1		
杆上伸缩弯长度（m）			0.2	
接头重叠预留长度（m）	10～20			
局内预留长度（m）	20			

光缆的接续一般应采用可开启式密封型光缆接头盒，应选用密封防水性能好、防腐蚀并且具有一定的抗压力、张力和冲击力的光缆接头盒。光缆接头处必须将加强件固定牢靠，以确保光缆接头不致因外力而损坏。光缆金属加强芯可不进行电气连通。在中负荷区、重负荷区和超重负荷区要求在每根杆上作预留，轻负荷区每 3～5 杆挡作一处预留。

3.3.6　光缆线路的防护

1. 光缆线路的防雷措施

- 光缆的金属护套连同吊线一起每隔 2 000m 做一次防雷保护接地。
- 光缆的所有金属构件在接头处不进行电气连通，局、中继站内的光缆金属构件全部连接到保护地。
- 架空光缆还可选用光缆吊线，每隔一定距离如 10～15 根杆距应装避雷针或进行接地处理，若是雷击地段可装架空地线。

2. 光缆线路防强电措施

- 光缆线路应尽量与高压输电线或电气化铁路馈电线保持足够的距离，如需要穿越时应尽量与它们保持垂直。
- 光缆线路及其设备距发电厂或变电站的接地装置应大于 200m，距高压电杆的接地装置应大于 50m。
- 在接近交流电气化铁路的地段，当进行光缆线路施工或检修时，应将光缆的所有金属构件临时接地，以保证参加施工或检修人员的人身安全。

3. 直埋光缆防机械损伤措施

- 光缆线路过铁路时，应垂直顶钢管穿越，钢管应伸出路基两侧的排水沟外 1m，距排水沟底不应小于 0.8m。
- 光缆线路过公路时，宜垂直穿越，光缆穿越车流量大时，应采用钢管或加塑料管等保护措施，保护管应伸出路基两侧的排水沟外 1.0m，距排水沟底应不小于 0.8m。
- 光缆穿越沟渠、水塘等，应在光缆上方盖水泥盖板或加塑料管等进行保护。
- 光缆敷设在坡度大于 20°、坡长大于 30m 的斜坡上时，应采用“S”形敷设。光缆敷设在坡度大于 30°、波长大于 30m 的斜坡上时，应选用抗张强度大于 20 000N 的钢带铠装光缆，且采用“S”形敷设。
- 梯田、台田的堰坝、陡坎和护坡处的光缆沟，应因地制宜地采取措施。当坎高大于 60cm 时，应该采用片石和混凝土堆砌坡，以防止冲坏光缆和造成水土流失。

4. 其他防护措施

- 防蚀、防潮采用光缆的外套为 PE 塑料，具有其良好的防腐蚀性能。若光缆设有金属防潮层，并在缆芯填充了石油膏，除特殊情况外，可不再考虑外加的防蚀和防潮措施。

- 防鼠、防白蚁。鼠类对光缆的危害现象多发生在管道和直埋敷设中。管道光缆可采用将管子端头处封堵的措施。对于直埋敷设中鼠害的防治，光缆深埋必须达标，回填土必须夯实。

3.4 光缆线路工程设计文件的编制

光缆线路设计的主要任务就是编制设计文件。编制光缆线路工程设计文件的目的是使设计任务具体化，是勘测、测量收集所获得资料的有机集合，也是有关设计规范、标准和技术的综合运用，它应充分反映设计者的指导思想和设计意图，并为工程的施工、安装建设提供准确可靠的依据。因此，编制设计文件是工程设计中十分重要的一个环节。

3.4.1 设计文件的编制内容

设计文件由文件封面、文件扉页和文件内容组成。

文件封面有：工程名称、工程编号、建设单位、设计单位和证书编号。最后在设计单位上加盖公章。

文件扉页有：工程名称、院长姓名、院总工程师姓名、设计总负责人姓名、设计人姓名、预算审核人、编制人的姓名及证号。

设计文件的内容一般有文件目录，文件目录是在设计文件装订成册后为便于文件阅读而编排的。文件的内容有设计说明，概、预算说明及依据，工程概、预算表格和设计图纸，共4部分。

1. 设计（或工程）说明

设计说明应完全反映工程的总体概况，如设计依据、工程建设规模、工程设计、对光缆的主要技术要求、光缆的敷设及预留、局内光缆的敷设、光缆的防护、光缆的测试、主要工作量及其他说明等，都应用简练、准确的文字加以说明。

2. 概、预算编制说明

概、预算编制说明主要包括工程概况、规模及概预算总价值，编制依据及采用的取费标准，特殊工程项目概算指标，施工定额的编制，计算方法的说明，投资及工程技术经济指标分析合理性及其他需要说明的问题。

3. 概、预算编制依据

概、预算编制依据为中华人民共和国工业和信息化部的工信部规[2008]75号关于发布《通信建设工程概算、预算编制办法》及相关定额的通知新修订的通信建设工程概、预算定额配套文件，包括《通信建设工程概算、预算编制办法》、《通信建设工程费用定额》、《通信建设工程施工机械、仪器仪表台班定额》、《通信建设工程预算定额》（共五册：第一册通信电源设备安装工程，第二册有线通信设备安装工程，第三册无线通信设备安装工程，第四册通信线路工程和第五册通信管道工程），自2008年7月1日起实施。

4. 预算表格

目前国内通信设备安装工程的概、预算表格主要有5种：工程概、预算总表（表一），建筑安装工程费用概、预算表（表二），建筑安装工程量概、预算表（表三）甲，建筑安装工程机械使用费概、预算表（表三）乙、建筑安装工程仪器仪表使用费概、预算表（表三）丙，国内器材概、预算表（表四）甲（国内需安装的设备）、国内器材概、预算表（表四）甲（主要材料），工程建设其他费用概、预算表（表五）。随着时代的不断变化，不同时期概、预算表格的形式也是不断变化的。

5. 设计图纸

设计文件中图纸的实物标注应用专业符号和图形的形式来体现，如表 3-15 所示。光缆线路施工图纸是施工图设计的重要组成部分，是指导施工的主要依据。施工图纸包含了诸如路由信息、技术数据、主要说明等内容，不同的工程项目，其图纸的内容及数量各不相同。因此施工图纸设计应该在仔细勘察和认真搜集资料的基础上准确绘制而成。

设计文件除了上述主要内容外，还应提供承担该设计任务的设计单位资质证明、设计单位收费证明和设计文件所分发的部门明细表。

表 3-15　　光缆线路常用图形符号

序号	名称	符号	序号	名称	符号	序号	名称	符号
1	终端点		19	地坝		37	防雷消弧线	
2	转接站		20	陡坡		38	防雷避雷针	
3	分路站		21	山、丘陵		39	电台、铁塔	
4	有人站		22	水塘、沼泽		40	光缆加固	
5	无人站		23	沙漠		41	铁管保护	
6	巡房		24	房屋或村镇		42	铺砖保护	
7	水线房		25	坟墓		43	标石和标记点	210
8	电缆充气站		26	城墙		44	埋式光缆	
9	铁路		27	桥梁		45	管道光缆	-%-%-%-
10	火车站		28	水井		46	水底光缆	
11	公路		29	大树		47	光缆S弯余留	
12	大车路		30	树林		48	光缆余留	
13	小路		31	经济林		49	普通接头	
14	输电线		32	草地		50	地线接头	
15	通信线		33	稻田		51	加感接头	
16	其他地下管线		34	旱地		52	监测接头	
17	沟渠		35	盐碱地		53	分歧接头	
18	河流		36	防雷排流线		54	堵气接头	

3.4.2 设计文件的编制举例

本节为设计文件的编制给出一个某高校三教楼至信科楼光缆工程一阶段设计实例。

1. 文件封面的内容

“三教楼至信科楼光缆工程一阶段设计”，工程编号为“2010450701”，建设单位为“××学校”，设计单位为“信科设计院”，证书编号为“信设证乙字第××号”。最后盖上设计单位公章。

2. 文件扉页的内容

“三教楼至信科楼光缆工程一阶段设计”，院长为“张××”，院总工程师为“赵××”，审核人为“许××”，设计总负责人为“王××”，设计人为“黄××”，预算审核人为“赵××”、证号为“TJYT-066”，编制人为“许×”、证号为“TJYT-057”。

3. 文件目录内容

① 设计（或工程）说明，它包括设计依据、工程建设规模、工程设计、对光缆的主要技术要求、光缆的敷设及预留、局内光缆的敷设、光缆的防护、光缆的测试、主要工作量及其他说明。

② 工程预算，它包括预算概况及预算总额，预算编制依据、预算说明等。

③ 概、预算表格，它包括表一～表五共 5 种。

④ 设计图纸，它包括三教至信科光缆敷设施工图、三教局至信科局光纤连接路由图、三教局/信科局地线房至二楼上线孔传输室光缆走线图、三教局/信科局传输室机房平面图、三教局/信科局光缆成端施工图等。

4. 正文内容

（1）设计说明

① 设计依据包括××学校工程建设部所发的设计委托书。

② ××学校科技开发处所发的《××通信主网互联互通技术方案》。

③ ××学校与××分公司签署的《关于××学校租用××局通信管道及光纤的协议》。

④ 设计所需相关技术资料，经现场勘察核实编制。

（2）建设规模

本工程为“三教-二教-图书管-信科光缆工程”，将完成三教至信科机房的光纤的连通工作，需新设 18 芯光缆在三教、二教、图书馆、信科局应用光纤的跳接工作。

（3）工程设计

本工程新设 18 芯光缆由三教局内 ODF 起至信科机房的 ODF 止，共计 920 米。路由为：由三教二楼传输室至地下进线室，出局后沿校园路通信管道穿放，至信科大厦地下一层电话配线间，再由地下一层中沿缆线槽道至一层 B 座，到达一层后，沿吊顶缆线槽敷设至 A 座电表房，然后再沿信科专用钢管穿放至信科房。

（4）对光缆的主要技术要求

光缆中的光纤应符合 ITU-T 建议 G.652 所述的单模光纤；光缆的缆芯采用松套结构，中心为金属加强芯，有良好的防潮层；外护套厚度为 1.8mm，平均值不小于 1.6mm，最小值不小于 1.5mm；光缆外径不小于 17mm；光缆允许张力长期不小于 600N，短期不小于 1 500N；光缆允许侧压力长期不小于 300N/10cm，最小值不小于 1 000N/10cm；光缆允许的弯曲半径，受力时（施工动态弯曲）为光缆外径的 20 倍，不受力时（静态弯曲）为光缆外径的 15 倍。

（5）管道光缆的敷设及预留

光缆一次牵引长度一般不大于 1 000 米，超长时应采取盘 8 字分段牵引或中间辅助牵引。

光缆的弯曲半径（施工，固定）应符合（前面所述）要求。光缆的各种需要余长或预留如下表 3-16 所示。

表 3-16 光缆的各种需要余长或预留

标定预留	自然弯曲增加长度	局内预留	人孔内弯曲增加长度
15m/km	5m/km	20m	1m/人孔

（6）局内光缆的敷设

光缆在进线室内应选择安全的位置，尽量布放在电缆托板的最上层，避免与其他电缆交叉和处于易受外界损伤的位置。本次工程进线室内不再设置光缆接头。

光缆进入电缆进线室后，经由电缆走线架等至传输室的 ODF，其间对光缆要进行加固等防护措施，避免日后在进行其他施工或维护操作过程中损伤光缆。

在各局电缆室内，要求预留 20 米光缆，并盘绕整齐，曲率半径应符合验收规范要求。

局内光缆与光纤尾纤相接采用固定接续。

（7）光缆的防护

光缆在管道内敷设应穿放在（内径ϕ2.8cm）塑料子管内，然后将管孔两端用软物堵塞。

光缆在人孔内预留或裸露的部分及电缆室光缆易受外界损伤的部分，应采用塑料蛇形软管保护，以防踩踏，并固定在托板上。

（8）光缆的测试

本系统光缆中继段光路衰耗特性测试可用 1 310nm 和 1 550nm 的稳定光源、光功率计或光时域反射计（OTDR）进行。

光纤衰减测量应取双向测量的平均值。

（9）主要工作量

敷设 18 芯管道光缆 533 米/条，敷设 18 芯直埋光缆 254 米/条，敷设 18 芯室内光缆 133 米/条，敷设光纤跳线（18×2）条，敷设尾纤 36 条，安装 FC 适配器 36 个。

（10）其他说明

施工过程中，请施工单位严格按照《电信网光纤数字传输系统工程施工及验收暂行技术规定》施工，注意施工现场环境，严禁将光缆人为的损坏（车压、拐死角等），造成不必要的接续从而增加传输衰耗。

设计中所涉及的 ODF 皆为原有设备。光缆敷设后应在每个人孔内栓光缆编号铅牌。光缆保护用塑料蛇形软管。含保护带的材料费用均列入劳力预算表中的辅材费栏内。

（11）预算编制说明、依据及表格

有关预算编制说明、依据及表格如前所述，不再重复。

根据物资供应部门提供的材料单价进行预算。

预算说明：本工程为二类工程，按一级施工企业施工计取相关费率及日工资。

施工队伍及施工机械调遣费按 26km 以内计算。材料运距光缆按 100km 计算，其他材料都按 100km 计算。

根据“协议”内容，本工程预算将管道建设成本费 9 万元整，4 根光纤建设成本费 48 万元整，列入预算中。

经济指标包括本工程总投资 650 570 元。技工工日为 125.52 工日，普工工日为 75.97 工日。本工程敷设光缆 18 芯公里，每芯公里投资为 80 570 元/18 芯公里=4 476.1 元/芯公里。

勘察设计费计算按一定比例进行计算。

概、预算表一～表五相关内容参见 3.5.4 小节内容。

（12）图纸

设计图纸主要有三教局至信科局光缆敷设施工图，如图 3-7 所示。三教局至信科局光纤连接示意图，如图 3-8 所示。信科局地线房至二楼上线孔传输室光缆走线图，如图 3-9 所示。信科局传输室机房平面图，如图 3-10 所示。因此要根据具体工程项目的实际情况，准确绘制相应的设计图纸。

3.5 设计概、预算的编制

3.5.1 概、预算的基本概念

通信建设工程设计概算、预算是初步设计概算和施工图设计预算的统称。设计概算、预算实质上是工程造价的预期价格。如何控制和管理好工程项目设计概算、预算，是建设项目投资控制过程中的一个重要环节。

概算指在初步设计阶段按照概算定额、概算指标或预算定额编制工程造价。概算造价分为建设项目总概算、单项工程概算和单位工程概算等。概算是用货币形式综合反映和确定建设项目从筹建至竣工验收的全部过程的建设费用。

预算是根据施工图算出的工作量，套用现行预算定额和费用定额规定的费率标准的计算方法。预算的组成一般包括工程费和工程建设其他费。

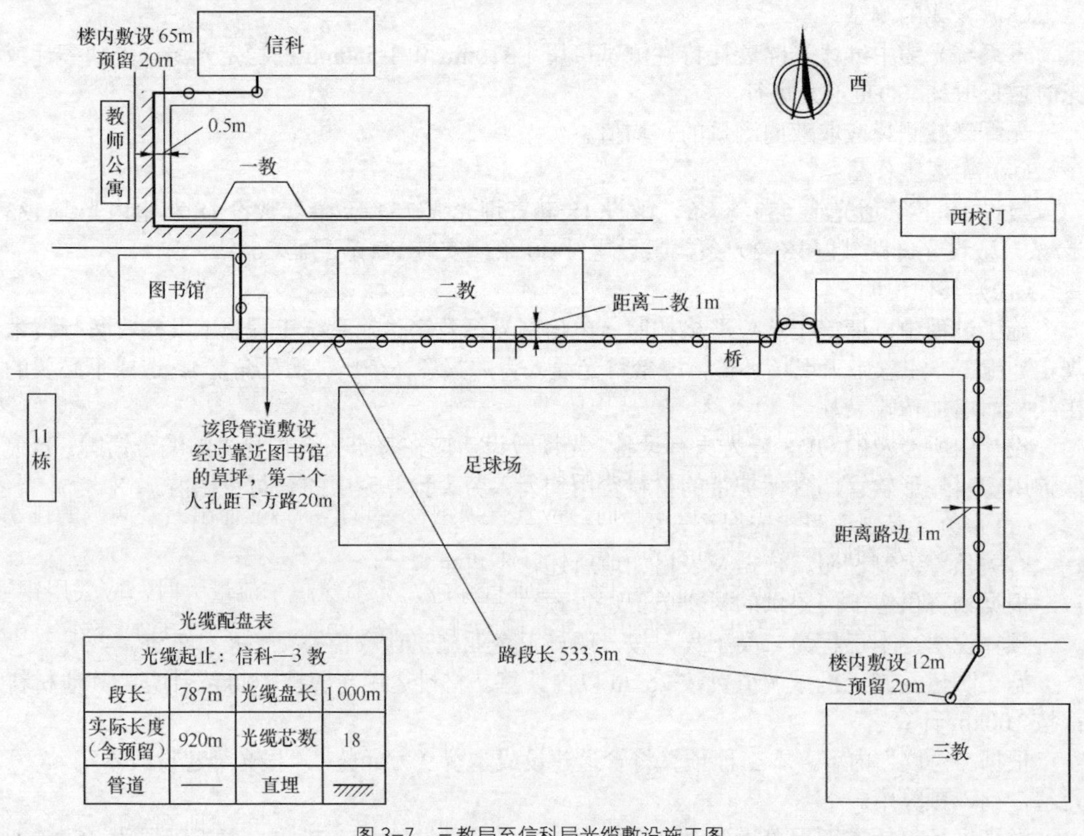

光缆配盘表

光缆起止：信科—3 教			
段长	787m	光缆盘长	1 000m
实际长度（含预留）	920m	光缆芯数	18
管道	——	直埋	

图 3-7　三教局至信科局光缆敷设施工图

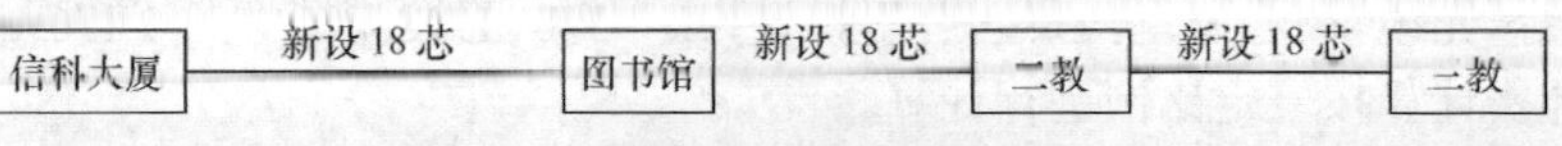

图 3-8　三教局至信科局光纤连接示意图

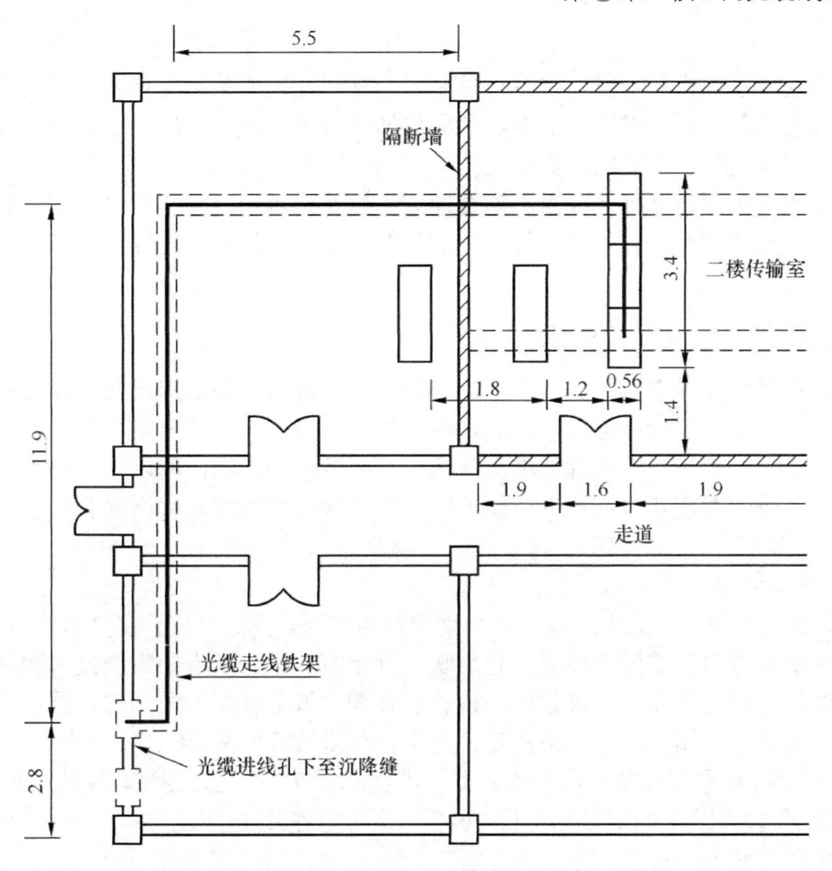

图 3-9　信科局地线房至二楼上线孔传输室光缆平面图

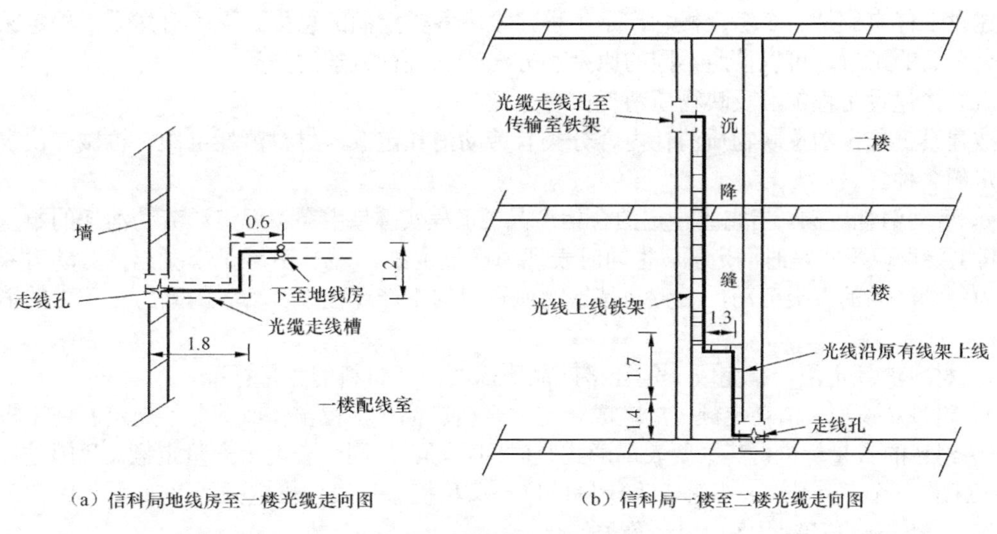

（a）信科局地线房至一楼光缆走向图　　（b）信科局一楼至二楼光缆走向图

图 3-10　信科局楼道光缆走线图

修正概算指在技术设计阶段按照概算定额、概算指标或预算定额编制工程造价。它对初步设计概算进行修正调整，比概算更接近项目实际价格。

工程造价是指建设一项工程预期开支或实际开支的全部固定资产投资费用。

投资估算是指在项目建议书或可研阶段，对拟建项目通过编制估算文件确定的项目总投资额。

合同价指在工程招投标阶段通过签订总承包合同、建筑安装承包合同、设备采购合同，以及技术和咨询服务合同等确定的价格。合同价属于市场价格的性质，它是由承发包双方根据市场行情共同议定和认可的成交价格。

结算价是指在工程结算时，根据不同合同方式进行的调价范围和调价方法，对实际发生的工程量增减、设备和材料价差等进行调整后计算和确定的价格。结算价是该结算工程的实际价格。

3.5.2 建设工程定额的概念

建设项目在建设过程中需要多次计价。作为这些计价的主要依据就是建设工程定额。在生产过程中，为了完成某一单位合格产品，就要消耗一定的人工、材料、机具设备和资金。由于这些消耗受技术水平、组织管理水平及其他客观条件的影响，所以其消耗水平是不相同的。因此，为了统一考核其消耗水平，便于经营管理和经济核算，就需要有一个统一的平均消耗标准即“定额”。

1. 定额基本概念

所谓“定额”是在一定的生产技术和劳动组织条件下，完成单位合格产品在人力、物力、财力的利用和消耗方面当遵循的标准。它反映了行业在一定时期内的生产技术和管理水平，是企业搞好经济管理的前提，是进行经济核算和贯彻“按劳分配”原则的依据，它是管理科学中的一门重要学科，属于技术经济范畴，是实行科学管理的基础工作之一。

“定额”举例：如布放设备电缆项目。工作内容：取料、搬运、测试、量裁、布放、编扎、整理等。定额子目：TSY1-048 数据电缆-10 芯以下（内容）；技工工日：1 个（工日）；单位：百米条（单位工作量）。

2. 建设工程定额的分类

建设工程定额是一个综合概念，是工程建设中各类定额的总称。为了对建设工程定额能有一个全面的了解，可以按照不同的原则和方法对它进行科学的分类。

（1）按建设工程定额反映物质消耗内容分类

按建设工程定额反映物质消耗内容分类有劳动消耗定额、材料消耗定额、机械（仪表）消耗定额 3 种。

- 劳动消耗定额，指完成一定的合格产品（工程实体或劳务）规定活劳动消耗的数量标准。其主要表现形式是时间定额，也同时表现为产量定额。（物化劳动是指凝结在劳动对象中体现为劳动产品的人类劳动，活劳动是指物质资料的生产过程中劳动者的脑力和体力的消耗过程。）
- 材料消耗定额，指完成一定合格产品所需要消耗材料的数量标准。
- 机械（仪表）消耗定额，指完成一定的合格产品（工程实体或劳务）规定的施工机械（仪表）消耗的数量标准。其主要表现形式是时间定额，也同时表现为产量定额。我国是以机械仪表工作一个工作班（8 小时）为计量单位，又称机械仪表台班定额。

（2）按定额的编制程序和用途分类

按定额的编制程序和用途分类有施工定额、预算定额、概算定额、投资估算指标、工期定额 5 种。

- 施工定额，是指施工企业直接用施工管理的一种定额。其内容有劳动定额、材料消耗定额、机械台班定额、仪表台班定额。
- 预算定额，是编制预算时使用的定额，是确定一定计量单位的分部，分项工程结构价的人工，材料机械仪表的消耗量的标准。

说明：①预算定额里的预算价值是以某地区的人工、材料、机械、仪麦、台班预算单位为标准计算，为预算基价，是供设计预算参考；②编制预算时如不能直接套用基价，应根据各地的预算单价和定额的工料机仪消耗标准编制估价表。

- 概算定额，是编制概算时使用的定额。其特点是项目划分较粗，没有预算定额细，准确性高。
- 投资估算指标，是在项目建议书可行性研究阶段编制投资估算，计算投资需要量时的一种定额。其用途主要是为上级决策部门提供建设项目的估算投资额。
- 工期定额，是为各类工程按规定的施工期限的定额天数。其内容是建设工期定额和施工工期定额。

（3）按主编单位和适用范围分类

按主编单位和适用范围分类有行业定额、地区性定额、企业定额（施工定额）、临时定额四种。

- 行业定额，是各行业主管部门根据其行业工程技术特点，以及施工生产和管理水平编制的，在本行业范围内使用的定额。使用范围是在本行业范围内使用（如通信建设工程定额）。
- 地区性定额，由各省、自治区、直辖市主管部门考虑本地区特点而编制的。使用范围是在本地区范围内使用。
- 企业定额（施工定额），企业定额只在本企业内部使用，是企业素质的一个标志。使用范围是只能在本企业内部使用。
- 临时定额，指随着设计、施工技术的发展，在现行各种定额不能满足需要的情况下，为了补充缺项由设计单位会同建设单位所编制的定额。

① 随着新技术的发展，在现行定额不能满足的情况下，为补充缺项，由设计单位会同建设单位所编制的定额。

② 要求：报请定额管理部门备案，并作为今后定额修编时进一步充实完善。

③ 使用时只能一次性使用。

3. 定额项目表

定额项目表，如表 3-17 所示。

表 3-17 定额项目表

项目		内容
工作内容		描述完成合格产品所需的全部工序
定额编号		按统一编号原则编排的子目号
项目名称		分部分项工程名称
定额计量单位		子目录的计价单位
四大消耗内容	人工工日	完成施工项目的技工和普工工作时间
	主要材料	在工程中参与形成产品实体的各种材料
	机械台班	完成施工项目所需的机械工作时间
	仪表台班	完成施工项目所需的仪表工作时间

定额项目表是预算定额的主要内容，项目表不仅给出了详细的工作内容，还列出了在此工作内容下的分部分项工程所需的人工、主要材料、机械台班、仪表台班的消耗量。特列举一个定额项目为例说明，如图 3-11 所示。

工作内容：单盘光缆外观检查、测试单盘光缆性能指标、光缆配盘、气流机穿放光缆、封头缆端头、堵管孔头等。

定额编号			TXL2-094	TXL2-095	TXL2-096	TXL2-097	TXL2-098
项目			平原地区气流法穿放光缆				
			24芯以下	48芯以下	72芯以下	96芯以下	144芯以下
定额单位			千米条				
	名称	单位	数量				
人工	技工	工日	8.94	10.01	11.08	12.06	13.23
	普工	工日	1.27	1.43	1.58	1.74	1.89
主要材料	光缆	m	1010.00	1010.00	1010.00	1010.00	1010.00
	护缆塞	个	*	*	*	*	*
	润滑剂	kg	0.50	0.50	0.50	0.50	0.50
机械	气流敷设设备（含空气压缩机）	台班	0.20	0.23	0.26	0.29	0.32
	载重汽车（5t）	台班	0.20	0.23	0.26	0.29	0.32
	汽车式起重机（5t）	台班	0.20	0.23	0.26	0.29	0.32
仪表	光时域反射仪	台班	0.13	0.18	0.23	0.28	0.33
	偏振模色散测试仪	台班	（0.13）	（0.18）	（0.23）	（0.28）	（0.33）

图3-11 定额项目表主要内容举例

4. 现行建设工程定额的文件

目前，通信建设工程有预算定额和费用定额。由于现在还没有概算定额，在编制概算时，暂时用预算定额代替。各种定额执行的文件如下。

- 《通信建设工程预算定额》，主要包括：第一册（通信电源设备安装工程）、第二册（有线通信设备安装工程）、第三册（无线通信设备安装工程）、第四册（通信线路工程）、第五册（通信管道工程）。工业和信息化部［2008]75 号《关于发布＜通信建设工程概算、预算编制办法＞及相关定额的通知》。
- 《通信建设工程施工机械、仪表台班定额》，包括工业和信息化部［2008]75 号《关于发布＜通信建设工程概算、预算编制办法＞及相关定额的通知》。
- 《通信建设工程费用定额》。包括工业和信息化部［2008］75 号《关于发布＜通信建设工程算、预算编制办法＞及相关定额的通知》。
- 《工程勘察设计收费标准》，包括计价格［2002］10 号《国家计委、建设部关于发布＜工程勘察设计收费管理规定＞的通知》。
- 《通信工程价款结算办法》。

5. 定额的特点

定额具有科学性、权威性和强制性、系统性、稳定性、时效性等特点。

- 科学性反映尊重客观事实，力求定额水平高低合理，易于被人认同和接受。
- 权威性和强制性反映定额一旦公布实施就具有很大的权威性，也反映信誉和信赖程度。强制性反映刚性约束，反映定额的严肃性，不能随意更改。
- 系统性表示工程建设本身的多种类、多层次决定了以它为服务对象的建设工程定额的多种类、多层次。这就决定了定额的系统性与多样性。
- 稳定性是说定额是对一定时期技术发展和管理的反映，因而在一段时期内它应该是稳定不变的。如果定额处于经常修改变动之中，就会丧失定额的权威性。

- 时效性表现出稳定性是相对的，即在一个较短的时期内来看，定额是稳定的，但在一个较长的时期内来看，定额是变化的，是具有时效性的。

3.5.3 设计概、预算的编制

通信建设工程概算、预算是初步设计的概算和施工图设计预算的统称。概、预算的编制应根据上述的概、预算的编制原则，并按相应的设计阶段进行。

通信建设工程概算、预算应由具有通信建设相关资质的单位编制。概算、预算的编制和审核及从事通信工程造价工作的人员必须持有工业和信息化部颁发的“通信建设工程概预算人员资格证书”。同时编制人员应按如下程序进行：首先要收集资料，熟悉图纸，根据资料计算工程量；其次根据通信工程中涉及的设备和器材及安装工程，套用定额，选用价格，计算各项费用；然后，对计算的费用进行复核，撰写编制说明；最后审核出版。

1. 概、预算的作用

初步设计和施工图概算是设计文件的重要组成部分，其主要作用如下。

- 初步设计概算是筹备设备、材料和签订订货合同订立和工程价款结算的主要依据。
- 初步设计概算是在工程招标承包制中确定标底的主要依据。
- 初步设计概算是考核工程成本、确定工程造价和签订工程承、发包合同的依据。
- 施工图预算是施工图预算是考核工程成本、确定工程造价的主要依据。
- 施工图预算是是签订工程承、发包合同的和工程价款结算的主要依据。
- 施工图预算是考核施工图设计技术经济合理性的主要依据。

2. 概、预算的编制依据

有关预算编制依据如前所述，不在赘复。

3. 概、预算文件的组成

通信建设单位工程概、预算项目总费用的组成如表 3-18 所示。每个单项工程应有单独的概、预算文件。概、预算文件由概、预算编制说明和概、预算总表格组成。

表 3-18　通信建设单位工程概、预算项目总费用的组成

<table>
<tr><td rowspan="13">通信建设单项工程总费用</td><td rowspan="10">工程费</td><td rowspan="9">建筑安装工程费</td><td rowspan="5">直接费</td><td rowspan="4">直接工程费</td><td>人工费</td></tr>
<tr><td>材料费</td></tr>
<tr><td>机械使用费</td></tr>
<tr><td>仪表使用费</td></tr>
<tr><td colspan="2">措施费</td></tr>
<tr><td rowspan="2">间接费</td><td colspan="2">规费</td></tr>
<tr><td colspan="2">企业管理费</td></tr>
<tr><td colspan="3">利润</td></tr>
<tr><td colspan="3">税金</td></tr>
<tr><td colspan="4">设备、工器具购置费</td></tr>
<tr><td colspan="5">工程建设其他费</td></tr>
<tr><td colspan="5">预备费</td></tr>
<tr><td colspan="5">建设期利息</td></tr>
</table>

通信建设单项工程概、预算项目总费用具体内容，如图 3-12 所示。

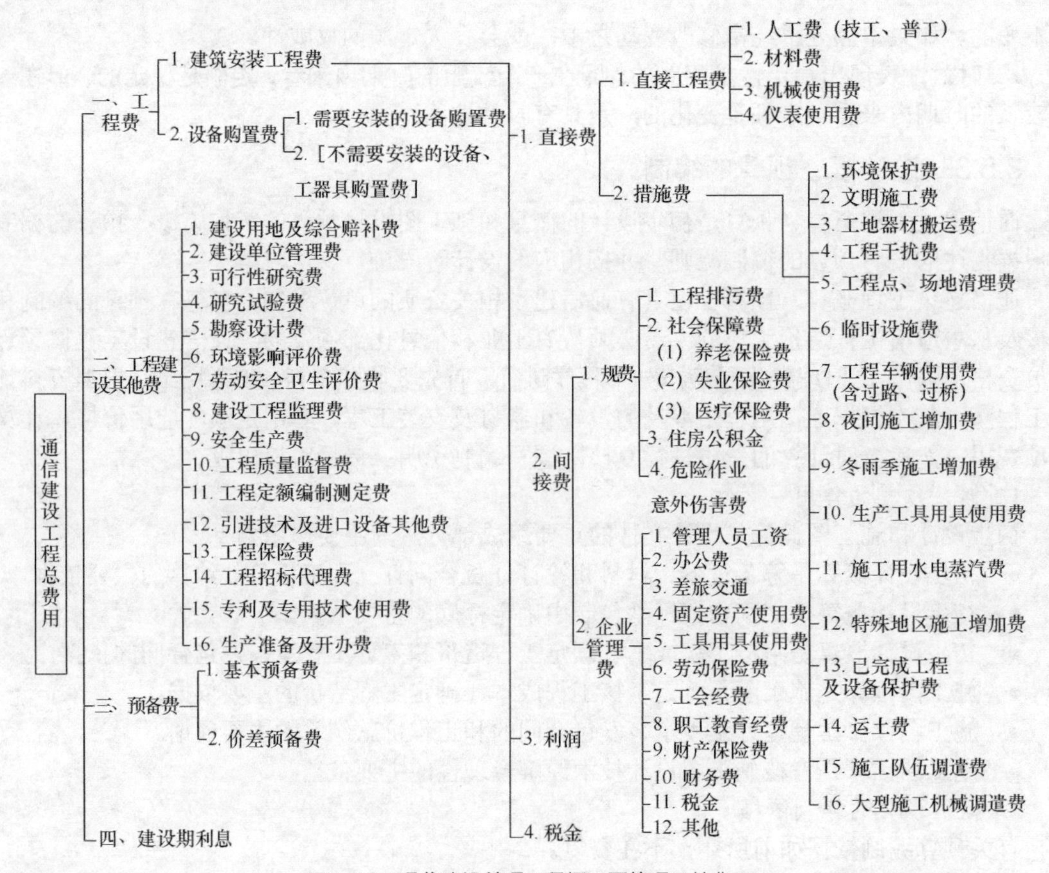

图3-12　通信建设单项工程概、预算项目总费用

由图3-12所知，建筑安装工程费由直接工程费、间接费、计划利润和税金组成，这里只对建筑安装工程费编写所含细节作一些介绍。

（1）直接费

直接工程费指施工过程中耗用的构成工程实体和有助于工程实体形成的各项费用，包括人工费、材料费、机械使用费、仪表使用费。

① 人工费指直接从事建筑安装工程施工的生产人员开支的各项费用。其内容包括基本工资（指发放给生产人员的岗位工资和技能工资）、工资性补贴（指规定标准的物价补贴、煤、燃气补贴、交通费补贴、住房补贴、流动施工津贴等）、辅助工资（培训、探亲、病假期的工资）、职工福利费、劳动保护费。

人工费标准及计算规则为通信建设工程不分专业和地区工资类别，综合取定人工费。人工费单价为技工费为48元/工日，普工费为19元/工日。

什么是工日？一种表示工作时间的计量单位，通常以8小时为一个标准工日，一个职工的一个劳动日，习惯上称为一个工日，不论职工在一个劳动日内实际工作时间的长短，都按一个工日计算。一个工人，按照国家规定的工作时间工作一日，称为1个工日。1个工日相当于1个工人工作8小时的劳动量。

例如某项工作，一个工人做了20天完成，那么这项工作的人工量是20个工日。

② 材料费是指施工过程中耗用的构成工程实体的原材料、辅助材料、构配件、零件、半成品的费用和周转使用材料的摊销（或租赁）费用。其内容包括材料原价、材料运杂费、运输保险费、采购及保管费、采购代理服务费（委托中介采购代理服务的费用）、辅助材料费

（指对施工生产起辅助作用的材料）。

材料费计费标准及计算规则为

材料费=主要材料费+辅助材料费

主要材料费=材料原价+运杂费+运输保险费+采购及保管费+采购代理服务费

其中，材料原价：供应价或供货地点的价格；运杂费=材料原价×运杂费费率；运输保险费=材料原价×保险费费率；采购及保管费=材料原价×采购保管费费率；采购代理服务费按实计列；辅助材料费=主材费×辅材费费率。

【例 3-3】 价值 100 万的光缆，运距为 700 公里，请分别计算出主要材料的运杂费、运输保险费、采购保险费？

解： 材料的运杂费=1 000 000×1.7%=17 000 元

运输保险费=1 000 000×0.1%=1 000 元

采购及保管费=1 000 000×1.1%=11 000 元

③ 机械使用费是指施工机械作业发生机械使用费及机械安拆费。

机械使用费计算标准及计算规则为

机械使用费=机械台班单价×概预算中机械台班量

概预算机械台班量=机械定额台班量×工程量

④ 仪表使用费是指施工作业所发生的属于固定资产的仪表使用费。

仪表使用费计算标准及计算规则为

仪表使用费=仪表台班单价×概预算中的仪表台班量

概预算机械台班量=机械定额台班量×工程量

⑤ **措施费**指为完成工程项目施工，发生于该工程前和施工中非工程实体项目的费用，共 16 项费用。需注意的是 16 项措施费并不是每一类工程都要计取，应根据工程类别，按规定计取。

（2）间接费

① **规费**，指政府和有关部门规定必须缴纳的费用简称“规费”。

② **企业管理费**，指施工企业组织施工生产和经营管理所需费用。

计算方法为

企业管理费=人工费×费率（线路工程费率 30%，管道工程费率 25%，设备安装工程费率 30%）

（3）利润

利润指施工企业完成所承包工程获得的盈利。

计算方法为

利润=人工费×利润率（线路工程利润率 30%，管道工程利润率 25%，设备安装工程利润率 30%）

（4）税金

税金指按国家税法规定应计入建筑安装工程造价内的营业税、城市维护建设税及教育附加费。

计算方法为

税金=（直接费+间接费+利润）×税率（3.41%为各类通信工程所取用）

概、预算编制说明主要包括：工程概况、规模及概预算总价值，编制依据及取费标准、计算方法的说明，投资及工程技术经济指标分析和其他需要说明的问题。

概、预算表格种类如下。

概、预算适用表格共有 10 种，这里重点介绍 5 种。根据原国家计委有关规定，采用统一的格式，它反映了光缆线路工程的特点和建设项目中各项费用的情况。

表一：概、预算总表，供编制建设项目总费用或单项工程费用使用，反映建设项目或单

项工程总费用。

表二：建筑安装工程费用预算表，供编制建筑安装工程费用使用，反映单项工程的建筑安装工程费用。表中各项费用的取费及费率的取定按工业和信息化部文件《通信建设工程概算、预算编制办法》（工信部规[2008]75 号）及相关定额通知计取。

表三（甲）：建筑安装工程量预算表，此表供汇总光缆线路工程敷设安装工程量使用，反映光缆线路工程的分项工程量和总工程量，是计算人工费用的基础。

表三（乙）：建筑安装工程机械使用费用概、预算表，此表供编制建筑安装工程机械台班费使用，如使用的有路面切割机、汽车起重机、光缆接续车、光纤熔接机和光缆气吹设备等。

表四（甲）：器材概、预算表（主材料），此表供编制设备材料、仪表、工具、器具的概、预算和施工图材料清单使用，反映主要材料、设备的原价和概、预算价值。

表五（甲）：工程建设其他费用概、预算表，供编制建设项目或单项工程的工程建设其他费用使用，反映国内建设项目或单项工程的工程建设其他费用。

4. 概、预算的编制方法及编制顺序

通信建设工程概算、预算采用实物法编制。实物法是首先根据工程设计图纸分别计算出分项工程量，然后套用相应的人工、材料、机械台班、仪表台班的定额用量，再以工程所在处或所处时段的实际单价计算出人工费、材料费、机械使用费和仪表使用费，进而计算出直接工程费。根据通信建设工程费用定额给出的各项取费的计费原则和计算方法，计算其他各项，最后汇总单项或单位工程总费用。

实物法编制工程概算、预算的步骤（或程序）如图 3-13 所示。

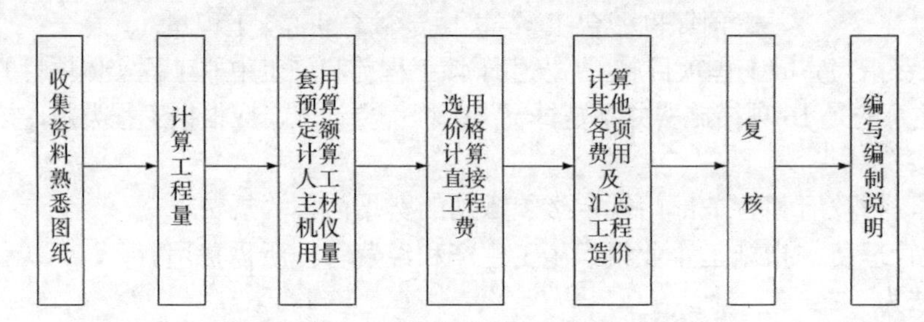

图 3-13　实物法编制概算、预算的步骤

收集资料、熟悉图纸。在编制概算、预算前，针对工程具体情况和所编概算、预算内容收集有关资料，并对施工图进行一次全面详细的检查，查看图纸是否完整，明确设计意图，检查各部分尺寸是否有误，以及有无施工说明。

计算工程量。工程量计算是一项繁重而又十分细致的工作。工程量是编制概算、预算的基本数据，计算的准确与否直接影响到工程造价的准确度。

套用定额，计算人工、材料、机械台班、仪表台班用量。工程量经核对无误方可套用定额。套用相应定额时，由工程量分别乘以各子目人工、主要材料、机械台班、仪表台班的消耗量，计算出各分项工程的人工、主要材料、机械台班、仪表台班的用量，然后汇总得出整个工程各类实物的消耗量。

选用价格计算直接工程费。用当时、当地或行业标准的实际单价乘以相应的人工、材料、机械台班、仪表台班的消耗量，计算出人工费、材料费、机械使用费、仪表使用费，并汇总得出直接工程费。

计算其他各项费用及汇总工程造价。按照工程项目的费用构成和通信建设工程费用定额规定的费率及计费基础，分别计算各项费用，然后汇总出工程总造价，并以通信建设工程概算、预算编制办法所规定的表格形式，编制出全套概算或预算表格。

复核。对上述表格内容进行一次全面检查，检查所列项目、工程量计算结果、套用定额、选用单价、取费标准以及计算数值等是否正确。

编写说明。复核无误后，进行对比、分析，写出编制说明。凡是概算、预算表格不能反映的一些事项以及编制中必须说明的问题，都应用文字表达出来，以供审批单位审查。

在全套概、预算表格的编制过程应按图 3-14 的顺序进行。

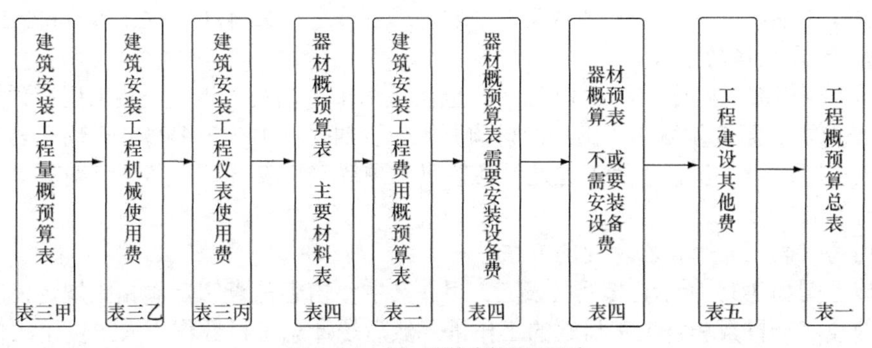

图 3-14 概、预算表格编写顺序

3.5.4 ××局市话光缆工程预算编制举例

1. 预算编制说明及依据

（1）预算编制说明

已知河川大厦局至长途电信中继光缆线路单项工程一阶段设计，具体施工图如图 3-15 所示。本工程建设单位为××市电信公司，本次工程中继光缆只需上架成端即可。

本设计为主要工作量有新立 8 米 10 根木电杆，架设 7/2.2 镀锌钢绞线 0.523 千米条，敷设架空光缆 0.563 千米条。预算总价值 27 791.65 元。其中建设安装工程费为 24 471.31 元，工程建设其他费用为 2 255.34 元，预备费用为 1 065.00 元。总工日 135.25，其中技工工日 90.18 元，普工工日 45.07 元。

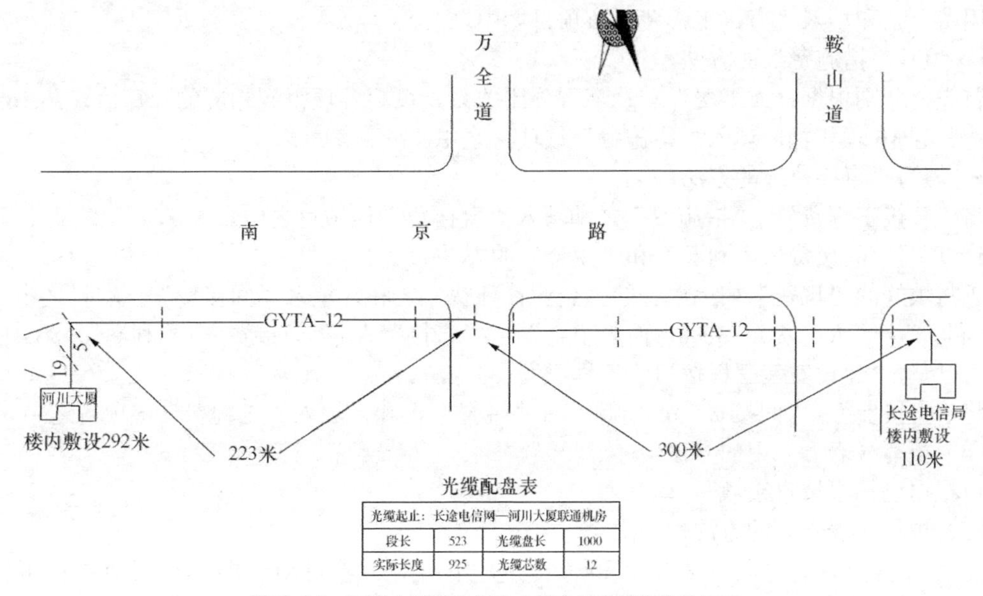

光缆配盘表

光缆起止：长途电信网—河川大厦联通机房			
段长	523	光缆盘长	1000
实际长度	925	光缆芯数	12

图 3-15 河川大厦局至长途电信中继光缆线路施工图

（2）编制依据

编制依据按3.5.1小节的概、预算编制原则以及施工图纸为基本依据，在此不再赘述。

（3）费率的取定

① 本工程为一阶段设计，预备费为总预算费的4%。

② 本工程为4类工程，施工企业为1级，因此，技工人工费取定48.00元/日；普工费单价为19.00元/日。敷设单模光缆12×0.563=6.756芯公里，采用每50米架设一根电杆，共计架设10根电杆，线路中间有一个光缆接头，平均每芯公里造价24 471.31÷6.756=3 622.16元。

2. 填写预算表格的方法

概、预算表格编写顺序如图3-14所示，也就是第1步编写“建筑安装工程量预算表（表三）甲、乙、丙”；第2步编写“国内器材预算表（表四）”；第3步编写“建筑安装工程费用预算表（表二）”；第4步编写“工程建设其他费用预算表（表五）”；第5步编写“工程预算总表（表一）”。

（1）填写（表三）甲、乙、丙的方法

根据施工图如3-15所示，填写（表三）甲。其主要内容是查阅定额相关规定，确定单项工程所用的技工工日数和普工工日数的工作量，然后统计总工日数作为人工费用的依据。

随后如实填写工程机械使用费（表三）乙和仪表使用费（表三）丙。

（2）填写（表四）甲的方法

直接将所用材料费用和其他运输、保管等费用，按要求填写于表中，最后小结总费用。

（3）填写（表二）的方法

填写（表二）是整个预算表格最麻烦的一项工作，要认真按照前面（表三）（表四）所填的内容进行一一对应填写。

- 填写“直接工程费”的方法。

第1步填写“人工费”，将来自（表三）甲所示的技工工日数和普工工日数计算出人工费用；第2步填写“材料费”，将来自（表四）甲所示的材料费填写其中；第3步填写“机械使用费”，将来自（表三）乙所示的机械使用费填写其中；第4步填写“仪表使用费”，将来自（表三）丙所示的仪表使用费填写其中；就此将“人工费”+“材料费”+“机械使用费”+“仪表使用费”之和填入“直接工程费”该项目之中。

- 填写“措施费”的方法。

首先，分别根据“人工费”与费率百分比关系，填写各项得到相应的计算值，共16项。然后将其这16项相加，填入“措施费”该项目之中。

- 填写“直接费”的方法。

将“直接工程费”+“措施费”之和填入“直接费”该项目之中。

- 填写“间接费”、“利润”和“税金”的方法。

先将填好的“规费”加上填好的“企业管理费”之和，填入“间接费”该项目之中。

“利润”=“人工费”×30%，而“税金”=（“直接费”+“间接费”+“利润”）×3.41%。

- 填写“建设安装工程费”（“工程费”）的方法。

将“直接费”+“间接费”+“利润”+“税金”之和，填入“工程费”该项目之中。

（4）填写（表五）甲的方法

可根据已知事情直接填写。

（5）填写（表一）的方法

填写（表一）时，将（表二）和（表五）甲所对应项目填入即可，其他项目可计算得出。

3. 预算表格

① 工程概、预算总表（表一），表格编号B1，参见下页。

② 建筑安装工程费用概、预算表（表二），表格编号B2，参见下页。

③ 建筑安装工程量概、预算表（表三）甲，表格编号B3J；建筑安装施工机械使用费用概、预算表（表三）乙，表格编号B3Y；建筑安装工程仪表使用费概、预算表（表三）丙，表格编号：B3Z。参见下页。

④ 国内器材概、预算表（表四）甲，表格编号B4。（主材表）表格编号：B4JC；（国内需要安装设备表）表格编号B4JS，参见下页。

⑤ 工程建设其他费用概、预算表（表五）甲，表格编号B5J，参见下页。

工程概、预算总表（表一）

建设项目名称：××——××段光缆传输系统工程

工程名称：××局市话光缆线路工程　　建设单位名称：×××　　表格编号：B1　　第全页

序号	表格编号	工程或费用名称	概、预算价值（元）或外币（）							
			小型建筑工程费	需要安装的设备费	不需安装的设备、工器具费	建筑安装工程费	其他费用	预备费	总价值	
			（元）						人民币（元）	其中外币（）
I	II	III	IV	V	VI	VII	VIII	IX	X	XI
1		工程费				24 471.31			24 471.31	
2		工程建设其他费用					2 255.34		2 255.34	
3		小计				24 471.31	2 255.34		26 726.65	
4		预备费用（小计×4%）						1 065	1 065.0	
5		单项工程费用合计				24 471.31	2 255.34	1 065	27 791.65	

设计负责人：×××　　审核：×××　　编制：×××　　编制日期：×年×月

建筑安装工程费用概、预算表（表二）

工程名称：××局市话光缆线路工程　　建设单位名称：×××　　表格编号：B2　　第全页

序号	费用名称	依据和计算方法	合计（元）
Ⅰ	Ⅱ	Ⅲ	Ⅳ
	建筑安装工程费	一+二+三+四	24 471.31
一	直接费	（一）+（二）	18 894.16
（一）	直接工程费	1+2+3+4	14 540.94
1	人工费	技工费+普工费——来自（表三）甲	5 184.97
（1）	技工费	技工工日×48元/工日	4 328.64
（2）	普工费	普工工日×19元/工日	856.33
2	材料费	主要材料费+辅助材料费	8 825.47
（1）	主要材料费	来自（表四）甲	8 405.21
（2）	辅助材料费	主要材料费×5%	420.26
3	机械使用费	来自（表三）乙	412.00
4	仪表使用费	来自（表三）丙	118.5
（二）	措施费	1+2+…+16	4 353.22
1	环境保护费	人工费×1.5%	77.77
2	文明施工费	人工费×1.0%	51.85
3	工地器材搬运费	人工费×5%	259.2
4	工程干扰费	人工费×6%	311.1
5	工程点交、场地清理费	人工费×5%	259.2
6	临时设施费	人工费×10%	518.5
7	工程车辆使用费	人工费×6%	311.1
8	夜间施工增加费	人工费×3%	155.5
9	冬雨季施工增加费	人工费×2%	103.7
10	生产工具用具使用费	人工费×3%	155.5
11	施工用水电蒸汽费	给定	1 000.0
12	特殊地区施工增加费	总工日【来自（表三）甲】×3.20元	432.8
13	已完工程及设备保护费	给定	464
14	运土费	不计	
15	施工队伍调遣费	给定	253
16	大型施工机械调遣费	不计	
二	间接费	（一）+（二）	3 214.7
（一）	规定费用	1+2+3+4	1 659.2
1	工程排污费	政府部门相关规定（不计）	
2	社会保障费	人工费×26.81%	1 390.1
3	住房公积金	人工费×4.19%	217.25
4	危险作业意外伤害保险费	人工费×1%	51.85
（二）	企业管理费	人工费×30%	1 555.5
三	利润	人工费×30%	1 555.5
四	税金	（直接费+间接费+利润）×3.41%	806.95

设计负责人：×××　　审核：×××　　编制：×××　　编制日期：×年×月

建筑安装工程费用概、预算表（表三）甲

工程名称：××局市话光缆线路工程　　建设单位名称：×××　　表格编号：B3J　　第全页

序号	定额编号	项目名称	单位	数量	单位定额值		合计值（工日）	
					技工	普工	技工	普工
Ⅰ	Ⅱ	Ⅲ	Ⅳ	Ⅴ	Ⅵ	Ⅶ	Ⅷ	Ⅸ
1	TXL1-002	架空光缆施工测量	100m	5.23	1.10	0	5.75.	0
2	TXL3-013	立 8.0 米以下木电杆（综合土）	根	10	0.43	0.43	4.3	4.3
3	TXL3-054	装 7/2.6 单股拉线（硬土）	条	2	0.84	0.60	1.68	1.20
4	TXL3-197	市区架设吊线 7/2.2	1 000 米条	0.523	8.41	8.81	4.40	4.61
5	TXL4-004	架设架空光缆（丘陵、水田、市区 12 芯以下）	1 000 米条	0.563	16.82	12.18	9.47	6.86
6	TXL4-046	穿放引上光缆	条	2	0.6	0.6	1.2	1.2
7	TXL4-049	架设吊线墙壁光缆	百米条	4.02	5.23	5.23	21.02	21.02
8	TXL5-001	市话光缆接续（12 芯以下）	头	1	6.00	0	6.00	0
9	TXL7-052	端点熔接法光缆与活动接头光纤连接	芯	24	0.5	0	12	0
10	TXL5-011	市话光缆中继段测试（12 芯以下）	中继段	1	12.60		12.60	
		小计					78.42	39.19
		总工日不足 100，增加 15%					11.76	5.88
		合计					90.18	45.07

设计负责人：×××　　审核：×××　　编制：×××　　编制日期：　　×年×月

建筑安装工程机械使用费概、预算表（表三）乙

工程名称：××局市话光缆线路工程　　建设单位名称：×××　　表格编号：B3Y　　第全页

序号	定额编号	项目名称	单位	数量	机械名称	单位定额值		合计值	
						数量（台班）	单价（元）	数量（台班）	单价（元）
Ⅰ	Ⅱ	Ⅲ	Ⅳ	Ⅴ	Ⅵ	Ⅶ	Ⅷ	Ⅸ	Ⅹ
1	TXJ-022	市话光缆连续（12芯以下）	头	1	光缆接续车（4t以下）	0.5	242	0.5	121
2	TXJ-006	市话光缆接续（12芯以下）	头	1	汽油发电机（10kW以下）	0.3	290	0.3	87
3	TXJ-001	市话光缆接续（12芯以下）	头	1	光纤熔接机（单芯型）	0.5	168	0.5	84
4	TXJ-001	熔接法完成光纤连接	芯	24	光纤熔接机（单芯型）	0.03	168	0.72	120
5									
6									
7									
8									
9									
		合计						2.02	412

设计负责人：×××　　审核：×××　　编制：×××　　编制日期：×年×月

建筑安装工程仪表使用费概、预算表（表三）丙

工程名称：××局市话光缆线路工程　　建设单位名称：×××　　表格编号：B3Z　　第全页

序号	定额编号	项目名称	单位	数量	仪表名称	单位定额值		合计值	
						数量（台班）	单价（元）	数量（台班）	单价（元）
I	II	III	IV	V	VI	VII	VIII	IX	X
1	TXL1-022	架空光缆施工测量	100 m	5.23	地下管道线探测仪	0.10	173.0	0.523	90.5
2	TX L3-180	市话光缆中继段测试（12芯以下）	千米条	0.925	光时域反射仪	0.10	306	0.0925	28.0
3									
4									
5									
6									
7									
8									
9									
		合计						0.616	118.5

设计负责人：×××　　审核：×××　　编制：×××　　编制日期：×年×月

国内器材概、预算表（表四）甲

单项工程名称：××局市话光缆线路工程　　建设单位名称：×××　　表格编号：B4　　第1页

序号	名　称	规格程式	单位	数量	单价（元）	合计（元）	备注
Ⅰ	Ⅱ	Ⅲ	Ⅳ	Ⅴ	Ⅵ	Ⅶ	Ⅷ
1	光缆	GYTA12-B1	m	965	2.68	2586.2	光缆
2	（2）小计					2586.2	
3	供销部门手续费(2)×1.8%					46.55	
4	采购及保管费(2)×1.0%					25.86	
5	运杂费(2)×1.4%					36.2	
6	运输保险费(2)×0.1%					2.59	
7	合计①					2697.4	
8	镀锌铁线	ϕ1.5mm	公斤	0.42	6.15	2.58	线路器材
9	镀锌铁线	ϕ3.0mm	公斤	1.60	4.80	7.68	
10	镀锌铁线	ϕ4.0mm	公斤	1.00	4.80	4.80	
11	镀锌钢绞线	7/2.2	公斤	115.72	6.00	694.32	
12	镀锌钢绞线	7/2.6	公斤	14.30	6.00	85.80	
13	瓦型护杆板		块	10.38	4.15	43.08	
14	条型护杆板		块	14.42	1.00	14.42	
15	拉线衬环	7股	个	6.06	1.95	11.82	
16	吊线担		根	14.14	5.00	70.70	
17	吊线抱箍		付	13.21	4.00	52.84	
18	吊线压板（带穿钉）		付	13.21	3.00	39.63	
19	镀锌穿钉	200～160mm	付	13.21	2.00	26.42	
20	U形卡子	ϕ10mm	只	14.26	1.00	14.26	
21	电缆挂钩		只	1 159.78	0.30	347.93	
22	光缆接续器材		套	1.01	500.00	505.00	
23	（23）小计					1 921.28	
24	供销部门手续费(23)×1.8%					34.58	
25	采购及保管费(23)×1.0%					19.21	
26	运杂费(23)×7.2%					138.33	
27	运输保险费(23)×0.1%					1.92	

设计负责人：×××　　审核：×××　　编制：×××　　编制日期：×年×月

国内器材概、预算表（表四）甲

单项工程名称：××局市话光缆线路工程　　建设单位名称：×××　　表格编号：B4　　第 2 页

序号	名称	规格程式	单位	数量	单价	合计	备注
Ⅰ	Ⅱ	Ⅲ	Ⅳ	Ⅴ	Ⅵ	Ⅶ	Ⅷ
28	合计②					2 115.32	
29	聚乙烯塑料管	ϕ28/34mm	m	14.08	1.00	14.08	聚乙烯塑料
30	（30）小计					14.08	
31	供销部门手续费(30) ×1.8%					0.25	
32	采购及保管费(30)×1.0%					0.14	
33	运杂费(30)×4.3%					0.61	
34	运输保险费(30)×0.1%					0.01	
35	合计③					15.09	
36	防腐松木电杆	8 m	根	10	300.00	3000.00	电杆和横木
37	防腐松木横木	1.20 m	根	2	50.00	100.0	
38	（38）小计					3100.00	
39	供销部门手续费(38)×1.8%					55.8	
40	采购及保管费(38)×1.0%					31.0	
41	运杂费(38)×12.5%					387.5	
42	运输保险费(38)×0.1%					3.1	
43	合计④					3577.4	
	总计（合计①～④）					8405.21	

设计负责人：×××　　审核：×××　编制：×××　　编制日期：×年×月

工程建设其他费用概、预算表（表五）甲

单项工程名称：××局市话光缆线路工程　　建设单位名称：×××　　表格编号：B5　第全页

序号	费 用 名 称	计算依据及方法	金额（元）	备注
Ⅰ	Ⅱ	Ⅲ	Ⅳ	Ⅴ
1	建设用地及综合赔补偿	不计		
2	建设单位管理费	给定	491.26	
3	可行性研究费	给定	500.00	
4	研究试验费	不计		
5	勘察设计费	给定	1 000.00	
6	环境影响评价费	不计		
7	劳动安全卫生评价费	不计		
8	建设工程监理费	不计		
9	安全生产费	给定	100.00	
10	工程质量监督费	给定	64.08	
11	工程定额测定费	不计		
12	引进技术及引进设备其他费用	不计		
13	工程保险费	给定	100.00	
14	工程招标代理费	不计		
15	专利及专利技术使用费	不计		
16	生产准备及开办费（运营费）	不计		
	总 计		2 255.34	

设计负责人：×××　审核：×××　编制：×××　编制日期：×年×月

复习题和思考题

1．大、中型光缆线路工程的建设程序分哪几个步骤？各步骤的主要任务是什么？

2．设计文件是由哪几部分组成的？设计文件的编制的内容是什么？

3．光纤通信系统设计的基本要点有哪些？

4．光传输中继段距离长度主要由哪些因素决定？

5．光缆线路路由的选择有哪些具体要求？

6．衰减受限系统、色散受限系统的含义是什么？

7．已知激光器的工作波长 1 550nm，信息速率为 STM-16 等级，光纤为 G.652 的数字光纤传输系统的参数如下。

发送功率为−3dBm；光通道功率代价 P_P=1dB；接收机灵敏度为 0.1μW；光缆每盘长度为 2km；光纤活动接头损耗为 1dB/个；光纤固定接头损耗为 0.2dB/个；激光器的谱宽为 0.5nm；光缆富余度为 0.01dB/km；设备富余度为 5dB。试估算其最大传输中继段长。

8. 设计一个光纤通信系统，并用数学表达式表示出最大无中继距离主要受哪些因素的影响，并说明各影响因素的含义，如何改进其影响因素使无中继的距离延长。

9. 已知放大器增益 G_i 分别为 22dB，30dB，33dB、光纤连接器损耗之和 $\sum A_{ci}$=1.6dB、光纤为 G.652 衰减系数 A_{fi}（dB/km）查表所得、光缆富余度 M_{ci}=0.01dB/km、每千米光纤固定接头平均损耗 A_{si}=0.06dB/km。求：各种光放段增益时第 i 光放段的长度 L_{Ai}（km）。

10. 在 DWDM 系统中，中继段的信噪比的计算比较复杂，假如单波道输出光功率 P_0=7dBm，光放大器噪声系数 N_f=8dB，光放段增益 G 分别为 22dB、30dB、33dB 的情况下，求各种光放段增益时的光放段数量 N 的值。

11. 已知 $PMD_C=0.4\,\mathrm{ps}/\sqrt{\mathrm{km}}$，传输速率为 10Gbit/s 和 30Gbit/s，试估算最大传输距离。

12. 光缆接续和敷设的预留长度有哪些规定？工程设计时光缆线路的防护考虑因素？

13. 编制通信建设工程的定额、概、预算有什么意义和作用？采用三阶段设计时，每个设计阶段对应概预算编制有哪些内容？

14. 参考概、预算表提供数据，计算：①在 1 个中继段中接续 2 个光缆接头（光缆在 12 芯以下）共需工程费用多少？②架空光缆中架设 2km 光缆（含钢丝吊线）共需工程费用多少？（3）立 9 根 8 米木电杆，共需工程费用多少？

15. 编制校园网某中继段初步设计（一阶段设计）的设计文件。设计文件的编制内容要求包含：文件目录，设计说明，概、预算表格填写和设计图纸。

第4章 接入网光缆线路工程设计

接入网由用户网络接口（UNI）和业务节点接口（SNI）之间的一系列传输实体（例如用户线、线路设施和传输设备和用户/网络接口设备等）组成。接入网的传输系统技术有电缆线路下ADSL技术和光纤线路下的EPON\GPON\APON接入技术。本章只介绍光纤线路的传输系统。

4.1 接入网光纤通信系统设计

宽带光纤接入系统设计主要针对光纤接入网（OAN）的设计，OAN类型主要有光纤到户（FTTH）、光纤到办公室（FTTO）和光纤到大楼（FTTB）或光纤到路边（FTTC）等几种传输结构。

光纤接入网的最主要特点是网络覆盖半径一般较小，可以不需要中继器，但是由于众多用户共享光纤导致光功率的分配或波长分配，有可能需要采用光纤放大器进行功率补偿；要求满足各种宽带业务的传输，而且传输质量好、可靠性高；光纤接入网的应用范围广阔；投资成本大，网络管理复杂，远端供电较难等。

4.1.1 接入网的定界及基本网元设备

OAN的定界及参考配置应符合ITU-T G.982建议，如图4-1所示。由图4-1可见接入链路实际是指网络侧的V接口（即业务节点接口SNI）到用户侧T接口（即用户终端接口UNI）之间的传输手段的总和，即光发送参考点S、光接收参考点R、业务节点参考点V、用户终端参考点T，以及适配功能AF与光网络单元ONU之间的参考点a。其中OLT是光线路终端，ODN是由无源光器件构成的光纤分配网，ODT是有源电的复用器，ONU是光网络单元，AF是适配功能设施，AN是系统管理单元，Q_3是网络管理接口。

根据光纤接入网的室外传输设施中是否含有有源设备，光纤接入网分为无源光网络（PON）和有源光网络（AON）。图4-1的上下两部分分别代表不同光纤接入网，图的上部分为PON功能参考配置，图的下部分为AON功能参考配置，PON和AON的区别在于AON中用电的复用器（ODT）来完成分路，而PON中用无源光纤分配网（ODN）来完成分路。本节重点介绍PON接入技术。

OAN基本网元设备，一般按用途可分为光线路终端设备（OLT）、光配线网（ODN）和光网络单元/终端（ONU或ONT）3种类型。

OLT为光纤接入网提供网络侧与光配线网ODN之间的光接口，并经一个或多个ODN与用户侧的ONU进行通信，OLT与ONU的关系是主从通信关系。OLT可位于本地交换机的接口处，也可以安装在远端。OLT提供必要的手段来传递不同的业务给ONU或ONT。

ODN位于ONU和OLT之间，为ONU和OLT提供以光纤为传输媒质的物理连接，如图4-2所示，它是由无源光器件组成的无源光配线网。其主要的无源光器件有单模光缆、光连接器、光分路耦合器（OBD）、光衰减器和光纤接头。

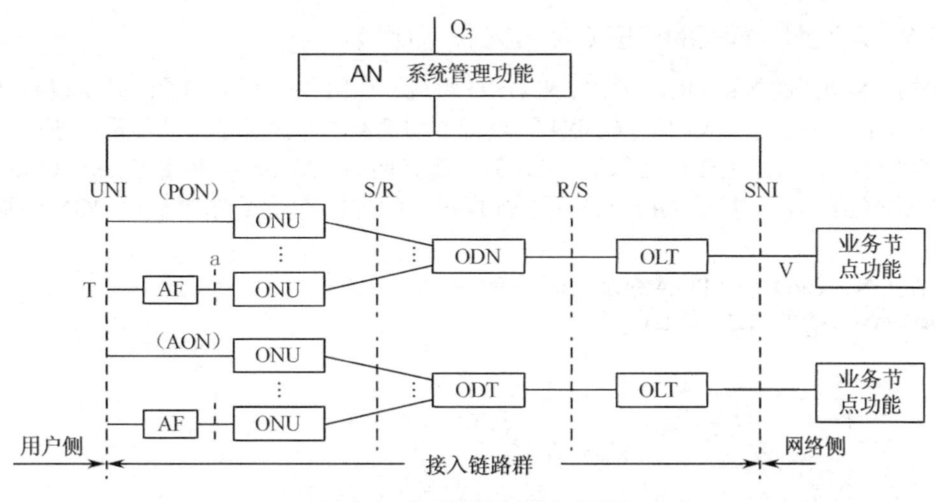

图 4-1　OAN 定界及功能参考配置

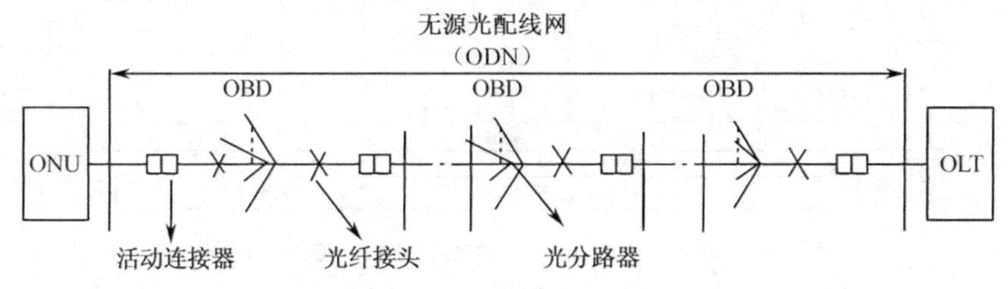

图 4-2　ODN 的光通道示意图

ODN 的结构是由光缆、光分路器，一般为点到多点连接，即多个 ONU 通过 ODN 与一个 OLT 相连。ODN 的拓扑结构通常采用树状或星状结构，这样可使多个 ONU 可以共享同一光传输系统，从而节省了成本。当然，ODN 的树状结构在必要时，也可以使用光纤放大器来补充光能量，以延长传输距离和扩大服务用户数目。

ONU 位于 ODN 和用户终端之间，ONU 的用户侧是电接口，而网络侧是光接口，因此 ONU 具有光/电和电/光转换功能，还要完成对语音信号的数字化处理，复用、信令处理以及维护管理功能。根据 ONU 在光纤接入网中所处的不同位置，可以将 OAN 划分为几种不同的基本应用类型，即光纤到区段（FTTZ），光纤到路边（FTTC），光纤到大楼（FTTB），光纤到办公室（FTTO）以及光纤到家庭（FTTH），如图 4-3 所示。

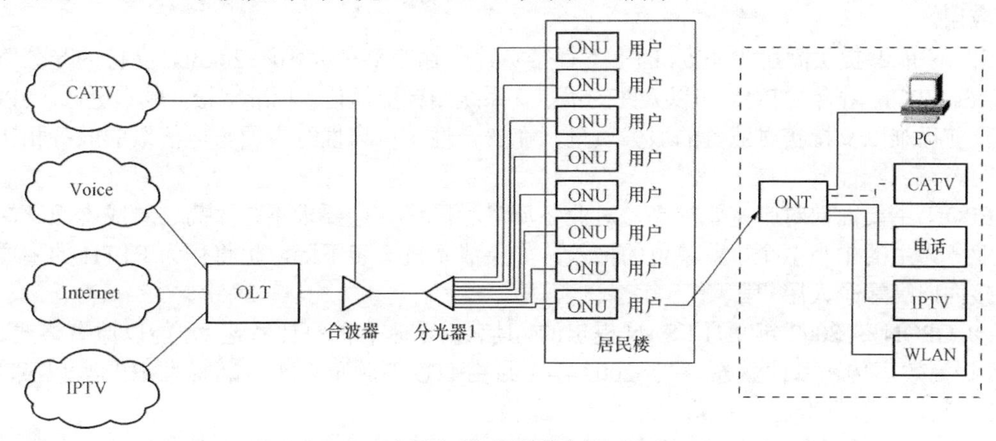

图 4-3　FTTH 的应用

4.1.2 APON、GPON、EPON 接入技术比较

PON 接入功能结构由 OLT、ODN 和 ONU 组成，如图 4-1 所示，PON 是实现宽带光接入的一种常用网络形式，人们根据 PON 的独特的物理结构，提出了一些标准和规范。按承载的内容来分类，PON 主要包括基于 ATM 的无源光网络（APON），基于 Ethernet（以太网）无源光网络（EPON），基于 GFP（通用成帧规程）的吉比特无源光网络（GPON）等 3 种技术。

1. APON、GPON、EPON 分层上的区别

各种 PON 分层区别如图 4-4 所示。

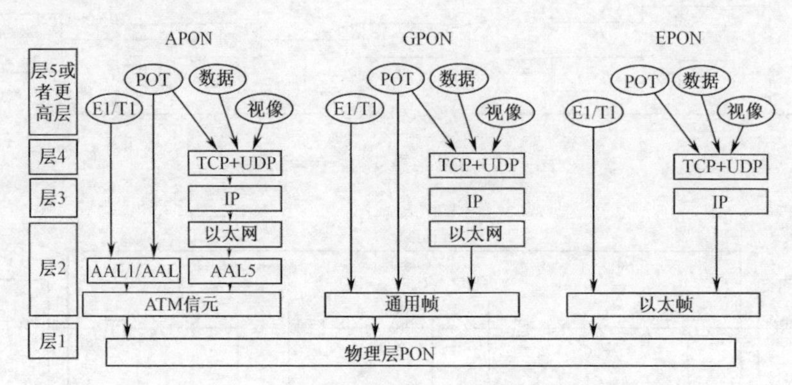

图 4-4 APON、GPON、EPON 3 种接入技术在分层上的区别

从图 4-4 可以看出各种 PON 由于第 2 层的不同，导致数据封装帧差别，当然各种 PON 支持的协议标准也就不同。

2. APON、GPON、EPON 的特点

① APON 是全业务网络联盟 FSAN 开发完成的，并提交给 ITU-T 形成了 G.983 标准化，以 ATM 格式封装数据，是目前标准化最完善的，但没有得到市场认可。

APON 适用于对带宽要求不高、对业务质量要求高或者需要运行混合业务的企事业单位的接入。

② EPON 是 2004 年在 IEEE 802.3ah 标准中正式进行规范，它采用以太网封装。在 EPON 中，根据 IEEE802.3 以太网协议，传送的是可变长度的数据包。由于以太网适合携带 IP 业务，与 APON 相比，极大地减少了传输开销。国内标准已经制定完成，产品开始在市场上迅速应用。

EPON 能够提供高达 1Gbit/s 的上下行带宽，传输距离最大 10～20km。支持的光分路比大于 16。EPON 融合了 PON 和以太网的优点，系统结构更简化，标准宽松，成本更低。EPON 技术目前仍难以支持实时业务的服务质量，在安全性、可靠性等方面与电信级的服务相比仍有差距。

EPON 主要面向对带宽要求高、对业务质量和网络安全要求不是太高、对成本敏感的以太网业务为主的中小型企事业单位的接入，如果成本进一步下降，也将作为 FTTH 的主要手段直接面向高端个人用户。

③ GPON 是 2002 年 9 月 FSAN 提出的，具有前所未有的高比特速率，能以原有格式（透传）和极高效率传输多种业务，并于 2003 年 1 月由 ITU-T 颁布 GPON 新标准 G.981。以 ATM、GEM 封装，尽管标准已经完成，但支持厂家极少。

GPON 技术针对 1Gbit/s 以上的 PON 标准，除了对更高速率的支持外，还是一种更佳、

支持全业务、效率更高的解决方案。引入通用成帧协议（GFP），能将任何类型和任何速率的业务进行原有格式封装后经由 PON 传输，而且 GFP 帧头包含帧长度指示字节，可用于可变长度数据包的传递，大大提高了传输效率。因此能更简单、通用、高效地支持全业务。GPON 提供 1.244 和 2.488Gbit/s 的下行速率和所有标准的上行速率。传输距离可达 20km（逻辑 60km），支持的光分路比在 64～128 之间。

GPON 适合于少数对带宽要求高、需要提供电信级服务质量，且对成本不敏感的多业务需求的企事业单位的接入。

在 APON、GPON、EPON 技术中，EPON 技术应用最为普偏，下面重点对 EPON 系统结构及工作原理做一个简介。

4.1.3 EPON 系统结构及原理

以太网无源光网络（EPON）是一种采用点到多点（P2MP）结构的单纤双向光纤接入网络，其典型拓扑结构为树形。

1. EPON 系统结构

EPON 系统由局侧的光线路终端（OLT）、用户侧的光网络单元（ONU）和光纤分配网络（ODN）组成，为单纤双向系统，EPON 系统的结构如图 4-5 所示。

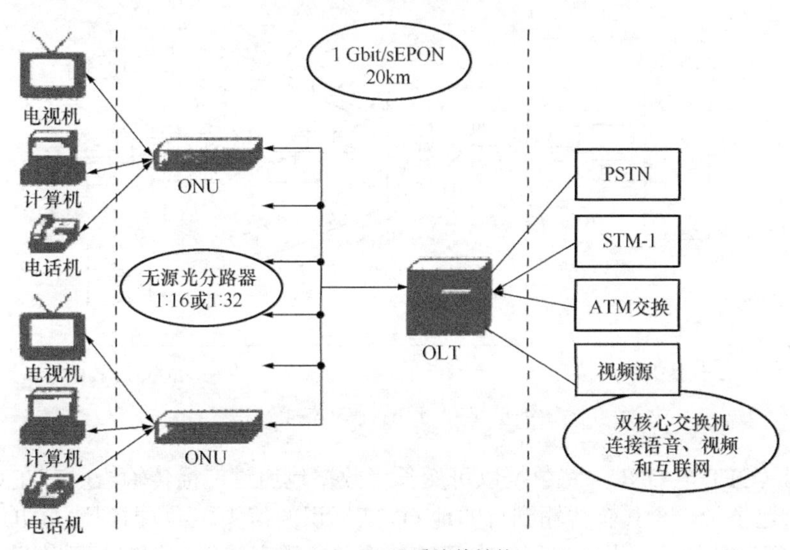

图 4-5 EPON 系统的结构

在 EPON 系统中，OLT 位于网络侧，放在中心局端，既是一个二层交换机或路由器，又是一个多业务提供平台（MSPP），它提供网络集中和接入，能完成光 / 电转换、带宽分配和控制各信道的连接，并有实时监控、管理及维护功能。根据以太网向城域和广域发展的趋势，OLT 将提供多个 Gbit/s 和 10Gbit/s 的以太接口，支持 WDM 传输。OLT 还支持 ATM 的连接，若需要支持传统的 TDM 话音、普通电话线（POTS）和其他类型的 TDM 通信（T1/E1），OLT 可以连接到 PSTN。OLT 根据需要可以配置多块光线路板，通过光分路耦合器 OBD 分线率为 1∶8，1∶16 或 1∶32 与多个 ONU 连接。

在 EPON 中，从 OLT 到 ONU 距离最大可达 20km，若使用光纤放大器，传输距离还可以扩展。

EPON 中的 ONU 位于用户侧，采用以太网协议，实现了成本低廉的以太网第二层第三层交换功能。此类 ONU 可以通过层叠来为多个最终用户提供共享高带宽。在通信过程中，不需要协议转换，就可实现ONU对用户数据透明传送。对于光纤到家（FTTH）的接入方式，ONU 和 UNI 可以被集成在一个简单设备中，不需要交换功能，用极低的成本给终端用户分配所需的带宽。

2. EPON系统的工作原理

在EPON中，OLT传送下行数据到多个ONU，完全不同于从多个ONU上行传送数据到OLT。下行采用TDM传输方式，上行采用TDMA传输方式。

EPON在单根光纤上采用WDM技术全双工双向通信，实现下行1 550nm和上行1 310nm波长组合传输。

上行方向（ONU至OLT）是点到点通信方式，即ONU发送的信号只会到达OLT，而不会到达其他ONU。在上行方向，各自ONU收集来自用户的信息，按照OLT的授权和分配的资源，采用突发模式发送数据。所谓OLT的授权是指上行方向采用TDMA多址接入方式，TDMA按照严格的时间顺序，把时隙分配给相应ONU。每个ONU的上行信息填充在指定的时隙里，只有时隙是同步的，才能保证从各个 ONU 的上行的信息不发生重叠或碰撞，以此保证在OLT中正确接收，最终成为一个TDM信息流传送到OLT。如图4-6所示，ONU_3在第1时隙发送包3，ONU_2在第2时隙发送包2，ONU_1在第3时隙发送包1。

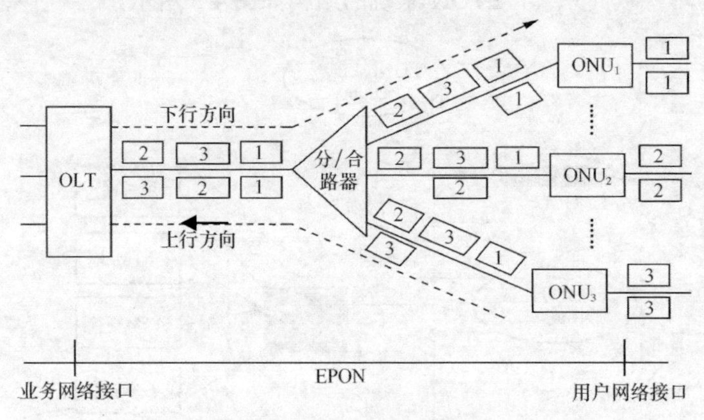

图4-6 EPON上下行信息流的分发

下行方向（OLT至ONU）将数据以可变长度数据包通过广播传输给所有在ODN上的各个ONU。每个包携带一个具有传输到目的地ONU标识的信头。当数据到达ONU时，由ONU的MAC层进行地址解析，提取出属于自己的数据包，丢弃其他数据包，再传送给用户终端，如图4-6所示。

EPON 的上、下行信息速率均为 1Gbit/s（由于其物理层编码方式为 8B/10B 码，所以其线路码速率为1.25Gbit/s）。

4.1.4 系统设计的基本参数

可以支持连接用户的数量的多少是建立在xPON系统的PON口可用带宽上，是典型业务带宽需求和业务分布的基础。

1. APON、GPON、EPON的标准及主要参数

APON、GPON、EPON系统的标准、可用带宽及主要参数比较归纳，如表4-1所示。

2. 光纤的选择

接入网的网络建设时可选择G.652和G.657光纤。G.652光纤是无水峰、衰减曲线比较平滑的光纤，也叫全波光纤，从1 280～1 625nm的全部波长都可以开通使用，可以开通直到

表 4-1 APON、GPON、EPON 的标准及主要参数比较

技术		APON	EPON	GPON
相关标准组织		ITU-T G.983	IEEE 802.3ah	ITU-T G.984
支持速率等级	下行	622Mbit/s 或 155Mbit/s	1.25Gbit/s	1.25Gbit/s 或 2.5Gbit/s
	上行	155Mbit/s	1.25Gbit/s	155Mbit/s、622Mbit/s 1.25Gbit/s 或 2.5Gbit/s
最大传输距离		10～20km	10～20km	10～60km
协议及封装格式		ATM 封装	以太网封装	ATM 或 GFP
光分路比		32～64	16～32	64～128
业务能力		TDM、ATM	Etherne、TDM	Ethernet、ATM、TDM
可用带宽（下行）		155Mbit/s	1000Mbit/s	1200/2400Mbit/s
可用带宽（上行）		155/622Mbit/s	800～900Mbit/s	140/560/1100/2200Mbit/s
技术标准化程度		非常最完善	完善	一般
OAM 能力		具备	具备	具备
市场推广		没有得到市场认可	市场上迅速应用	支持厂家极少

10Gbit/s 的 SDH 传输系统，还可以采用 CWDM 技术，这可大大提高光纤的使用带宽，满足各种通信业务的需要。G.657 光纤弯曲半径可实现常规的 G.652 光纤的弯曲半径的 1/4～1/2。G.657 光纤的性能及其应用环境与 G.652 型光纤相近，主要工作在 1 310nm，1 550nm 和 1 625 nm 波长窗口。更适合实现 FTTH 的信息传送，安装在室内或大楼等狭窄的场所。

接入网光纤以采用 G.652 标准的通用单模光纤为主，但安装在恶劣（弯曲半径较小的地方）环境、可采用 ITU-T G.657 标准的“接入用弯曲不敏感单模光纤”。

4.1.5 传输系统接入线段距离的设计

在 ODN 网络设计中，应根据所选用的 xPON 传送设备对 ODN 覆盖范围内最远用户的传输距离进行估算，确定设计是否符合传输要求。一般是根据 ODN 网络的结构，采用最坏值法进行 ODN 光通道损耗估算，推出 ONU 与 OLT 之间用户线路距离各段光纤长度总和估算值。由于目前 EPON 设备比较成熟，下面仅以 EPON 设备为例进行说明。EPON 系统目前有两种类型的 PON 口，其发射光功率、接收灵敏度见表 4-2。

表 4-2 EPON 的光发射功率和接收灵敏度

描述	1000BASE-PX10-Down	1000BASE-PX10-Up	1000BASE-PX20-Down	1000BASE-PX20-Up
平均发射功率（最大）（dBm）	+2	+4	+7	+4
平均发射功率（最小）（dBm）	-3	-1	+2	-1
接收灵敏度（最大）（dBm）	-24	-24	-27	-24

光纤用户接入线路的距离估算是以衰减受限系统作设计，即光纤用户接入线路距离长度根据 S 和 R 点之间的光通道衰减决定。根据自己设定的 ODN 网络的实际情况，结合设计中选定的各种无源器件的技术性能指标，计算用户接入线路距离长度。光纤用户接入线链路参考模型如图 4-7 所示。

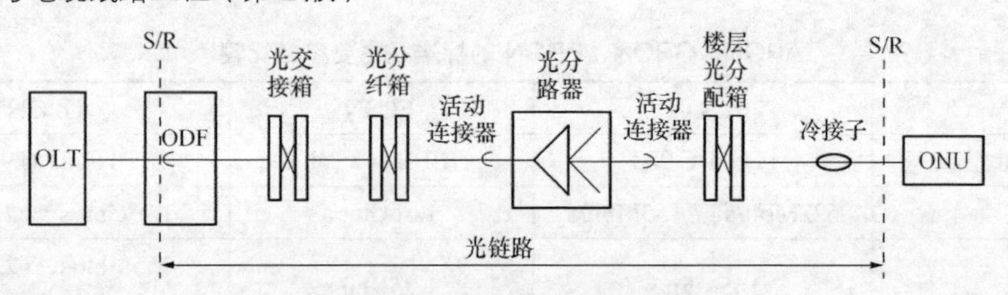

图 4-7 光纤用户接入链路参考模型

采用的 PON 设备的 R-S 点允许衰耗、无源光分路器总分路比、分路级数所造成的插入损耗、ODN 网中活接头的数量（与配线级数有关）等有关。局端设备（OLT）至 ONU 之间的传输距离中各段光纤长度总和估算（L），可按下式考虑：

$$L=\frac{P_{\mathrm{S}}-P_{\mathrm{r}}-(P_{\mathrm{P}}+M_{\mathrm{CC}}+\sum_{i=1}^{m}A_{\mathrm{GF}}+X\times A_{\mathrm{SS}}+Y\times A_{\mathrm{C}}+Z\times A_{\mathrm{L}})}{A_{\mathrm{f}}}$$

其中，用 P_{S} 表示 S 点发送光功率（dBm）；用 P_{r} 表示 R 点接收灵敏度（dBm）；用 P_{P} 表示光通道功率代价不超过 1dB；M_{CC} 表示光缆线路富余度（dB），是指光缆线路运行中的变动（如维护时附加接头或增加光缆长度等）。当传输距离 $L\leqslant 5$km 时，M_{CC} 不少于 1dB；当传输距离 $L\leqslant 10$km 时，M_{CC} 不少于 2dB，当传输距离 $L>10$km 时，M_{CC} 不少于 3dB。A_{SS} 表示光纤熔接接头平均衰减（dB/个），一般取 0.06dB/个；X 为光纤线路中熔接接头数量；A_{C} 表示每个活动连接器衰减（dB/个），一般取 0.5dB/个；Y 为光纤线路中活动连接器的数量；A_{L} 表示机械式光纤冷接子接头衰减（dB/个），例如，冷接子双向平均衰减值取定为 0.15dB/个；Z 为光线路中，设计采用光纤冷接子的数量；A_{f} 表示光纤衰减系数（dB/km），如 G.652 光纤，理论上可取 0.35dB/km（上行光波长为 1310nm）和 0.25dB/km（下行光波长为 1490nm）；$\sum_{i=1}^{m}A_{\mathrm{GF}}$ 表示光线路中 m 个光分路器插入衰减的总和（dB），例如，1∶32 光分路器的插损，采用一级分光时取 17.5dB，二级分光时取 18dB，三级分光时取 18.5dB。ODF 架、光交接箱、光分纤箱和楼层光分配箱所带来插入衰减，可通过增加活动连接器的数量来提高衰减值。

【例 4-1】 设计一个 EPON 光纤接入系统，其链路基本模型如图 4-7 所示，系统的速率为 1000BASE-PX10-Down（下行），使用 G.652 光纤，平均发送最大光功率 P_{S}=2dBm，接收灵敏度 P_{r}=−24dBm，用 P_{P} 表示光通道功率代价不超过 1dB；M_{CC} 为 2dB，A_{SS} 取 0.06dB/个，X 为 2 个熔接头；Y 为 4 个活动连接器，A_{C}=0.8dB/个；A_{L} 为 0.15dB/个，Z 为 1 冷接子；A_{f} 取 0.25dB/km（下行光波长为 1490nm）；$\sum_{i=1}^{1}A_{\mathrm{GF}}$ 表示 1 级 1∶32 光分路器的插损取 17.5dB，试估计出该系统接入段最长距离值。

解：按式（4.1）可计算估计出该系统的接入段距离 L 为

$$L=\frac{P_{\mathrm{S}}-P_{\mathrm{r}}-(P_{\mathrm{P}}+M_{\mathrm{CC}}+\sum_{i=1}^{m}A_{\mathrm{GF}}+X\times A_{\mathrm{SS}}+Y\times A_{\mathrm{C}}+Z\times A_{\mathrm{L}})}{A_{\mathrm{f}}}$$

$$=\frac{2+24-(1+2+17.5+2\times 0.06+4\times 0.8+1\times 0.15)}{0.25}\approx 10.5\mathrm{km}$$

4.2 接入网光缆线路工程设计

接入网的光缆线路工程建设程序与第 3.2 节相似，这里不多叙，直接介绍接入网的工程设计。

4.2.1 ODN光缆线路工程设计

1. ODN光缆线路工程设计架构

ODN光缆线路由OLT至ONU之间的所有光缆和无源器件（包括光配线架、光交接箱、光分线盒或光分纤箱、光分路器、光分歧接头盒、用户终端智能盒、光纤信息面板等）组成，ODN网络是以树型结构为主，包括馈线段、配线段和入户段3个段落，以及段落之间的光分配点和光用户接入点，如图4-8所示。OLT可以在中心局（或端局）也可以延伸到光分配点（光分配点可安装在主干光节点、小区/路边或大楼）。ONU 可以在小区、路边或大楼、用户室内。

根据接入光缆网的水平分段结构（馈线、配线和引入层）OLT的设置位置，对于FTTH的应用，ODN网的配线光缆段可以是2～3级配线，有时可以是4级配线。配线级数多，使用的活接头也会越多，将直接影响传输距离。

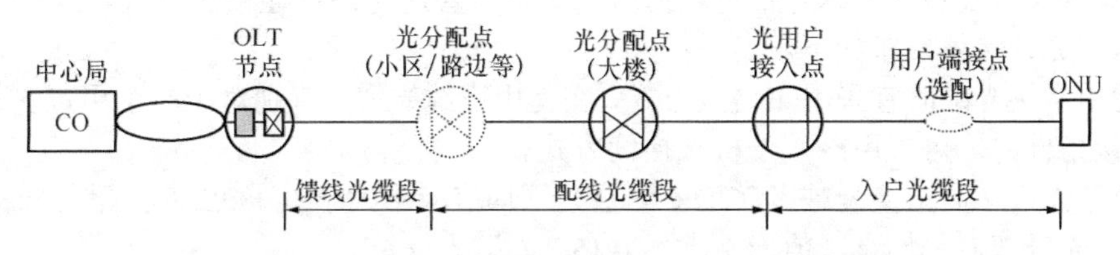

图4-8 ODN的光纤各段落组成（FTTH系统光纤各段落）

2. 馈线光缆和配线光缆设计

① 馈线和配线光缆宜采用G.652光纤。馈线光缆芯数的取定应按中远期发展的需要，配线光缆则应按规划期末的需求配置。

② 馈线光缆以及配光缆线路路由的选择，应符合通信网发展规划的要求和城市建设主管部门的规定，考虑管道路由和道路状况等因素，并应满足下述要求。

a．光缆路由短捷安全，施工维护方便；接入分布在集中的区域；扩建光缆时，应优先扩增不同道路的新路由。

b．城区内的光缆路由，应采用管道路由敷设方式。在郊区宜采用管道，在没有管道的地段可采用埋式加塑料管保护的方式。

③ 住宅区的光缆线路汇集点，如馈线光缆与配线光缆交接处宜设置光缆交接箱（间），配线光缆从交接箱中引出。

④ 光缆交接箱位置设置在公共用地的范围内时，应有主管部门的批准文件，如交接箱设置在用户院内或建筑物内时应得到该单位的同意。

⑤ 光缆交接箱内的馈线光缆与配线光缆应先使用相同的线序，配线光缆的编号应按光缆交接箱的列号，配线方向统一编排。

⑥ 光缆交接箱编号应与出局馈线光缆编号相对应或与本地线路资源管理系统统一。

3. 入户光缆线路设计

① 住宅用户和一般企业用户每户配二芯光纤。对于重要用户或有特殊要求的用户，应考虑提供保护，并根据不同情况选择不同的保护方式。

② 入户光缆可以采用皮线光缆或其他光缆，设计时根据现场环境条件选择合适的光缆，为了方便施工和节约投资，建议采用单芯皮线光缆。

③ 在楼内垂直和水平方向，垂直方向光缆宜在弱电竖井内采用光缆桥架或走线槽方式敷设，在没有竖井的建筑物内可采用暗管方式敷设，暗管宜采用钢管或不燃烧的硬质PVC管，

管径不宜小于 Φ50mm。水平方向光缆敷设可预埋钢管和不燃烧的硬质 PVC 管或线槽，不得形成 S 弯，暗管的弯曲半径应大于管径 10 倍。

④ 入户光缆进入用户桌面或家庭做终结有两种方式，可以采用接线盒或家庭综合信息箱。并在设计时，应尽量在土建施工时预埋在墙体内。

⑤ 在暗管中敷设入户光缆时，可采用石蜡油、滑石粉等无机润滑材料以减少磨擦力。竖向管中允许穿放多根入户光缆。水平管宜穿放一根皮线光缆，从光分配箱到用户家庭光终端盒宜单独敷设，避免与其他线缆共穿一根预埋管。

⑥ 在敷设皮线光缆时，牵引力不应超过光缆最大允许张力的 80%，皮线光缆弯曲半径不应小于 40mm；固定后皮线光缆弯曲半径不应小于 15mm。光缆敷设完毕后应释放张力保持自然弯曲状态。

⑦ 当光缆终端盒与光网络终端设备分别安装在不同位置时，其连接光跳纤宜采用带有金属恺装光跳纤。若安装家庭综合信息箱内时，可采用普通光跳纤连接。

⑧ 入户光缆接续要求如下。

- 使用常规光缆时宜采用热熔接方式，在使用皮线光缆，特别对于单个用户安装时，在不具备熔接条件时，可采用冷接子机械接续方式。
- 单芯光纤双向熔接衰减（OTDR 测量）平均值应不大于 0.08dB/芯，采用冷接子机械接续时单芯光纤双向平均衰减值应不大于 0.15dB/芯。

4. 光分路器分光结构的设计

在不同位置设置各种分路比的无源光分路器，形成不同的分光方式。如何选择分光方式决定了 ODN 网的逻辑结构，因此 ODN 网络设计中，对无源光分路器安放位置，采用的分路级数是非常关键的问题。

光分路器是一个独立的无源光器件，它可以安放在 OLT 节点、光分配点或者光用户接入点上使用。分路级数可以是一级、二级或多级。具体设置在什么位置以及采用几级分路，应根据需要安装 FTTH 的用户分布情况而定。就目前已商用的设备来说，EPON 系统 FTTH 应用可按 1∶32 设置，GPON 系统可按 1:64 设置。几种常用的分光结构，如图 4-9 所示。

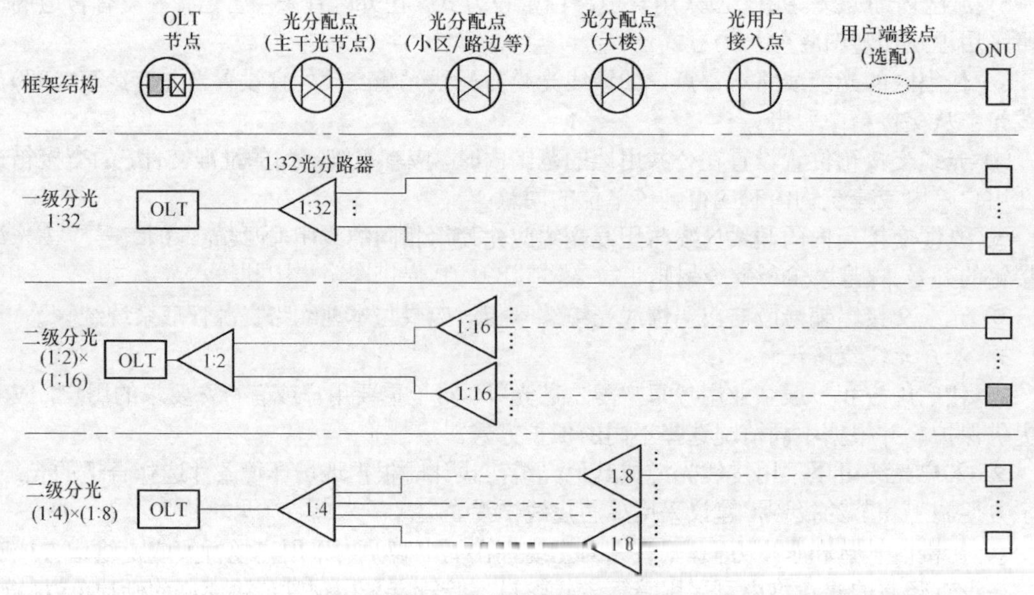

图 4-9　几种分光结构示意图

4.2.2　光缆、光分路器的选择

1. 光纤光缆选择

接入网光纤以采用 G.652 标准的通用单模光纤为主，但安装在恶劣（弯曲半径较小的地方）环境，可采用 ITU-T G.657 标准的“接入用弯曲不敏感单模光纤”。

室外光缆的选择，如直埋光缆、架空光缆、管道光缆、水底光缆宜选用光缆结构与核心网选择的一致。

室内“垂直布线光缆”配线的选择，宜选用 GJFJZY（非金属加强构件、紧套光纤、阻燃式、聚乙烯护套室内光缆），GJFJBZY（非金属加强构件、紧套光纤、扁型、阻燃式、聚乙烯护套室内光缆），GJFZY（非金属加强构件、松套光纤、阻燃式、聚乙烯护套室内光缆），GJFBZY（非金属加强构件、松套光纤、扁型、阻燃式、聚乙烯护套室内光缆），GJFXZY（非金属加强构件、中心束管光纤、阻燃式、聚乙烯护套室内光缆），GJXZY（金属加强构件、中心束管光纤、阻燃式、聚乙烯护套室内光缆）等型号室内光缆。

室内“水平布线光缆”配线的选择，可根据需要选用 GJFJV（非金属加强构件、紧套光纤、聚氯乙烯护套的室内光缆），GJFV（非金属加强构件、松套光纤、聚氯乙烯护套的室内光缆），GJFJZY，GJFZY，GJFJBZY，GJFJBV（非金属加强构件、紧套光纤、扁型、聚氯乙烯护套的室内光缆），GJFBV（非金属加强构件、松套光纤、扁型、聚氯乙烯护套的室内光缆），GJFXV（非金属加强构件、中心束管光纤、聚氯乙烯护套的室内光缆）等型号室内光缆。

设备互连线可根据需要选用 GJFJV（非金属加强构件、紧套光纤、聚氯乙烯护套室内光缆），GJFJU（非金属加强构件、紧套光纤、聚氨脂护套室内光缆），GJFJBV，GJFJBU（非金属加强构件、紧套光纤、扁型、聚氨脂护套室内光缆），GJFJU（非金属加强构件、紧套光纤、聚氨脂护套室内光缆）等型号光缆。

2. 光分路器选择

光分路器也称为光分路耦合器类型选择有熔融拉锥型（FBT）与平面波导型（PLC）光分路耦合器两大类。

① 熔融扛锥型（FBT）光分路器与平面波导型（PLC）光分路器的比选：PLC 型的带宽较宽，带宽在 1 260～1 610nm，能满足基于 PON 技术的 FTTH 网络中对 1 310nm、1 490nm 和 1 550nm 3 个波长的应用。当使用 FBT 型时，应选用单模光纤双窗口树型宽带分路器，在 1 310nm 和 1 550nm 时的带宽应不小于±40nm，其均匀性比波导型略差，但价格低，选用时应做价格比较。

② 等光分配光分路耦合器与不等光分配光分路器的比选：功率分割型光分路耦合器根据制作工艺可分为等光分配的和不等光分配的光分路器。电信用户的分布通常是平面形分布，一般宜选用等光分配的分路耦合器，可简化系统设计，减少设备种类，方便施工和维护。个别情况当用户是以线形分布（如高速公路沿线用户）时，需要时也可采用不等光分配的分光耦合器。

光分路耦合器分路比的选择，根据 PON 网络的结构类决定，通常认为采用大分比光路器（如 1/32，1/64）可能更经济，光分路耦合器的结构及参数如 2.5.2 节所述。

4.3　接入网光缆线路工程设计文件的编制

4.3.1　设计文件的编制内容

设计文件由文件封面、文件扉页、工程信息表和文件内容组成。

文件封面有：工程名称、设计编号、建设单位、设计单位、证书编号和勘察证号。最后在设计单位上加盖公章。

文件扉页有：工程名称、主管、总工程师、设计总负责人、单项设计负责人、设计人、审核人、预算编制人及证号【通信（概）字】。

信息表：工程规模、经济指标、工程费用和主要工作量信息。

设计文件的内容一般有文件目录，文件目录是在设计文件装订成册后为便于文件阅读而编排的。其主要有设计说明，工程预算和设计图纸，共3部分。具体内容同3.5.1相似，不重述。

4.3.2　设计文件的编制举例

本小节为设计文件的编制举例，给出一个某地区GPON接入光缆线路工程一阶段设计的真实报告，稍加修改最为实例参考之用。

1. 文件封面的内容

“某地区GPON接入光缆线路工程一阶段设计”，设计编号为“2011-CQLT0040-S(006V0)”，建设单位为“××公司”，设计单位为“信科设计院”，设计证书为“A150002936”，勘察证号为“412010-kj”。最后盖上设计单位公章。

2. 文件扉页的内容

“某地区GPON接入光缆线路工程一阶段设计”，主管为“赵××”、总工程师为“张××”、设计总负责人为“李××”、单项设计负责人为“王××”、设计人为“黄××”、审核人为“彭××”、证号为“通信（概）字221546”，预算编制人为“侯××”、证号为“通信（概）字220745”。

3. 信息表的内容

信息表由工程信息表、光缆部分经济指标及工作量信息表、电缆部分经济指标及工作量信息表等构成。

工程信息表由工程规模、经济指标和工程费用组成。

工程规模内容是本次工程共敷设电缆2.211公里，合计115.62线对公里；敷设12芯光缆2.4公里，敷设48芯光缆1.3公里，合计91.2芯公里。工程总造价为194 291.00元。

经济指标有本工程新建电缆115.62线对公里，综合造价约783.92元/线对公里（含机柜造架）；新建光缆91.2芯公里，综合造价约1 136.56元/芯公里。

工程费用如表4-3所示。

表4-3　　工程费用

费用名称		金额（元）	备注
工程总投资		194 291.00	
建筑安装工程费	建筑安装工程费	161 934.00	
	小结	161 934.00	
工程建设其他费	建设单位管理费	—	
	可行性研究报告编制费	—	
	勘察设计费	167 72.00	
	（其中：勘察费）	8 756.96	
	（其中：设计费）	8 015.74	
	工程监理费	6 493.00	
	安全生产费	1 619.00	
	审计费	—	
	环境影响费、其他费用		
预备费		7 473.00	

光缆部分经济指标及工作量信息表，如表4-4所示。电缆部分经济指标及工作量信息表，如表4-5所示。

表4-4 光缆部分经济指标及工作量信息表

类别	名称		单位	数量
技术经济指标	1．技工工日		工日	183.55
	2．普工工日		工日	125.12
	3．勘察长度		皮长公里	4.539
	4．设计长度		皮长公里	4.786
	5．材料长度		皮长公里	5.000
	6．经济指标	皮长公里造价	元	20 730.80
		芯公里造价	元	1 136.56
主要工作量信息	增装子机框		个	9.00
	施工测量		百米	45.39
	敷设管道光缆		千米条	3.970
	穿放引上光缆		条	1.00
	架设墙壁光缆		百米条	1.570
	光缆接续12芯		头	2.00
	光缆成端接头		芯	169.00
	40km光缆中继段测试		中继段	4.00
	安装光缆落地式交接箱288芯		个	1.00
	浇筑光缆交接箱基座		座	1.00
	桥架、线槽、网络地板内明布光缆		百米条	6.590

表4-5 电缆部分经济指标及工作量信息表

类别	名称		单位	数量
技术经济指标	1．技工工日		工日	195.24
	2．普工工日		工日	75.59
	3．勘察长度		皮长公里	2.001
	4．设计长度		皮长公里	2.101
	5．材料长度		皮长公里	2.211
	6．经济指标	皮长公里造价（含机柜造价）	元	40 993.67
		线对公里造价（含机柜造价）	元	783.92
	施工测量		百米	20.010
	人工敷设管道光缆		千米条	0.863
	穿放引上光缆		条	2.00
	架设墙壁电缆		百米条	9.880
	布放顶棚内电缆		百米条	2.50
	布放组线箱成端电缆		条	22.00
	电缆芯线接续		100对	12.60
	封焊热可缩套（包）管		个	32.00
	配线电缆全程测试		百对	16.00
	制装塑缆分线盒		个	31.00
	安装机柜、机架、落地式		架	6.00

4. 设计文件目录内容

（1）设计说明

设计说明完全反映工程的总体概况。

- 概述（含工程概况、设计依据、设计范围及分工、工程建设规模、主要工程量）。
- 工程建设方案。
- 光缆线路敷设要求：含施工测量、一般要求、光缆线路端别、光缆配盘原则、光缆预留及重迭布放长度、局内光缆引入安装、墙壁光缆的敷设安装、管道光缆敷设安装。
- 电缆线路敷设要求：含钉固式墙壁电缆的敷设、管道电缆敷设要求、施工要求。
- 系统验收：含电缆系统测试参数、光缆线路传输性能施工及验收指标。
- 光电缆线路防护要求与措施：含防雷、防强电、节能环保、生态环境保护、噪声控制、消防要求。
- 其他问题说明与施工注意事项。

（2）工程预算

工程概况及预算总额、预算编制依据、有关费用及费率的取定、勘察设计费的取定、预算表格。

（3）设计图纸

光缆/电缆线路路由图、光缆配置、光纤分配图、电缆配线、设备布线图等。

5. 正文内容

（1）设计说明

① 概述。

- 工程概况。本工程为某地区 GPON 接入线路工程一阶段设计。

根据某地区网络发展的需求安排有需对旺斯一期、阳光丽城、城市星都等进行联通固网网络覆盖，而进行的本次光电缆线路工程。本工程完工后能改变旺斯一期、阳光丽城、城市星都等不能发展联通的电话和宽带等固网业务的现状，有利于 X 联通的电话和宽带等固网业务的发展。

本次工程共敷设电缆 2.211 公里，合计 115.62 线对公里；敷设 12 芯光缆 2.4 公里，敷设 48 芯光缆 2.6 公里，合计 91.2 芯公里。光电缆敷设主要采用钉固、管道等方式敷设，配线（配置）和路由详见设计图纸。

本工程总造价为 194 291.00 元。其中，光缆部分造价为 103 654.00 元。电缆部分造价为 90 637.00 元。

- 设计依据。××公司关于“某地区 GPON 接入线路工程一阶段设计”的设计委托书；YD 5102-2010《通信线路工程设计规范》和 YD 5121-2010《通信线路工程验收规范》；YD 5012-2003《光缆线路对地绝缘指标及测试方法》和 YD 5039-2009《通信工程建设环境保护技术暂行规定》。

其他关于工程建设标准的相关国家强制要求，主要有其他相关系统/网络的工程设计规范、技术规范/标准，相关设备的采购合同，相关产品的技术资料，设计人员在现场勘察过程中收集到的各种资料，建设单位提供的相关资料。

- 设计范围及工程分工。设计范围，即本地网线路的路由设计，光缆配置的设计，电缆配线的设计，编制工程预算。

专业分工，即与有线接入设备专业的分工，与电源专业的分工。

工程分工，即建设单位负责设备安装现场的准备。施工单位负责线路的敷设和相应的安全保护，以及中间的跳接。

- 工程建设规模。本次工程共敷设电缆2.211公里，合计115.62线对公里；敷设12芯光缆2.4公里，敷设48芯光缆2.6公里，合计91.2芯公里。
- 主要工程量。列举光缆/电缆部分的主要工作量。

② 工程建设方案。

根据勘察时路由的选择情况，本期工程光电缆线路主要建设方案如下。

从世纪阳光机房敷设48芯光缆至学府大道新设光交，再从该光交敷设12芯光缆分别至旺斯一期14#1F，16#1F，1-1#车库新设机柜，应建设方的要求每个机柜各占用4芯光缆。

从普罗旺斯一期14#1F，16#1F，1-1#车库3个机柜敷设460对配线电缆，覆盖普罗旺斯一期14#1F，16#1F，1-1#车库3个机柜自覆盖的所属区域。

从阳光丽城4幢原有机柜敷设12芯光缆分别至该小区1栋、5栋新设机柜，应建设方的要求每个机柜各占用6芯光缆。

从阳光丽城1栋、5栋2个机柜敷设400对配线电缆，覆盖阳光丽城1栋、5栋2个机柜自覆盖的所属区域。

从铜仁医院数固机房敷设12芯光缆至城市星都车库机柜。

从城市星都车库机柜敷设200对配线电缆，覆盖城市星都车库机柜自覆盖的所属区域。

光电缆敷设主要采用钉固、管道等方式敷设，配线（配置）和路由详见设计图纸。

③ 光缆线路敷设要求。

- 施工测量主要有光缆敷设前应依据本设计的光缆路由图进行路由复测，复核各段光缆的准确长度，核实光缆具体敷设位置及敷设条件，为光缆线路施工做好准备工作。

如在复测中发现有不确定之处（如受外界条件变化或其他因素影响而需对光缆路由或敷设方式作修改等），应及时提出，尽早落实，避免施工受阻的情况发生。

- 一般要求主要有施工方式有人工布放；光缆弯曲半径在敷设过程中应不小于光缆外径的20倍，安装固定后应不小于光缆外径的10倍；光缆在布放中，速度要均匀且不宜过快，勿使光缆张力超过允许值；光缆布放时必须在缆盘上方放出，并保持松驰弧形；施工过程中必须对光缆严加保护，布放时不得在地面上拖拉光缆。

严禁车轧、人踩、重物冲砸，严防铲伤、划伤、扭折、背扣等人为损伤；施工中应严格遵守操作规程，确保光缆护套完整性和接头盒组装的严密。在光缆接续之前，务必再进行一次测试和检查，发现问题及时处理。

- 光缆线路端别A或B走向，要按设计要求进行。
- 光缆配盘原则是光缆配盘时应按光缆的实际到货盘长考虑，合理分配不同盘长光缆的使用地段，尽量减少光缆接头数量，使余出光缆尽量最短；光缆配盘时应使配盘的中继段长度尽量接近设计长度，并将光缆接头及其他预留长度以及光缆敷设时的自然弯曲增长量考虑在内。对于埋式光缆其自然弯曲增长量按7‰～10‰考虑，管道光缆其自然弯曲增长量按10‰考虑、架空光缆其自然弯曲增长量按照7‰考虑。

光缆配盘时要保证各种类型的光缆的使用地段与设计相符，但可根据配盘需要作前后小范围的变动；配盘时应考虑光缆的接头位置。架空光缆接头位置的安排，宜安排在电杆附近。直埋光缆的接头尽量安排在地势平坦、地质稳定、地面较高的地方，避免安排在道路、河渠、水塘、沟坎等维护不便和易受到损坏的地带。

架空光缆与直埋光缆相接时，接头位置应安装在架空地段；进出局光缆在地下室或地槽内不设接头，光缆直接布放到机房光缆终端分配架，光缆的配置应将局内光缆长度考虑在内。

光缆的配盘余留长度可按预留光缆处理。本工程光缆原则上采用2公里和3公里标准盘长，施工时可根据现场实际情况调整光缆配盘长度。

• 光缆预留及重迭布放长度见第 3 章的 3.3.5 节表 3-14 所示。

• 局内光缆引入安装。各局内光缆根据现有条件采用槽道、爬梯和走线架以及活动地板等方式安装；局内光缆布放应整齐美观，爬梯及走线架上的光缆应绑扎牢固并吊挂小标牌；局内成端接头处光缆的金属加强芯和金属护套用导线连接引出，供设备安装时连接到机架的保护地线上。

• 墙壁光缆的敷设安装。卡子式墙壁光缆的敷设安装，光缆敷设时，应确保光缆的弯曲半径不小于规范要求，光缆卡子的间距：一般在光缆水平方向的间距为 60cm，在垂直方向的间距为 100cm。遇有其他特殊情况时可酌情缩短或增长间距。吊挂式墙壁光缆的敷设安装，与一般架空杆路上的光缆装设方法相似。墙壁光缆保护，墙壁光缆与其他管线的平均净距和垂直交叉净距，应满足规范要求。

• 管道光缆敷设安装。管道光缆应在子管内敷设，孔径大于 Φ90mm 的水泥管道或 Φ100mm 的塑料管道，应一次敷设三根或四根子管，多根子管的总等效外径一般不大于孔径的 85%。管道在光缆敷设前必须进行管孔的清刷和试通。管道光缆敷设，可采用机械牵引或人工牵引。一般情况下牵引力不宜超过 2 000N。一次牵引长度以 500m 为宜，最多不应超过 1 000m。管道光缆在人（手）孔内，应紧靠人（手）孔壁，采用波纹塑料软管保护并用尼龙扎带绑扎在搁架上；人（手）孔内光缆，应排列整齐。光缆接头盒应绑扎在托板和射钉栓扁钢加固件上，其位置尽量在铁架的上部。光缆在接头处重叠布放长度一般为 12～18 米，但可根据现场情况适当加长。接续后的余长盘留圈固定在人孔上部角落里。人（手）孔内的光缆应有醒目的识别标志或光缆标志牌。

④ 系统验收。

光缆线路施工及验收指标。

⑤ 光/电缆线路防护要求与措施。

• 防雷。架空光电缆在新建杆路按规定安装防雷装置，确定光缆吊线每隔 1 000 米做一延伸式接地装置，接地装置采用角钢、扁钢连接焊制，镀锌 7/2.2 镀锌钢绞线作接地连接，吊线与地线间用接地夹板连接，土壤地阻超过 5Ω 时，需作降阻处理；引上杆、终端杆、角杆、H 杆、飞线跨越杆、位于高处的电杆以及与电力线交越的电杆需装设地线，与电力线交越时一，两边电杆均须做地线保护，有拉线的可利用拉线做地线；架空光缆内的金属构件在接头处做电气断开。

直埋光缆在充分考虑光缆结构特点的前提下，采用以下防雷措施。布放排流线，布放原则为土壤电阻率为 100～500Ω・m 时布放一条，大于 500Ω・m 时布放两条。排流线规格为 Φ6.0mm 镀锌铁线。布放方法：排流线应布放在光缆上方 30cm 处，双条排流线间应保持 10cm 的距离。排流线的连接处应采用重叠焊接方式。

塑料管保护，本工程部分地段采用大长度塑料管保护，不仅增强了光缆的机械强度，而且也有一定的防雷作用。

进局光缆，光缆在局站内的成端处，将所有金属构件用导线连接到局站的保护地线上，保护地线应符合地线设计规范规定；局内光缆的金属构件相互连通，直接接地。

• 防强电。本工程采用无铜线光缆，当其与高压电力线路平行，与发电厂或变电站的地线网、高压电力线路杆塔的接地装置等强电设施接近时，主要是考虑强电设施在故障状态和工作状态时由电磁感应、地电位升高等因素在光缆金属护层上产生的短期危险影响不会导致光缆的塑料外护层被击穿。

本工程采用防护措施为将各单盘光缆的金属护层、铠装等金属构件在接头处电气断开，将强电影响的积累段限制在单盘光缆制造长度内。

⑥ 节能环保。

- 生态环境保护。一是不得严重影响景观，二是施工产生的生活、生产垃圾应急时处理。
- 噪声控制。建筑施工噪声，应当符合 GB 11263—1990《建筑施工场界噪声限值》的规定。
- 消防要求。通信建筑的消防要求应满足现行国家标准 GB 50016—2006《建筑设计防火规范》及行业标准 YD 5002—2005《邮电建筑防火设计标准》的规定。

⑦ 其他问题说明与施工注意事项。

（2）工程预算

预算表格分为光缆线路部分和电缆线路部分。光缆线路部分预算表格细节内容可参看 3.5 节，电缆线路部分预算表内容可参看 7.5 节，在此省略。

（3）设计图纸

设计图纸较多，在此省略。

复习题和思考题

1. 光纤接入网（OAN）包括哪 4 个基本功能块？

2. 无源光网络（PON）与光分配网（ODN）有何区别？

3. 光纤分配网（ODN）设计中如何选用光纤？如何选用光分路器？

4. 设计一个 EPON 光纤接入系统，其基本模型如图 4-7 所示，其速率为 1000BASE-PX10-Down（下行），使用 G.652 光纤，平均发送最大光功率 P_S=4dBm，接收灵敏度 P_r=−26dBm，用 P_P 表示光通道功率代价不超过 1dB；M_{CC} 为 2dB，A_{SS} 取 0.06dB/个，X 为 2 个熔接头；Y 为 4 个活动连接器，A_C=0.8dB/个；A_L 为 0.15dB/个，Z 为 1 冷接子；A_f 取 0.25dB/km（下行光波长为 1 490nm）；$\sum_{i=1}^{1} A_{GF}$ 表示 1 级 1∶32 光分路器的插损取 17.5dB，试估计出该系统接入段最长距离值。

5. 编制某小区 EPON 接入线路工程一阶段设计文件。设计文件的编制内容要求包含：文件目录，设计说明，概、预算表格填写和设计图纸。

第5章 光缆线路施工与测试

光缆线路施工是光缆线路工程设计实施的重要部分，光缆线路施工是光纤通信线路工程的两大项目（光缆线路敷设和传输设备安装）之一。光缆工程的测试是以一个中继段为测量单元的竣工测试。该竣工测试主要包括对光缆、光纤的光电特性和绝缘特性等进行全面测量，其目的是检查线路的传输性能指标和光缆线路施工质量的优劣。

5.1 光缆线路施工准备

一般光缆线路施工的主要流程如图5-1所示。光缆线路工程施工一般可以分为3个阶段：施工准备阶段、工程施工阶段和工程竣工阶段。其中光缆线路施工准备阶段包括路由复测、单盘检测、光缆配盘和路由准备4个环节；工程施工阶段包括光缆线路敷设布缆、光缆接续、中继段竣工测试3个环节；工程竣工阶段包括隐蔽工程随工验收、线路初验和竣工验收3个环节。

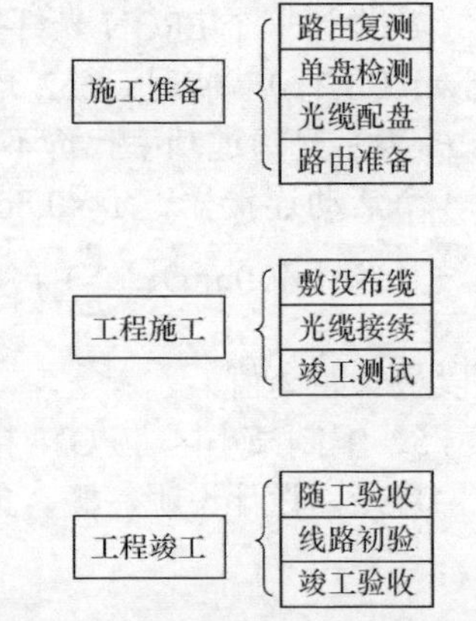

图5-1 光缆线路施工的主要流程图

光缆线路施工的工程特点是：无论是局内光缆线路、局间中继线路还是长途干线（或一级干线），均以1个中继段为独立的单元。光缆敷设常采用管道、架空和直埋等方式。从工程施工技术来看，光缆工程与电缆工程并没有根本区别，只是光缆在张力、抗侧压方面不如电缆。光缆单盘长度也远远大于电缆盘长。电缆盘长一般250m，最多不超过500m。而光缆标准出厂盘长为2km，70km以上的超长中继段的埋式光缆为4km。盘长大可以减少接头、减少故障概率，有利于维护。由于光纤直径小、韧性差等特点对光纤接续设备精度要求高，另外光纤的测试技术也较为复杂，测试结果不像电缆那样准确。

5.1.1 路由复测

1. 复测的任务

光缆线路的路由复测是光缆线路工程正式开工后的首要任务。复测必须以经过审批的施工图为依据。复测内容有：核对路由的具体走向、敷设方式、环境条件以及接头具体位置，核对施工图纸、光缆穿越障碍物时需要的防护措施及地段的具体位置等。复测的结果为光缆配盘、分屯（即为施工方便将光缆分开到不同地点屯放）以及敷设提供必要的资料。光缆与其他设施、树木、建筑物的最小间隔要求如表5-1、表5-2和表5-3所示。

表 5-1　　直埋光缆与其他建筑物最小净距（m）

其他建筑物名称	平行距离	交越距离
通信管道边线	0.75	0.3
直埋电力管道	0.5	0.5
直埋电力电缆 35kV 以下/以上	1.0/2.0	0.5
给水管　管径≤300mm	0.5	0.5
给水管　300mm≤管径≤500mm	1.0	0.5
给水管　管径≥500mm	1.5	0.5
石油、天然气管道	10.0	0.5
热力、下水管、煤气管　压力≤300kPa	1.0	0.5
煤气管　300kPa≤压力≤800kPa	2.0	0.5
排水沟	0.8	0.5
房屋建筑红线或基础	1.0	—
市内大树/市外大树	0.75/2.0	—
积肥池、粪坑、水井、沼气池、坟墓等	3.0	—

注：直埋光缆采用钢管保护时，与水管、煤气管、石油管交越时的最小净距可降为 0.15m。

表 5-2　　架空光缆与其他建筑最小垂直净距（m）

其他建筑物名称	水平净距	交越净距	备注
铁路	3.0	7.0	最低光缆到铁轨面
公路	3.0	5.5	最低光缆到地面
土路	3.0～4.0	4.5	最低光缆到地面
河流	3.0	5.5	最低光缆到最高水面
市区树木/郊区树木	1.25/2.0	1.5	最低光缆到树枝顶
架空电力线路	1.25	2.0	一方最低缆线与另一方最高缆线
高杆农作物	2.0	1.0	最低光缆到最高农作物顶
消火栓	1.0	4.5	
地下管线、路沿	1.0	1.5	
电杆距人行道	1.0	0.6	
跨越平顶房顶	1.0	0.6	最低光缆到屋顶
跨越人字房顶			

表 5-3　　架空光缆与其他电气设施交越时最小垂直净距（m）

其他电气设施名称	有防雷保护装置	无防雷保护装置	备　注
1～10kV 电力线路	2.0	4.0	最高线条到电力线条
25～110kV 电力线路	3.0	5.0	最高线条到电力线条
154～220kV 电力线路	4.0	6.0	最高线条到电力线条
供电线接户线	4.0	6.0	最高线条到电力线条
霓虹灯及其铁架	1.6	1.6	最高线条到电力线条

2. 复测的一般方法

路由复测一般方法与工程设计中的路由勘查测量的方法相似。勘查测量用来选择路由，路由复测是按设计施工图规定的路由进行复核测量。路由复测的一般步骤如下。①定线，在起始点用三角定标或拐角桩位置插大旗。②测距，正确测出地面实际距离。③打标桩，应在测量路由上打标桩以便划线、挖沟和敷设。④划线，用白石灰线连接前后标桩。⑤绘图，按比例绘制地形地物和主要建筑物图并登记。参加路由复测的每个人，都应掌握线路测量的基本技术，如直线段的测量，转弯点的测量，河、沟宽的测量以及高度和断面的测量等。

（1）直线段的测量法

一般由 3～4 人组合，进行插标、看标，以 A、B 两杆为基线，改变 C 杆位置使 A、B、C 3 杆成 1 直线，如图 5-2 所示。

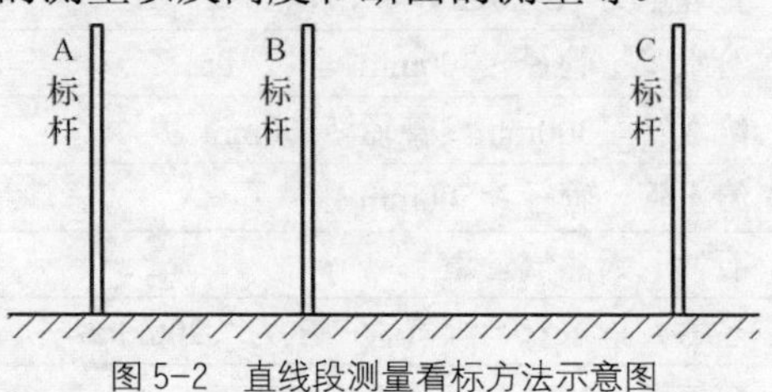

图 5-2　直线段测量看标方法示意图

若遇到地形（如高坡或低洼地形）影响看标视线，可采用插标方法，如图 5-3 所示。

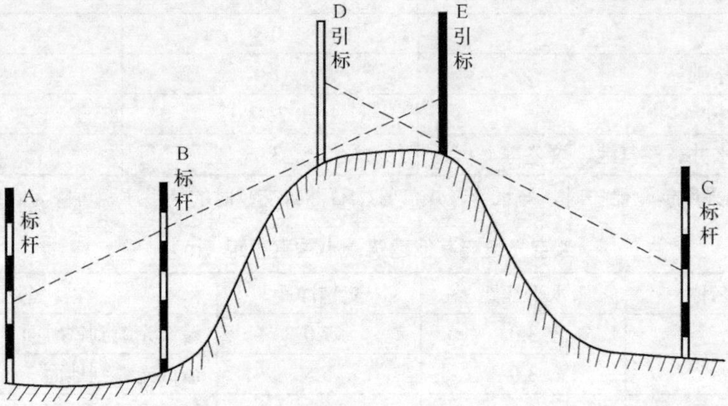

图 5-3　路由障碍的引标测量方法

在测量中，需要做直角，即做垂线，一般采用等腰三角形法或采用“勾股弦”方法确定。

（2）拐弯段的测量法

线路拐弯，应测量其拐弯角度，其方法是通过测量其夹角的角深后，再核算出角度。角深的测量方法如图 5-4 所示，拐角点 C 杆，沿路由距 50m 处设 A、B 两根标杆，直线段 AB 的中点 D 与 C 点间距离就是该拐弯角角深。通过表 5-4 就可换算出该拐弯的角度。

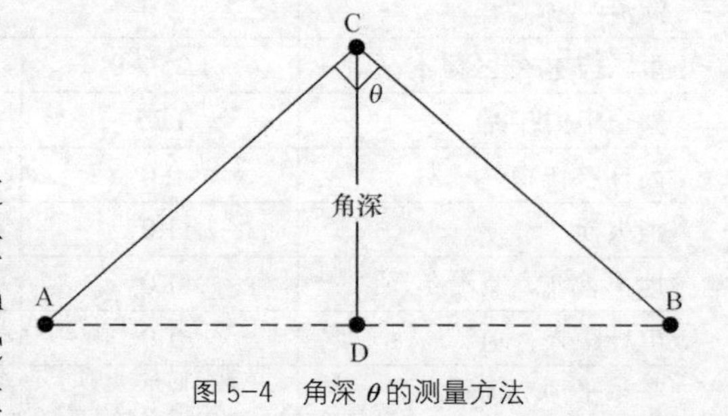

图 5-4　角深 θ 的测量方法

表 5-4　　角深与角度 θ 换算表

角深（m）	角度（°）	角深（m）	角度（°）	角深（m）	角度（°）
1	177	9	159	17	140
2	175	10	157	18	138
3	173	11	155	19	136
4	171	12	152	20	133
5	168	13	150	25	120
6	166	14	140	30	106
7	164	15	144	35	91
8	162	16	142		

5.1.2 单盘检测

光缆在敷设之前，必须进行单盘检验和配盘工作。单盘检验工作包括对到现场的光缆及连接器材的规格、程式、数量进行核对、清点，以及对外观检查和光电主要特性的测量。通过检测以确认光缆、器材的数量、质量是否达到设计文件或合同规定的有关要求。

1. 单盘检测内容

单盘检查应包括单盘检测和单盘外观检查两部分。单盘检测是对光缆长度、光纤损耗系数及光纤后向散射信号曲线等参数进行验核。外观检查以确认经长途运输后的光缆完好无损。经过检验的光缆、器材应作记录，并在缆盘上标明盘号、端别、长度、程式（指埋式、管道、架空、水下等），以及使用段落（配盘后补上）。

2. 光缆单盘检测方法

对光缆长度的复测应抽样为 100%，按厂家标明的光纤折射率系数用光时域反射仪（OTDR）进行测量，无此仪表时，可用光源、光功率计进行简易测试。光缆长度应按厂家标明的纤/缆换算系数ρ将测得的光纤长度换算成光缆长度。在长度复测时，对每盘光缆只需测准其中的 1～2 根光纤。其余光纤一般只进行粗测，即看末端反射峰是否在同一点上，若发现偏差大时，应判断该光纤是否有断点，其方法是从末端再进行一次测量。

单盘检测项目中，对光纤的损耗的测试是十分重要的，它直接影响线路的传输质量。测试时应测试不同波长的衰减系数，单位为 dB/km。损耗的现场测量方法如下。

后向散射测量法，习惯上称为 OTDR 法，是一种非破坏性测量方法，具有单端测量的特点，非常适用于现场测量。

后向散射法测量单盘损耗，按图 5-5 所示连接。检验时将光纤通过裸纤 V 沟连接器直接与仪表插座耦合，或将光纤通过耦合器与带插头的尾纤耦合。

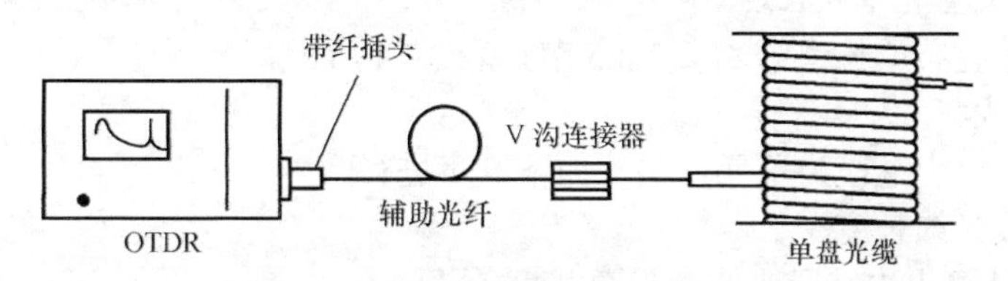

图 5-5 单盘光缆后向测量法示意图

由于 OTDR 测试仪盲区的存在，当被测光纤短于 1km 时，测量值往往偏大很多。因此，在测量时应选择 300～500m 的标准光纤作为辅助光纤，用 V 形槽或毛细管弹性耦合器将被测光纤与辅助光纤相连。

根据经验，对盘长 2km 以上的光缆可以不用辅助光纤，但必须注意，仪器侧的连接插件耦合要良好。通常，用双向测试时应取平均值，较接近实际值。

3. 纤长与缆长的换算

检查光缆长度的目的是复核长度和确保布放。检查光缆长度的具体做法是，首先利用 OTDR 对每盘缆抽测 1～2 根光纤的长度，再按光缆制造厂家提供的纤/缆换算系数ρ将测得的光纤长度换算成光缆长度：

$$L_{光缆} = L_{光纤}(1-\rho) \tag{5.1}$$

其中，$L_{光缆}$为光缆长度（km）；$L_{光纤}$为测得的光纤长度（km）；ρ为纤/缆换算系数。

不同结构的光缆，其直径和光纤绕中心加强件绞合的“节距”不尽相同，这些因素导致各厂家以及不同结构光缆的纤/缆换算系数不同，通常ρ=1.0%～2.0%。

【例 5-1】 某一规格的埋式光缆，ρ=0.008，测得光纤长度 2 000m，求光缆长度。

解：按式（5.1）计算出光缆长度为

$$L_{光缆}=L_{光纤}(1-\rho)$$
$$=2(1-0.008)\text{km}=2\times0.992\text{km}=1.984\text{km}$$

5.1.3 光缆配盘

应根据复测路由计算出的光缆敷设总长度进行合理配盘，其目的是为减少光缆接头数目和降低接头损耗，达到节省光缆和提高传输质量的目的。一般应由经验丰富的工程技术人员来完成。相对于电缆配盘，光缆配盘要简单一些，但同样要求配盘细致准确。

1. 光缆配盘的要求

① 光缆应尽量做到整盘敷设，以减少中间接头。靠着设备的第 1 段、第 2 段光缆的长度应尽量大于 1km，应选择光纤的几何尺寸、模场直径、数值孔径等参数偏差小、一致性好的光缆。

② 光缆配盘时，应使配盘的中继段长度尽量接近设计长度，并将光缆接头及其他预留长度以及光缆敷设时的自然弯曲增长量考虑在内。对于埋式光缆其自然弯曲增长量按 7‰～10‰考虑，管道光缆其自然弯曲增长量按 10‰考虑、架空光缆其自然弯曲增长量按照 7‰考虑。尽量做到整盘配置。在同一个中继段内，尽量选用同一厂家的光缆。

③ 光缆配盘后接头点应避开水塘、河流、沟渠及交通要道口等地段。直埋光缆接头应安排在地势平坦和地质稳固的地点；管道光缆接头应安排人孔内；架空光缆接头应安装在杆上或杆旁 1m 左右。

④ 光缆端别的配置，如对长途光缆线路朝北（东）为 A 端，南（西）为 B 端。

2. 光缆预留及重叠布放长度

光缆预留及重叠布放长度第 3 章 3.3.5 节，表 3-14 所示。

3. 光缆配盘步骤

光缆配盘以一个中继段为单元，共分如下 5 步进行。

（1）计算敷设光缆长度

按式（5.2）计算出中继段光缆敷设总长度 L 为

$$L=L_{埋}+L_{管}+L_{架}+L_{水} \tag{5.2}$$

其中，$L_{埋}$为直埋光缆敷设长度，即

$$L_{埋}=L_{埋（丈）}+L_{埋（预）} \tag{5.3}$$

其中，$L_{埋（丈）}$为直埋路由的地面丈量长度；$L_{埋（预）}$为直埋布放的预留长度。

$L_{管}$为管道光缆敷设长度，即

$$L_{管}=L_{管（丈）}+L_{管（预）} \tag{5.4}$$

其中，$L_{管（丈）}$为管道路由的地面丈量长度；$L_{管（预）}$为管道布放的预留长度。

$L_{架}$为架空光缆敷设长度，即

$$L_{架}=L_{架（丈）}+L_{架（预）} \tag{5.5}$$

其中，$L_{架（丈）}$为架空路由的地面丈量长度；$L_{架（预）}$为架空布放的预留长度。陆地光缆布放预留长度见 3.3.5 小节中表 3-14。

$L_{水}$为水底光缆敷设长度，即

$$L_{水}=(L_1+L_2+L_3+L_4+L_5)\times(1+\alpha) \tag{5.6}$$

其中，L_1 为水底光缆两端站间的丈量长度；L_2 为终端固定、过堤“S”形敷设等各种预留长

度；L_3 为水域布放平面弧度增加的长度；L_4 为水中立面弧度增加的长度；L_5 为施工余量，α 为水底光缆自然弯曲增长率。水底光缆布放预留长度，请参考其他资料。

（2）列出光缆路由长度总表

根据复测资料及计算结果，列出各中继段地面长度，包括直埋、管道、架空、水底或爬坡等布放的总长度以及局内长度（局前人孔至机房光纤分配架）。光缆路由长度总表如表 5-5 所示。

表 5-5　光缆路由长度总表

中继段的各段名称					
设计总长度（km）					
复测地面长度（km）	直埋				
	管道				
	架空				
	水底				
	爬坡				
	局内				
	合计				

（3）列出光缆总表

将单盘检测合格的不同光缆列入总表，如表 5-6 所示。

表 5-6　光缆总表

序号	盘号	规格、型号	盘长	备注

（4）初步配置和正式配盘

初步配置，即列出中继段光缆分配表。根据光缆路由长度总表中的不同敷设方式，将路由地面长度加余量 1%计算出各个中继段的光缆总长度。

根据算出的各中继段光缆用量，由光缆总表选择不同规格、型号的光缆，使光缆累计长度满足中继段总长度要求。

列出初配结果，即中继段光缆分配表，格式如表 5-7 所示。

表 5-7　各中继段的光缆分配表

中继段的各段名称	光缆	数量（km）		出厂盘号	备注
	类别、规格、型号	计划量	实配量		

先计算出各中继段内光缆布放长度（即敷设长度）L，然后按表 5-7 所示将光缆分配给各中继段。

（5）编制中继段光缆配盘图

光缆配置结束后，应将光缆配盘结果填入“中继段光缆配盘图”，格式如图 5-6（a）所示。同时，应按配盘图在选用的光缆盘上标明该盘光缆所在的中继段段别及配盘编号。

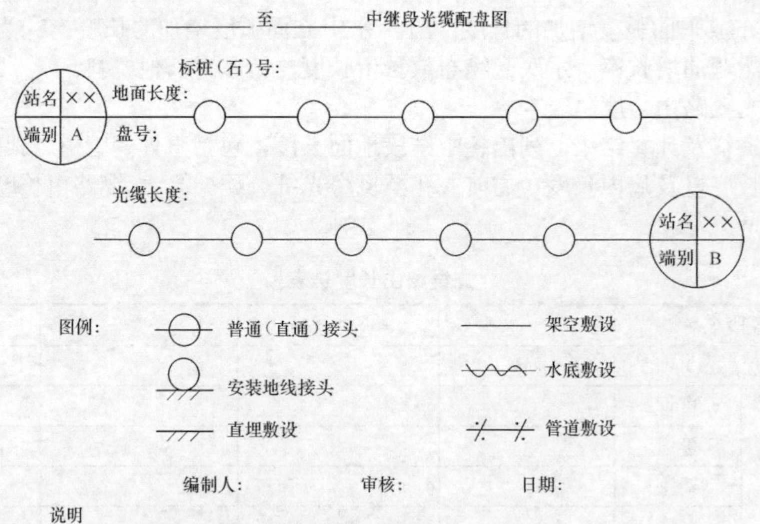

(a) 中继段光缆配盘图

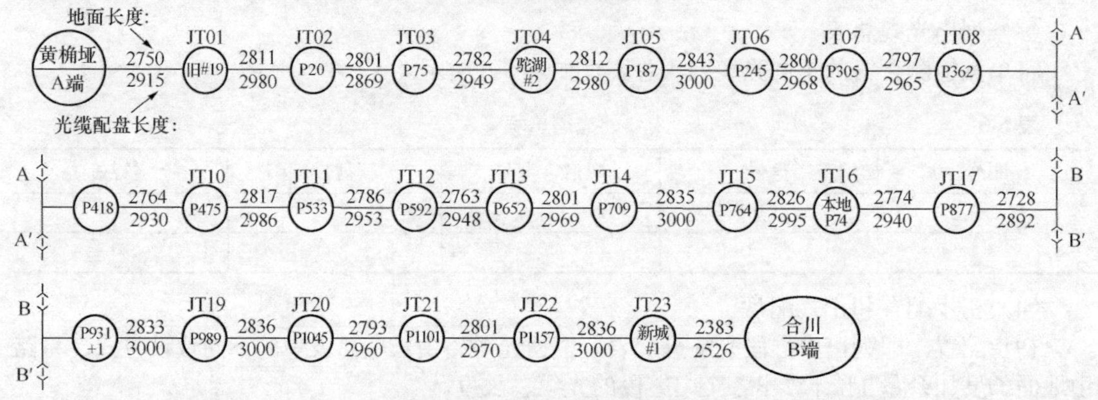

(b) 黄桷垭—合川中继段 GYTS-36 芯光缆配盘图

图 5-6　中继段光缆配盘图

4. 光缆配盘实例

当光缆的型号、容量以及中继段长度确定以后，接着就要对中继段内使用的光缆进行配盘。光缆路由处在交通繁忙、障碍物较多、树林或竹林等不方便倒盘的，一般采用每一盘长 2km 进行配盘，如果光缆路由处在地势比较平坦、障碍物较少、比较容易找到盘"∞"字的场地，也可以考虑采用每一盘长 3km 进行配盘。配盘的时候，除了要考虑光缆路由的测量长度之外，还要把接头和规范预留长度、施工弯曲长度、随地形自然弯曲等长度都要计算进去。为了让更直观掌握光缆配盘的方法，下面引用黄桷垭至合川实际工程设计的光缆配盘图如图 5-6（b）所示作为光缆配盘方法的参考。

图 5-6（b）中横线上的数字表示光缆路由测量长度即地面长度，长度单位为米；横线下的数字表示光缆配盘长度，它包括预留、自然弯曲、光缆接头余长，长度单位为米，圆圈内的数字如"旧#19、P20"表示接头位置的地名；圆圈上方的数字如"JT01、JT023"表示接头编号；盘号可以与接头号对应编制如"JT01 对应盘号为#1、JT23 对应盘号为#23、合川 B

端局对应盘号为#24。盘长是在配盘长度基础上取整订货。

5.1.4 路由准备

光缆敷设前必须按照施工图的要求完成路由准备工作，为布放光缆提供有利条件。采用不同敷设方式应有不同的路由准备工作。如采用管道敷设方式，路由准备工作有管道清理、预放铁丝或塑料导管等；采用架空敷设方式，路由准备工作有杆路建筑、光缆的支承方式选择等；采用直埋敷设方式时，准备工作有埋设光缆穿越铁道、公路的顶管、预埋过河、渠塘的塑料管、预放子管、标石埋设、排流线、跨过河堤以及一般公路的预埋钢管等。

5.2 光缆线路工程施工

光缆线路工程施工是光缆工程主要流程的第2个阶段，即工程施工，又简称光缆敷设。光缆敷设是光缆线路施工中最关键的步骤，它对工程质量乃至于投产后的通信质量都有重要影响，因此，光缆敷设的路由和位置应根据预先勘测好的最佳方案进行，以确保敷设质量。

光缆敷设是光缆线路施工中的主要工作，必须根据预先确定的敷设方式，严格按有关设计施工的规定进行。为了保证工程施工的安全，光缆敷设时应遵守下列规定。

① 将中继段光缆配盘图或将此图制订的敷设作业计划表作为光缆敷设的主要依据，一般不得任意变动，避免盲目进行敷设作业。

敷设路由必须按路由复测划线进行，若遇特殊情况必须改动时，一般以不增长敷设长度为原则，并需预先征得主管部门的同意。

② 光缆弯曲半径应大于光缆外径的15倍，施工过程中应大于20倍。

③ 光缆布放的牵引张力应不超过光缆允许张力的80%。瞬间最大张力不超过光缆允许张力的100%（指无金属内护层的光缆）。以牵引方式敷设时，应制作合格的光缆牵引端头，主要牵引力应加在光缆的加强件（芯）上，并防止外护层等脱落。

机械牵引敷设时，牵引机速度调节范围为0～20m/min，且为无级调速。

④ 人工牵引敷设时，速度应控制在10m/min左右为宜，牵引长度不宜过长，一般1km以上，可采用分几次牵引。牵引应均匀，避免“浪涌”，避免扭转、打小圈等情况。

⑤ 光缆布放过程中以及安装、回填中均应注意光缆安全，严禁损伤光缆。发现异常时，应及时测量，确认光纤是否良好。

未放完的光缆不得在野外放置（无人值守情况下），埋式缆布放后应及时回土（土厚不少于30cm）。

5.2.1 管道光缆的敷设

管道光缆敷设，在本地网（或城域网、接入网）局间中继光缆工程中所占比例是较大的，长途通信工程中几乎每个工程都有一定比例的管道光缆，故管道光缆敷设技术是十分重要的。

1. 普通管道光缆的敷设

（1）管道的结构及敷设前的准备工作

光缆管道由若干带管孔的管路、人孔（或手孔）级联而成，管路中间的若干人孔或手孔是为了便于施工和维护。管孔种类有混凝土管孔、陶瓷管孔、石棉水泥管孔、塑料管孔等。其中混凝土和塑料管孔应用最为广泛。目前塑料管孔已基本取代混凝土管孔，塑料管管道建造更为简单容易，且易建造多孔管道。

人孔按建筑材料可分为钢筋混凝土和砖砌两种，结构如图5-7所示。钢筋混凝土人孔的底板可以采用混凝土，四壁和上覆盖均为钢筋混凝土。人孔形状可分为直通、中心线夹角在

150°～180°的转弯等。另外，在人孔侧壁需要安装铁架（托架），并在铁架上插放托板，以便托置光缆，如图 5-8 所示。车行道下的人孔应能承受总重量为 30 吨的载重车辆通过。

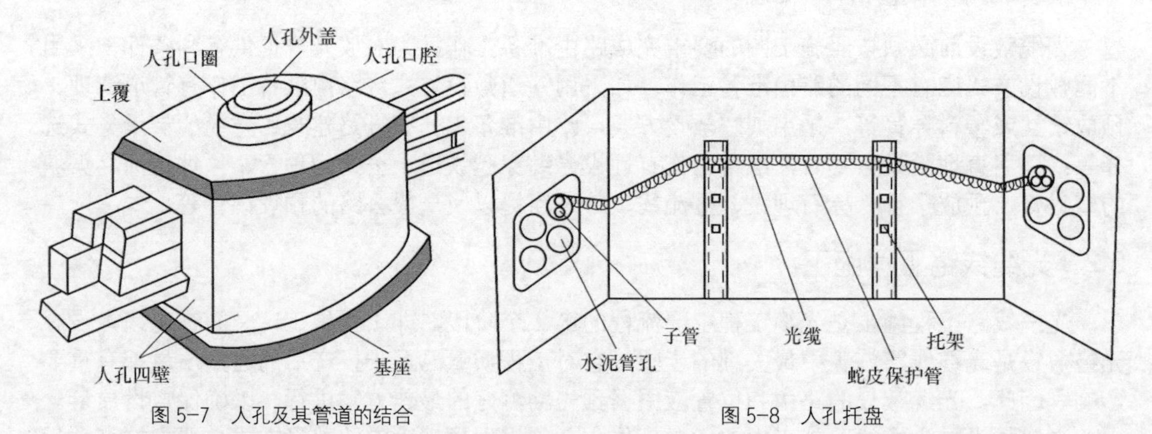

图 5-7　人孔及其管道的结合　　　图 5-8　人孔托盘

手孔按建筑材料可分为砖砌手孔和钢筋混凝土手孔两种，手孔尺寸比人孔小得多，通常工作人员不能站在手孔中作业，只有大型手孔的底部才留有 50cm×40cm×50cm 的长方形坑。

手孔按用途可为直通型、交接箱型和引入型 3 种。直通型手孔用于 1～2 孔的支管道；交接箱型手孔用于安装交接箱；引入型手孔用于把管道中的光缆引至电话交换局和用户。

光缆敷设前的准备工作主要包括管孔和人孔的清洗、塑料子管的穿放和光缆牵引端头的制作。

① 水泥管孔的清洗。先用穿孔器引穿一根 30cm 的铁线在管孔内作为引线，在引线末端连接管孔清刷工具，其中转环可以将道管孔接缝处的混凝土残余（水泥管孔）、硬块除去，起到“打磨”的作用；钢丝刷可清除淤泥、污物；杂布、麻片起清扫管道的作用，可将淤泥、杂物带出管孔。穿孔器如图 5-9 所示。清洗工具可按图 5-10 所示进行制作。

图 5-9　玻璃钢穿孔器

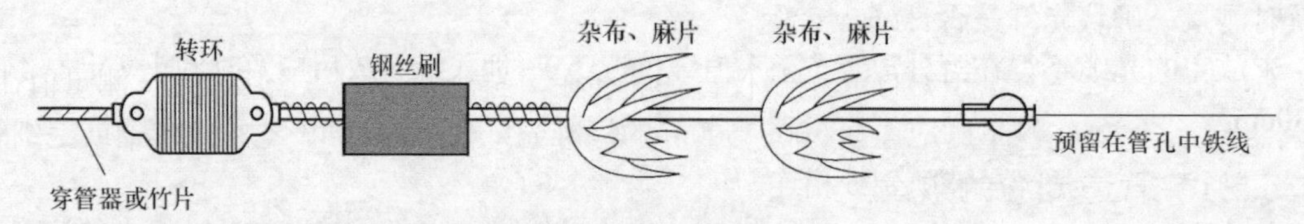

图 5-10　管孔清洗工具示意图

② 光缆塑料子管的穿放。为充分利用管孔资源和保护光缆，光缆布放前先在管孔内布放塑料子管。要达到在一个管孔内采用不同的分隔形式，可布放 3～4 根光缆，如图 5-11 所示。布放时，先把子管在地面上（一般放在要穿放管孔的地面上）放开并量好距离，子管不允许有接头。将预穿好的引线与塑料子管端头绑在一起，再对端回卷牵引线即可将子管布放在管道内。当同孔布放两根以上（一般为三四根）塑料子管时，牵引头应把几根塑料管绑扎在一起。子管的端部应用塑料胶布包起来，以免在穿放时子管头卡到管道接缝处，造成牵引困难。为了防止塑料子管在管孔内扭绞，应每隔 2～5m 将塑料子管捆扎一次，使其相对位置保持不变。若子管如图 5-11（b）所示，将预穿好的引线与塑料子管端头绑在一起，直接布放。

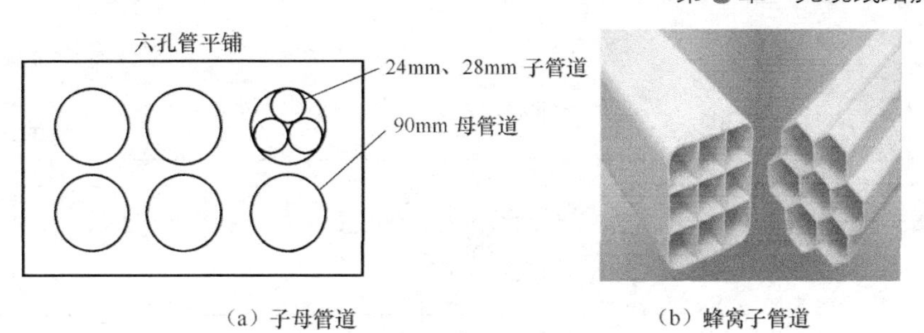

（a）子母管道　　（b）蜂窝子管道

（c）子管道穿缆效果图

图 5-11　子母管道示意图

在塑料子管布放过程中，人孔和管孔处要有专人管理，避免将塑料子管压扁。同时，地面上的塑料管尾端也应有专人管理，以防止塑料子管碰到行人及车辆。此外，还应随着布放速度松送、顺直塑料子管。

一般塑料子管的布放长度为一个人孔段。当人孔段距离较短时，可以连续布放，但一般最长不超过 200m。布放结束后，塑料子管应引出管孔 10cm 以上或按设计留长，并装好管孔的堵头和塑料子管的堵头。

（2）水泥管道光缆的敷设方法

利用塑料子管内预穿引线通过光缆牵引端头与光缆相连，同样回卷牵引线即可把光缆敷设在塑料子管内。

根据牵引方式，管道光缆的敷设方法主要有以下几种。

① 机械牵引法。

- 集中牵引法。在敷设时，牵引钢丝通过牵引端头与光缆端头连好，用终端牵引机按设计张力将整条光缆牵引至预定敷设地点如图 5-12（a）所示。
- 分散牵引法。不用终端牵引机，而是用 2～3 部辅助牵引机完成光缆敷设。这种方法主要是由光缆外护套承受牵引力，在光缆侧压力允许条件下施加牵引力，因此用多台辅助牵引机使分散的牵引力协同完成。图 5-12（b）所示为管道光缆分散牵引法的典型例子。
- 中间辅助牵引法。这种牵引是一种较好的敷设方法，它既采用终端牵引机又使用辅助牵引机。终端牵引机通过光缆牵引端头牵引光缆，辅助牵引机在中间给予辅助使一次牵引长度得以增加，如图 5-12（c）和图 5-13 所示。

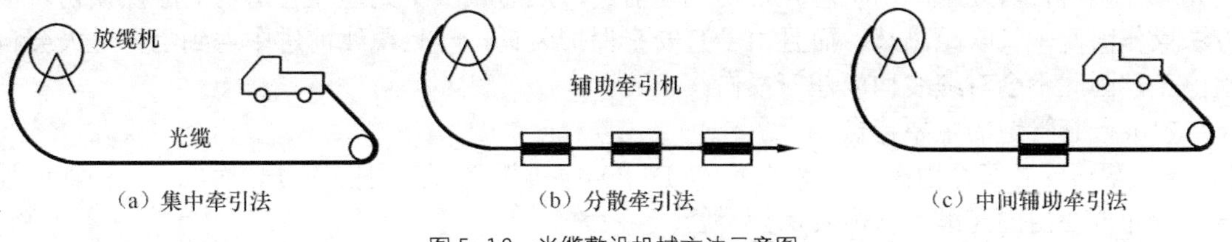

（a）集中牵引法　　（b）分散牵引法　　（c）中间辅助牵引法

图 5-12　光缆敷设机械方法示意图

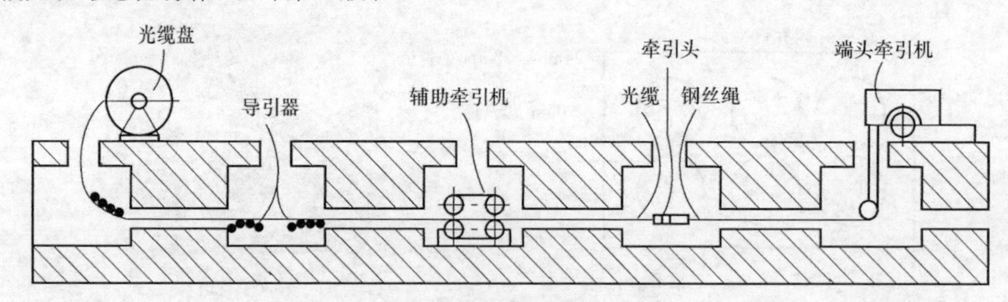

图5-13 管道光缆机械牵引示意图

② 人工牵引法。由于光缆具有轻、细软等特点，在没有牵引机情况下，可采用人工牵引方法来完成光缆的敷设。

人工牵引方法的要点是在良好的指挥下尽量同步牵引，牵引时一般为集中牵引与分散牵引相结合，即有一部分人在前边拉牵引索（尼龙绳或铁线）同时每个人孔处有1～2人帮助牵引。

人工牵引布放长度不宜过长，常用的办法为“蛙跳”式敷设法，即牵引出几个人孔段后，将光缆引出盘成“∞”形，然后再向前敷设，如布放距离长还可继续将光缆引出盘成“∞”形，直至整盘光缆布放完毕。由于我国的人工费很低，故人工牵引方法在施工中采用较多。

③ 机械与人工相结合的敷设方法。这是一种比较符合中国国情的有效方法，敷设牵引方式基本与图5-12相同。

- 中间人工辅助牵引方式。终端用终端牵引机作主牵引，中间在适当位置的人孔内由人工帮助牵引。若再用一部辅助牵引机，更可延长一次牵引的长度。比如牵引1km光缆，可以在前400m由人工牵引，与此同时终端牵引机可向中间放牵引钢丝，两边结合，可快速敷设。
- 终端人工辅助牵引方式。这种方式是中间采用辅助牵引机，终端用人工将光缆牵引至辅助牵引机，然后又改在辅助机后边帮助牵引。

光缆牵引完毕后，由人工将每个人孔中的余缆沿人孔壁放至规定的托架上，一般尽量置于上层，并采用蛇皮软管或PE软管保护，用扎线绑扎使之固定。

在敷设时，人孔内供接续用光缆预留长度一般不少于8m。由于接续工作往往要过几天或更长的时间才开始，因此预留光缆应妥善地盘留于人孔内。为防止光缆端头进水，应采用端头热可缩帽作热缩处理。

2. 硅芯管光缆的敷设

在水泥管道管孔中敷设光缆，均采用牵引法。由于管道内壁摩擦系数很大，牵引法使得敷设光缆的距离短、速度慢，且很容易造成缆线的机械损伤。

目前，一种全新的、既安全又快捷的敷设方法——“高压气流推进法”（简称气吹法）得到广泛应用，即通过光缆喷射器产生的一个轻微的机械推力和流经光缆表面的高速压缩气流，使光缆在塑料管内处于浮动状态并带动光缆前进，从而减少了光缆在管道内的摩擦损伤。该方法操作简便，气吹距离长，而且由于有安全保护装置，一旦缆线前进中遇到阻力过大会自动停止，因此不会对缆线构成任何损伤。

（1）硅芯管道的主要特点

- 塑料硅芯管是由高密度聚乙烯（HDPE）原料加硅料共同挤压复合而成。这种管道强度大，布放在内的光缆不再需要保护子管。

- 硅管曲率半径大于其外径的10倍，敷管时遇到弯曲处和上下管落差处可随路而转或随坡而走，无须作任何特别处理，更不必设人井过渡。
- 硅管内壁的硅芯层是固体的、永久的润滑剂，其内壁硅芯层的摩擦特性保持不变，缆线在管道内可反复抽取。
- 其内壁的硅芯层不与水溶，污物进管后可用水冲洗管道，且可免遭啮齿动物破坏。
- 抗老化，使用寿命长，埋入地下可使用超过50年，耐温性能好，适用温度范围为−30℃～+80℃，施工快捷，可大大降低工程造价。
- 规格和盘长。建设光缆管道常用的HDPE硅芯管规格主要有两种：40/33mm和46/38mm，其盘长分别为2 000m和1 500m（盘长可根据用户需求生产）。40/33mm硅芯管适用于平原、丘陵、公路、路肩、边沟等，46/38mm硅芯管适用于山区、弯度较大的公路路肩和沟边。

（2）硅芯管道的敷设

硅芯管道的敷设与直埋光缆敷设类似，在布放前，先把硅芯管道两端管口严密封堵，硅管之间必须用匹配的连接件，硅芯管道在沟内应平整、顺直。在直线段每隔1km设置1个手孔，在拐弯点增设手孔。高密度聚乙烯（HDPE）硅芯管道的埋深应根据铺设地段、土质和环境条件等因素，符合表5-8所示要求。硅芯管道与其他建筑物的隔距要求符合表5-1所示。

表5-8　　硅芯管道埋深要求

敷设地段及土质	埋深（m）
普通土、硬土	≥1.2
半石质（砂砾土、风化石等）、市区人行道	≥0.8
全石质、流沙	≥0.6
市郊、村镇	≥1.0
穿越铁路（距道碴底）、公路（距路面）	≥1.0
沟、渠、水塘	≥1.0
高等级公路中间隔离带及路肩、沼泽地	≥0.8
涵洞	≥0.4
河流	同水底光缆埋深

（3）硅芯管道的光缆敷设——气吹法

气吹法的基本原理是：由气吹机把空压机产生的高速压缩气流和缆线一起送入管道。由于管壁内层固体硅胶极低的摩擦系数和高压气体的流动使光缆在管道内呈悬浮状态，从而减小了缆线在管道中的阻力，就如同湍流的河水中飘浮着一根木头顺流而下。正因为高速流动的气体所产生的是均匀附着在缆线外皮的推力，所以使缆线不会受到任何机械损伤。

通常情况下，1台气吹机1次可气吹1～2km长的光缆，制约的因素主要有：地形、管道内径与光缆外径之比、光缆的单位长度质量、材料（一般采用外皮为MDPE的光缆气吹效果较好、较经济）和施工时的环境温度及湿度等。中国网通公司第三项目部吹缆小组在北京至济南的光缆敷设工程，从陈官屯到唐官屯站区一次吹放光缆长度达到1.975km。

若采用多台气吹机接力气吹，光缆的盘长可选择4km或6km。在高速公路上，一般1km设置一个手孔，作为气吹点和应急电话、监控等分支处理点，在有光缆接头处（每2km或4km处）设置一个人井。图5-14所示为气吹机接力敷设长距离光缆示意图。

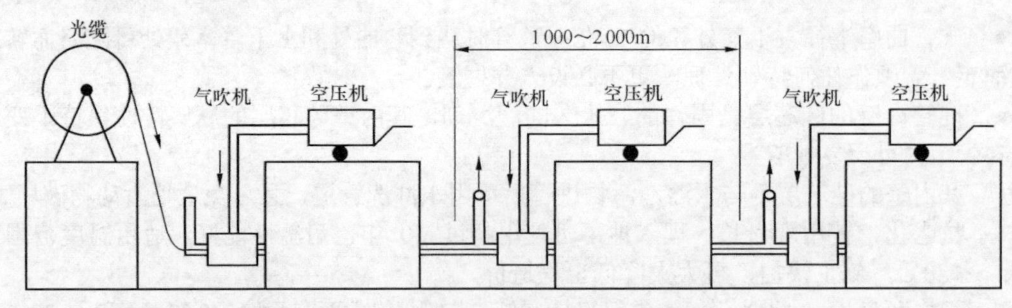

图 5-14　气吹机接力敷设长距离光缆示意图

5.2.2　直埋光缆的敷设

光缆直埋敷设是通过挖沟、开槽，将光缆直接埋入地下，最后回填土敷设方式。这种方式不需要建筑杆路和地下管道，目前长途干线光缆工程大多采用直埋敷设。下面介绍光缆直埋敷设的方法和主要步骤。

1. 光缆沟的开挖及要求

光缆直埋敷设可能会受到诸多因素的影响，如耕地、排水沟和其他地面设施、鼠害、冻土层深度等。因此，直埋光缆一般要比管道光缆埋得深。只有达到足够的深度后才能防止各种机械损伤，而且在达到一定深度时，地温较稳定，减少了温度变化对光纤传输特性的影响，从而提高了光缆的安全性和通信传输质量。

挖沟的方法一般有人工挖沟法和机械挖沟法两种。无论采用什么方法，挖光缆沟应尽量保持直线路由，沟底要平坦，克服蛇行走向。路由弯曲时，要考虑光缆弯曲半径的允许值，避免拐小弯。不同土质及环境对光缆埋深要求如表 5-8 所示。对于全石质路由，经主管部门同意，埋深可降至 50cm，但应采取封沟措施。直埋光缆挖沟具体要求如下。

① 光缆沟的深度和宽度，对于一般土质地段是深度为 1.2m，上宽为 60cm，底宽为 30cm，沟底平整无碎石，若是石质、半石质沟底应铺 10cm 厚的细土或沙土，光缆沟要求见图 5-15。

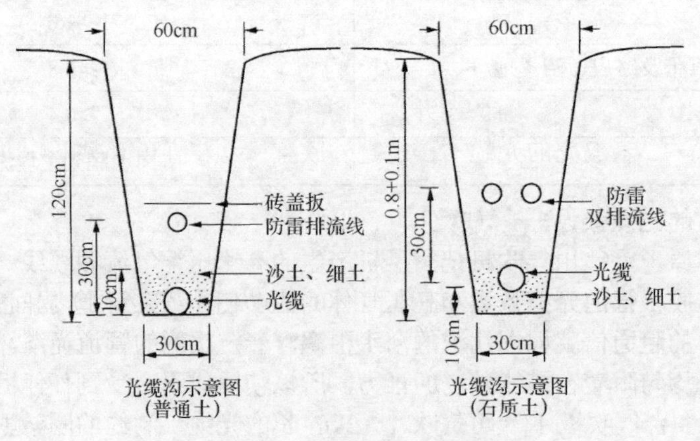

图 5-15　光缆沟要求示意图

对于特殊地段，如山区石质地带用爆破方法开沟，沟的宽度视情况决定，一般不应小于 20cm（沟底垫 10cm 细土或沙土）。

② 光缆经常会遇到梯田、陡坡等起伏地形，这些地段挖沟不能挖成图 5-16（a）所示那样，否则敷设时则会出现光缆腾空及弯曲半径过小的情况。正确的处理办法是，使沟底成缓坡，如图 5-16（b）所示，这样光缆不会腾空，并符合弯曲度的要求。光缆通过梯田塄坎要

垒石加固，如图 5-16（c）所示。

③ 挖光缆的接头沟时，深度以光缆沟深度为准。各接头沟均应在光缆线路前进方向的同一侧或靠路道的外侧，如图 5-17 所示。接头沟宽度不小于 120cm。

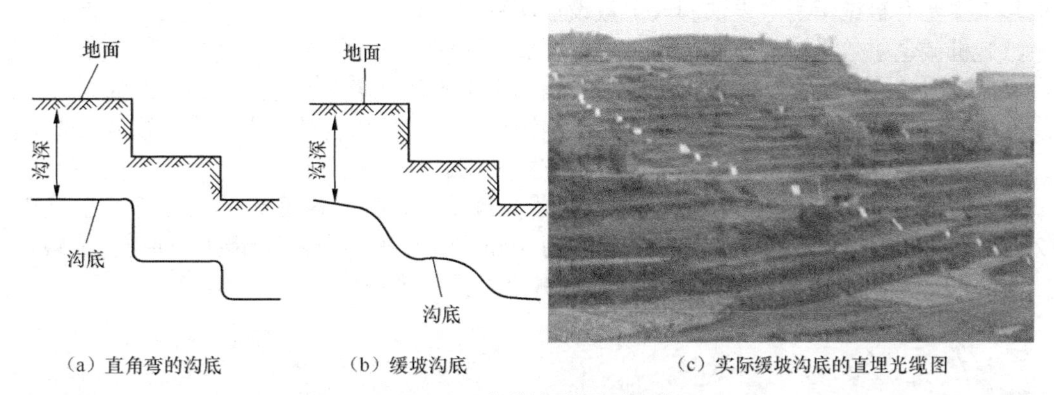

图 5-16 起伏地形的沟底要求

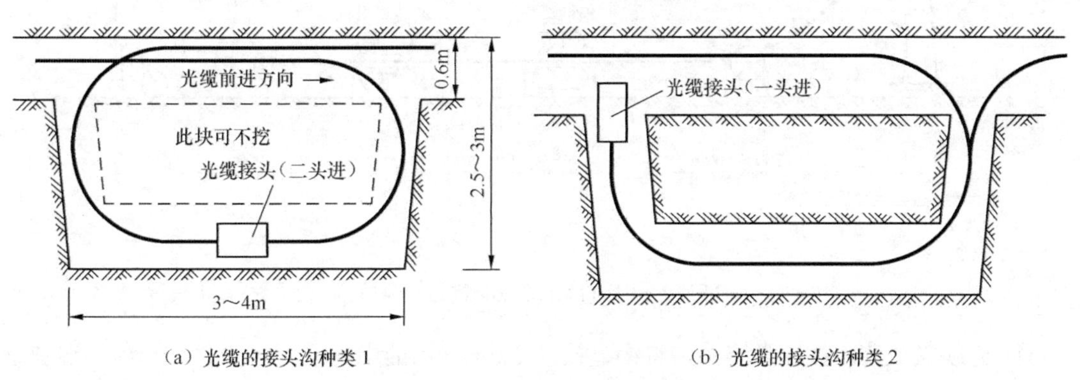

图 5-17 直埋式光缆的接头沟俯视图

④ 当光缆通过铁路、机耕路、重要街道、河渠等障碍物而不能直接进行挖沟时，可采用顶管法，即由一端将钢管顶过去。不破土挖沟，对直埋光缆作一种机械保护，如图 5-18 所示。

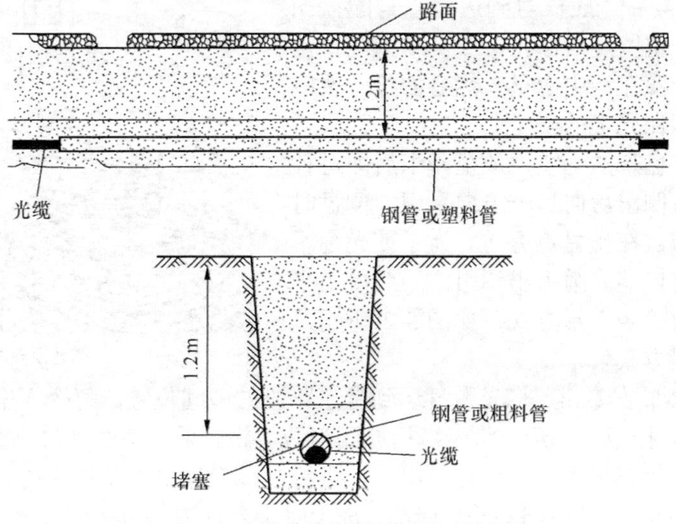

图 5-18 光缆穿越公路、街道的顶管保护

2. 直埋光缆的敷设方法

一般长途光缆的单盘长度为2km。对于距离较长的中继段，为减少接头数目，通常采用单盘长度为4km的光缆，同时，这也给光缆的敷设带来一定的困难。光缆的敷设方法较多，归纳起来主要有机械牵引敷设法和人工敷设法两种。

（1）机械牵引敷设法

机械牵引敷设法是采取光缆端头牵引及辅助牵引机联合牵引的方式，在挖沟的同时布放光缆，然后自动回填土压实。一般是在光缆沟旁牵引，然后由自动或人工将光缆放入光缆沟中。其牵引方法基本上与管道光缆辅助牵引方式相同。

对于2km盘长的光缆，可由中间地点向两侧敷设，如图5-19所示，用1台牵引机和1至2台辅助牵引机，一次连续牵引2km，若为4km则由中间点分两次牵引，即可完成敷设。

下面以布放2km盘长为例，简述机械牵引的主要步骤。

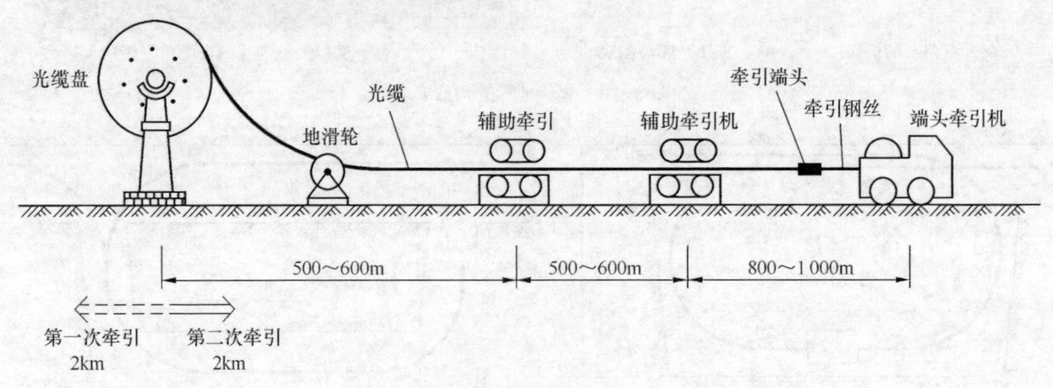

图5-19 2/4km盘长光缆机械牵引示意图

① 光缆盘放置，按配盘路由，将缆盘放于2km路由的中间位置。注意，光缆外端别是否符合A、B端的走向。若光缆布放顺序为A→B方向，则该盘外端别应为A，否则应先倒盘，将A端引出。

② 牵引机应放在牵引的终点，将牵引钢丝绳放至光缆盘处，并将牵引钢丝与光缆牵引端头连好，上好固卡。牵引时应按规定张力及速度牵引。

③ 牵引至终点后，应核对到达地点与配盘图是否一致，各种余留留足后停止牵引。将光缆直接放入光缆沟中，光缆在沟中应呈自然弯曲状，不能崩紧、腾空，以确保光缆的安全。

④ 对于2km盘长的光缆，放至一半后即进行倒盘，以便将内端倒出后向另一方向牵引。倒盘时将光缆从盘上全部倒在支盘点旁边。为了使光缆不乱，并能顺利地将内端光缆引出牵引，一般采用平放“∞”形或叠放“∞”形方式，如图5-20所示。

图5-20 光缆地面叠放“∞”形方式

（2）人工牵引方式

人工牵引一次布放1km，将光缆盘运到待放路段的中间位置，每个人平均抬放15m（以光缆不拖地为准），排成一字形，将光缆抬放到沟边，然后采取地面平放或叠放“∞”形方式布放剩余的光缆，待整盘光缆从缆盘放出后，再将光缆轻轻平放于沟底内。光缆入沟后，应先回填30cm厚的细土（严禁将石块、砖头、冻土等推入沟内），并应人工踏平。回填结束后，回填部分应高出地面 10cm。

3. 光缆路由标石的设置

直埋光缆敷设后，需要设置永久性标志，以标定光缆线路的走向、线路设施的具体位置，以供维护部门的日常维护和故障查修等。

（1）设置标石的位置

常用光缆的标石是用钢筋混凝土制作的，其规格有两种（短标石和长标石）。一般地区使用短标石，其规格应为 1 000mm×150mm×150mm；土质松软、人行区及斜坡地区使用长标石，其规格为 1 500mm×150mm×150mm，如图 5-21 所示。设置标石与线缆的位置，如图 5-22 所示。按其用途的不同，光缆标石可分为普通标石、监测标石、地线标石和巡检标石。标石位置设置在直线路由段每 200m 处，郊区及野外每 250m 处，光缆接头，拐弯点，排流线起、止点，同沟敷设光缆的起、止点，光缆特殊预留点，与其他缆线交越点以及穿越沟、渠、水塘和其他障碍物两侧应设置普通标石；需要监测光缆内金属护层对地绝缘、电位接头的位置，应设置监测标石；安装接地体的位置应设置地线标石；光缆线路每 1 000m 应设巡检标石。

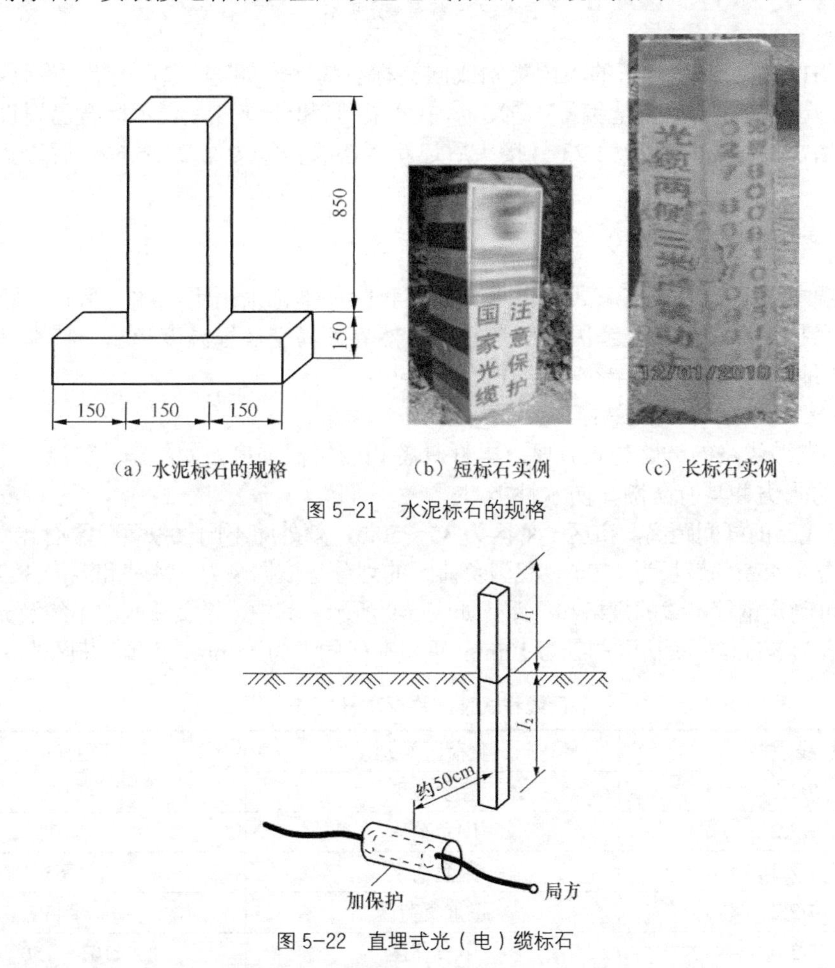

（a）水泥标石的规格　（b）短标石实例　（c）长标石实例

图 5-21 水泥标石的规格

图 5-22 直埋式光（电）缆标石

（2）标石的埋设要求

① 直线路由的标石埋设在光缆的正上方。接头点的标石埋设在光缆线路路由上，标石有字的那面应对准光缆接头。转弯处的标石应埋设在路由转弯的交点上，标石有字的那面朝向光缆转弯角较小的方向，当光缆沿公路敷设间距不大于 100m 时，标石可朝向公路。

② 标石埋深为 60cm，长标石为 100～150cm，地面上方为 40～90cm，标石四周土壤应夯实，以使标石稳固不倾斜。

③ 标石编号采用白底红（黑）色油漆正楷字，字体要端正，表面整洁清晰。编号以一个中继段为独立编制单位，由 A→B 方向编排。

④ 标石的编号方式和符号应规范化，可按图 5-23 所示规格编写。

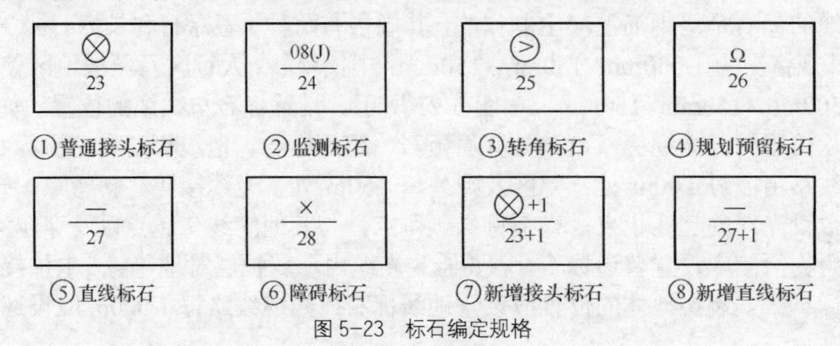

图 5-23　标石编定规格

图 5-23 中，分子表示标石的不同类别或同类标石的序号如①、②；分母表示这一中继段内标石从 A 端至该标石的数量编号。⑦、⑧中分子+1 和分母+1，表示标石已埋设、编号后根据需要新增加的标石。⑦为第 23 号接头后边新增接头；⑧为第 27 号标石后边新增的一块直线标石。

5.2.3　架空光缆的敷设

架空光缆主要有钢丝线支承式和自承式。在我国基本都采用钢丝线支承式，即通过架空杆路吊线来吊挂光缆。架空光缆因长期暴露在自然界，易受环境温度影响，特别是低温可达−30℃以下的地区，不宜采用架空敷设方式。

1. 架空光缆线路的一般要求

① 架空光缆线路的杆路建设，要求电杆具备相应机械强度，如防震、防风、雪、低温变化负荷产生的张力并具有防潮、防水性能。

② 架空线路的杆间距离，市区、郊区为 35～50m，郊外随不同气象负荷区而异，可做适当调整。但最短为 45m，最长为 150m。我国负荷区的划分是依据风力、冰凌和温度 3 要素，根据不同负荷区可确定钢丝吊线的规格和杆距，如表 5-9 所示。其中，轻负荷区的吊线及光缆上的冰凌有效厚度 b 为 5mm，中负荷区的 b 为 10mm，重负荷区的 b 为 15mm，超重负荷区的 b 为 20mm。

表 5-9　　吊线程式及容许标称杆距表

吊线规格	负荷区类别	杆距（m）
7/2.2	轻负荷区	≤150
7/2.2	中负荷区	≤100
7/2.2	重负荷区	≤65
7/2.2	超重负荷区	≤45
7/3.0	中负荷区	101～150
7/3.0	重负荷区	66～100
7/3.0	超重负荷区	45～80

③ 架空光缆线路应充分利用现有架空明线或架空电缆的杆路加挂光缆，其杆路强度及其他要求应符合架空通信线路的建筑标准。

④ 架空光缆的吊线采用规格为 7/2.2mm 的镀锌钢绞线（7/2.2mm 表示直径为 2.2mm 的 7 根钢丝绞合线）。吊线的安全系数应不低于 3。在重负荷区，若需减少杆间距，可采用 7/2.6mm 钢绞线。

⑤ 架空光缆垂度要求按表 5-10 取定。

表 5-10　　架空光缆垂度要求

负荷区类别	杆距（m）	下列温度时吊线原始安装垂度（cm）					架挂光缆后最大垂度（cm）
		−10℃	0℃	10℃	20℃	30℃	
轻、中负荷区	35	5	5.5	6.5	7.5	8.5	35
	40	6.5	7.5	8.5	9.5	11	45.5
	45	8.5	9.5	10.5	12	14	57.5
	50	10.5	11.5	13	15	17.5	71
	55	12.5	14	15.5	18	21	86
	60	15	16.5	18.5	21.5	25	102
	67	19	21	23.5	27	31.5	127.5
	70	20.5	22.5	25.5	29.5	34.5	139
	75	23.5	26	29.5	34	39.5	160
重、超重负荷区	25	3.5	4	4.5	5.5	7	25
	30	5	5.5	6.5	8	10	35.5
	35	7	7.5	9	11	13.5	48.5
	40	9	10	12	14.5	17.5	63.5
	45	11.5	12.5	15	18.5	22	80.5
	50	14	15.5	19	22.5	27.5	99
	55	17	19	22.5	27.5	33	120
	60	20.5	22.5	27	32.5	39.5	143

⑥ 电杆的规格如表 5-11 所示。电杆上光缆与其他物体的距离如表 5-1 和表 5-2 所示。

⑦ 电杆的埋深主要根据线路负荷、土壤性质、电杆规格而定，如表 5-11 所示。

表 5-11　　电杆规格与埋深

电杆高度/m	电杆埋深/m							
	钢筋混凝土电杆				木杆			
	松土	普通土	石质土	坚石	松土	普通土	石质土	坚石
6.0~6.5	1.4	1.2	1.1	1.0	1.3	1.1	1.0	1.0
7.0~7.5	1.6	1.4	1.2	1.1	1.5	1.3	1.1	1.1
8.0~8.5	1.8	1.6	1.4	1.2	1.7	1.5	1.3	1.1
9.0~10.0	2.0	1.8	1.5	1.3	1.9	1.7	1.4	1.2
11.0~12.0	2.1	1.9	1.6	1.4	2.0	1.8	1.5	1.3

注：① 表内所列埋深值适用于轻、中负荷区，杆路的负载较大时，电杆的埋深应增加 0.1～0.2m。

② 高度超过 12m 的接杆、长杆挡杆、跨越杆等的埋深应按设计要求。架空光缆的杆距：市区一般为 35～50m，郊区一般为 40～80m。

⑧ 架空光缆需要采用接地保护措施。光缆接头盒靠近的杆上、角杆、分线杆、H杆、跨越杆、终端杆以及直线杆路每隔10～15挡的电杆上应装设避雷针，其接地电阻不超过20Ω。光缆金属护层连同吊线一起每隔2 000m做一次防雷保护接地。

2. 架空光缆的敷设

（1）架空光缆吊线的架设

架空光缆的吊线采用规格为7/2.2mm的镀锌钢绞线。一般情况下，1根吊线上架挂1条光缆。架空吊线时若发现有条股松散等有损吊线机械强度的伤残部分，应剪除后再进行接续。

① 电杆上装有明线线担（即在原有明线杆路上架挂光缆）时，吊线夹板应装在本层线担下不小于45cm，并应满足距地面高度的要求。

② 吊线夹板的位置应满足所挂光缆在上、下、左、右与其他建筑物的隔离要求，布放钢绞线时，将钢绞线盘放在杆路的一端，然后用人力或机械牵引钢绞线。牵引时，一边牵引一边将钢绞线搬至电杆上，也可以待吊线全部牵引完后，再将钢绞线搬至电杆上，最后将钢绞线放在夹板线槽内。

（2）架空光缆的架挂

杆路准备是按设计要求立杆和放吊线。目前国内架空光缆多采用托挂亦即吊挂式，吊挂式光缆外径与挂钩的规格可按表5-12选用。

光缆挂钩卡挂间距要求为50cm，允许偏差不大于±3cm，电杆两侧的第一个挂钩距吊线在杆上的固定点边缘为25cm左右。

表5-12　光缆外径与挂钩的规格选择

挂钩规格	光缆外径（mm）	挂钩规格	光缆外径（mm）
65	32以上	35	13～18
55	25～32	25	12以下
45	19～24		

光缆采用挂钩预布放时，应在光缆架设前，预先在吊线上安装挂钩，如图5-24所示。

架空光缆的布放方法较多，我国目前较多采用托挂式。托挂式架挂的施工方法一般有预挂挂钩托挂法，如图5-24所示；机动车牵引动滑轮托挂法，如图5-25所示；动滑轮边放边挂法，如图5-26所示。

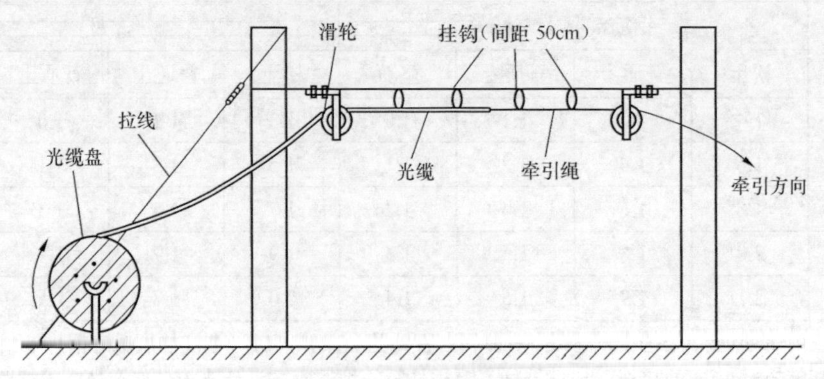

图5-24　预挂挂钩托挂法

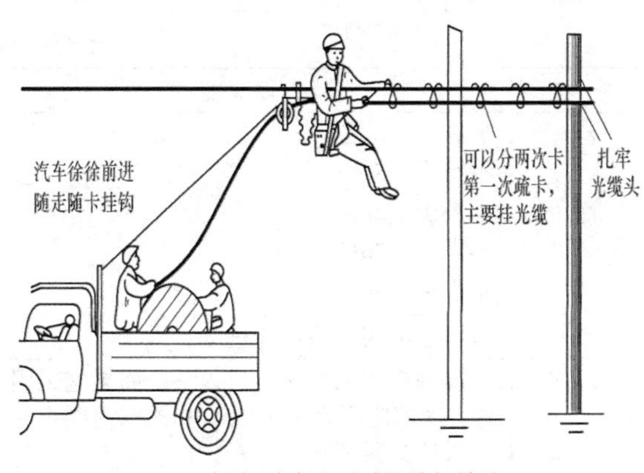

图 5-25　机动车牵引动滑轮托挂法

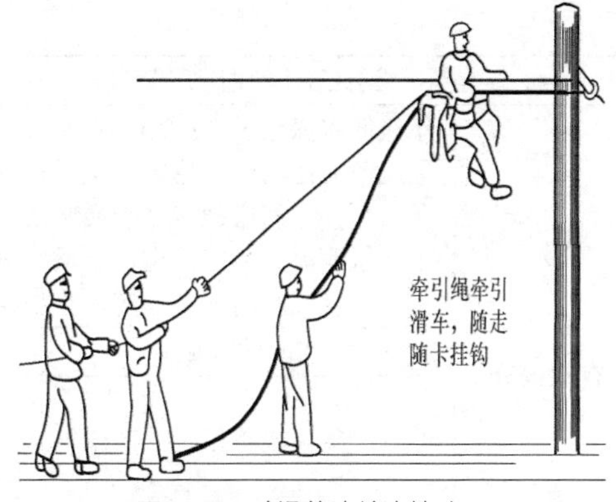

图 5-26　动滑轮边放边挂法

光缆随季节气候变化会发生伸长或缩短，为避免温度变化导致光缆中光纤伸缩损失，在架空光缆敷设中，要根据所在地区的气候条件每隔 1 杆或几杆做预留，即“伸缩弯”，如图 5-27 和图 5-28 所示。一般在重负荷区要求每根杆上都做“Ω”预留；中负荷区 2～3 根杆做一处“Ω”预留；轻负荷区 3～5 根杆做一处“Ω”预留。对无冰期地区可以不做余留，但布放时光缆不能拉得太紧，保持自然垂度。光缆接头预留长度为 8～10m，应盘成圆圈后用扎线扎在杆上。

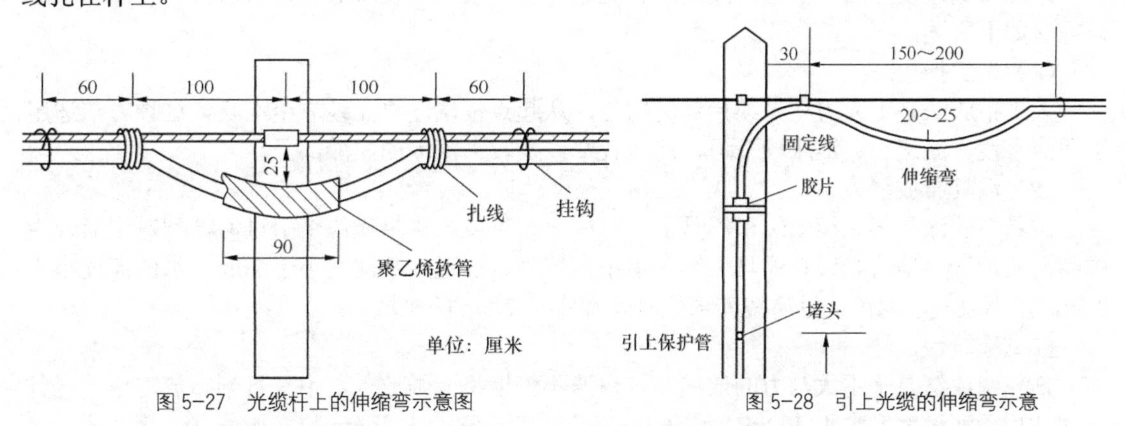

图 5-27　光缆杆上的伸缩弯示意图

图 5-28　引上光缆的伸缩弯示意

5.2.4　水底光缆的敷设

1. 水底光缆线路的一般要求

水底光缆敷设是将光缆穿过水域的敷设方法，适用于光缆线路需穿过江河湖泊等地段。水底光缆敷设方式隐蔽、安全，不受河流宽度和振动等因素的限制，但工程难度大，费用高。水底光缆施工包括敷设路由选择、挖沟深埋、布放等。

水底光缆的埋深要求对光缆安全和传输质量的稳定具有非常重要的作用。水底光缆的敷埋深度应按表 5-13 中的标准规定执行。

表 5-13　水底光缆的敷埋深度

河床部位和土质等情况		埋设深度
岸滩部分	比较稳定的地段	不小于 1.2m
	洪水季节会受冲刷或土质松散不稳定的地段	不小于 1.5m
	光缆上岸，坡度应尽量小于 30°	不小于 1.5m

续表

河床部位和土质等情况			埋设深度
有水部分	年最低水深小于 8m 的区段； 通航河流：河床不稳定、土质松软； 河床稳定、土质坚硬 不通航河流：河床稳定、土质坚硬； 河床不稳定、土质松软		 不小于 1.5m 不小于 1.2m 不小于 1.2m 不小于 1.5m
	水深大于 8m 的区域		可放在河底、不加掩埋
	冲刷严重、极不稳定的区段		应埋在河床变化幅度以下；如果施工困难，埋深应不小于 1.5m，并根据需要将光缆做适当预留
	有疏浚计划的河床	通航的河流	应埋在疏浚深度以下 1m
		不通航的河流	应埋在疏浚深度以下 0.7m
	石质和风化石河床		应不小于 0.5m

水底光缆路由选择，首先考虑光缆的稳定性，同时也应考虑施工与维护的方便。因此，要认真勘察水底光缆经过的河床断面、土质、水流及两岸地理环境后，确定水底光缆弧形敷设路线。

2. *水底光缆敷设方法*

光缆水底敷设方法应根据河流宽度、流速、施工技术、设备等条件来选择。光缆水底敷设方法如下所述。

（1）人工抬放法

人工抬放法是由人力将光缆抬到沟槽边，从起点依次序将光缆放至沟底。这种方法适用于河流水浅、流速小、河床较平坦、河道较窄以及较大河流的岸滩部分。

（2）浮具布放法

浮具布放法是将光缆安装于浮具上，对岸用绞车或人工将光缆牵引过河。到对岸后，由中间向两岸逐步地将光缆自浮具上卸入水中。这种方法适用于河宽小于 20m，水的流速小于 0.3m/s，不通航的河流或近岸浅滩部位且水深小于 2.5m 的水域。

（3）拖轮快放法

拖轮快放法是采用大马力的放缆船，快速不停地将光缆放入水中，直到布放完毕。这种方法适用于河道宽度大于 300m，水速 2～3m/s，河床深度大于 6m 的水域。

5.2.5 局内光缆的敷设

1. *局内光缆的一般要求*

局内光缆是指进线室至光配线架之间的光缆，局内光缆有普通型进局光缆和阻燃型进局光缆。

普通型进局光缆是由管道、架空或直埋式光缆直接进局，在进线室放 10m 左右后直接引至机房到光配线架上成端。

阻燃型进局光缆是在局（站）外光缆引至进线室（多数为地下进线室）时改用的阻燃型光缆，放至机房 ODF 架上，在进线室内增设一接头将普通型进局光缆与阻燃型进局光缆相连接。阻燃型进局光缆一般为无铠装层、无铜导线光缆，对于雷击严重地区，由于埋式缆的铠装层在进线室内引至保护地，避免将雷击电流带入机架，提高了机房的防雷安全性。

目前，国内工程多数采用普通型进局光缆敷设入局，其优点是减少一个接头。但对于某些工程则需要采用阻燃型进局光缆。

局内光缆的长度预留有几种要求。一般规定局内预留 15～20m，对于今后可能移动位置的局应按设计长度预留够。对于设备侧预留长度为 5～8m。阻燃型进局光缆预留为 15m。

2. 局内光缆的布放方法

① 注意识别光缆端别。局内光缆端别应严格按要求布放，有两根以上光缆进入同一机房时，应对每一根光缆预先做好标志，避免差错。

② 光缆在光缆机房内应有适当预留，对有走线槽的机房，光缆应预留 5～10m 置于槽中，以方便安装。

③ 局内布放时，将进局光缆由局前人孔牵引至进线室，然后用绳子逐步吊至机房所在层，同层布放由人工接力牵引，在拐弯处应由专人传递。

④ 普通进局光缆，可按图 5-29 所示的方法进行预留光缆的安装和固定。预留光缆是利用光缆架下方的位置，作较大的环形预留，应具有整齐、易于改动等特点。

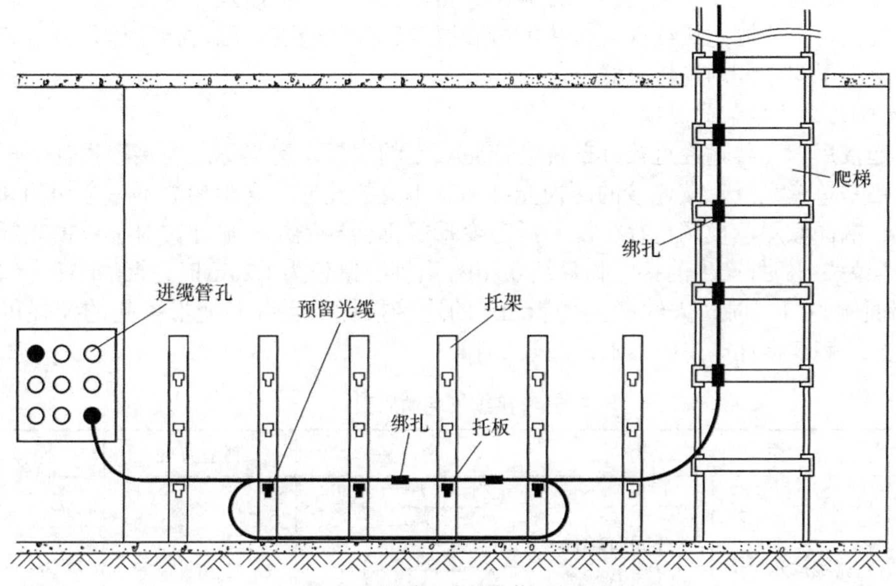

图 5-29　进线室光缆安装固定方式

另一种光缆的安装固定方式如图 5-30 所示，将预留光缆盘成符合曲率半径规定的缆圈。预留光缆部位，应采用塑料包带绕缠包扎并固定于扎架上。

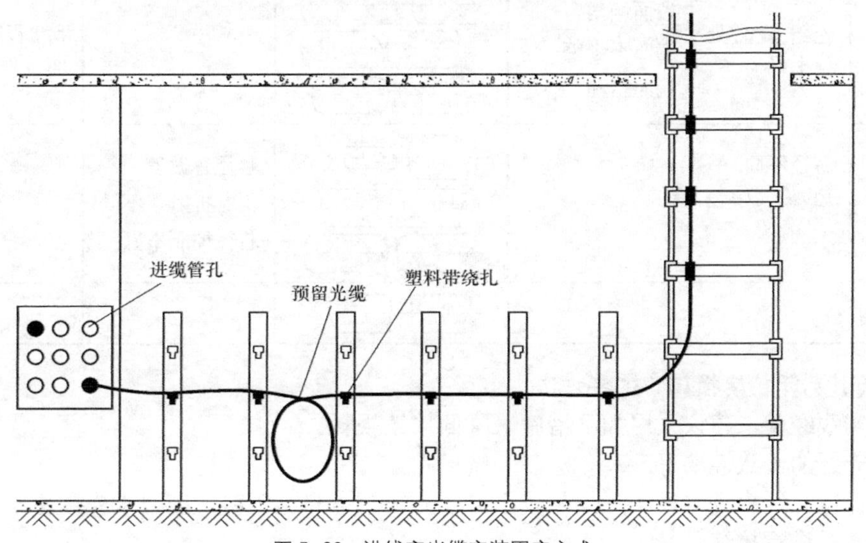

图 5-30　进线室光缆安装固定方式

5.3 光缆接续

光缆接续是光缆线路施工和维护人员必须掌握的基本技术。由于生产和运输原因，光缆的制造长度一般为1～2km，所以光缆接续是不可避免的。光缆接续的核心是光纤接续。光缆接续除了在线路上接续还有光缆成端接续。光缆线路接续是把一段光缆中的光纤与另一段光缆中的光纤对应连接起来，成端接续则是把光缆中光纤与带活动接头的尾纤连接起来。

5.3.1 光纤接续损耗

光纤接续技术是光纤应用领域中最广泛、最基本的一项专门技术。无论是从事光纤通信研究、光纤和光缆生产，还是光缆工程施工、日常维护，都会涉及光纤接续。

光纤接续可分为固定接续（死接头）、活动接续（活接头）、临时接续等几种方式，不同用途、场合应采用不同的连接方式。

1. 光纤的接续损耗的原因

光纤连接后，光传输经过接续部位会产生一定的损耗，习惯称之为接续损耗。不论是多模光纤，还是单模光纤，被连接的两根光纤因其本身的几何、光学参数不完全相同和连接时轴芯错位、端面倾斜、模场直径失配、纤芯变形等都会导致接续损耗。对于单模光纤，当模场直径失配为20%时，产生的接续损耗达0.2dB；当轴心错位为1.2μm时，接续损耗达到0.5dB；当光纤端面倾斜1°时，大约产生0.46dB的连接损耗；当纤芯变形引起的损耗可以低于0.02dB。光纤接续损耗产生因素汇总在表5-14中。

表5-14　　光纤接续损耗的原因

<table>
<tr><th colspan="3">原因</th><th>图示</th><th>制造方面</th><th>操作方面</th></tr>
<tr><td rowspan="2">操作不当</td><td>被连接光纤位置放得不好</td><td>光纤间有轴偏
光纤间有空隙
光纤轴有倾斜</td><td></td><td rowspan="2"></td><td>涂覆层未去干净
位置放置不当</td></tr>
<tr><td>光纤端面处理不好</td><td>端面倾斜
端面不平整
端面粗糙</td><td></td><td>切断不良及端面处理不好等</td></tr>
<tr><td>光纤参数不一致</td><td colspan="2">芯径不同
相对折射率不同
不圆度</td><td></td><td>芯径有偏差
相对折射率不同
芯径控制不好</td><td></td></tr>
<tr><td colspan="3">菲涅尔反射</td><td></td><td></td><td></td></tr>
</table>

2. 减小光纤接续损耗的主要方法

根据实践经验，建议采用如下措施来降低接续损耗。

（1）光纤的一致性要好

为了保证光纤模场直径实际偏差较小，在光缆配盘和施工时，应要求光缆生产厂家采用同一批次光纤进行接续。

（2）选用工作性能优秀的熔接机和切割刀

熔接前应根据光纤的类型和现场的环境（温度、湿度等）合理设置熔接机的参数，找出最佳熔接参数（如预热时间、推进量、放电时间、熔接电流等）。如果经多次操作连接损耗仍比较大，应首先考虑已设置的放电时间等参数是否合适。

（3）要有良好的工作环境

光纤的熔接不宜在多尘、潮湿的地方进行。一般避免露天作业，应在工程车或帐篷内进行。当气温过低或过高时，要有相应的升温或降温措施，以保证设备的正常工作。

5.3.2　光纤熔接法

光纤接续一定要配置专用光纤熔接机对光纤熔接，这是光纤连接方法中使用最广泛的方法，即光纤熔接法。它是采用电弧焊接法，即利用电弧放电产生高温 2 000℃，使被连接的光纤熔化而焊接成为一体。

1. 光纤熔接机的种类

光纤熔接机的种类有单纤（芯）熔接机和多纤（芯）熔接机，如图 5-31 所示。单芯熔接机是目前使用最广泛的熔接机，它 1 次完成 1 根光纤的熔接接续，主要用于长途干线光缆接续。多纤熔接机（也叫带状熔接机）是单纤熔接机的发展，多纤熔接是将带状光缆的一带光纤（目前通常为每带 4、6、8、12 芯纤），端面全部处理后，一次熔接完成。这种方法主要用于大芯数用户光缆的光纤接续。带状接续在实际光缆线路工程维护中已能实现把平均连接损耗降低到 0.10dB 以下。

(a) 单芯光纤熔接设备

(b) 多芯光纤熔接设备

图 5-31　光纤熔接设备

2. 光纤熔接机的组成

空气预放式光纤熔接机（装置）主要由高压源、光纤调节装置、放电电极、控制器、显微镜（或显示屏幕）等组成。

3. 单芯光纤熔接方法

单芯光纤熔接过程及其工艺流程如图 5-32 所示。

（1）光纤端面处理

光纤端面处理主要工具有：去除光纤套塑层和涂覆层的剥离钳（俗称米勒钳）以及光纤切断器（刀）。另外还有光纤清洗剂如酒精、丙酮等。

用米勒钳可去除光纤的套塑层和 1 次、2 次涂覆层，如图 5-33 所示。也就是说无论是有两次涂覆的 0.9mm 光纤，还是一次涂覆的 0.25mm 光纤，都可去除其涂覆层，去除长度为 3～5cm 为宜。

光纤剥除涂覆层后，用棉纱蘸酒精或丙酮擦洗光纤表面，再用光纤切断器切割光纤断面。光纤端面切断器，如图 5-34 和图 5-35 所示。光纤切割要求裸纤长度为 2cm（切断器上有定位标志），光纤端面平整无损伤。

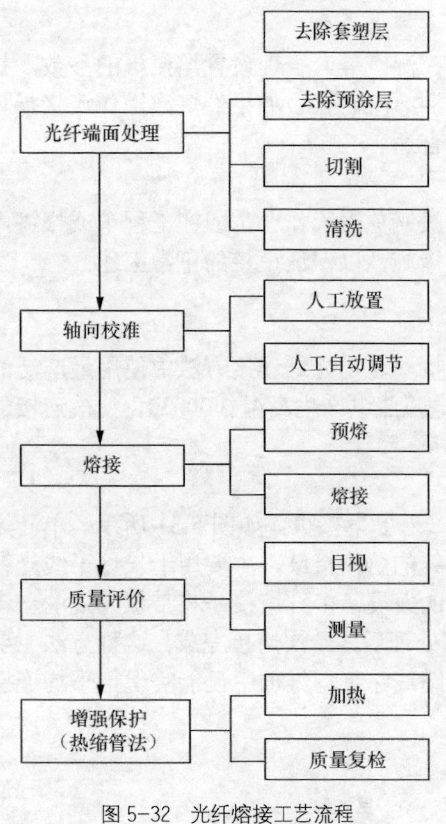

图 5-32 光纤熔接工艺流程

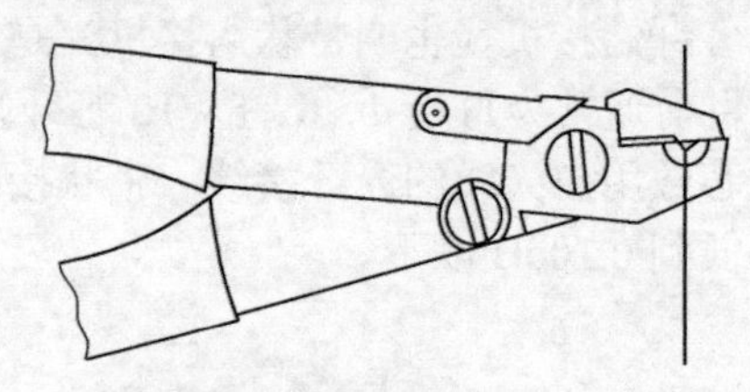

图 5-33 去除光纤 1 次涂层

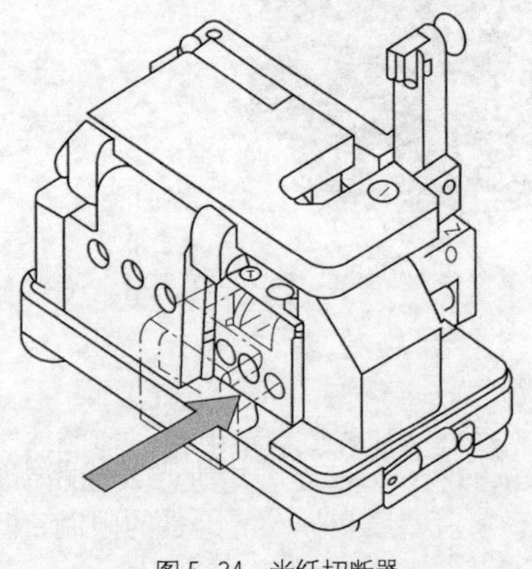

图 5-34 光纤切断器

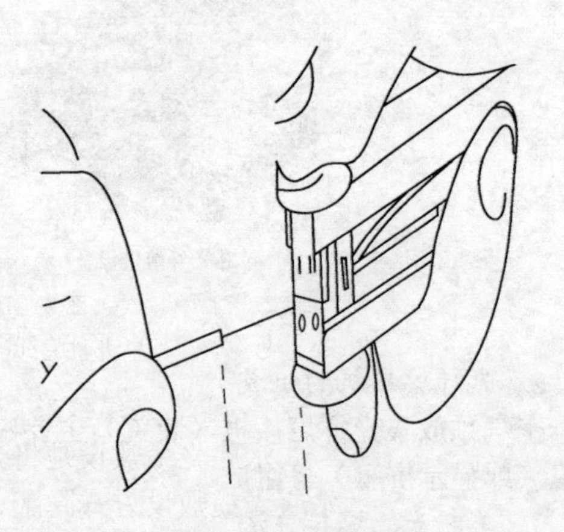

图 5-35 光纤切断刀

（2）光纤的对准及熔接

对于自动熔接来说，关键是光纤放置在 V 形槽内的状态，如放得合适，工作开始后，控制电路就自动进行校准，直至熔接和接续损耗估算结束。自动光纤熔接程序如图 5-36 所示。

（3）连接质量的评价

光纤完成熔接连接后，应及时对其质量进行评价，确定是否需要重新接续。

光纤熔接完毕，在显微镜内或显示器上，观察光纤熔接部位是否良好。如发现图 5-37 所示的不良状态，应分析其原因（见表 5-15）后重新接续。

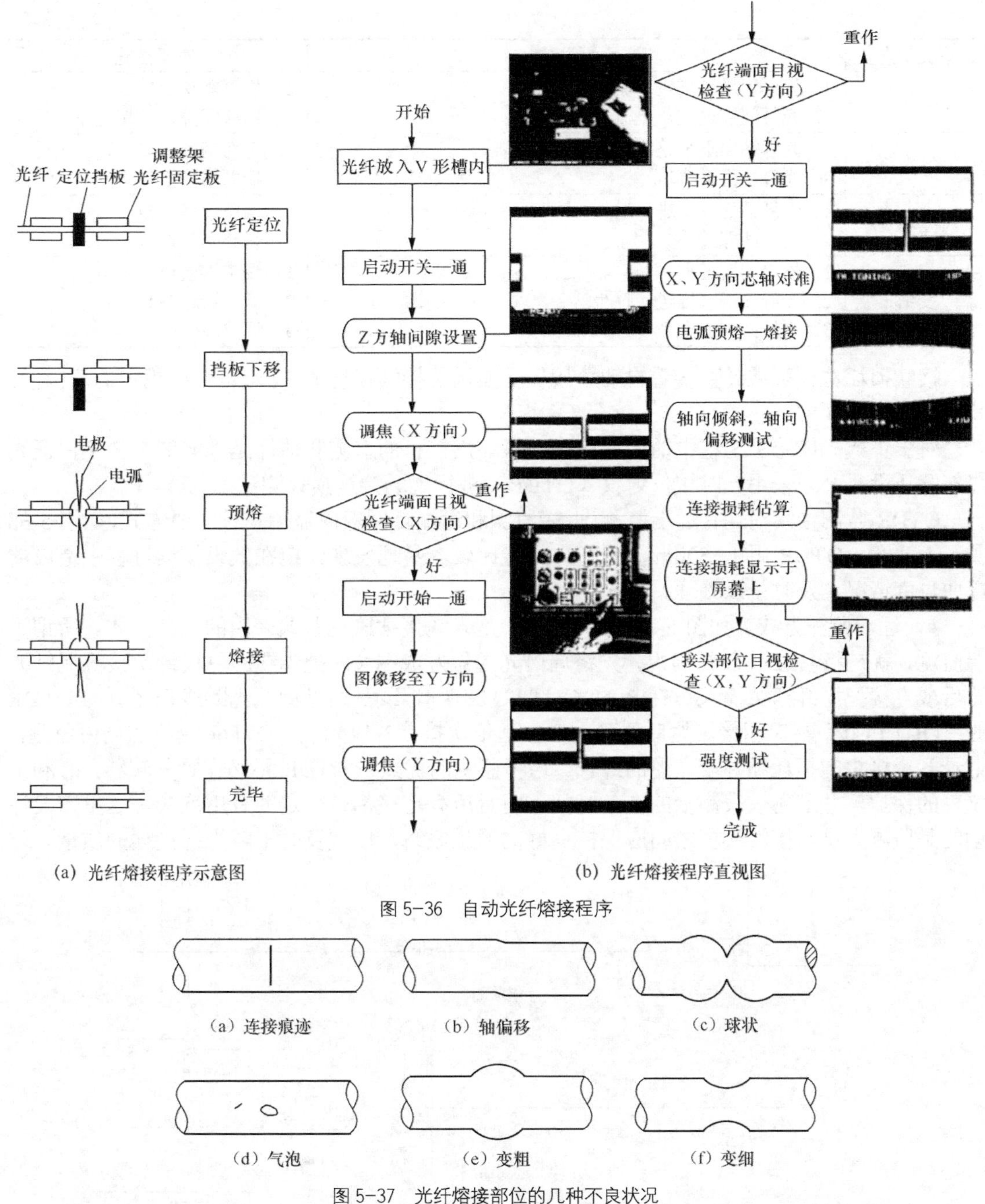

图5-36　自动光纤熔接程序

图5-37　光纤熔接部位的几种不良状况

表5-15　　目测不良接头的状态及处理

不良状态	原因分析	处理措施
痕迹	1. 熔接电流太小或时间过短 2. 光纤不在电极组中心或电极组错位、电极损耗严重	1. 调整熔接电流 2. 调整或更换电极
轴偏	1. 光纤放置偏离 2. 光纤端面倾斜 3. V形槽内有异物	1. 重新设置 2. 重新制备端面 3. 清洁V形槽

续表

不良状态	原因分析	处理措施
球状	1．光纤馈送（推进）驱动部件卡住 2．光纤间隙过大，电流太大	1．检查驱动部件 2．调整间隙及熔接电流
气泡	1．光纤端面不平整 2．光纤端面不清洁	1．重新制备端面 2．端面熔接前应清洗
变粗	1．光纤馈送（推进）过长 2．光纤间隙过小	1．调整馈送参数 2．调整间隙参数
变细	1．熔接电流过大 2．光纤馈送（推进）过少 3．光纤间隙过大	1．调整熔接电流参数 2．调整馈送参数 3．调整间隙

接续损耗估计可通过直接看自动熔接机上显示的接续损耗值，确定是否在规定的范围内，其值是否符合要求。

对于正式光缆施工工程中的光纤接头，只靠熔接机的自测和估计是不够的，为了保证光缆接续质量，必须采用光时域反射仪（OTDR）进行现场接续损耗测试。

OTDR监测接续损耗有远端监测、近端监测和远端环回双向监测3种主要方式，如图5-38所示。注意，OTDR用1 550nm波长窗口，能比较容易地发现光缆在敷设接续过程中造成的弯曲过度情况，及时予以处理。

- 远端监测方式，如图5-38（a）所示，是光缆接续监测普遍采用的一种方式。所谓远端监测，就是将OTDR放在局内，先将局内光缆做好成端（即把光缆的每根纤都接好尾纤），然后或直接把尾纤插头插入OTDR的"OUT PUT"端口，或是通过测试光跳线把尾纤与OTDR的"OUT PUT"端口相接。然后便可由近至远依次接续各段光缆，OTDR始终在局内监测，记录各个接头的损耗和各段光缆的纤长。这种监测的优点是OTDR不必在野外转移，有利于仪表的保护，并节省仪表测量的准备时间，而且所有连接都是固定的有用连接。这里需要注意的是监测人员与接续人员之间应保持良好的通话联络，以便及时了解光纤接续的质量。

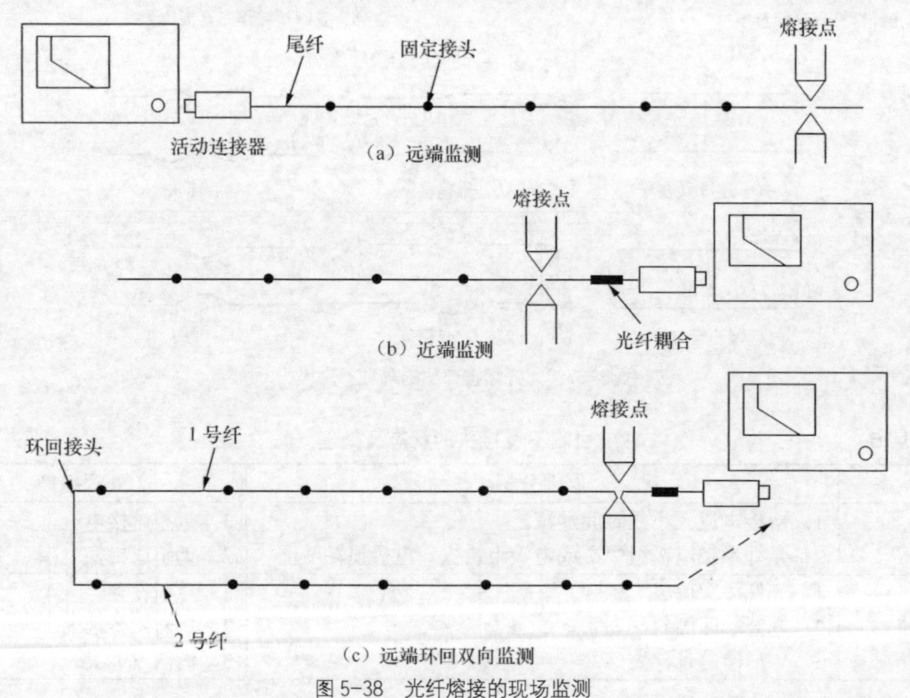

图5-38　光纤熔接的现场监测

● 近端监测方式如图 5-38（b）所示。OTDR 置于熔接点前一个盘长处，每完成 1 个接头，熔接机和 OTDR 都要向前移动 1 个盘长。当然，这种监测方式不如远端监测方式理想。近端监测方式也有 1 个优点，那就是光缆开剥和熔接可以形成流水作业，有利于缩短施工时间。

● 远端环回双向监测方式如图 5-38（c）所示。将 1 号纤与 2 号纤连接，测量时由 1 号纤、2 号纤分别测出接头两个方向的损耗，并算出接续损耗，以确定是否需要重接。

（4）光纤接头的增强保护

光纤采用熔接法完成连接后，其接头处前后 2～4cm 长度的裸纤因熔接部位经电弧烧灼变得更脆，因此，光纤在完成熔接后必须马上采取增强保护措施。

光纤接头增强保护的方法较多，如热熔模法、注射成形法、热可缩管法、V 形槽法、套管法、紫外光再涂覆法等。应用最多的是热可缩增强法，如图 5-39 所示。

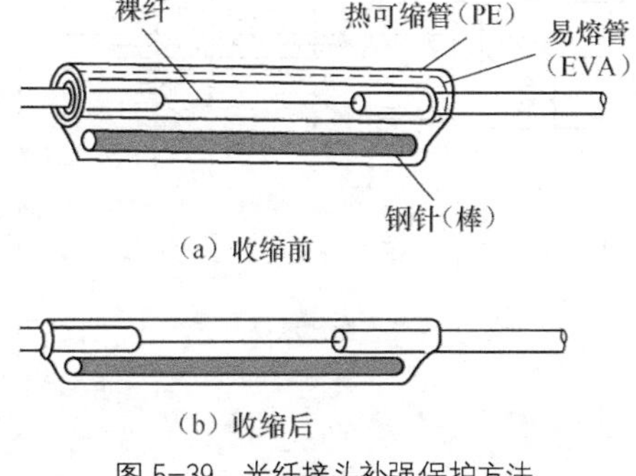

图 5-39　光纤接头补强保护方法

4. 多芯光纤熔接法

熔接技术具有接续损耗低、可靠性高等优点，对大芯数光缆进行多芯汇总熔接是最有效的接续技术。熔接可以采取高压放电、二氧化碳激光器、石墨加热器等多种方式。从设备体积、重量和效率比较，同单纤连接一样，放电熔接是石英光纤带接续的最好方式。

（1）多芯光纤熔接设备

同单纤熔接装置一样，已有的自动化程度较高的多芯熔接机如图 5-31 所示。它是采取芯轴直观方式，通过机内的 TV 摄像头监测光纤，用计算机进行图像处理，能从 X、Y 两个方向监测光纤的光学图像，高精度对准熔接和接续损耗估算。

（2）多芯光纤熔接工艺流程

多纤熔接工艺的主要流程如图 5-40 所示。由于前面对单纤熔接工艺叙述较多，以下只对与单纤熔接不同的工艺进行必要的介绍。

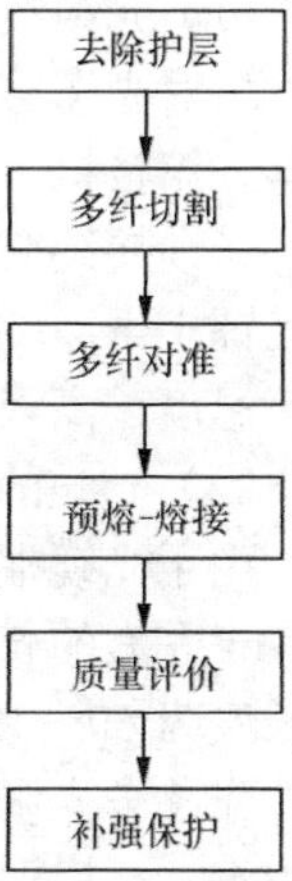

去除护层 → 多纤切割 → 多纤对准 → 预熔-熔接 → 质量评价 → 补强保护

图 5-40　多纤熔接流程

① 多纤切割方法。带状光纤除去外包带和一次涂层，清洗后，采用多纤切断器作同一长度的切割，如图 5-41（a）所示。带状光纤去除涂层时采用专用的光纤夹具和带状光纤被覆剥除器，切割端面时利用夹具在切割刀上固定以获得良好的端面。

② 光纤对准及熔接。把两条待接光纤带清洗干净，将夹具放入熔接机，光纤放入熔接机之后按 SET 键，光纤熔接就会自动进行，几秒钟后便完成熔接。图 5-41（b）所示为多芯光纤（带状光纤）对准及熔接过程示意图。对于 48 芯以上的单芯光缆也可通过夹具成带（或 6 芯带、或 12 芯带）接续，比单芯接续快，非常适合于光缆线路阻断的应急抢修。

③ 多芯接头的保护。同单纤接头一样，带状光纤接头保护也是采用热可缩套管来对一组接头进行增强保护的。光纤接续完毕后取出光纤，轻轻移动热可缩套管到接续部位，然后放入加热炉里进行加热热缩。

④ 连接质量的评价与单芯光纤过程类似，包括采用光时域反射仪（OTDR）进行现场接续损耗测试。

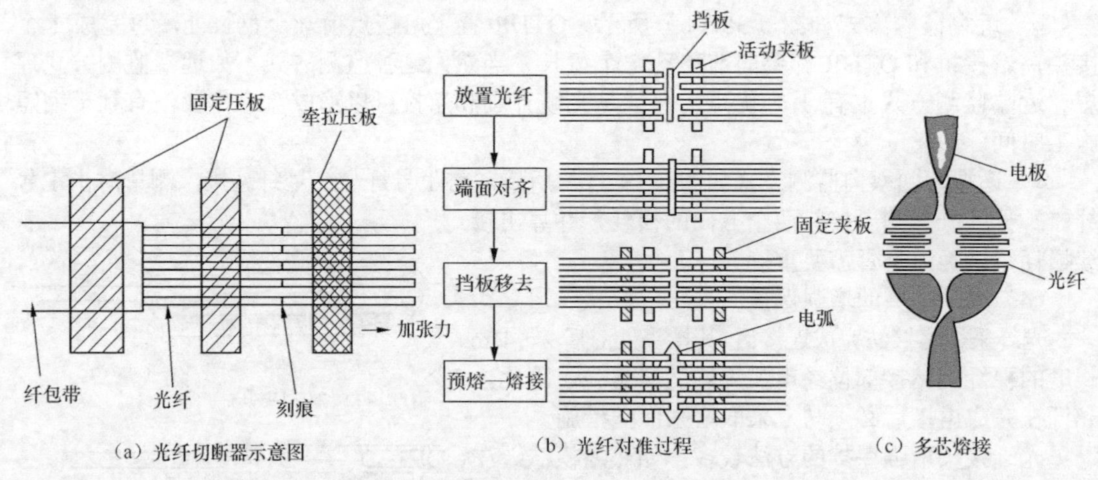

图5-41 多芯熔接光纤对准以及熔接过程

5.3.3 光缆的接续

光缆接续包括缆内光纤的连接、光缆加强件的固定、接头余纤的处理、接续盒封装防水处理、接头处余留光缆的妥善盘留等。对于光缆传输线路，据国内外统计，故障发生率最高的是在接头部位，如光纤接头劣化、断裂，接续盒进水等。因此，光缆接头盒应选用密封防水性能好的结构，并具有防腐蚀和一定的抵抗压力、张力和冲击力的能力，这对光缆接头保护非常重要。

1. 光缆接续方法与步骤

（1）光缆接续的准备

核对光缆接头位置，准备接续所需要的机具。采用熔接法时，必须配备开缆刀、光纤切断器、熔接机、光缆接头保护用工具等。

光缆接续必须设置防尘、防雨雪帐篷，或采用工程接续车，严禁露天作业。对于干燥地面应铺上干净的塑料布，布置工作台。接续前还应引入市电电源或自备油机发电机供电。在环境温度过高（+40℃以上）或过低（+5℃以下）接续时，应采取降温或升温措施。

（2）光缆的开剥

由于光缆端头部分在敷设过程中易受机械损伤，因此，在光缆开剥前应根据光缆状况截取1m左右的长度丢掉。再根据光缆结构选取接头盒，确定光缆的开剥长度（一般光缆的开剥长度为60～120cm），再用划线铅笔在缆皮上划定开剥点后，即可用专用工具进行开剥。

先除去光缆护套，缆内的油膏可用煤油或专用清洗剂四氯化碳擦干净，一般正式接头不宜用汽油，以避免其对护层和光纤被覆层的老化影响。

（3）加强芯、金属护层的处理

加强芯固定在接头盒两边，并对光缆接头两端的金属加强芯和金属护层均做绝缘处理。

（4）光纤的接续和接续损耗的监测、评价

光纤的具体接续方法和要求以及光纤接续损耗的现场监视、测量、统计评价方法参考上述有关光纤接续监测的内容。

（5）光纤预留长度的收容处理

光缆接头盒里，必须有一定长度的光纤，完成光纤接续后的预留长度（光缆开剥处到接头间的长度）一般为60～100cm。光纤接续后，经检测合格，按接头盒的结构所规定的方式进行光纤余长的收容处理。光纤余长收容盘绕时，应注意曲率半径不小于37.5mm，要放置整齐、易于今后操作。光纤余长盘绕后，一般还要用OTDR仪复测光纤的接续损耗。当发现接续损耗有变大现象时，应检查原因并予以排除。损耗变大的原因很可能是光纤余长盘绕在某处的曲率半径过小。

光纤预留长度的收容一般可归纳为如图5-42所示的几种方式。

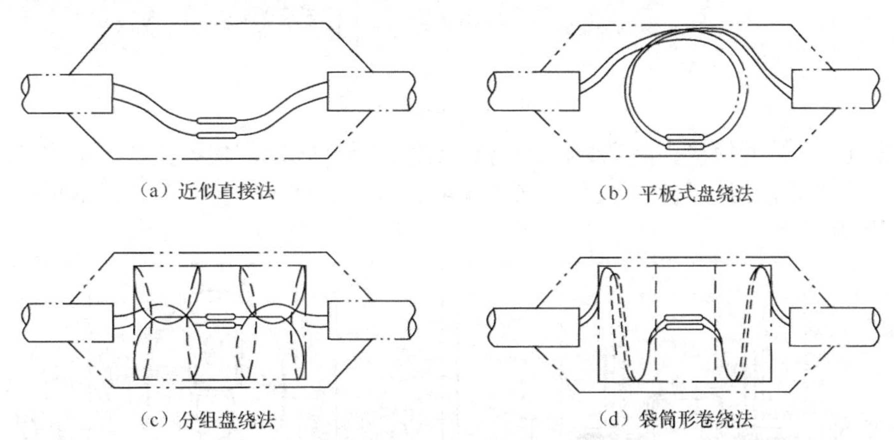

图5-42 预留光纤的收容方式

（6）光缆接头盒的密封处理

不同结构的接头盒，其密封方式也不同。应按接头护套的规定方法，严格按操作步骤和要领进行密封。光缆接头盒封装完成后，应作气闭检查和光电特性复测，以确认光缆接续良好。至此，接续已完成。

2. 光缆接头盒的安装固定

光缆接续完成后，应按前面光缆接头的规定中要求的内容或按设计中确定的方法进行安装固定。安装方法一般在设计中有具体的安装示意图。接头安装必须做到规范化，架空及人孔的接头应注意整齐、美观和有明显标志。其具体安装方法如下。

① 直埋光缆的接头盒安装，应位于路由（A→B）前进方向的右侧，个别因地形限制，位于路由左侧。

直埋光缆的接头的埋深，应同该位置埋式光缆的埋深标准；坑底应铺10cm厚的细土，接续盒上方应加盖水泥板或砖保护，如图5-43所示。

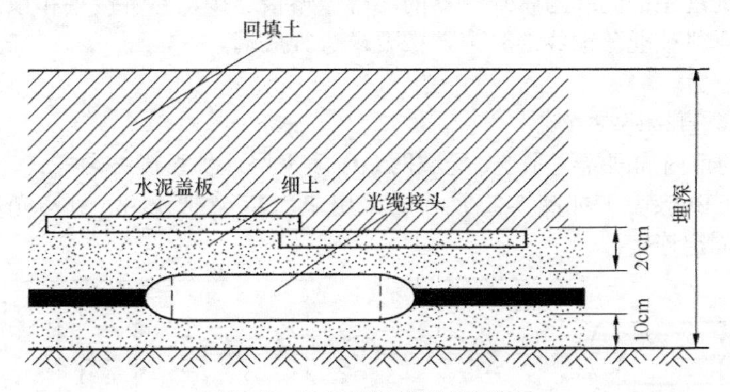

图5-43 埋式光缆的接头坑侧视图

② 架空光缆的接头盒安装，一般安装在杆旁，并作伸缩弯，如图5-44所示。接头的余留长度应妥善地盘放在相邻杆上，可以采取塑料带绕包或用盛缆盒（箱）安装。

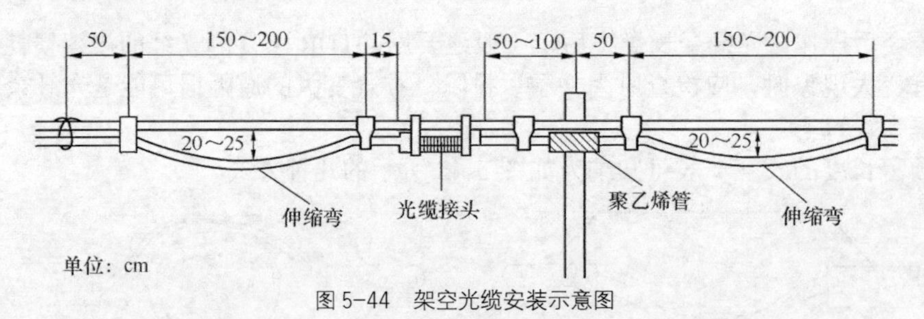

图 5-44　架空光缆安装示意图

③ 管道人孔内光缆接头盒安装，及预留光缆的安装方式，应根据光缆接头护套的不同和人孔内光（电）缆占用情况进行安装。按图 5-45 所示方式安装，把预留光缆盘成圈后，固定于接头的两侧。

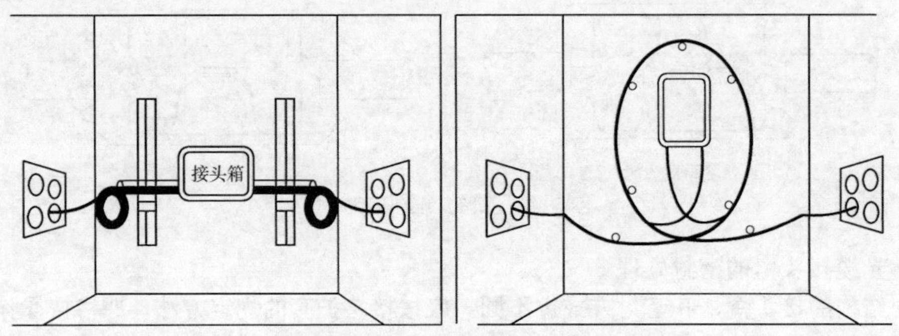

图 5-45　管道人孔接头盒安装示意图

5.3.4　光缆成端

光缆线路到达端局或中继站后，为了便于和光端机、光中继器等设备相连接，需要把光缆的所有光纤都接上尾纤，这就是所谓的光缆成端。光缆成端有光缆终端盒（箱）成端和光纤配线架（ODF）成端方式。光缆终端盒成端，即通过终端盒把光缆接上尾纤。一般较小的局、无人值守中继站、设备间等多采用这种方式。ODF 成端方式是把光缆引至传输机房并进入 ODF，然后通过 ODF 里的光纤分配盘（ODP）把光缆接上尾纤。

1. 中继站或终端局内光缆的成端

外线光缆在中继站内预留后，直接进入无人机箱内按要求成端。成端内容包括：加强芯、金属护层接地，光缆中的光纤与带连接器的尾纤做熔接连接，并将接头和预留光纤盘放至收纤盘内。对于有远供或业务铜线的光缆，按要求进行成端。

2. 局内光缆的成端

（1）T-BOX 盒直接终端方式

目前，一般的市内局间光缆系统、局域网系统多采用这种直接终端方式，如图 5-46 所示。光线路终端盒（T-BOX 盒）如图 5-47 所示。采用 T-BOX 盒把线路光纤与光端机送出的尾纤在终端盒外进行固定连接。

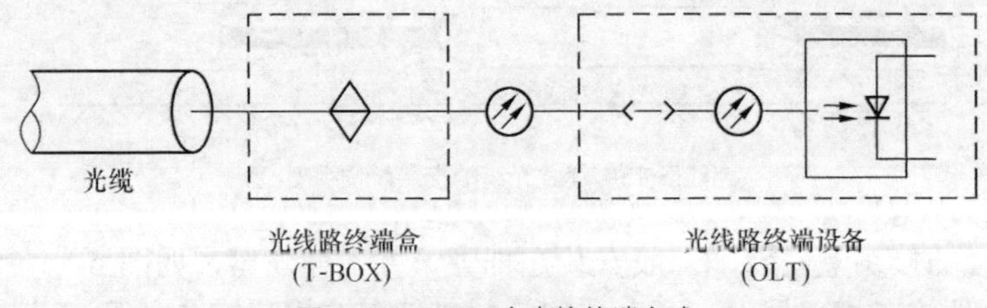

图 5-46　T-BOX 盒直接终端方式

（2）ODF 架终端方式

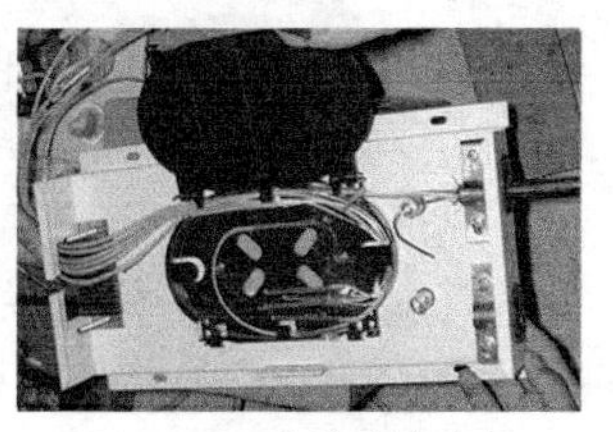

图 5-47　光线路终端盒

ODF 架终端方式是将光缆线路的光纤与一头带连接器插件的尾纤在 ODF 的 ODP（也称作机框）内做固定连接，尾纤插头按光缆的纤芯编号对应地插接至 ODP 的适配器（俗称法兰盘）内，再将光纤用双头连接器（光纤跳线）与光端机相连，如图 5-48 和图 2-33 所示。

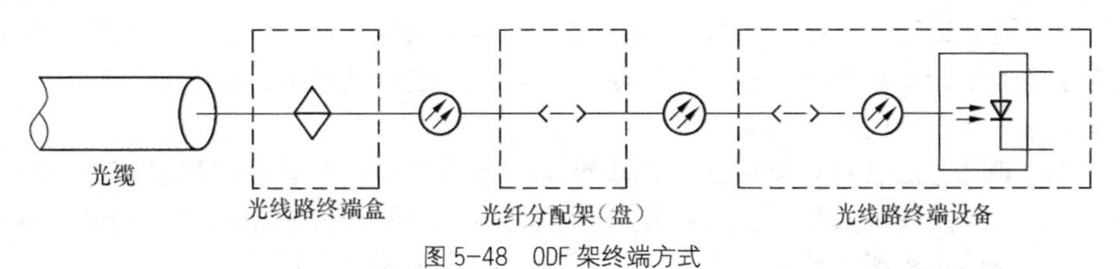

图 5-48　ODF 架终端方式

5.4　光缆线路竣工测试

光缆线路测试一般分为单盘测试、竣工测试和维护测试。单盘测试是在光缆敷设前对单盘光缆的检测；竣工测试是光缆线路施工结束时进行的测试；维护测试是光缆线路已经处于运行时期，对光缆线路工作状态做出判断，如对发生故障的位置、原因的判断的测试。这 3 种光缆线路测试虽然测试阶段和目的不同，但测试内容及测试原理却是基本一致的。

本节重点介绍光缆工程竣工测试。竣工测试是为建设单位提供光缆线路光电特性的完整数据，以供日后维护参考。单盘和竣工测试主要项目如表 5-16 所示。

表 5-16　单盘和竣工测试项目

单盘测试项目		竣工测试项目	
光特性	电特性	光特性	电特性
单盘光缆损耗	单盘直流特性	中继段光缆损耗	中继段直流特性
单盘光缆长度	单盘绝缘特性	中继段光缆长度	中继段绝缘特性
单盘光缆后向散射曲线	单盘耐压特性	中继段光缆后向散射曲线	中继段耐压特性
		中继段光缆偏振模色散（PMD_C）	中继段接地特性

5.4.1　光特性的竣工测试

对于单波长光纤通信系统，其光缆的光特性测试主要有中继段光纤损耗测试、光纤的后向散射曲线测试、光纤接头损耗测试和光纤长度测试。对 DWDM 光纤通信系统，光特性测试需增加光缆偏振模色散系数（PMD_C）测试。

中继段光纤线路损耗是指中继段两端的 ODF 架外侧连接插件之间的损耗，它含有光纤的损耗、固定接头损耗和活动接头损耗，如图 5-49 所示。在竣工测试时，一般测量光缆成端后（即接上尾纤后）各条光纤的传输损耗。

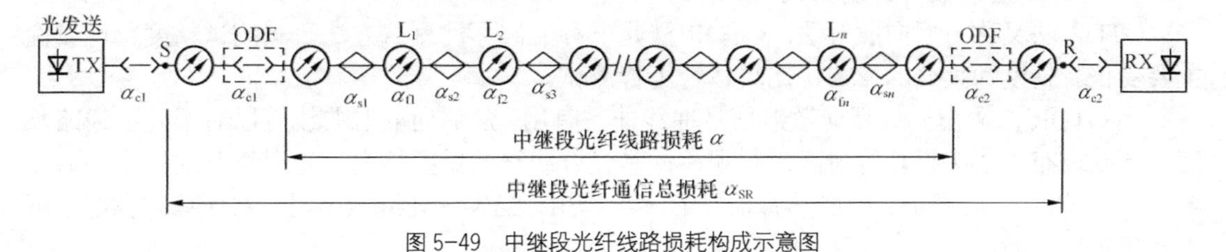

图 5-49　中继段光纤线路损耗构成示意图

目前中继段光纤损耗测试所采取的方法一般是光源、光功率计测试法和 OTDR 法相结合的方法。

光源、光功率计测试全程损耗（插入法）。测试中继段光纤损耗要求在已成端的连接插件状态下进行测试，插入法是唯一能够反映带连接插件线路损耗的测试方法。这种方法测试结果比较可靠。

OTDR 法虽然也可以测试带连接器插件的光纤线路损耗，但由于一般的 OTDR 测试存在盲区，这使近端光纤连接器插入损耗、成端连接点接头损耗无法反映在测试值中，同样，对端的成端连接器尾纤的连接损耗由于离尾部太近，也无法定量显示。因此 OTDR 测试值实际上是未包括连接器在内的线路损耗。

以上两种测试方法各有利弊：前者比较准确，但不直观；后者能够提供整个线路的后向散射信号曲线，但反映的数据不是线路损耗的确切值。将两种方法相结合，则能既真实又直观地反映光纤线路全程损耗情况，在目前光缆施工中应用较为广泛。

1. 光源、光功率计对全程光纤损耗（插入法）测试

由于在光缆线路测试中并不需要非常高的精度，并且要求测试对线路是非破坏性的，因此在工程测试和维护中可用插入法测试光纤损耗。

（1）按图 5-51 所示测试方框连接配置

（2）测试步骤

① 用短光纤（约 3 米）直接将稳定化光源与光功率计两端用活动接头连接，如图 5-50（a）所示，读出光功率 P_1。

② 将被测光纤活动接头连接在稳定化光源与光功率计之间，如图 5-50（b）所示，读出光功率 P_2。

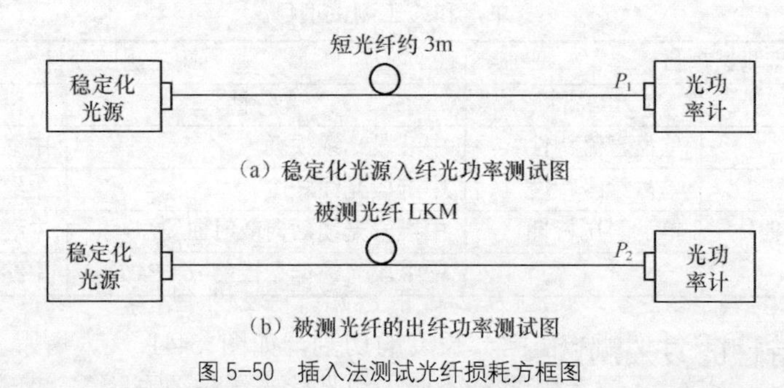

图 5-50 插入法测试光纤损耗方框图

③ 将 P_1 和 P_2 代入式（5.7）和式（5.8），计算出被测线路总损耗和损耗系数。

$$A(\lambda_i)=10\lg\frac{p_1(\mathrm{mw})}{p_2(\mathrm{mw})} \quad (\mathrm{dB}) \tag{5.7}$$

$$\alpha(\lambda_i)=\frac{10}{L}\lg\frac{p_1(\mathrm{mw})}{p_2(\mathrm{mw})} \quad (\mathrm{dB/km}) \tag{5.8}$$

2. 光纤的后向散射曲线测试

OTDR 法又称为后向散射法。OTDR 法是一种非破坏性测试方法，其测试精度、可靠性主要受仪表精度和耦合的影响，比较适合工程测试。

用 OTDR 法测出光纤后向散射信号曲线非常有用。从后向散射曲线可以对于光缆线路长度、衰减分布、接头损耗等情况进行观察，是光纤线路的重要档案。光缆线路的使用寿命一般在 20 年以上，对维护、检修具有很好的参考作用，当发生光纤故障时，对照原始曲线，可以作出正确判断。

（1）OTDR 测量系统的连接

测量系统按图 5-51 所示进行连接，该测试连接与光缆单盘检验基本相同。其中假纤是为了克服近端盲区而设置的，长度为 50～1 500m（当 OTDR 发射光脉冲宽度为 100ns 时，假纤长度为 75m；光脉冲宽度为 1μs 时，假纤长度为 200 米；光脉冲宽度为 10μs 时，假纤长度为 1 500m），两端应带活动连接插件，其一端的插件与 OTDR 耦合，另一端的插件应与被测纤的成端插件匹配。这里的假纤相当于超长光纤跳线。

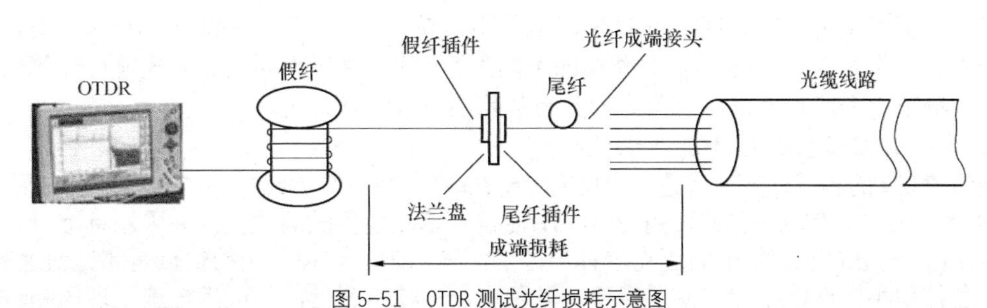

图 5-51　OTDR 测试光纤损耗示意图

（2）OTDR 测试原理

OTDR 的激光源发射一束光脉冲到被测光纤中，被测光纤链路特性及光纤本身材料的微观不均匀性将反射回的光信号返回送入 OTDR。信号通过一环形耦合器到接收机（检测器），在那里光信号被转换为电信号，最后经分析并显示在屏幕上。图 5-55 所示为 OTDR 测试的一般原理。

设 t 为入射与反射来回所用时间，c 为光在真空中的光速，n_1 为光纤纤芯折射率，则测试距离可由下式获得：

$$L = \frac{t \times c}{2n_1}$$

这样，OTDR 可以显示反射回来的相对光功率与距离的关系。图 5-52 表示 OTDR 可以测试光纤线路上可能出现的各种类型的事件（如光纤的活接头、机械接点与裂缝点等引起的损耗与反射）的后向散射曲线。

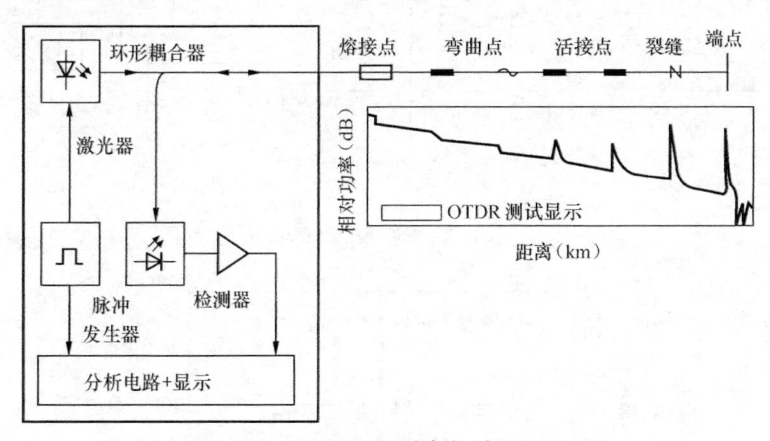

图 5-52　用 OTDR 测试的一般原理

（3）信号曲线检测的要求

一般中继段在 50km 左右，当光纤线路损耗在 OTDR 单程动态范围内时，应对每一条光纤进行 A→B 和 B→A 两个方向的测试，即每一个方向的测试波形包括全部长度的完整曲线。70km 以上的较长中继段，其线路损耗较大，可能超出 OTDR 的动态范围，这时可从两个方向测至中间。曲线记录时，移动光标置于合拢处的汇合点，则显示数据的长度相加值为中继段全长，损耗值相加为中继段线路损耗。

（4）测试记录

检测结果应将测试数据、测试条件和中继段光纤后向散射信号曲线记入竣工测试记录表，整理在竣工资料中。

3. 中继段光缆长度测试

光缆长度测试是利用 OTDR 比较精确地测出光缆的光纤长度（在测试光纤长度时，必须正确输入光纤折射率），再根据前面介绍的不同光缆型号，采用不同换算公式就可计算出光缆的长度。测出中继段长度，对线路维护判断故障的位置非常有用。

4. 光缆偏振模色散（PMD_C）测试

光缆 PMD 的测试，实际上是对 PMD 系数 PMD_C 的测试。DGD_L 与 PMD_C 关系参看 2.2.2 小节的式（2.12）。PMD_C 测试可用 PMD-B 便携式偏振模色散测试仪，并采用标准 TIA/EIA FOTP-124 以及 IEC-61941 中的迈克尔孙干涉法测试原理。这种方法的优点是测试快速精确，测试设备体积小，性能稳定，便于携带，既可用于实验室测量，又可满足施工现场测试的要求。比如原中国网络通信有限公司对 G.655 光纤指标要求为 PMD_C 不大于 0.2ps/$\sqrt{km}$。而一般要求 PMD_C 测试值在 0.2～0.016ps/$\sqrt{km}$ 范围为合格。

在实际的工程施工和设备维护中，通常用干涉法来测量 PMD_C。PMD 测试设备收、发可以分开，易于实现端到端的测试，而且可以直接从仪表上读取某段光纤的 PMD_C 值，几乎不会受振动或其他不利环境的影响。

图 5-53（a）所示为 PMD 迈克尔孙干涉法测试的一般原理框图，测试仪表一般包括宽带偏振光源、PMD 测试单元（扫描干涉仪）和数据处理设备（计算机）3 个模块。测试的基本原理是：当光纤一端用宽带光源输入时，在光纤另一端即输出端可测得电磁场的相关函数或互相关函数，从而可确定 PMD_C 值。在自相关型干涉仪表中，当干涉仪被平衡时，有一个自

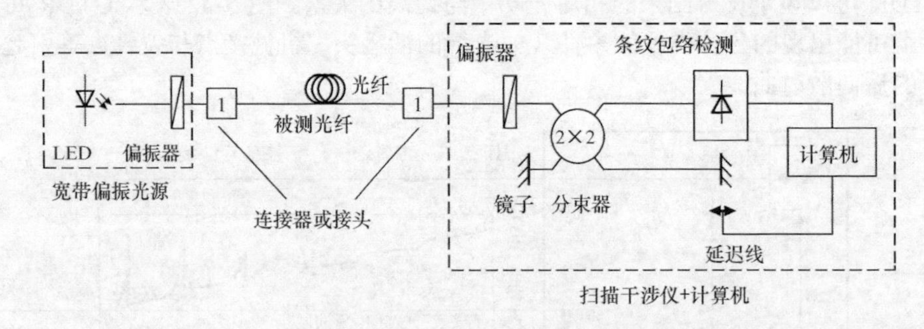

（a）PMD 干涉法测试原理框图

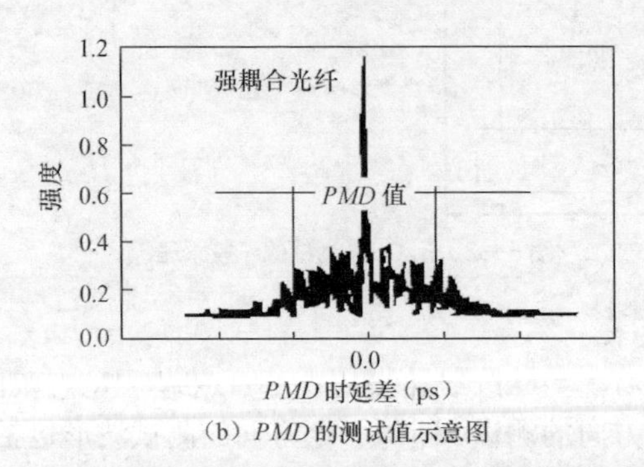

（b）PMD 的测试值示意图

图 5-53 PMD 干涉法测试一般原理框图及测试值示意图

相关中心相干尖峰。测试值如图 5-53（b）所示，它代表了在测量波长范围内的平均值。在 1 310nm 或 1 550nm 窗口不同仪器都有一定的波长范围。

5.4.2　光缆电性能的测试

目前，大部分光缆中都包含金属加强芯和防潮层。少部分光缆中还有金属铜导线，用于传输业务信号和中继器的供电。在竣工测试时，必须对这些金属加强芯或金属导线的电特性进行测试。

1. 光缆中铜导线直流电阻测试

光缆中铜线直流电阻测量系统如图 5-54 所示，测试步骤如下。

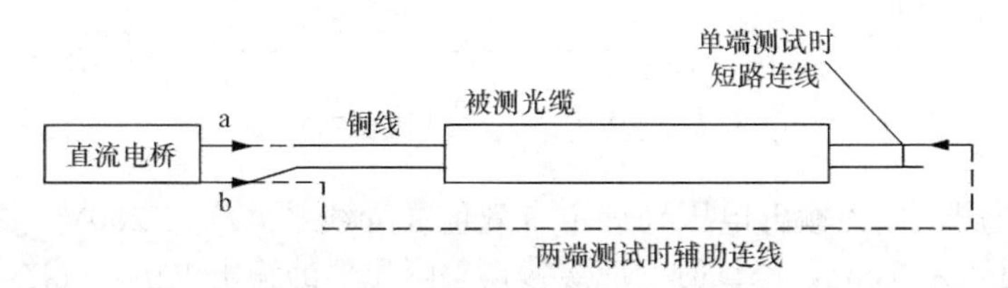

图 5-54　铜线直流电阻测试示意图

① 用经校准的直流电桥，从光缆两端直接测量出各铜线的单线电阻或将光缆一端的全部铜线两两连接在一起，在另一端测量各铜线对的环阻，并通过交叉测量算出各铜线的单线电阻。

② 通过测量，计算出各线对的不平衡电阻，即环路电阻偏差。

③ 将常温下测出的单线电阻值，核算成标准温度（20℃）时的阻值。

④ 指标要求。

铜导线的单芯直流电阻和环路电阻偏差的指标，在设计时，根据使用条件确定，目前用于远供的铜线直径为 0.9mm，其单根芯线直流电阻应不大于 28.5Ω/km（20℃）；环路电阻偏差应为不大于 1%。

2. 光缆中铜导线绝缘电阻测试

光缆中绝缘铜导线电阻测量是检验导线间绝缘特性的重要指标，其测试方法如下。

① 把校准好的摇表或高阻计按图 5-55 所示连接配置好，其中一个接线柱连接被测导线；另一个接线柱将其余导线和其他金属导体（包括加强件、防潮层和铠装层）相连。

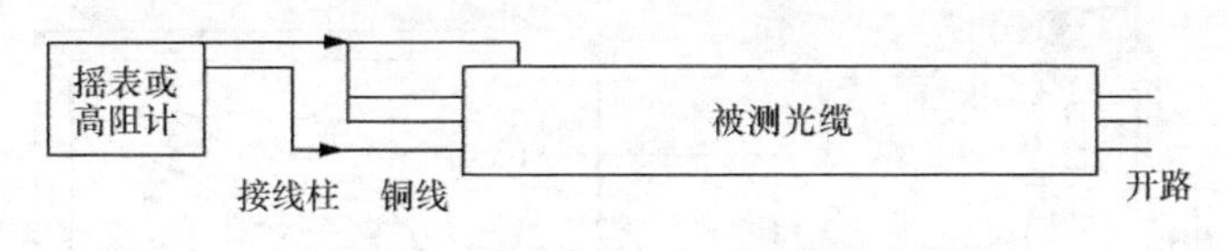

图 5-55　铜导线绝缘电阻测试示意图

② 匀速转动摇表的摇柄，逐步达到 120r/min，测出导线的绝缘电阻并作记录。利用高阻计测试时，先“充电”再“测试”，读出测试结果。

③ 将测试的绝缘电阻换算成标准长度的绝缘电阻，再与标准绝缘电阻进行比较，看是否在标准范围之内，换算公式为

$$R_0=R_L \div L\ (\text{M}\Omega\cdot\text{km})$$

其中，R_0 为 1km 时的绝缘电阻；R_L 为 Lkm 时测试的绝缘电阻；L 为被测光缆的长度。测试完毕应做详细记录。

3. 光缆中铜导线绝缘强度测试

光缆中铜导线绝缘强度测试主要是检查光缆内部的铜导线的耐压强度，为铜导线传输无

人中继器的供电作准备。测试项目主要包括线间绝缘强度测试和导线对地绝缘测试，具体测试方法和步骤如下。

① 按图 5-56 和图 5-57 所示连接配置好电路。

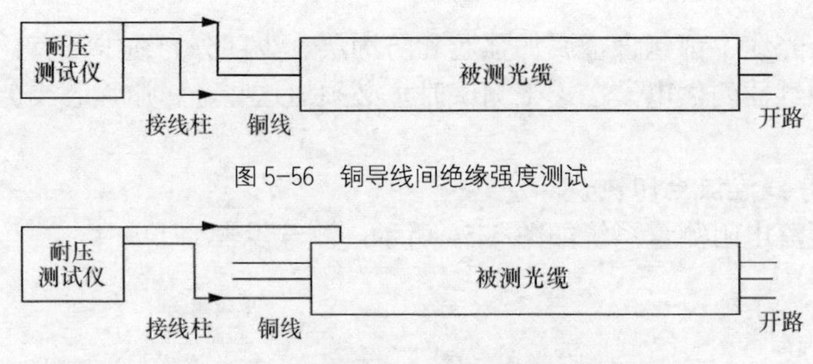

图 5-56 铜导线间绝缘强度测试

图 5-57 铜导对地（金属）绝缘强度测试

② 调节耐压测试仪的输出电压到规定有效值（导线之间为 2 200V，导线对地之间为 2 800V），保持时间为 2min。测试时，应缓慢调整耐压器的输出电压，使之从零开始逐步上升至规定值。

③ 若在 2min 内无“击穿”现象（即在 2min 内无放电现象发生），则为合格的光缆。若在 2min 内有“击穿”，在线路击穿前的电压值即为被测光缆的电气绝缘强度。

4. 光缆护层的绝缘电阻测试

光缆护层的电特性测试主要是指光缆金属护层（如金属防潮层、金属铝装层）对地的绝缘测试，以检查光缆外护层（聚乙烯 PE）是否完好。测试项目包括绝缘电阻测试和绝缘强度测试。

绝缘电阻一般包括金属防潮层（多为铝—塑综合护层 LAP）和铠装层（钢丝、钢带铠装）对地的绝缘电阻。测试步骤和方法如下。

① 光缆浸于水中 4h 以上，用高阻计或兆欧表按图 5-58 所示连接。

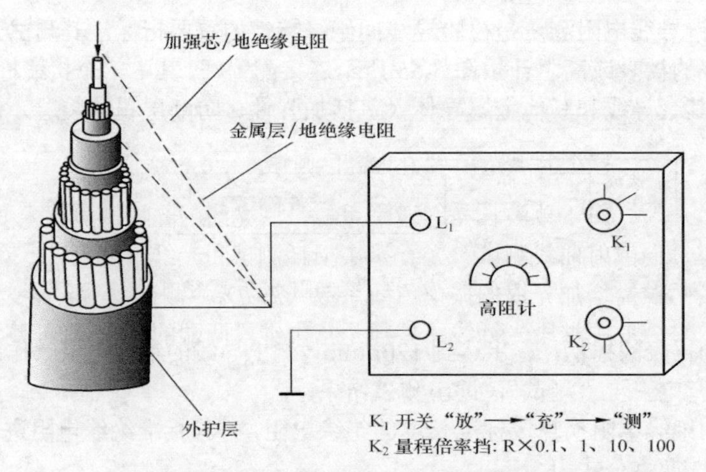

图 5-58 用高阻计对绝缘电阻测试示意图

② 高阻计测试时，测试电压为 250V 或 500V，1min 后读数。用兆欧表测试时应注意手摇速度要均匀。

③ 分两次测出防潮层和铠装层对地的绝缘电阻值。要求对地的绝缘电阻大于 1 000MΩ · km。

5. 光缆护层的绝缘强度测试

测试步骤和连接图与绝缘电阻测试相同，只是用耐压测试器替代高阻计或兆欧表。耐压测试规定：进口光缆加电 15 000V，2min 不击穿；国产光缆加电 3 800V，2min 不击穿。根据工程实际和经验，在检测光缆绝缘电阻较好后，可省略耐压测试。

5.4.3 中继站接地线电阻的测试

地线的主要作用是防雷，确保线路安全，要求各种用途的接地装置应达到规定的接地电阻标准，接地电阻可用接地电阻测量仪测量。

接地电阻测量仪由手摇发电机、电流互感器、滑线电阻及检流计等组成，附有接地探测针、连接导线等。其测量步骤如下。

① 按图 5-59 所示的接地电阻的测试系统连接。

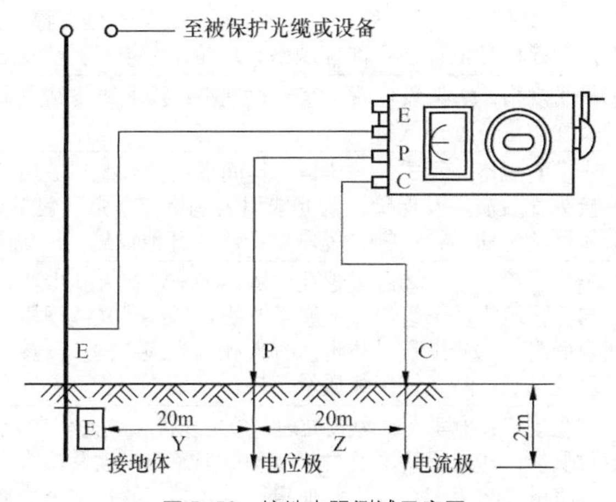

图 5-59　接地电阻测试示意图

② 将被测地线 E 的引线与光缆设备分开。

③ 沿被测地线 E 使电位探针 P 和电流探针 C 依直线彼此相距 20m，埋深为 2 m。

④ 连接测试导线：用 5m 导线连接 E 端子与接地极 E，电位极 P 用 20m接至 P 端子上，电流极 C 用 40m接 C 端子上。

⑤ 将表放平，检查表针是否指零位，否则应调节到“0”位。

⑥ 以每分钟 120 转以上加快发电机摇把的转速，调整“测量标盘”使指针指于中心线上。此时，测试盘指的刻度读数，乘以倍率，即为被测电阻值。

被测电阻值（Ω）=测量盘指数×倍率盘指数

⑦ 测量记录。

- 接地测值应符合设计规定值，若不合格则应检查原因，使之合格。
- 测试结果应记入竣工测试的“中继段地线电阻测试记录”中。

5.4.4 光缆线路竣工验收

光缆线路工程竣工阶段主要完成竣工验收。竣工验收包括随工验收、线路初步验收、竣工验收。对施工来说，主要有随工验收和线路初步验收。

验收工作是由工程主管部门、设计、施工等单位共同完成的一个重要程序。本节将较系统地介绍工程验收的内容、方法和步骤。

工程验收的依据是《邮电基本建设工程竣工办法》、《电信网光纤数字传输系统工程施工及验收暂行技术规定》，经上级主管部门批准的设计任务书、初步设计或技术设计、施工图设计，另外还包括补充文件。

1. 随工验收

随工验收又称随工检验。工程中有些施工项目在完成之后具有隐蔽的特征，必须在施工过程中进行验收，这些隐蔽项目，习惯上称为隐蔽工程，对于这部分内容采取随工验收的办法。光缆线路工程的随工验收项目及内容如表5-17所示。

表5-17 光缆工程随工验收项目内容表

序号	项目	内容
1	主杆	①电杆的位置及洞深；②电杆的垂直度；③角杆的位置；④杆根装置的规格、质量；⑤杆洞的回土夯实；⑥杆号
2	拉线与称杆	①拉线程式、规格质量；②拉线方位与缠扎或夹固规格；③地锚质量（合理深与制作）；④地锚出土及位移；⑤拉线坑回土；⑥拉线、撑杆距、高比；⑦撑杆规格、质量；⑧撑杆与电杆接合部位规格、质量；⑨电杆是否进根；⑩撑杆洞回土等
3	架空吊线	①吊线规格；②架设位置；③装设规格；④吊线终结及接续质量；⑤吊线附属的辅助装置质量；⑥吊线垂度等
4	架空光缆	①光缆的规格、程式；②挂钩卡挂间隔；③光缆布放质量；④光缆接续质量；⑤光缆接头安装质量及保护；⑥光缆引上规格、质量（包括地下部分）；⑦预留光缆盘放质量及弯曲半径；⑧光缆垂度；⑨与其他设施的间隔及防护措施
5	管道光缆	①塑料子管规格；②占用管孔位置；③子管在人孔中留长及标志；④子管敷设质量；⑤子管堵头及子管口盖（塞子）的安装；⑥光缆规格；⑦光缆管孔位置；⑧管口堵塞情况；⑨光缆敷设质量；⑩人孔内光缆走向、安放、托板的衬垫；⑪预留光缆长度及盘放；⑫光缆接续质量及接头安装、保护；⑬人孔内光缆的保护措施
6	埋式光缆	①光缆规格；②埋式及沟底处理；③光缆接头坑的位置及规格；④光缆敷设位置；⑤敷设质量；⑥预留长度及盘放质量；⑦光缆接续及接头安装质量；⑧保护设施的规格、质量；⑨防护设施安装质量；⑩光缆与其他地下设施的间距；⑪引上管，引上光缆设置质量；⑫回土夯实质量；⑬长途光缆护层对地绝缘测试
7	水底光缆	①光缆规格；②敷设位置；③埋深；④光缆敷设质量；⑤两岸光缆预留长度及固定措施、安装质量；⑥沟坎加固等保护措施的规格、质量

随工验收方法是在施工过程中，由建设单位委派工地代表随工检验，发现工程中质量问题要随时提出，施工单位要及时处理。对质量合格的隐蔽工程要及时签署《隐蔽工程检查记录》，作为竣工技术文件中随工检查记录。

隐蔽工程项目，经检验合格签字后，在以后的验收中不再复验。

2. 初步验收

线路初步验收，简称初验。一般大型工程，按单项工程进行，如光缆数字通信工程分为线路和设备两个单项。在完工后分别或一并进行初验。

除大型工程项目外，尤其长途干线光缆工程，在竣工验收前均应组织初验。线路初验是对承建单位的线路部分施工质量进行全面系统的检查和评价，包括对工程设计质量的检查。对施工单位来说，初验合格表明工程正式竣工。

（1）初验条件与时间

① 施工图设计中的工程量全部完成，隐蔽工程项目全部合格。

② 中继段光电特性符合设计指标要求。

③ 竣工技术文件齐全，符合档案要求，并最迟于初验前一周送建设单位审验。

④ 初验时间应在原定计划建设工期内进行，一般应在施工单位完工后3个月内进行。对于干线光缆工程，多在冬季组织施工，并在年底完成或基本完成（指光缆全部敷设完毕），次

年3月、4月份进行初验。

（2）代维

代维是指线路初验之前，维护单位接受施工单位委托，对已完工或部分完工的新线路进行交工前的维护工作。

① 代维内容包括下面两种情况：工程按施工图设计施工完毕，施工单位正式发出交（完）工报告后至初验前为代维期；工程已基本完工，因气候影响如路面加固等部分工作暂停，需待以后继续施工，这段时间内，由维护单位代维，或由施工单位留下部分人员对已完成线路进行短期维护。

② 代维手续应由施工单位在工程主管部门协调下，与维护单位商谈，并签订代维协议书。协议书中应明确代维内容、代维时间、需要的费用等。

（3）初验准备

路面检查。长途光缆线路工程，由于环境条件复杂，尤其是完工后，经过几个月的变化，总有些需要整理、加工的部位以及施工中遗留或部分质量上有待进一步完善的地方。因此，一般由原工地代表、维护人员进行路面检查，并及时写出检查报告，送交施工单位，在初验前组织处理，使之达到规范和设计要求。

资料审查。施工单位及时提交竣工文件，主管部门组织预审，如发现问题及时送施工单位处理，一般在资料收到后几天内组织初验。

（4）初验组织及验收

由建设单位组织设计、施工、维护等单位参加。初验以会议形式进行，一般的方法、步骤如下。

① 成立验收领导小组负责验收会议的召开和验收工作的进行。

② 验收小组分项目验收。

安装工艺验收：按表5-18所示安装工艺项内容进行检查。

各项性能测试：按表5-18所示2～5项内容进行抽测、评价。表中的抽查抽测比例是按对1个中继段工程验收的要求；对于长途干线工程，由于距离长，中继段较多，可对中继段、光纤均采取抽查抽测，由验收领导小组商定。

表5-18　光缆工程竣工验收（初验）项目内容表

序号	项　目	内容及规定
1	安装工艺	① 管道光缆抽查的人孔数应不少于人孔总数的10%，检查光缆及接头的安装质量、保护措施、预留光缆的盘放以及管口堵塞、光缆及子标志； ② 架空光缆抽查的长度应不少于光缆全长的10%；沿线检查杆路与其他设施间距（含垂直与水平）、光缆及接头的安装质量、预留光缆盘放、与其他线路交越、靠近地段的防护措施； ③ 埋式光缆应全部沿线检查其路由及标名的位置、规格、数量、埋深； ④ 水底光缆应全部检查其路由，标志牌的规格、位置、数量、埋深、面向以及加固保护措施； ⑤ 局内光缆应全部检查光缆与进线室、传输室路由、预留长度、盘放安置、保护措施及成端质量
2	光缆主要传输特性	① 中继段光纤线路衰减竣工时应每根光纤都进行测试；验收时抽测应不少于光纤芯数的25%； ② 中继段光纤背向散射信号曲线竣工时应对每根光纤都进行检查；验收时抽查应不少于光纤芯数的25%； ③ 多模光缆的带宽及单模光缆的色散竣工及验收测试按工程要求确定； ④ 接头损耗的核实，应根据测试结果结合光纤衰减检验

续表

序号	项 目	内容及规定
3	铜导线电特性	① 直流电阻、不平衡电阻、绝缘电阻，竣工时应对每对铜导线都进行测试；验收时抽测应不少于铜导线对数 50%； ② 竣工时应测每对铜导线的绝缘强度，验收时根据具体情况抽测
4	护层对地绝缘	直埋光缆竣工及验收时应进行测试并作记录
5	接地电阻	竣工时每组都应测试；验收时抽测数应不少于总数的 25%

竣工资料验收：主要对施工单位提供的竣工技术文件进行全面地审查、评价。

③ 具体检查。具体检查由各组分别进行，施工单位应有熟悉工程情况的人员参与。

④ 各组按检查结果写出书面意见。

⑤ 讨论。会议在各组介绍检查结果和讨论的基础上，对工程承建单位的施工质量给出实事求是的评语和质量等级（一般分优、合格和不合格 3 个等级）评价。

⑥ 通过初步验收报告。初验报告的主要内容包括：初验工作的组织情况；初验时间、范围、方法和主要过程；初验检查的质量指标与评定意见；对实际的建设规模、生产能力、投资和建设工期的检查意见；对工程竣工技术文件的检查意见；对存在问题的落实解决办法；对下一步安排试运转和竣工验收的意见。

（5）工程交接

线路初验合格，标志着施工的正式结束，将由维护部门按维护规程进行日常维护。

材料移交。对于光缆、连接材料等余料，应列出明细清单，经建设方清点接收，这部分工作一般于初验前已办理完成。

器材移交。器材移交，包括施工单位代为检验、保管以及借用的测量仪表、机具及其他器材，应按设计配备的产权单位进行移交。

遗留问题的处理。对初验中遗留的一般问题，按会议落实的解决意见，由施工或维护单位协同解决。

移交结束。将由有关部门办理交接手续，进入运行维护阶段。

3. 竣工验收

工程竣工验收是基本建设的最后一个程序，是全面考核工程建设成果、检验工程设计和施工质量以及工程建设管理的重要环节。

（1）竣工验收的条件

① 光缆线路、设备安装等主要配套单项工程的初验合格，经规定时间的试运转（一般为 6 个月），各项技术性能符合规范、设计要求。

② 技术文件、技术档案、竣工资料齐全、完整。

③ 维护主要仪表、工具、车辆和维护备件已按设计要求配齐。

④ 引进项目还应满足合同书有关规定。

⑤ 工程竣工决算和工程总决算的编制及经济分析等资料准备就绪。

（2）竣工验收的主要程序

文件准备。根据工程性质和规模，会议上的报告均应由报告人写好，送验收组织部门审查打印；工程决算、竣工技术文件等，都应准备好。

组织临时验收机构。大型工程成立验收委员会，下设工程技术组，技术组下设系统测试组、线路测试组和档案组。

大会审议、现场检查。审查、讨论竣工报告、初步决算、初验报告以及技术组的测试技术报告；沿线重点检查线路、设备的工艺路面质量等。

讨论通过验收结论和竣工报告。竣工报告主要内容有：建设依据、工程概况、初验与试运转情况、竣工决算概况、工程技术档案整理情况、经济技术分析、投产准备工作情况、收尾工程的处理意见、对工程投产的初步意见、工程建设的经验与教训及对今后工作的建议。

颁发验收证书。颁发验收证书内容有：对竣工报告的审查意见、对工程质量的评价、对工程技术档案、竣工资料抽查结果的意见、初步决算审查的意见、对工程投产的准备工作的检查意见、工程总评价与投产意见。

发证。将证书发给参加工程建设的主管部门、设计、施工、维护等各个单位或部门。

5.5　光缆工程竣工技术文件编制

5.5.1　竣工文件编制要求

① 竣工技术文件由施工单位（工程公司）负责编制，一般由线路施工队编制，由技术负责人审核或上级技术主管审核；长途干线光缆工程，由工程指挥部或工地办公室负责编制，由技术主管审核。

② 竣工技术文件应由编制人、技术负责人及主管领导签字，封面加盖单位印章（红色）；利用原设计施工图修改的竣工图纸，每页均加盖“竣工图纸”字样的印章。

③ 竣工技术文件应做到数据正确、完整、书写清晰等。

④ 竣工技术文件可以用复印件，但长途干线光缆工程应由1份复印原件作为正本（供建设单位存档）。

⑤ 竣工路由图纸应采用统一符号绘制。对于变更不大的地段，可按实际情况在原施工图上用红笔加以修改，变更较大的地段，应绘新图。对于长途一级干线一般尽量全部重新绘制。

⑥ 竣工技术文件1式3份，长途干线光缆工程1式5份。竣工技术文件可按统一格式装订成册。

5.5.2　竣工文件编制内容

竣工技术文件内容较多，一般应装订成总册、竣工测试记录和竣工路由图纸3个部分，其中包括若干分册。

总册部分的编制内容有：名称“××工程竣工技术文件”；竣工说明、已安装的工程设备明细总表、重大工程质量事故报告、工程变更单、开工报告、完工报告（交工通知）、光缆测试资料（随工检查记录、竣工测试记录按数字段或中继段独立分册）、竣工路由图纸（按数字段或中继段独立分册）、验收证书。

1. 竣工说明

① 施工依据，包括在×年×月，在××单位委托××工程公司承建《××项目》的意见，根据《××项目工程设计》意见等。

② 工程概况，包括叙述工程名称、总长度、光缆、光纤的类别特点，工程的建设单位、施工单位以及其他主要参与单位。

③ 工程主要技术要求。光缆敷设、接续和安装情况，包括叙述主要部位施工特点、方法和达到的质量情况、隐蔽工程质量签证情况以及工程中遇到的主要困难、进展情况、重大措施和遗留问题（若存在）。光电特性概况，包括中继段光纤线路光传输特性的主要指标、完成

情况和铜导线电特性的主要指标完成情况。工程进展情况，包括叙述工程筹备时间、正式开工日期、完工日期和施工总天数。

④ 工程决算情况，包括本工程技工总工日、普工总工日、工程总费用为×××元，其中主材为×××元。预算编制依据费用按×××文件标准执行。

2. 已安装的工程设备明细总表

根据完成施工图实际工程量的项目、规格型号、安装地点、数量等列入明细表中。对于施工图以外增加的工程量，应有主管单位签证。

3. 重大工程质量事故报告表或工程变更表

该表包含工程名称、设计和施工单位、地点、发生事故时间、事故情况及主要原因。

4. 开工报告

开工报告内容包含工程名称及编号、建设地段、建设单位、施工单位、计划开工日期、计划完工日期、工程准备情况及存在问题、提前或推迟开工原因和填报单位。

5. 随工检查记录

将随工检查项目列入记录表格中。

6. 完（交）工报告

完（交）工报告内容包含工程名称及编号、建设地段、建设和施工单位、计划开工和完工日期、实际开工和完工日期、完成主要内容、提前或推迟完工原因和填报单位。

7. 光缆测试资料

① 随工检查记录应齐全，即填写“光缆工程随工检验项目内容表”。

② “××Mbit/s××光纤通信系统线路工程”竣工测试记录，即中继段光缆配盘图、中继段光纤损耗统计表、中继段光纤连接单向测试记录（即A→B向和B→A向测试）、中继段光纤接头损耗测试记录、中继段光纤线路损耗测试记录、中继段光纤后向散射信号曲线检测记录。对于有铜导线的光缆线路，还应包括铜线直流电阻测试、绝缘电阻测试、绝缘强度测试和光缆护层绝缘电阻测试、光缆地线电阻测试等记录。

8. 验收证书

验收证书有两部分组成：一是施工单位填写部分，应在竣工时填好；二是验收小组填写部分，在光缆线路初验后，由建设单位将对工程质量评议和验收意见填入并盖章、签字。

9. 竣工路由图纸

“××Mbit/s××光纤通信系统线路工程（××至××段）竣工路由图”，原则上与施工图纸内容相同，主要包括：光缆线路路由示意图、局内光缆路由图、市区光缆路由图、郊区光缆路由图、光缆穿越铁路、公路断面图、光缆穿越河流的平面图、断面图。

① 光缆线路路由示意图按1∶50 000的比例绘制。图中应标明光缆及经过的城镇、村庄和其他重要设施的位置，标明光缆与铁路、公路河流的交越点等。

② 局内光缆路由图标出局前人孔至局内光传输设备机房具体路由走向及详细距离尺寸。

③ 市区光缆路由图是按施工图纸的比例绘制。埋式路由应每隔50m左右标出光缆与固定建筑物的距离并标出光缆与其他管线交叉的地点。管道路由竣工图，应标出光缆占用人孔、管孔、人孔间距及周围地貌。市区光缆路由图举例如图5-60和图5-61所示。

④ 郊区、郊外光缆路由图按1∶2 000的比例绘制；标明光缆的具体敷设位置、转角、接头、监测点、标石等位置；标明光缆特殊预留地点及长度；标明排流线、地线以及其他保护、防护措施地段起始点及长度；标明光缆线路与附近建筑物或其他固定标志的距离；标明光缆穿越铁路、公路断面图，标明与路面及路肩的间距及所采取的保护装置。

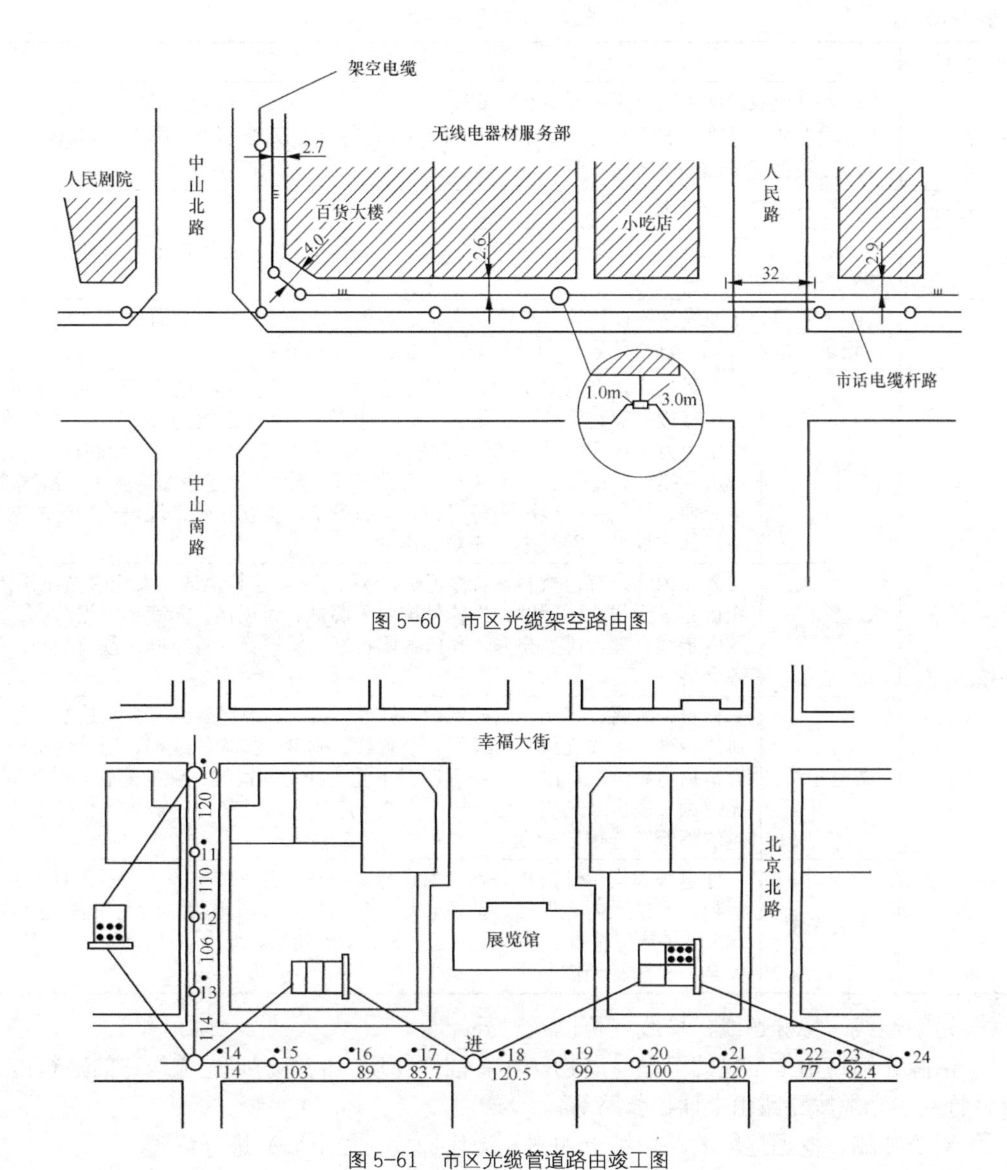

图 5-60 市区光缆架空路由图

图 5-61 市区光缆管道路由竣工图

5.6 光缆线路维护

光缆线路维护是保障整个光纤传输网联络不中断的主要措施。维护中要贯彻"预防为主、防抢结合"的方针，加强维护人员的责任感和科学管理，确保线路稳定、优质畅通。

5.6.1 光缆线路的常规维护内容及方式

光缆线路的常规维护方式主要包括"日常维护"和"巡修检测"两部分。

1. 日常维护

日常维护的主要内容按照表 5-19 的标准，由维护队组织光缆线路维护员进行日常维护，必要时维护中心可派修理员协助。

表 5-19　　光缆线路维护质量标准

<table>
<tr><th>项　目</th><th colspan="2">合 格 标 准</th></tr>
<tr><td>传输特性</td><td colspan="2">光纤中继段衰减应不大于工程设计值+5dB；
中继段光纤后向散射信号曲线波形与竣工资料相比，每千米衰减变化量不超过0.1dB/km；
光缆接头损耗≤0.08dB/个</td></tr>
<tr><td>巡检标石</td><td colspan="2">巡检标石配置符合要求，信息完整、无丢失</td></tr>
<tr><td>防雷措施</td><td colspan="2">地下防雷线（排流线）、消弧线、架空防雷线以及光缆吊线接地电阻均应符合标准、规格和阻值要求</td></tr>
<tr><td>资料</td><td colspan="2">竣工资料、光缆线路各种传输特性测试记录、各种对地绝缘、接地装置的接地电阻的测试记录、值班日记、预检整修计划及有关的路由图等必须齐全</td></tr>
<tr><td rowspan="4">光缆路由</td><td>直埋光缆</td><td>光缆的埋深及与其他建筑物的最小净距、交叉跨越的净距等应符合标准。路由稳固。穿越河流、渠道，上、下坡及暗滩和危险地段等加固措施有效。路由上方无严重坑洼、挖掘、冲刷及外露现象。在规定范围内无栽树、种竹、盖房、搭棚、挖井、取土（沙、石）、开河修渠；修建猪圈、厕所、沼气池；堆粪便、垃圾、排放污水等问题。标石齐全、位置正确，埋设稳固、高度合格、标志清楚，符号书写正规、准确</td></tr>
<tr><td>管道光缆</td><td>人孔内光缆标志醒目，名称正确，标牌正规，字样清晰。人孔内光缆托架、托板完好无损、无锈蚀；光缆外护层无腐蚀、无损伤、无变形、无污垢。人孔内走线合理，排列整齐，孔口封闭良好，保护管安置牢固，预留线布入整齐合格</td></tr>
<tr><td>架空光缆</td><td>杆身、防腐、培土、线杆保护、杆号、拉线、地槽等应符合长途明线维护质量标准。吊线终结、吊线保护装置线的垂度、挂钩的缺损、锈蚀情况应符合市话电缆维护标准。光缆无明显下垂、杆上预留线、保护套管安装牢固，无锈蚀、损伤。光缆、吊线与电力线、广播线以及其他建筑物平行接近和交越的隔距符合规定标准</td></tr>
<tr><td>水底光缆</td><td>标志牌和指示灯的规格符合航道标准要求，并安装牢固、指示醒目，字迹清晰。水禁区内无抛锚、捕鱼、炸鱼的情况；岸滩地段路由无冲刷、挖沙、塌陷、外露等情况。水线倒换开关良好，无锈蚀、无损坏；水线终端房整洁、安全、稳固、无渗漏</td></tr>
</table>

① 定期巡线，特殊巡线，护线宣传以及对外配合。

② 清除光缆路由上堆放的可燃易爆物品和腐蚀性物质，制止妨碍光缆线路的建筑施工、栽树种竹及在光缆线路路由上砍树修路等。

③ 对受冲刷、挖掘地段的路由培土加固及沟坎护坡（挡土墙）进行修理。

④ 标石、标志牌、宣传牌的描字涂漆及扶正培固。

⑤ 对人（手）孔、地下室、水线房的清洁，光缆托架、光缆标志及地线进行检查与修理。

⑥ 架空光缆杆路的检修加固，吊线、挂钩的检修更换。

⑦ 结合徒步巡线，进行光缆路由探测，建立健全光缆线路路由资料。

2. 巡修检查

巡修检查即巡检巡修，是指维修中心对维护工作开展情况、维护制度落实情况的巡回检查，对光纤通信传送网机线设备巡回检修。维修中心应制订年度巡修检查计划，并严格按计划组织实施。其基本要求如下。

① 对维修区域内一、二级传输系统的机线设备每季度巡修（检）不少于1次，三级以下传输系统的机线设备每半年巡修（检）不少于1次，每人每年跟班巡线不少于100km。

② 检查机线设备运行状况，及时解决存在的问题。

③ 检查传输站、线路维护分队仪表、工具和备品备件使用管理情况。

④ 巡修检查工作结束后，由传输站、线路维护分队确认巡修检查内容。

⑤ 掌握机线设备维护情况，及时整理资料并归档。

通过巡修检查，了解掌握机线设备运行状况和备品、备件、仪表、工具、车辆使用和管理情况，协调解决机线设备存在的疑难问题，适时进行机线设备新增和变更的数据采集，收集整理机线设备的有关资料，并对传输站和线路维护分队进行必要的业务培训和技术指导。

5.6.2 维护项目及测试周期

要使光纤通信系统经常处于良好的状态，维护工作就必须根据光缆线路质量标准按周期、有计划地进行。光缆线路维护工作的主要项目和周期如表 5-20 和表 5-21 所示。

表 5-20　光缆线路定期维护、测试项目及周期

<table>
<tr><th>项目</th><th colspan="2">维 护 内 容</th><th>周期</th><th>备　注</th></tr>
<tr><td rowspan="6">路由维护</td><td colspan="2">线路巡查</td><td>3 次/周</td><td>暴风雨后或外力影响可能造成线路障碍隐患时，应立即巡查</td></tr>
<tr><td colspan="2">线路全巡（徒步）</td><td>半年</td><td>高速公路中线路每周全巡一次</td></tr>
<tr><td colspan="2">管道线路人孔清洁、抽出积水等检修</td><td>半年</td><td>按需要对高速公路人孔进行检修</td></tr>
<tr><td rowspan="2">直埋线路标石（含标志牌）检查</td><td>除草、培土加固</td><td>年</td><td>标石周围 30cm 内无杂草</td></tr>
<tr><td>喷漆、描字</td><td>按需</td><td rowspan="2">可视具体情况缩短周期</td></tr>
<tr><td colspan="2">路由探测</td><td>年</td></tr>
<tr><td rowspan="3">杆路维护</td><td colspan="2">清除架空线路和吊线上杂物</td><td>按需</td><td></td></tr>
<tr><td colspan="2">杆路逐杆检修（查）、核对杆号，增补杆号牌、喷漆、描字</td><td rowspan="2">年</td><td>结合巡查进行</td></tr>
<tr><td colspan="2">整理、更换挂钩，检修吊线</td><td></td></tr>
<tr><td rowspan="6">测试维护</td><td colspan="2">接地装置和接地电阻测试</td><td>1 次/年</td><td>雨季前</td></tr>
<tr><td colspan="2">金属护套对地绝缘测试</td><td>1 次/年</td><td>全线</td></tr>
<tr><td colspan="2">光纤线路损耗测试</td><td>按需</td><td>备用系统 1 次/年</td></tr>
<tr><td colspan="2">光纤后向散射曲线测试</td><td>按需</td><td>备用系统 1 次/年</td></tr>
<tr><td colspan="2">光缆内铜导线电特性测试</td><td>1 次/年</td><td>远供铜线根据需要确定</td></tr>
<tr><td colspan="2">光缆线路故障测试</td><td>按需</td><td>发现故障立即测试</td></tr>
</table>

表 5-21　光缆线路维护技术指标及测试周期

<table>
<tr><th>序号</th><th colspan="2">项　目</th><th>技 术 指 标</th><th>维 护 周 期</th></tr>
<tr><td>1</td><td colspan="2">中继段光纤通道后向散射信号曲线检查</td><td>≤竣工值+0.1dB/km
（最大变化量≤5dB）</td><td>主用光纤：按需
备用光纤：半年
（特殊情况适当缩短）</td></tr>
<tr><td rowspan="3">2</td><td rowspan="3">防护接地装置地线电阻</td><td>R≤100Ω·m</td><td>≤5Ω</td><td rowspan="3">半年（雷雨季节前、后各一次）</td></tr>
<tr><td>100Ω·m<R≤500Ω·m</td><td>≤10Ω</td></tr>
<tr><td>R>500Ω·m</td><td>≤20Ω</td></tr>
<tr><td>3</td><td colspan="2">直埋接头盒测电极间绝缘电阻</td><td>≥5MΩ</td><td rowspan="4">半年（按需适当缩短周期），在监测标石上测试</td></tr>
<tr><td rowspan="3">4</td><td rowspan="3">对地绝缘电阻</td><td>金属护套</td><td>≥2MΩ/单盘</td></tr>
<tr><td>金属加强芯</td><td>≥500MΩ·km</td></tr>
<tr><td>接头盒</td><td>≥5MΩ</td></tr>
</table>

光缆线路维护除了日常维护外，还应定期维护测试，测试方法与竣工测试相似。维护测试项目及周期如表5-19所示。

5.6.3 光缆线路常见的障碍与处理

由于光缆线路的通信容量大，一旦发生故障，就会严重影响正常通信，因此障碍的修复必须争分夺秒。光缆故障抢修的一般流程是光缆出现故障后、在光缆设备机房判断故障段落、制定抢修方案、有关人员赶赴现场、测试人员到达中继站判断故障地点、开沟挖缆找到障碍点、抢通光路、衰减测试、障碍修复后的整理，交付使用。只有这样做才算本次故障抢修完成。

光缆运行过程中，障碍可分为中断型障碍、时断时通型障碍和质量恶化型障碍3大类。

中断型障碍是已经造成光缆不通，从而导致通信中断的障碍，其原因主要有断线、严重受潮等。时断时通型障碍是指有时正常传输，有时严重告警的中断通信，其原因可能是线路受自然环境影响如温差特别大、接续盒漏水等。质量恶化型障碍是指通信尚未中断，但是通信质量下降，影响到误码率或信噪比等传输指标，使正常通信出现了一些障碍，该类障碍比较多，是维护人员障碍抢修的主要类型。质量恶化型障碍主要包括光缆线路老化衰耗变大、光缆接头进水、光缆线路外力干预、传输设备接地不良、光缆终端尾纤断面沾有灰尘等。下面分别对一些常见障碍及处理加以阐述。

1. 光缆中断的原因及处理方法

光缆中断是由自然灾害或外界施工等外力造成的，一般可直观看出。若故障点不明显时，可在光缆设备机房通过OTDR测出故障点的大致位置（一般无误差范围在100m以内），然后由维护人员查找具体位置，进行维修。

2. 光缆时断时通的原因及处理方法

该故障原因之一是野外光缆所处自然环境温差特别明显，还有可能是光缆接头盒漏水，随气温变化使接头盒内余长光纤弯曲半径变化导致接头盒处衰减变化所致。处理方法仍是先用OTDR测出全程衰减的分布曲线，核对原资料的变化，判断是否位置在接头盒处即可。

3. 传输光缆误码率产生的原因及处理方法

通信质量下降通常是由于传输设备的各单板接地不良，当遇到潮气和雷击后，就会出现线路告警。除此之外，还有光缆接头涂覆层已掉、衰减增大等因素。处理方法是对机房单板进行接地电阻测试，对线路进行衰减测试，若出现不满足竣工资料要求的情况，可进行维修。

4. 通信质量下降的原因及处理方法

由于传输设备及线路老化而造成通信质量下降，可采用将原系统预留光纤可变衰减量调低，确保通信质量正常。

复习题和思考题

1. 光缆线路施工的特点有哪些？
2. 光缆线路施工主要工序有哪些？
3. 路由复测的主要目的及内容是什么？
4. 光缆单盘测试的目的及内容是什么？
5. 如何对光缆线路敷设总长度进行计算？
6. 简述剪断法和后向散射法的测试方法。
7. 说明光缆配盘的意义和中继段光缆配盘的基本方法。
8. 光缆敷设有哪些基本规定？

9．水泥管道光缆敷设前应做哪些准备工作？

10．管道光缆敷设前为什么要预放塑料子管？

11．简述管道光缆的敷设方法。

12．简述硅芯管道的主要特点。

13．简述硅芯管道的敷设方法（气吹法）的原理。

14．直埋光缆敷设应注意哪些问题？

15．在直埋光缆敷设中，对光缆机械保护措施有哪几种？在什么样的情况下应采用什么样的光缆保护措施？

16．光缆标石有哪几类？各自的作用是什么？

17．哪些地方应该设立标石？标石上应标明哪些内容？如何进行标石编号？

18．对架空光缆线路有什么具体要求？简述架空光缆敷设的基本步骤。

19．架空光缆线路的伸缩弯的安装要求是什么？

20．对进局光缆线路有什么具体要求？

21．对进局光缆的长度预留要求有哪些？

22．简述进局光缆的敷设方法。

23．哪些型号的光缆可用作架空光缆？

24．简述光纤熔接的工艺流程。

25．光纤接续损耗 OTDR 现场监测方法有哪几种？各有何特点？

26．简述光缆接续的基本步骤。

27．简述各种敷设方式的光缆接头的安装固定。

28．局内光缆的成端有几种方式？

29．通信建设工程竣工验收的一般步骤有哪些？包括哪些验收内容？每个验收内容的含义是什么？

30．简述竣工文件编制要求和内容，并编制一份校园网线路工程的竣工文件。

31．什么是光缆线路工程测试？工程测试包括哪些内容？

32．什么是光缆竣工测试？光缆竣工测试包括哪些内容？

33．常用的衰减测试方法有哪些？

34．竣工测试与单盘测试在内容上有什么区别？

35．光纤损耗测试方法有几种？又需要哪些测试仪表？

36．光纤损耗的测试为什么必须进行双向测量？

37．观察光缆线路后向散射信号曲线的目的是什么？

38．通信光缆线路维护管理工作应遵循的原则是什么？

39．光缆线路维护工作的基本任务是什么？

40．光缆监测系统的基本组成有哪些？其工作原理是什么？

第6章 通信电缆

在光纤化普及的当今仍有较长一段时间内，接入网用户线、智能大楼中计算机局域网数据线路和有线电视系统的同轴电缆线将采用金属电缆。从第6章开始介绍通信电缆线路工程的内容，主要介绍目前应用最多的全塑市话对称电缆、数据通信双绞电缆和同轴电缆的结构，电缆线路基本设备结构、分类、电气特性参数、防串音措施等。有关电缆的传输理论可以参考电信传输原理等相关书籍，这里不再介绍。由于电缆线路设计、概算、预算、施工、竣工技术文件编制、竣工验收等与前面介绍的光缆线路工程类似，在此不重述。

6.1 全塑市话对称电缆的分类、结构和型号

通信电缆是由两根在理想条件下完全相同的金属导线外涂覆绝缘层组成的回路，故称为对称电缆。若它的绝缘层为聚乙烯材料，则称为全塑（市话）对称电缆或简称对称电缆。

6.1.1 对称电缆的分类

对称电缆分类方法有多种，若按敷设方式可分为架空电缆、直埋电缆、管道电缆及水底电缆4种。

1. 架空电缆

架空电缆是用钢绞线支托电缆架挂在电杆上，其外形如图6-1所示。架空电缆也可以直接架挂在电杆上，如图6-2所示。

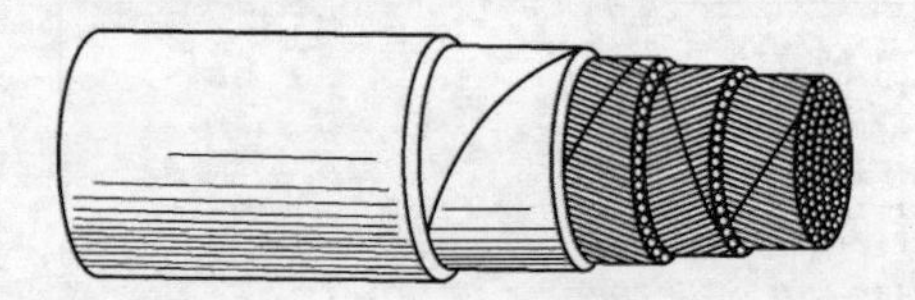

图6-1 架空-管道电缆

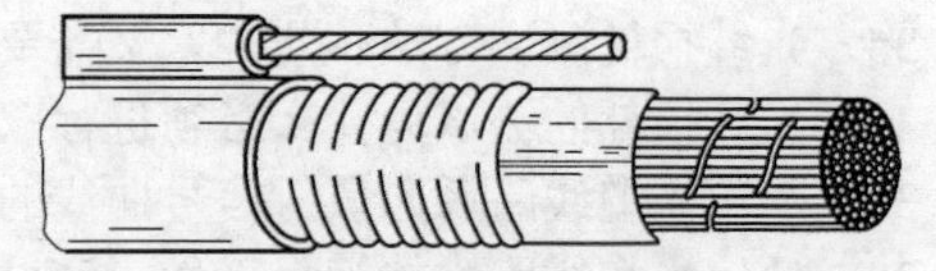

图6-2 自承式架空电缆

2. 管道电缆

敷设于地下管道里的电缆为管道电缆，如图6-1所示。大、中城市的用户主干电缆多采用管道式敷设方法。大楼建筑物内的通信电缆，既可预埋暗管敷设，也可以架挂在墙壁上。

3. 直埋光缆

敷设于地沟中的电缆称为直埋电缆，如图6-3和图6-4所示。郊区通信电缆一般采用直埋式敷设方法。

4. 水底电缆

水底电缆线路简称水线，它是一种敷设于水底、具有特种结构的通信电缆。通过江河湖海的通信线路，一般都要使用水底电缆，如图6-4所示。

图 6-3 直埋电缆

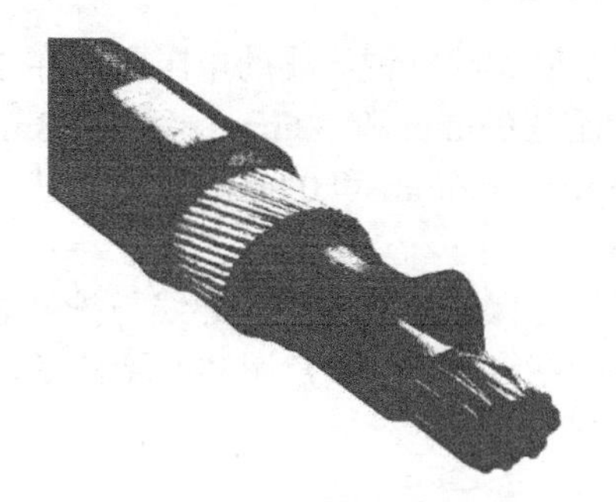

图 6-4 水底-直埋电缆

6.1.2 对称电缆的结构

对称电缆的结构由 4 个部分组成：金属导线、导线的绝缘层、屏蔽层和外护层，如图 6-5 所示。

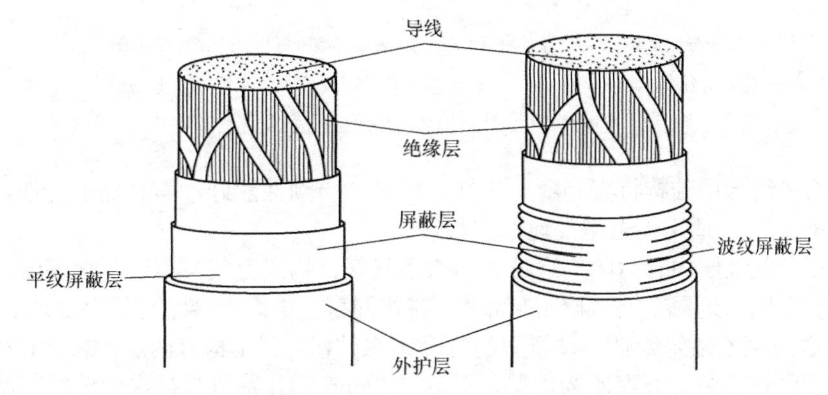

图 6-5 全塑市话对称电缆结构

对称电缆线路为双线回路，因此可构成对绞式线对（或星绞式四线组），如图 6-6 所示，其目的是为了减少线对之间的电磁耦合所带来的串音（扰）。目前，我国的市话用户电缆多采用对扭式，智能大楼布线电缆多采用星绞组或含有对扭式和星绞组的综合型结构。

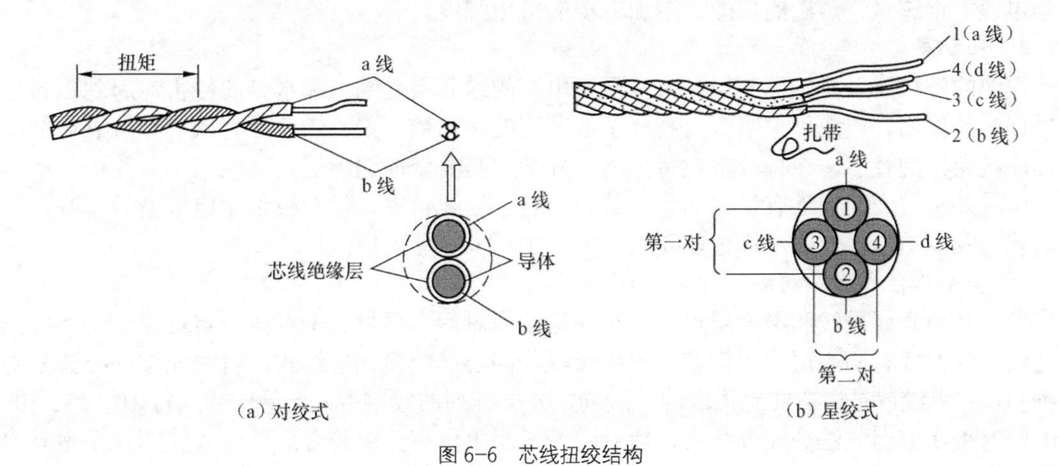

图 6-6 芯线扭绞结构

1. 金属导线

金属导线必须具有良好的导电性、柔软性和足够的机械强度。目前，最常用的是软铜线，也有的采用半硬铝线。铜导线的电阻率，在 20℃时，不大于 0.017 5Ω · mm²/m。常用的用户主干电缆线径是 0.9mm 和 1.2mm 铜线或 1.8mm 和 2.0mm 铝线；用户配线电缆线径是 0.32mm、0.4mm、0.5mm、0.6mm 和 0.8mm 的软铜线。

2. 绝缘层

绝缘层是为保证导线之间和导线与护层之间具有良好的绝缘性能，在每根导线外包裹一层不同颜色的绝缘物，一般常用实心聚乙烯、泡沫聚乙烯、泡沫/实心皮聚乙烯塑料作为芯线绝缘层，如图 6-7 所示。

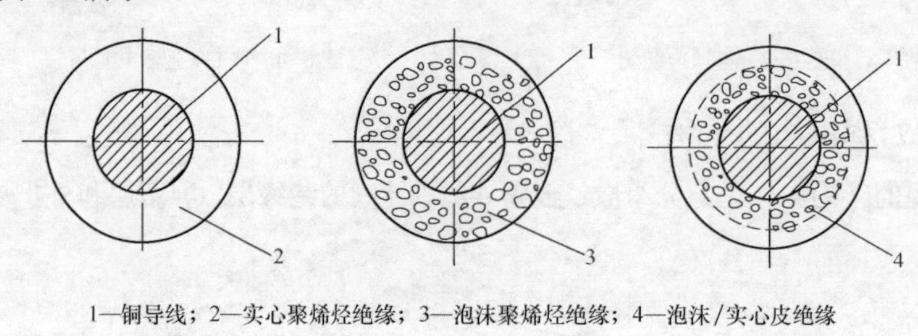

1—铜导线；2—实心聚烯烃绝缘；3—泡沫聚烯烃绝缘；4—泡沫/实心皮绝缘

（a）实塑型　　（b）泡沫型　　（c）复合型

图 6-7　对称电缆芯线的塑料绝缘型式

实心聚乙烯绝缘层结构特点是耐电压性、机械和防潮性能好，而且加工方便。实心绝缘层厚度 0.2～0.3mm，适用于架空及地下的敷设。

泡沫聚乙烯绝缘层中有封闭气泡形式的微型气塞，构成空气与塑料复合绝缘。这种绝缘介电常数ε值很小，质量轻，高频性能优良。在相同截面电缆中容量可提高 20%。

泡沫/实心皮聚乙烯绝缘是一种新型的复合绝缘结构，其结构有两层，靠近导线的部分为泡沫层，泡沫层外表为实心聚乙烯皮层，厚约 0.05mm。其特点为在水中绝缘芯线平均击穿电压为 6kV。

3. 屏蔽层

屏蔽层由涂塑铝带重选纵包而成，涂塑铝带的标称厚度为 0.2mm 左右，涂塑层的标称厚度为 0.055mm。屏蔽层的功能有：减少外电磁场对电缆芯线的干扰和影响，提供工作地线，增强电缆阻止透水、透潮的功能，增加电缆的机械强度。

4. 外护层

电缆的外护层（包括屏蔽层在内）保持电缆的缆芯不受潮气和水分的侵害，起到密封与机械保护的作用。电缆外护层多为高分子低密度的聚乙烯，聚乙烯应掺有碳黑和抗氧化剂，以提高抗老化的性能，在特殊敷设情况下，外护层需要做成铠装层。

电缆外护层表面通常有识别标记，其内容有：导线直径、线对数量、电缆型号、制造厂厂名代号及制造年份，长度标记以间隔不大于 1m 标记在外表面上。

5. 全塑单位式缆芯组成

芯线是由金属导线和绝缘层组成。芯线扭绞成对后，再将若干对按一定规律绞合而成。缆芯绞制的方式有同心层绞、束绞和单位绞等。同心层绞简称层绞式，将线元按同心圆分层排列扭绞；束绞就是所有线元采取同一绞向，分层排列的绞制方式；单位绞式每 10、25、50、100 线对采用编组方法分成单位束，然后将若干个单位束分层绞合成单位式缆芯。全塑对称电缆组群方式如下。

① 基本单位：把 25 对线扭合成为一个基本单位（又称 U 单位）。各线对的序号和绝缘色谱应符合表 6-1 所示规定。a 线为领示色，色谱顺序为白、红、黑、黄、紫；b 线为循环色，

色谱顺序为蓝、橘、绿、棕、灰。

② 子单位：由12个线对或13个线对或更少的线对扭合而成，若干个子单位用来构成基本单位，各线对的序号和绝缘层色谱应符合表6-2所示的规定。

③超单位：由2个基本单位（25对）绞合而成的超单位为50线对超单位（又称S单位）；由4个基本单位（25对）绞合而成的超单位为100线对超超单位（又称SD单位）。它们均采用规定的色谱扎线缠扎，如图6-8（c）所示。

6.1.3 对称电缆的色谱与端别

1. 芯线对色谱

全色谱线组合扭绞成25种不同色标的线对。每25对线组成的一个基本单位芯线色谱，线对序号及绝缘层色谱如表6-1所示。

表6-1 25对线组1个U基本单位芯线色谱表

线对序号		1	2	3	4	5	6	7	8	9	10	11	12	13	14	15	16	17	18	19	20	21	22	23	24	25
色谱	a线	白	白	白	白	白	红	红	红	红	红	黑	黑	黑	黑	黑	黄	黄	黄	黄	黄	紫	紫	紫	紫	紫
	b线	蓝	橘	绿	棕	灰	蓝	橘	绿	棕	灰	蓝	橘	绿	棕	灰	蓝	橘	绿	棕	灰	蓝	橘	绿	棕	灰

2. 扎带色谱

每个单位的扎带采用非吸湿性颜色材料。扎带色谱有单色谱扎带，其顺序为蓝、橘、绿、棕、灰、白、红、黑、黄、紫10种颜色；还有双色谱扎带，其顺序如表6-2所示。

表6-2 双色谱扎带表

序号	1	2	3	4	5	6	7	8	9	10	11	12
色谱	白蓝	白橘	白绿	白棕	白灰	红蓝	红橘	红绿	红棕	红灰	黑蓝	黑橘
序号	13	14	15	16	17	18	19	20	21	22	23	24
色谱	黑绿	黑棕	黑灰	黄蓝	黄橘	黄绿	黄棕	黄灰	紫蓝	紫橘	紫绿	紫棕

每基本单位可采用双色谱扎带。对于全色谱单位式缆芯的基本单位有25对和10对两种。

对于10对、25对、50对和100对全色谱组合，如图6-8所示。从图6-8可知，每一个基本单位线对的外部都捆有扎带，U单位的“扎带全色谱”是由“白蓝～紫棕”的24种组合，所以U单位的扎带循环周期为25×24=600对，即从601对开始，U单位的扎带又变成白蓝。U单位扎带颜色及序号如表6-3所示。

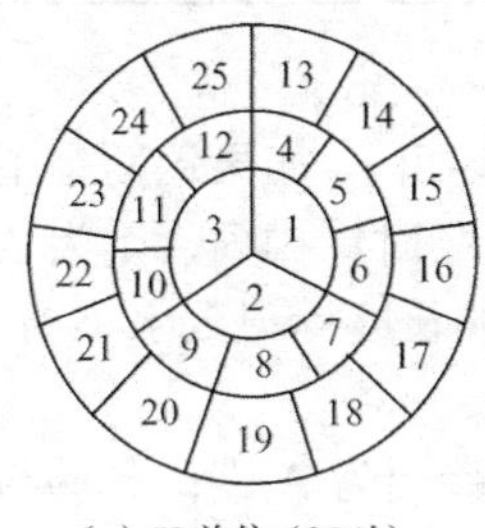

(a) U单位（25对）

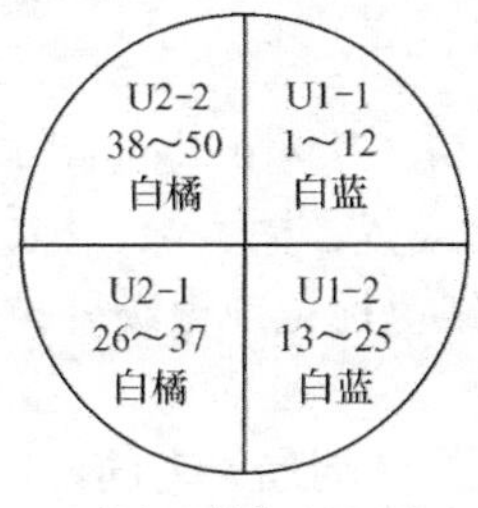

(b) S单位（50对）

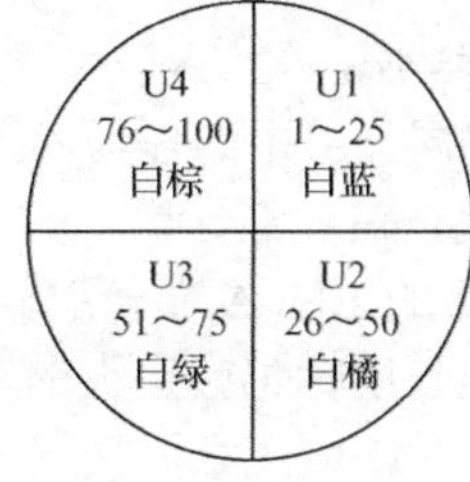

(c) SD单位（100对）

(d) 子单位（10对）

图6-8 缆芯中的单位组成形式

表6-3　600对缆芯的U单位序号及扎带颜色

线对序号	U单位序号	U单位扎带颜色	线对序号	U单位序号	U单位扎带颜色
1～25	1	白蓝	13	301～325	黑绿
26～50	2	白橘	14	326～350	黑棕
51～75	3	白绿	15	351～375	黑灰
76～100	4	白棕	16	376～400	黄蓝
101～125	5	白灰	17	401～425	黄橘
126～150	6	红蓝	18	426～450	黄绿
151～175	7	红橘	19	451～475	黄棕
176～200	8	红绿	20	476～500	黄灰
201～225	9	红棕	21	501～525	紫蓝
226～250	10	红灰	22	526～550	紫橘
251～275	11	黑蓝	23	551～575	紫绿
276～300	12	黑橘	24	576～600	紫棕

25对的线对称为“U单位”。25对线序排列如图6-8（a）所示，其色谱如表6-4所示。

50对的线对称为“S单位”。一个50对的“S单位”是由2个25对的基本单位（U）组成，其排列结构如图6-8（b）所示，从1～25对为第1个U单位，从26～50为第2个U单位。为了形成圆形结构的缆芯，同一U单位内的芯线又被分成两束线，如1～12、13～25，但这两束线的扎带颜色仍然一致，例如图6-8（b）中的第一单位的U1-1和U1-2两束的扎带均为白蓝。

100对的线对称为“SD单位”。一个100对的“SD单位”由4个25对的U单位组成，如图6-8（c）所示。

10对的线对称为“子单位”。其10对线序及色谱排列如图6-8（d）所示。

3. 缆芯中备用线对线序及色谱

一般100对以上的电缆增加1%的备用线对。备用线的色谱如表6-4所示。备用线对的位置处于“游离”状态，它没有任何扎带缠绕，一般用“SP”表示。

表6-4　备用线对线序及色谱

序号	SP1	SP2	SP3	SP4	SP5	SP6	SP7	SP8	SP9	SP10
色谱	白红	白黑	白黄	白紫	红黑	红黄	红紫	黑黄	黑紫	黄紫

4. 全塑对称电缆的端别

面对电缆端面，抓起同一层中的任何两个单位（基本单位或超单位均可），如果这两个单位中的基本单位扎带颜色按白、红、黑、黄、紫或蓝、橘、绿、棕、灰顺时针排列，则为A端，反之则为B端。新出厂的电缆A端一般做有红色标记或电缆外护套的长度标记数字小的，B端做有绿色标记或电缆长度标记数字大的。

电缆A、B端的布放时，应注意汇接局与分局（端局）之间，以汇接局为A端；分局与支局之间，以分局为A端；端局与交接箱之间，以端局为A端；端局与用户之间，以端局为A端。总之，A端总是在局方一端，以局为中心向外铺设。

6.1.4 对称电缆的型号与规格

对称电缆种类较多，具体型号与规格一般由7部分组成，其含义及编排位置如图6-9所示。

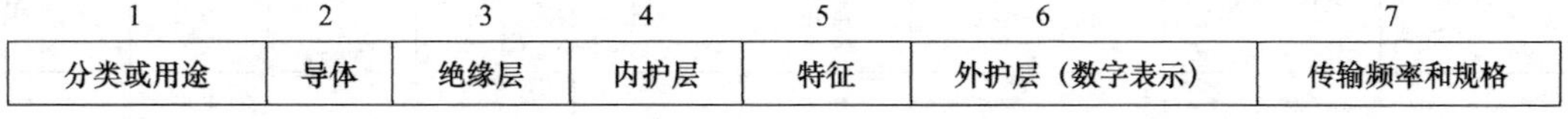

图6-9 全塑市话对称电缆型号编排示意图

1. 类型

H——市内电话电缆

HP——配线电话电缆

HJ——局用电话电缆

HB——通信线及广播线

HR——电话软线

HD——铁道通信电缆

2. 导体

T——铜（省略不记入）

L——铝

G——钢（铁）

GL——铝包钢

3. 绝缘层（导线的绝缘层）

Y——聚乙烯

YF——泡沫聚乙烯

V——聚氯乙烯

YP——泡沫/实心皮聚乙烯

4. 内护层（带屏蔽的）

V——聚氯乙烯

S——钢-铝-聚乙烯

Y——聚乙烯

A——铝-聚乙烯

5. 特征

T——填充石油膏

G——高频隔离

C——自承式（通信电缆）

6. 铠装外护层

23——双层防腐钢带绕包铠装聚乙烯外被层

33——单层细钢丝铠装聚乙烯外被层

53——单层钢带皱纹纵包铠装聚乙烯外被层

43——单层粗钢丝铠装聚乙烯外被层

553——双层钢带皱纹纵包铠装聚乙烯外被层，专用于PCM系统绝缘的类型及代表符号

7. 传输频率和规格

传输频率代号有252表示252kHz、120表示120kHz。

规格代号由电缆中线对数及导线标称直径来表示，如200×2×0.4表示200对，线径为0.4mm。

例如：型号为HYA——400×2×0.5的电缆，表示400对，线径为0.5mm，铜芯实心聚乙烯绝缘、涂塑铝带粘接乙烯内护套，而无外护层全塑市话对称电缆。

HYAT——100×2×0.5的电缆，表示100对，线径为0.5mm，铜芯实心聚乙烯绝缘石油膏填充双面涂塑铝带屏蔽聚乙烯内护套，而无外护层全塑市话对称电缆。

HYAT53——300×2×0.4的电缆，表示300对，线径为0.4mm，铜芯实心聚乙烯绝缘石油膏填充双面涂塑铝带屏蔽单层钢带铠装聚乙烯外护套全塑市话对称电缆。

HYPAC 表示铜芯泡沫/实心皮聚乙烯绝缘涂塑铝带黏结屏蔽聚乙烯护套自承自市话对称电缆。

HYPAT23 表示铜芯泡沫/实心皮聚乙烯绝缘石油膏填充涂塑铝带黏结屏蔽聚乙烯护套双层防腐钢带绕包铠装聚乙烯外护层市话对称电缆。

全塑对称电缆选用，可参考表6-5。

表 6-5　　全塑对称电缆选型表

电缆类别 / 敷设方式 / 结构型号	主干电缆		配线电缆				成端电缆	
	管道	直埋	管道	直埋	架空、沿塘	室内、暗管	DDF	交接箱
铜芯线线径（mm）	0.32，0.40，0.5，0.6，0.8	0.32，0.4，0.5，0.6，0.8	0.4，0.5 0.6	0.4，0.5，0.8	0.4，0.5，0.6	0.4，0.5	0.4，0.5，0.6	0.4，0.5，0.6
电缆型号	HYA HYFA HYPA 或 HYAT HYFAT HYPAT	HYAT 铠装 HYFAT 铠装 HYPT 铠装 或 HYA 铠装 HYFA 铠装 HYPA 铠装	HYAT HYPAT 或 HYA HYPA	HYAT 铠装 HYPAT 铠装 或 HYA 铠装 HYPA 铠装	HYA HYPA HYAC HYPAC	宜选用 HPVV	HJVV	HYA

6.2 数据通信双绞线电缆的分类、结构和型号

对称电缆的另一种形式就是双线回路扭绞式，即称为双绞线、数据线或网线。典型的双绞线有 4 对的，也有更多对双绞线放在一个电缆套管里的。

数据通信中的双绞线电缆是目前比较常用的一种宽带接入网的传输线，它具有制造成本较低、结构简单、可扩充性好、便于网络升级的优点，主要用于大楼综合布线、小区计算机综合布线等。

6.2.1 双绞线电缆的分类

双绞线(Twisted Pairwire, TP)一般可根据结构不同，分为非屏蔽双绞线(Unshielded Twisted Pair，UTP）和屏蔽双绞线（Shielded Twisted Pair，STP）两类，其基本结构如图 6-10 所示。

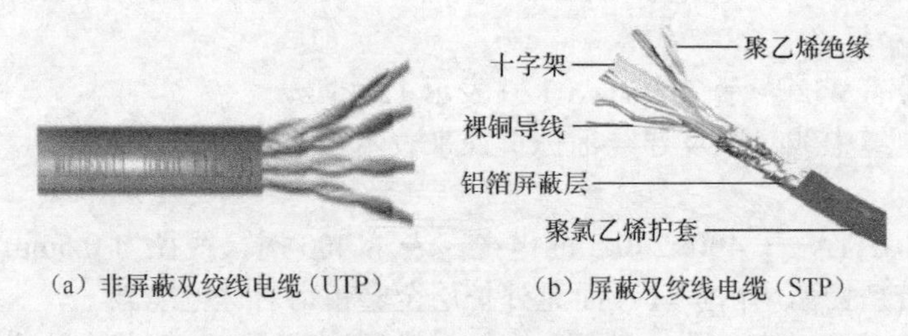

（a）非屏蔽双绞线电缆（UTP）　（b）屏蔽双绞线电缆（STP）

图 6-10　双绞线电缆结构图

常用的双绞线电缆的特性阻抗有 100Ω 和 150Ω 两种。100Ω 双绞线又分为 3 类（CAT3）、4 类（CAT4）、5 类（CAT5）、超 5 类（CAT5 e）、6 类（CAT6）、超 6 类（CAT6e）、7 类（CAT7）等几种；150Ω 双绞线不分类，其传输频率为 300MHz。

6.2.2 双绞线电缆的结构与色谱

双绞线的结构有 UTP 和 STP 两种，如图 6-10 所示。

1．非屏蔽双绞线 UTP 的结构

UTP 是由多对双绞线外包缠一层塑橡皮护套构成。4 对非屏蔽双绞线，如图 6-11（a）所示。

UTP 双绞线目前是校园网数据线的最佳选择。UTP 双绞线又可分 1～5 类，其差别主要是单位长度扭绞次数，不同类别的线对具有不同的扭绞长度，一般来说，扭绞长度（或扭距）在 3.81～14cm，铜导线的直径在 0.4～1.0mm，按逆时针方向扭绞，一般扭线的越密其抗干扰能力就越强扭，支持的传输速度越高。

如 5 类（CAT5）线扭绞长度为 13mm，4 类（CAT4）扭绞长度为 25mm。

2. 屏蔽双绞线的结构

屏蔽双绞线与非屏蔽双绞线电缆一样，芯线为铜双绞线，护套层是塑橡皮，只不过在护套层内增加了金属层。按增加的金属屏蔽层数量和金属屏蔽层绕包方式，又可分为金属箔双绞线电缆（FTP）、屏蔽金属箔双绞线电缆（SFTP）和屏蔽双绞线电缆（STP）三种。

FTP 是在多对双绞外纵包铝箔，4 对双绞线电缆结构如图 6-11（b）所示。

SFTP 是在多对双绞线外纵包铝箔后，再加金属编织网，4 对双绞线电缆结构如图 6-11（c）所示。STP 是在每对双绞线外纵包铝箔后，再加金属编织网，4 对双绞线电缆结构如图 6-11（d）所示。

从图 6-11 中可以看出，非屏蔽双绞电缆和屏蔽双绞电缆都有一根用来撕开电缆保护套的拉绳。屏蔽双绞线电缆还有一根漏电线，把它连接到接地装置上，可泄放金属屏蔽的电荷，解除线间的干扰问题。

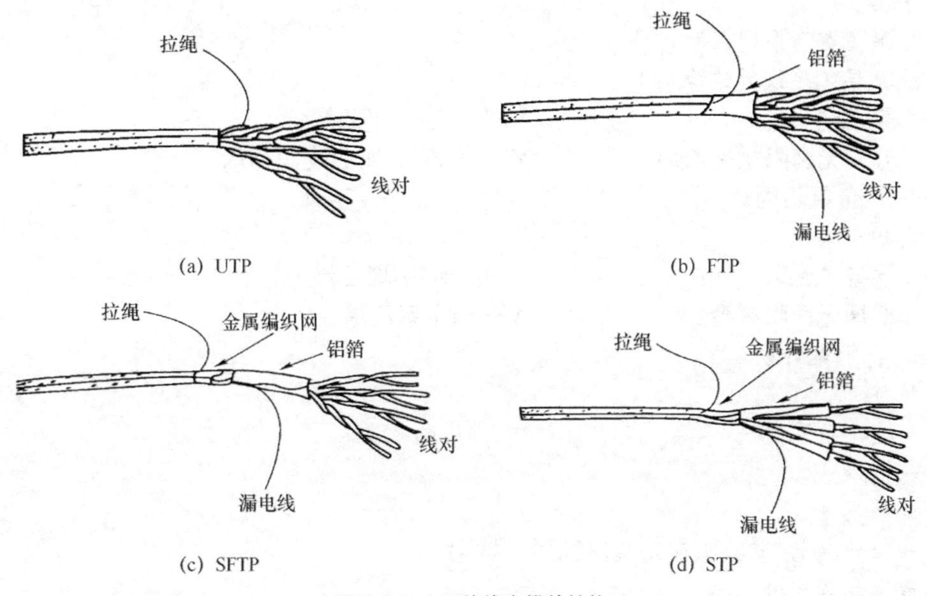

图 6-11 双绞线电缆的结构

3. 线对色谱

全色谱线组合扭绞成 4 种不同色标的线对。线对序号及绝缘层色谱如表 6-6 所示。双绞线制作可分两种，一是直连网线即 A 与 B 两端线序一一对应，用于电脑与路由器、拨号猫、交换机相连。二是标准网线或交换连接线，A 端按标准 568A 排列线序，B 端按标准 568B 排列线序，如表 6-6 所示。

表 6-6 双绞线 8 根/4 对线组序号与色谱表

线序号	1	2	3	4	5	6	7	8
标准 568A	白绿	绿	白橙	蓝	白蓝	橙	白棕	棕

续表

线序号	1	2	3	4	5	6	7	8
标准 568B	白橙	橙	白绿	蓝	白蓝	绿	白棕	棕
线对序号	1 对		2 对		3 对		4 对	
色　谱	蓝/白蓝		橙/白橙		绿/白绿		棕/白棕	

6.2.3　双绞线电缆的型号与规格

双绞线电缆种类较多，具体型号与规格一般由 7 部分组成，其含义及编排位置如图 6-12 所示。

1	2	3	4	5	6	7
分类或用途	导体	绝缘层	内护层	特征	外护层（数字表示）	最高频率

图 6-12　双绞线电缆型号编排示意图

1. 类型

HS——数字通信电缆

2. 导体

T——铜（省略不记入）

3. 绝缘层（导线的绝缘层）

Y——聚乙烯　　YF——泡沫聚乙烯

Z——低烟无卤阻燃聚乙烯　　YP——泡沫/实心皮聚乙烯

W——聚全氟乙丙烯

4. 内护层

V——聚氯乙烯　　S——钢-铝-聚乙烯

Z——低烟无卤阻燃聚乙烯　　A——铝-聚乙烯

W——含氟聚合物

5. 特征

T——填充石油膏　　P——屏蔽

C——自承式

6. 外护层

53——单层钢带皱纹纵包铠装聚乙烯外被层

7. 最高频率代号

最高频率代号有“3”代表 3 类线，“4”代表 4 类线，“5”代表 5 类线，“6”代表 6 类线，“7”代表 7 类线，“30”代表 30MHz，“100”代表 100MHz。

对于目前常用的双绞线电缆，又有一种较为直接的型号表示法，比如：

UTP CAT3，对应型号为 HSYV-3，表示非屏蔽 3 类线；

UTP CAT5，对应型号为 HSYV-5，表示非屏蔽 5 类线；

UTP CAT5e，对应型号为 HSYV-5e，表示非屏蔽超 5 类线；

UTP CAT6，对应型号为 HSYV-6，表示非屏蔽 6 类线；

FTP CAT5，对应型号为 HSYVP-5，表示纵包铝箔的 5 类线；

SFTP CAT5e，对应型号为 HSYVP5e，表示纵包铝箔后再加金属屏蔽网的超 5 类线；

SFTP CAT6，对应型号为 HSYVP-6，表示纵包铝箔后再加金属屏蔽网的 6 类线；

SSTP CAT7，对应型号为 HSYVP-7，表示每对双绞线外纵包铝箔后，再将纵包铝箔的多对双绞线外加金属编制网 7 类线。双绞线类型及应用范围，如表 6-7 所示。

表 6-7　　UTP 双绞线类型及应用范围

类型	使用范围
CAT1	线缆最高频率带宽是 750kHz，用于报警系统或语音传输，不同于数据传输
CAT2	线缆最高频率带宽是 1MHz，用于语音传输和最高传输速率 4Mbit/s 的数据传输，常见于使用 4Mbit/s 规范令牌传递协议的旧的令牌网
CAT3	是 EIA/TIA568 标准中指定的电缆，该电缆的传输频率 16MHz，主要应用于语音传输、10Mbit/s 以太网（10BASE-T）和 4Mbit/s 令牌环，最大网段长度为 100m
CAT4	用于语音传输和最高传输速率 20Mbit/s 的数据传输，最大网段长 100m
CAT5/CAT5e	用于语音传输和最高传输速率 100Mbit/s 的数据传输，最大网段长 100m；超 5 类线主要用于千兆位以太网（1000Mbit/s）
CAT6/CAT6e	该类电缆的传输频率为 1MHz～250MHz 值 250Mbit/s，最大网段长 90～100m
CAT7	计划的带宽为 600MHz 至 10GHz，属于 STP 双绞线，最大网段长 90～100m，主要用于广播站、电台等

双绞线电缆的室外选用，如表 6-8 所示。

表 6-8　　数据通信中室外双绞线电缆选用表

敷设方式	管道架空	架空	直埋
铜芯线线径（mm）	0.5，0.6，0.9	0.5，0.6，0.9	0.5，0.6，0.9
电缆型号	HSYA-30，HSYA-100，HSYFA-30，HSYFA-100，HSYPA-30，HSYPA-100，HSYAT-30，HSYAT-100，HSYFAT-30，HSYFAT-100，HSYPAT-30，HSYPAT-100	HSYAC-30，HSYAC-100，HSYATC-30，HSYATC-100	HSYAT53-30，HSYAT53-100，HSYPAT53-30，HSYPAT53-10
使用条件	电缆工作环境温度一般为-30～60℃		

6.3 同轴电缆的分类、结构和型号

同轴电缆属于非对称电缆。目前，同轴电缆主要用的是射频同轴型，即有线电视 CATV 入户线，移动通信网中基站到发射天线之间数据线，交换机到传输设备电接口的数据线等。

6.3.1 同轴电缆的分类

目前广泛使用的同轴电缆分类有两种，一种是特性阻抗为 50Ω 电缆，用于数字传输，由于多用于基带传输，也叫基带同轴电缆；另一种是特性阻抗为 75Ω 电缆，用于有线电视系统的模拟传输。

同轴电缆可根据同轴管的尺寸分为大同轴电缆、中同轴电缆、小同轴电缆、微同轴电缆 4 种，同轴电缆还有 2 种专用于射频频段的射频同轴电缆和隧道天线的泄漏同轴电缆。

1. 大同轴电缆

大同轴电缆内导体的外径 5mm，外导体的内径 18mm。

2. 中同轴电缆

中同轴电缆内导体的外径 2.6mm、外导体的内径 9.5mm。中同轴电缆外导体采用皱边（或锯齿）铜带纵包而成。绝缘体用聚乙烯垫片结构。同轴管可以开通 70MHz 以下模拟载波通

信系统，我国开通有9MHz（1 800话路）和24MHz（4 380话路）两种模拟载波通信系统。

3. 小同轴电缆

小同轴电缆内导体的外径1.2mm、外导体的内径4.4mm。小同轴电缆外导体采用皱边铜带纵包而成。绝缘体形式较多，有鱼泡式、注片式和泡沫聚乙烯式等。我国开通的有1.3MHz（300话路）、4MHz（960话路）、9MHz（1 800话路）和18MHz（3 600话路）4种模拟载波通信系统和140Mbit/s及以下的数字通信系统。

4. 微同轴电缆

微同轴电缆内导体的外径0.7mm、外导体的内径2.9mm，绝缘体为泡沫聚乙烯绝缘。微同轴电缆可用于480路数字通信系统。

5. 射频同轴电缆

射频同轴电缆内导体采用单股或多股铜导线，外导体为铜管或铜丝编织结构，外面再包护套的电缆。该电缆主要用作无线电广播、无线电通信（移动通信）站天线系统的馈线或用作电缆电视系统的馈线。这种电缆有传输频带宽、屏蔽性能好、质量轻、易绕曲和结构简单等特点。

6. 漏泄同轴电缆

泄漏同轴电缆是在同轴管外导体上每隔一定距离开一裸露窗口或打孔，使电磁波可以漏泄到周围空间，泄漏损耗可达（10～40）dB/100m，且随频率而升高，如图6-13所示。泄漏电缆功能象连续的天线适用于隧道、地铁覆盖、大型的多层商业中心、地下交通系统中，它不仅使隧道内行动着的机车与外界通信，也是民用移动通信系统的天馈线。由于漏泄同轴电缆频带宽，多个不同的移动通信系统可共用一条电缆。

(a) 同轴电缆打孔泄漏

(b) 同轴电缆斜口泄漏

图6-13 泄漏同轴电缆

6.3.2 同轴电缆的结构

同轴电缆的结构由同轴管（包括内导体，外导体和内、外导体之间的绝缘介质）和外护层4部分组成，如图6-14所示。同轴管是组成同轴电缆的基本单元。同轴管又称为同轴线对或同轴波导，属于不对称的结构。由若干个同轴管以一定扭绞长度扭绞成缆芯再加外护层构成多同轴管同电缆，如图6-15所示。若只有1个同轴管加外护层也可构成单管同轴电缆，如图6-14所示。

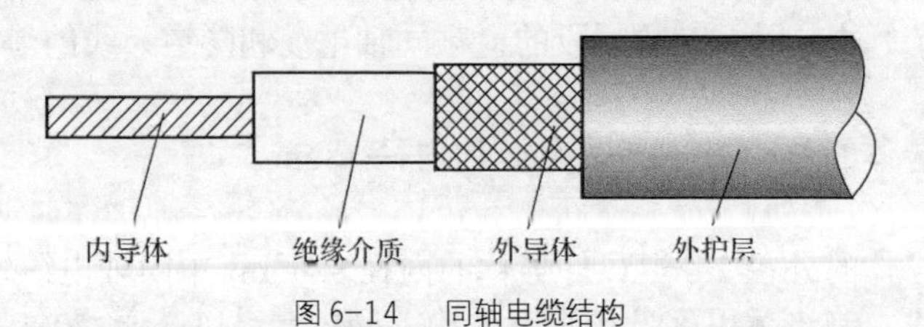

图6-14 同轴电缆结构

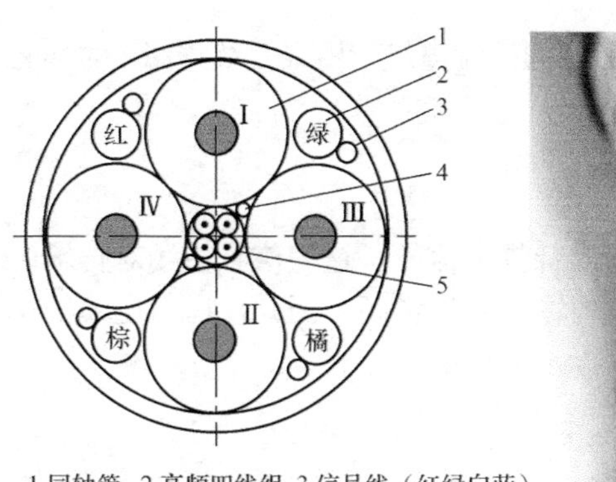

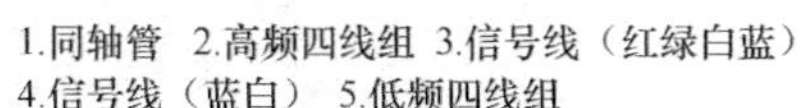

（a）综合四同轴管电缆

（b）多同轴管同轴电缆

图 6-15 多同轴管同轴电缆的缆芯断面

6.3.3 同轴电缆的型号

根据我国电缆的统一型号编制方法以及代号含义，同轴电缆的型号由 5 部分组成：电缆的类别、内导体的绝缘材料、外护套材料、派生特性和规格，其含义及编排位置如图 6-16 所示。

1	2	3	4	5
分类或用途	内、外导体间绝缘材料	外护层材料	特征	规格

图 6-16 双绞线电缆型号编排示意图

1. 类型

S——射频电缆　　SJ——强力射频电缆

SS——电视电缆　　SE——对称射频电缆

SG——高压射频电缆　　ST——特种射频电缆

2. 绝缘材料（内、外导体间）

Y——聚乙烯　　F——聚四氟乙烯

X——橡皮　　D——聚乙烯空气

W——稳定聚乙烯　　U——氟塑料空气

3. 外护层材料

V——聚氯乙烯　　Y——聚乙烯

F——氟塑料　　W——物理发泡

D——锡铜

4. 特征

Z——综合/组合电缆　　P——屏蔽

5. 规格

由第一、二、三共 3 个部分的数字组成，其 3 个数字分别代表特性阻抗（Ω）、内导体绝缘外径（mm）和结构序号。

例如：型号为 SYV-75-7-1 的同轴电缆，表示同轴射频电缆、内外导体间的绝缘材料聚乙烯、外护套材料为聚氯乙烯、特性阻抗 75Ω、内导体绝缘层外径为 7mm、结构序号为 1 表示单同轴管电缆。

型号为 SYKV-75-5 型电缆表示同轴射频控制电缆，用聚乙烯绝缘，聚氯乙烯外护套，特性阻抗为 75Ω，内导体绝缘层外经为 5mm。

6.4 通信电缆的电气特性参数

通信电缆的线对主要用于传输高频或音频电信号。这些信号在线对传输时，要求衰减、失真和回路之间串音等都要小，才能使传输信号质量高。因此，通信电缆的电气特性技术参数如一次参数和二次参数等都必须符合一定的标准。

6.4.1 全塑对称电缆的电气参数

1. 对称电缆的一次参数

在均匀的电缆回路中，电阻（有效电阻）和电感沿导线长度是均匀分布的，而电容和绝缘导纳则是在导线回路之间沿长度均匀分布的。对于均匀的电缆回路可以视为 1 个电阻、电容、电感和导纳构成的 4 端网络的级联，如图 6-17 所示。

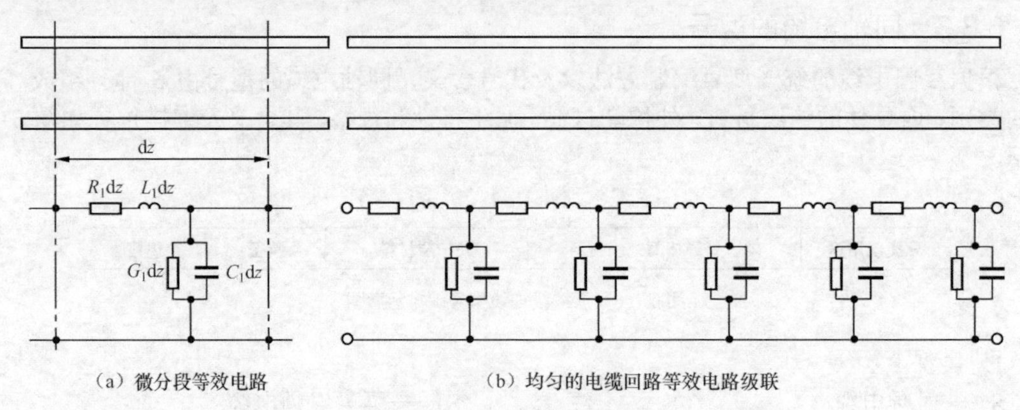

（a）微分段等效电路　（b）均匀的电缆回路等效电路级联

图 6-17　电缆回路的等效电路

常把传输线单位长度上的电阻 R_1、电感 L_1、电容 C_1 和导纳 G_1 统称为传输线的分布参数，又称为一次参数。

平行双导线的一次参数与 D、f、d 的关系实验曲线，如图 6-18 所示。

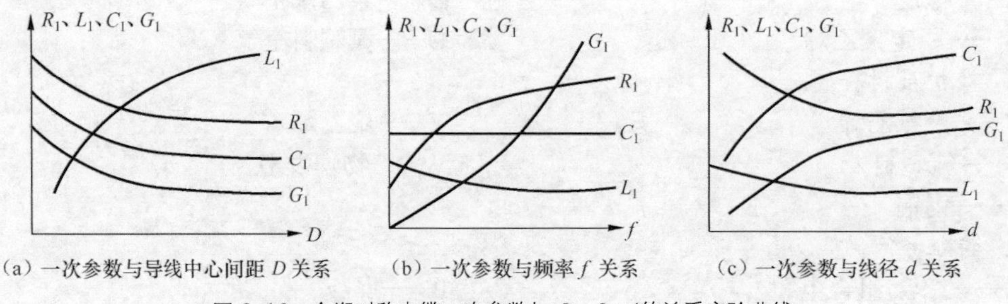

（a）一次参数与导线中心间距 D 关系　（b）一次参数与频率 f 关系　（c）一次参数与线径 d 关系

图 6-18　全塑对称电缆一次参数与 D、f、d 的关系实验曲线

一次参数效应产生于传输线工作在高频信号传输时，表 6-9 给出平行双导线和同轴线的分布参数计算公式，R_1、L_1、C_1、G_1 表达式自静态场的分析结论。表中的 ε_1 是介电常数，μ 是导体间介质的磁导率，σ_1 是导线周围的绝缘介质的漏电电导率，σ_2 是导线的电导率。

表 6-9　　平行双导线和同轴线的分布参数

参数＼传输线	双导线	同轴线
L_1（亨/米）	$\frac{\mu}{\pi}\ln\frac{D+\sqrt{D^2-d^2}}{d}$	$\frac{\mu}{2\pi}\ln\frac{b}{a}$
C_1（法/米）	$\frac{\pi\varepsilon_1}{\ln\frac{D+\sqrt{D^2-d^2}}{d}}$	$\frac{2\pi\varepsilon_1}{\ln\frac{b}{a}}$
R_1（欧/米）	$\frac{2}{\pi d}\sqrt{\frac{\omega\mu}{2\sigma_2}}$	$\sqrt{\frac{f\mu}{4\pi\sigma_2}}\left(\frac{1}{a}+\frac{1}{b}\right)$
G_1（西/米）	$\frac{\pi\sigma_1}{\ln[(D+\sqrt{D^2-d^2})/d]}$	$\frac{2\pi\sigma_1}{\ln\frac{b}{a}}$

2. 对称电缆的二次参数

通信电缆二次参数包括传输常数 γ（$\gamma=\alpha+j\beta$，衰减常数α和相移常数β）和特性阻抗 Z_C 两个。因为这些参数都是一次参数开方的函数，所以称为二次参数。

（1）对称电缆的衰减常数α和相移常数β

对称电缆的衰减是主要由线路上电磁波在金属中的涡流损耗所产生的衰减和介质损耗而引起的衰减。计算公式如下。

传输常数γ的一般计算公式为

$$\gamma=\sqrt{(R_1+j\omega L_1)(G_1+j\omega C_1)}=\alpha+j\beta$$

将上式两端平方，且将实数部分和虚数部分分别对应两端相等，则有

$$\alpha=\sqrt{\frac{1}{2}[\sqrt{(R_1^2+\omega^2L_1^2)(G_1^2+\omega^2C_1^2)}+(R_1G_1-\omega^2L_1C_1)]}\times 8.686\text{（dB/km）}$$

$$\beta=\sqrt{\frac{1}{2}[\sqrt{(R_1^2+\omega^2L_1^2)(G_1^2+\omega^2C_1^2)}-(R_1G_1-\omega^2L_1C_1)]}\text{（rad/km）}$$

在高频（$f>30$kHz）情况下，线路衰减常数α和相移常数β为

$$\alpha=\left[\frac{R_1}{2}\sqrt{\frac{C_1}{L_1}}+\frac{G_1}{2}\sqrt{\frac{L_1}{C_1}}\right]\times 8.686(\text{dB/km})$$

$$\beta=\omega\sqrt{L_1C_1}\text{（rad/km）}$$

（2）特性阻抗 Z_C

传输线上的电压波和电流波都不是孤立的，它们之间有密切的关系，这个关系就是特性阻抗。特性阻抗的一般公式为

$$Z_C=\sqrt{\frac{R_1+j\omega L_1}{G_1+j\omega C_1}}=\sqrt{\frac{Z_1}{Y_1}}\text{（}\Omega\text{）}$$

对于工作在高频的低耗传输线，Z_C 计算式近似为

$$Z_C\approx\sqrt{\frac{L_1}{C_1}}\text{（}\Omega\text{）}$$

通信电缆的特性阻抗值一般为100～400Ω，对称电缆的 Z_C 值为100Ω、120Ω和150Ω。同轴线的 Z_C 值一般为40～100Ω，常用的50Ω和75Ω。

3．对称电缆的几项电气性能

全塑市话对称电缆的电气性能如表6-10所示，其中 α 为对称电缆的衰减常数，d 为导线直径。全塑市话电缆电性能标准如表6-11所示。

表6-10　全塑市话对称电缆的电气参数　f=800Hz　t=20℃

心线形式	导线 d（mm）	R（Ω/km）	L（mH/km）	C（μF/km）	G（μs/km）	α（dB/km）
对扭	0.4	296.0	0.7	0.05	0.9	1.64
对扭	0.5	190.0	0.7	0.05	0.9	1.33
对扭	0.6	131.6	0.7	0.039	0.9	0.97
对扭	0.7	96.0	0.7	0.04	0.9	0.83
星绞	0.8	72.2	0.7	0.033	0.69	0.67
星绞	0.9	57.0	0.7	0.033 5	0.69	0.58
星绞	1.0	47.0	0.7	0.034	0.69	0.53
星绞	1.2	32.8	0.7	0.034 5	0.71	0.43

表6-11　全塑市话对称电缆电性能标准

序号	项目名称	目标				
1	单根导线直流电阻最大值20℃，Ω/km	0.32mm	0.4mm	0.5mm	0.6mm	0.8mm
		236.0	148.0	95.0	65.8	36.6
2	绝缘电阻，20℃，每根绝缘导线与其余导线接地，屏蔽之间最小值（μΩ·km）	填充：3 000 非填充：10 000				
3	工作电容800Hz或1000Hz（nF/km）	最大值			平均值	
	10对	58			52±2	
	10对以上	57			52±2	
4	电气绝缘强度，DC（kV）	实心绝缘			泡沫皮	
	施加电压时间（s）	3s	60s		3s	60s
	导线与导线间（kV）	2kV	1kV		1.5kV	0.75kV
	导线与屏蔽间（kV）	6kV	3kV		6kV	3kV
	导线与高频隔离带间（kV）	5kV	2.5kV		5kV	2.5kV
5	固有衰减值，20℃	0.32mm	0.4mm	0.5mm	0.6mm	0.8mm
	150kHz，标称值（dB/km）不大于	15.8	11.7	8.84	6.9	5.0
	1 024kHz，标称值（dB/km）不大于	31.1	26.0	21.4	17.6	13.0
	与标准值偏差，百分数10对10对以上	（−10～+15）% （−10～+5）%				
6	近端串音衰减1024kHz，长度>300m	平均值≥54dB				
		标准值≥58dB				

6.4.2 常用双绞线电缆的电参数

对于双绞线，主要关心的电参数是衰减、近端串扰衰减、特性阻抗、分布电容、直流电阻等。双绞线的特性阻抗有100Ω、120Ω、150Ω（STP）等，我国常用特性阻抗为100Ω，电参数如表6-12所示。

表6-12　TIA/EIA标准UTP双绞线电参数

项　目	频率（MHz）	衰减（dB/100m）	近端串扰衰减（dB）	回波损耗（dB）	特性阻抗（Ω）
第3类	1 8 16	4.2 10.2 14.9	39.1 24.3 19.3	12	100±15%
第4类	1 8 16 20	2.6 6.7 9.9 11	53.3 38.2 33.1 31.4	12	
第5类	1 8 16 20 100	2.5 6.3 9.2 10.3 24	60.0 45.6 40.6 39.0 27.1	23	

注：TIA为美国电信工业联盟，EIA为美国电子工业联盟。

6.4.3 同轴电缆的电气参数

1. 同轴电缆的一次参数

同轴线的一次参数 f 与 b/a（内、外导体半径 a 及 b）变化的关系实验曲线，如图6-19所示。表6-9给出同轴线的一次参数的计算公式。

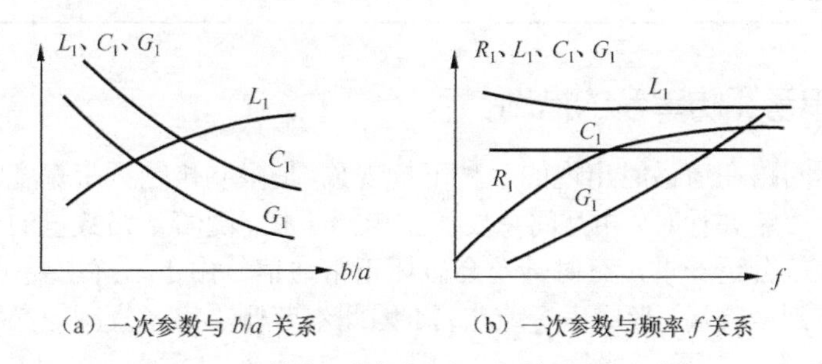

（a）一次参数与 b/a 关系　（b）一次参数与频率 f 关系

图6-19　同轴线一次参数与 f、b/a 的关系实验曲线

2. 同轴电缆二次参数

（1）同轴电缆的衰减常数 α 和相移常数 β

在高频情况下，衰减常数 α 和相移常数 β 计算公式如下。

$$\alpha \approx \frac{6\times K(\frac{1}{a}+\frac{1}{b})\sqrt{f}\ \varepsilon_r \times 10^{-3}}{\ln\frac{b}{a}} \times 8.686\,(\mathrm{dB/km}) \tag{6.1a}$$

$$\beta = \omega\sqrt{L_1C_1}\ (\mathrm{rad/km}) \tag{6.1b}$$

（2）特性阻抗 Z_C

对于工作在高频的低耗传输线，Z_C 计算式近似为

$$Z_C \approx \frac{60}{\sqrt{\varepsilon_r}} \ln \frac{b}{a} \ (\Omega) \tag{6.2}$$

其中，ε_r 为绝缘介质的相对介电常数；f 为信号频率；a 为内导体的外半径（mm）；b 为外导线的内半径（mm）；单股铜线的同轴外导体 K=1，多股铜线的同轴外导体 K=1.2，铜丝线编织的同轴外导体 K=2～3。

3．同轴电缆的几项电气性能

同轴电缆的电气性能如表 6-13 所示，其中 SYKV-75-5 型电缆表示同轴射频控制电缆，用聚乙烯绝缘，聚氯乙烯外护套，特性阻抗为 75Ω，芯线绝缘外经为 5mm。

表 6-13　常用同轴电缆型号的规格和主要参数

电缆型号	绝缘形式	内导体外径（mm）	绝缘层外径（mm）	电缆外径（mm）	特性阻抗（Ω）	衰减常数α（dB/100m）		
						30（MHz）	200（MHz）	800（MHz）
SYKV-75-5	藕芯式	1.10	4.7	7.3	75±3	4.1	11	22
SYKV-75-9	藕芯式	1.90	9.0	12.4	75±2.5	2.4	6	12
SYKV-75-12	藕芯式	2.60	11.5	15.0	75±2.5	1.6	4.5	10
SYDV-75-9	竹节式	2.20	9.0	11.4	75±3	1.7	4.5	9.2
SYDV-75-12	竹节式	3.00	11.5	14.4	75±2	1.2	3.4	7.1
SDVC-75-5	藕芯式	1.00	4.8	6.8	75±3	4	10.8	22.5
SDVC-75-7	藕芯式	1.60	7.3	10.0	75±2.5	2.6	7.1	15.2
SDVC-75-9	藕芯式	2.00	9.0	12.0	75±2.5	2.1	5.7	12.5

6.5　通信电缆串音和防串音的措施

串杂音是电话回路在通话时出现的一种干扰现象，是限制传输频带宽度的主要障碍之一。当两个或两个以上回路并行时，相互间总要产生电磁干扰。随着话路数量的增加和频带展宽，回路间的电磁干扰就会更严重，有时甚至会破坏正常通信。由于干扰主要是在被干扰回路中产生的感应电流传到接收端，形成串音或杂音。因此本节侧重串音衰减定义和防串音的措施。

6.5.1　对称电缆回路间串音和防串音措施

1．串音损耗和串音防卫度

在对称电缆回路构成的信道上，往往是多回路多系统同时工作。当一对称电缆回路通话时，在相邻回路上出现一种干扰现象，若能分辨出语音，则称为串音，如图 6-20 所示。若是不能分辨的噪声，称为杂音或串扰。

通常把引起串音干扰的回路称为“主串回路”，被串音干扰的回路称为“被串回路”。在被串回路中与主串回路发送端相同的一端所出现的串音，叫做“近端串音”，而在另一端出现的串音称为“远端串音”。回路间串音大小可用串音损耗来描述，并可分为近端串音损耗 A_0 和远端串音损耗 A_L。

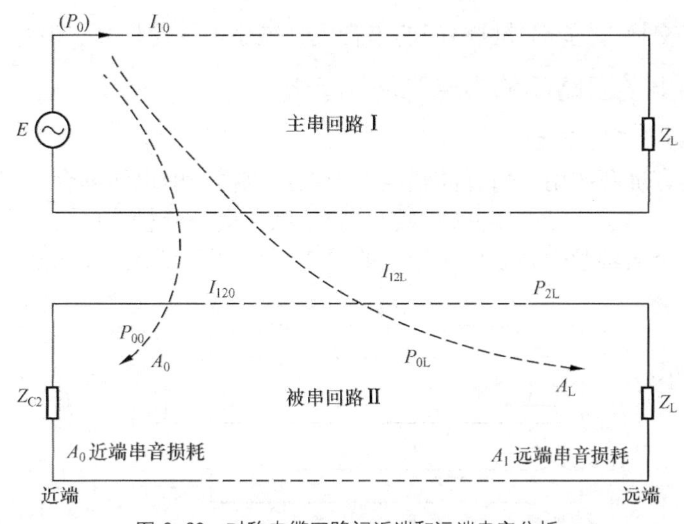

图 6-20 对称电缆回路间近端和远端串音分析

近端串音损耗的定义是主串回路发送端输出有用功率 P_0 与被串回路近端串音功率 P_{00} 之比的对数，其表示式为

$$A_0=10\lg|P_0/P_{00}| \text{（dB）}$$

同理，远端串音损耗的定义是主串回路发送端输出有用功率 P_0 与被串回路远端串音功率 P_{0L} 之比的对数，即

$$A_L=10\lg|P_0/P_{0L}| \text{（dB）}$$

由此可见，串音损耗值越大，串音功率越小，对相邻回路的串音干扰越小；反之，则串音干扰越大。

对被串通话回路而言，串音造成的影响不仅只看串音电平的大小，还要看被串回路所接收的本回路发送的有用信号电平的大小。这里引出另一个概念叫远端串音防卫度。对被串回路收听者造成的实际影响，可由被串回路接收的本回路发送到远端的有用信号功率与主串回路产生的串音功率之比的对数来衡量，即称为远端串音防卫度。

设被串回路发送端信号功率仍为 P_0，P_{2L} 为被串回路接收端所接收的本回路发送有用信号功率，α 为线路每千米的衰减常数，L 为线路的长度，P_{0L} 为被串回路远端串音功率，远端串音防卫度 A_F 为

$$\begin{aligned}A_F&=10\lg(P_{2L}/P_{0L})=10\lg P_{2L}-10\lg P_{0L}=10\lg P_{2L}-(10\lg P_0-A_L)\\&=A_L-(10\lg P_0-10\lg P_{2L})=A_L-\alpha L \text{（dB）}\end{aligned}$$

前面讨论了串音功率，串音损耗和串音防卫度的概念。简单地讲，串音功率是表明被串回路上串音大小的一个量；串音损耗是表明主串回路对被串回路影响的大小，损耗越大，影响越小；串音防卫度是表明被串一回路本身对外来干扰的防卫程度，串音防卫度越大，则防卫能力越强。

2. 减少串音的措施

一般规定，对称电缆线的串音防卫度不得低于 50dB。为达到这一要求，在线路的建设上必须采取一些有效的措施。减少对称电缆线路串音的措施，从理论上讲，可以有 3 种方法。第一是缩小回路导线间距离，加大线对间距离，即加大第一回路与第二回路的距离之后，就减弱了线对之间电磁耦合，同时也使被串回路的串音减小；第二是将两个回路的四条导线，恰好安排在位于正方形的四个角上，每一对角线为一对通话回路，这样可以使第一回路在第二回路中产生串音电流等于零；第三是线路作“交叉”，“交叉”就是将双线回路导线位置，

在适当地点进行“交换”，能够使回路间的串音大大减小，从而提高了串音防卫度。

6.5.2 同轴电缆回路间的串音和防串音措施

1. 串音损耗和串音防卫度

由于外导体具有屏蔽作用，所以同轴电缆一般没有横向的电磁耦合。同轴回路间的相互串音以及外界干扰，是由于沿同轴回路轴线方向的纵向电场分量的作用，两个同轴回路间的干扰是通过由这两个同轴管的外导体所形成的第3回路Ⅲ而实现的，如图6-21所示。

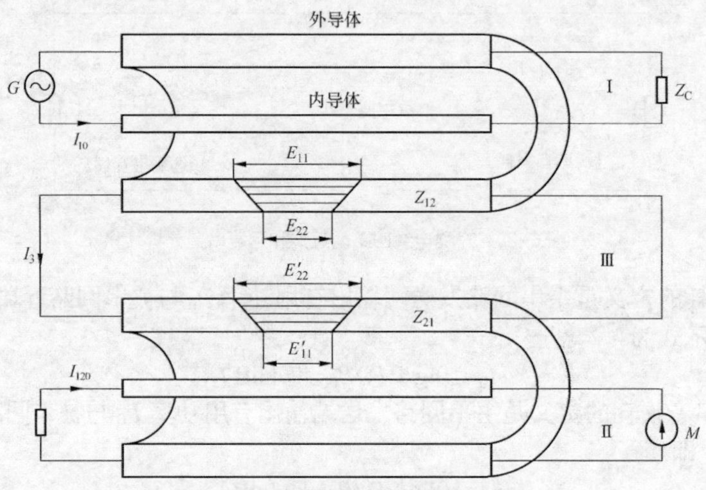

图6-21 同轴回路间的串音分析

由图6-21可见，干扰电流的大小取决于主串同轴回路外导体外表面的电场纵向分量E_{22}的强度。E_{22}值越大，相应地在被串回路中的干扰电流也越大。E_{22}的大小与频率有关，如图6-22所示。由图可见，在低频时，外导体外表面的E_{22}分量最大，对邻近回路的干扰也最大。随着频率提高，E_{22}数值减小，故对邻近回路的干扰也减小。而当特高频时，E_{22}分量几乎等于零，则对邻近回路不会产生干扰。这是同轴回路与对称回路在串音特性上的重要区别。

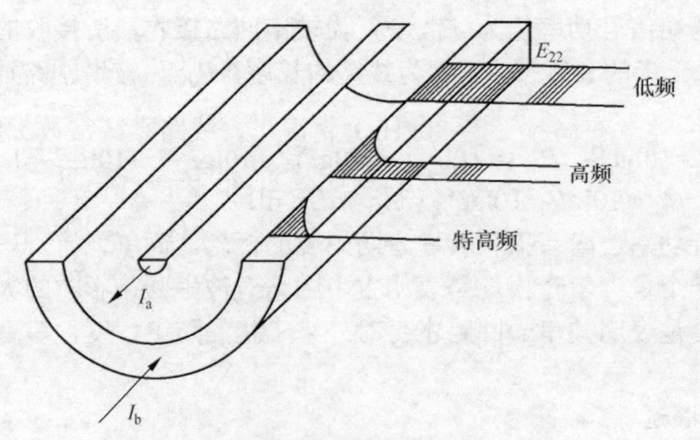

图6-22 同轴缆外导体纵向场E_{22}与频率关系

近端串音衰减A_0定义为已知主串回路工作电流I_{10}，通过在主串回路外导体的外表面dl取一小段推出近端串音电流I_{120}，根据近端串音衰减A_0的定义得：

$$A_0 = 20\lg\left|\frac{I_{10}}{I_{120}}\right| = 20\lg\left|\frac{4\gamma Z_c Z_3}{Z_k^2(1-e^{-2\gamma L})}\right| \text{（dB）} \tag{6.3}$$

其中，Z_k为同轴回路耦合电阻；Z_c为特性阻抗；Z_3为表示第III回路的纵向阻抗；L为电缆长度；γ为同轴回路的传输常数，$\gamma=\alpha+j\beta$。

远端串音衰减A_L定义：

$$A_L = 20\lg\left|\frac{2Z_cZ_3}{Z_k^2L}\right| + \alpha L \text{（dB）} \tag{6.4}$$

远端串音防卫度A_F定义：

$$A_F=A_L-\alpha L = 20\lg\left|\frac{2Z_cZ_3}{Z_k^2L}\right| \text{（dB）} \tag{6.5}$$

2. 串音衰减与频率和线路长度的关系

根据上述公式，可以绘出同轴对间的近端串音衰减和远端串音防卫度的频率特性曲线，如图6-23所示。为了便于对比，在该图中也描绘出对称回路之间的相关曲线族。

从曲线族显示的变化规律，在同轴对之间和对称回路之间的A_0与A_F频率特性有明显的差异，随着频率升高，在对称回路之间的电磁影响增大，故A_0和A_F值都要下降。而在同轴对间的A_0与A_F的值则都是增大的。这主要是同轴对外导体的屏蔽作用是随着频率的升高越见显著，其纵向电场（E_z）减小，对邻近回路的影响也减弱了。

对称回路之间的远端串音防卫度，在传输频段内是高于近端串音衰减（即$A_F^{对} > A_0^{对}$），而同轴对之间则是相反情况（即$A_F^{同} > A_0^{同}$）。其原因主要是对称回路之间的近端电、磁耦合的作用相加，而在远端的电、磁耦合作用相减。同轴对之间的串扰影响，无论在近端或远端，都是起因于耦合阻抗（Z_k）的影响。这样，在近端串扰部分主要是在靠近线路的始端一小段有影响；而远端的则是在接入段的全线路段都有影响。所以从图6-24可见，特性曲线波动地上升。

3. 减少串音的措施

在讨论同轴回路的传输特性时，已经指出外导体既是该回路的外导体，又是屏蔽体。同轴管具有屏蔽特性，对减小这种线型的串音影响提供了有利条件。

从图6-23和图6-24可以看出，同轴回路之间的串音衰减和防卫度的频率关系与对称电缆回路不同，那么防串音的措施也不能像对称回路那样，采取“平衡”措施来降低串音，只能从外导体的构造、厚度、材料以及它们的相互位置等方面来研究解决。目前采用2种方式：一是增加外导体的厚度，二是外导体（两端）接地法。

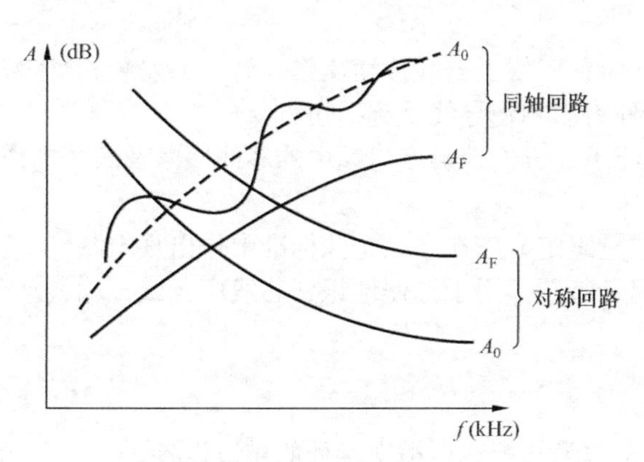

图6-23 串音衰减和防卫度的频率特性

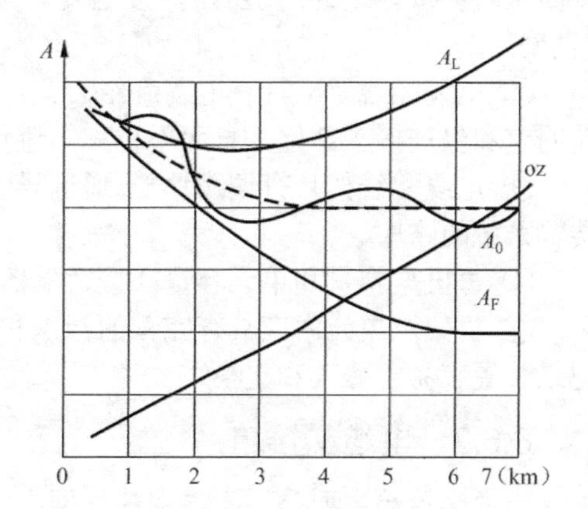

图6-24 同轴对间的A_0、A_L和A_F值随线长（L）增大而变化

6.6 电缆线路基本接口的连接设备

6.6.1 电缆配线架

电缆配线架是位于用户侧电缆和交换机用户接口之间、交换机中继接口和传输设备电口之间的配线连接设备。

1. 电缆配线架的基本结构和种类

电缆配线架从结构上主要分为对称电缆总配线架（用户侧 MDF）和同轴电缆配线架（中继侧 DDF）两种。其主要功能是一致的，起配线连接作用。

对称电缆总配线架的结构实物举例，如图 6-25 所示。同轴电缆配线架实物举例，如图 6-26 所示。DDF 的分类主要根据应用点的不同，其结构不同，在此仅供参考。

图 6-25 用户侧电缆总配线架的结构

图 6-26 中继侧电缆配线架的结构

2. 电缆配线架一般功能及要求

① 电缆配线架具有对用户侧电缆与交换机用户接口、交换机中继接口侧电缆与传输设备电接口间，选择性的跳线连接和维护测试起作非常灵活的功能，电缆开剥后，该装置能将电缆引入并固定在机架上，保护电缆及缆中导线不受损伤；固定后的电缆金属护套应可靠地连接高压防护接地装置；高压防护接地装置与机架间的绝缘，绝缘电阻应不小于 1 000MΩ/500V（直流）。

② 电缆配线架应具有电缆终结装置，该装置应便于电缆接续操作、施工、安装和维护，能固定和保护接头部位平直而不位移，避免外力影响使导线受到损伤。

③ 电缆配线架具有调线功能。通过导线能迅速方便地调度电缆中的芯线序号及改变电缆传输系统的路序。

④ 每机架容量和单元容量（按适配器数量确定）应在产品企业标准中作出规定。

⑤ 机架及单元内应具有完善的标识和记录装置，用于方便地识别芯线序号或传输线路，记录装置应易于修改和更换。

6.6.2 电缆交接箱

电缆交接箱主要是用于电缆接入网中主干电缆与配线电缆交接处的接口设备。

1. 结构与分类

电缆交接箱的结构主要由箱体、内部金属工件、对称电缆连接器及备用附件组成。

交接箱由箱体外壳、底座、接线排、跳线环、标志牌等构成，箱内右侧有供安装气压表、气门嘴、气压告警器的固定架，箱内设有与测量室联络线端子和测试线端子的位置（接线板），箱内底部设有电缆气塞接头的固定绑扎角铁架等，如图 6-27 所示。

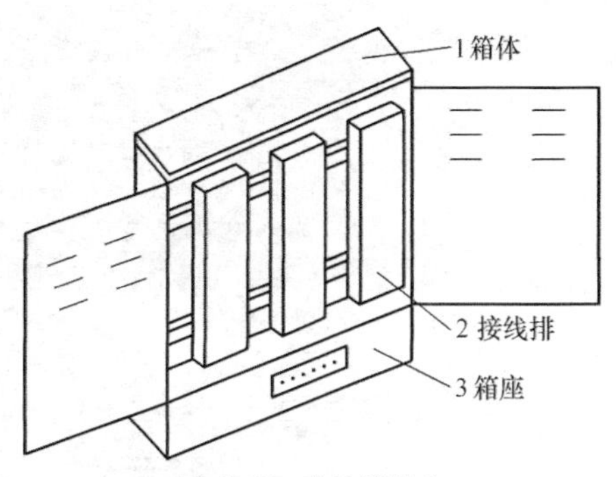

图 6-27 交接箱结构

电缆交接箱的实物结构，如图 6-28 所示。实物种类很多，在此仅供参考。按其进出线对总容量可分为 150，300，600，900，1 200，1 800，2 400，2 700，3 000 对等规格。

(a) 交接箱的实物结构

(b) 交接箱电缆测试

图 6-28 旋转卡夹式交接箱的实物结构

2. 交接箱的技术要求

（1）使用环境

环境温度要求为−55℃～+55℃，相对湿度要求为大于 95%，大气压力要求为 70～106kPa。

（2）电气性能

交接箱的电气性能如表 6-14 所示。

表 6-14 交接箱和分线盒的电气性能

电气性能	指标要求
绝缘电阻	任意两端子及任意一端与金属盒体绝缘电阻不应小于 5×10^{4} MΩ
接触电阻	导线与接线端子之间的接触电阻不应大于 5×10^{-3} Ω
抗电强度	任意两端子及任意一端与金属盒体之间承受交流电压有效值 500V，1min 内无击穿和飞弧现象

6.6.3 电缆分线盒

分线盒是用于配线电缆与用户引入电缆交接处的接口设备。分线盒设备是配线电缆的终端设备，可设置在电杆上和墙壁上，都要求牢固、端正、接地良好。

1. 结构与分类

分线盒主要是用于电缆接入网中配线线缆与用户引入线之间的接口设备。分线盒的实物结构如图 6-29 所示。

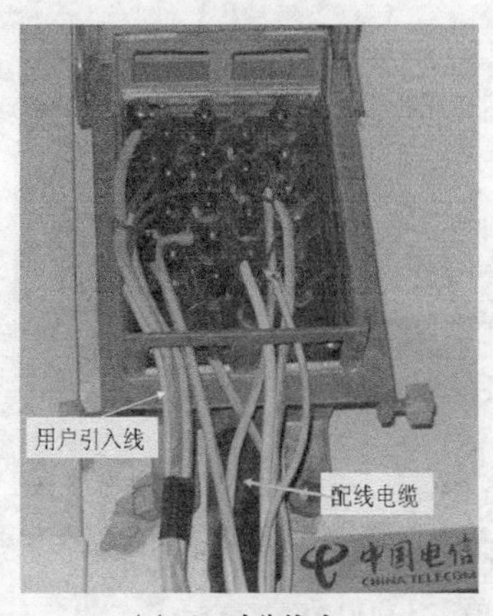

(a) 10 对分线盒

(b) 10 对分线盒内部结构

图 6-29 分线盒实物结构

按其用途不同，分线盒设备可分为电缆分线箱（筒）和电缆分线盒，如图 6-30 和图 6-31 所示。分线设备结构是由盒（箱）体、盒（箱）盖和接线排构成。

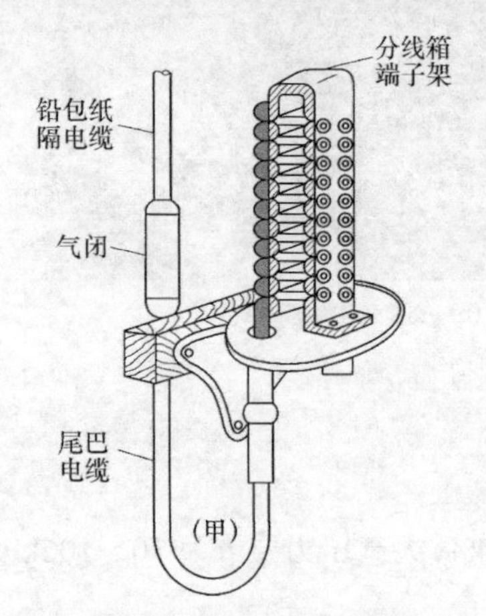

图 6-30 电缆分线箱（筒）

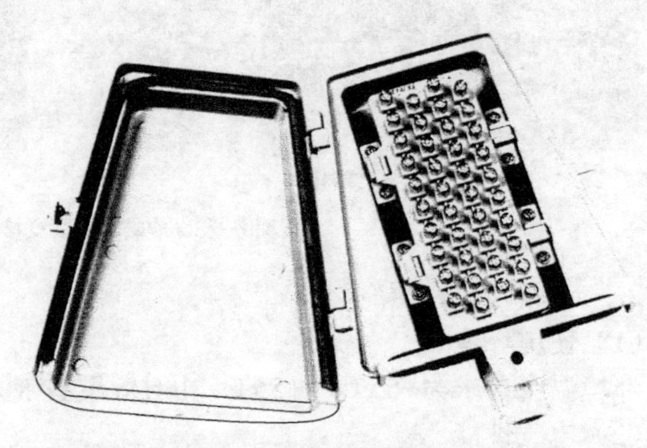
图 6-31 电缆分线盒

2. 容量规格

容量规格分为 5、10、20、30、50、100 回路线对等。

3. 分线设备的技术要求

（1）电缆分线设备使用环境

环境温度：−55℃～+55℃（室外）和−25℃～+55℃（室内）。相对湿度：小于 95%（室外）和小于 95%（室内）。大气压力：70～106kPa（室外）和 70～106kPa（室内）。

（2）分线盒（箱）的电气性能

分线盒（箱）的电气性能如表 6-14 所示。

复习题和思考题

1. 通信电缆由哪几部分组成？
2. 电缆的分类，各有哪些特点？
3. 市话对称电缆由哪几部分组成，各部分的作用是什么？

4．数据通信双绞线电缆的分类、结构和型号是什么？

5．同轴电缆的分类、结构和型号是什么？

6．对称电缆的回路有效电阻 R_1 和回路电感 L_1，它们分别由哪几部分组成？它们与芯线结构尺寸、频率有何关系？

7．对称电缆的回路电容 C_1 和回路绝缘电导 G_1，它们分别由哪几部分组成？它们与芯线直径、线间距离、频率有何关系？

8．同轴电缆的回路有效电阻 R_1 和回路电感 L_1，它们分别由哪几部分组成？它们与芯线结构尺寸、频率有何关系？

9．同轴电缆的回路电容 C_1 和回路绝缘电导 G_1，它们分别由哪几部分组成？它们与芯线直径、线间距离、频率有何关系？

10．对称电缆的色谱中，领示色的基本色谱有哪些？循环色谱有哪些？

11．解释 HYA 100×2×0.5、HYPAC 200×2×0.4、SYV 400×2×0.6 电缆型号及意义。

12．全塑对称电缆的 A 端、B 端是如何确定的？

13．减少对称电缆串音有哪些措施，其措施的基本原理是什么？

14．减少同轴电缆串音有哪些措施？其措施的基本原理是什么？

15．同轴电缆的传输特性与对称电缆相比较有什么区别？为什么？

16．交接箱和分线设备的种类和技术要求有哪些？

17．分析对称电缆与同轴电缆回路间的近端串音衰减（A_0）和防卫度（A_F）随频率（f）与线路长度（L）的变化关系，问其各自有什么特性？为什么？

第7章 接入网电缆线路工程设计

电缆线路网主要适用于用户接入网即用户线路，接入网由用户网络接口（UNI）和业务节点接口（SNI）之间的一系列传输实体（如对称电缆或光纤等接入传输媒质、线路设施和传输设备、用户/网络接口设备等）组成。新建接入网多数采用光纤光缆，本章仅讨论采用对称电缆的用户接入线路的工程设计。

7.1 接入网电缆线路工程设计

接入网电缆线路或称用户接入电缆线路由市话交换端局、经测量室总配线架（MDF）纵列、电缆进线室、管道或电缆通道、主干电缆、交接箱设备、配线电缆、分线盒、引入线至用户终端设备（如电话机）构成，如图 7-1 所示。近年来提出了“光进铜退”或“光进铜不退”的口号，这意味着电缆作为用户接入网线路的日子就要结束了。

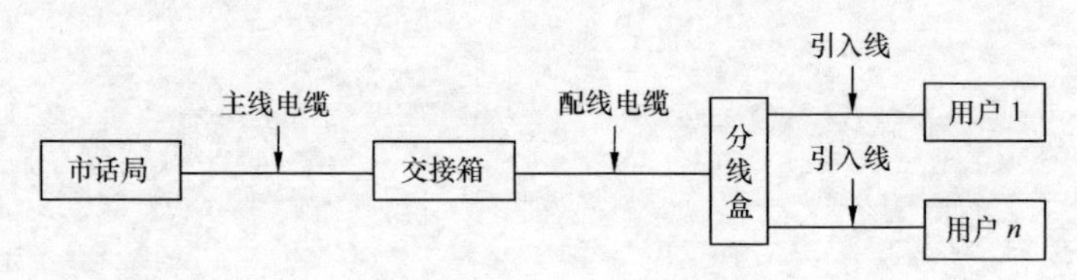

图 7-1　传统用户接入电缆线路

电缆用户接入网设计的基本要求如下。

① 应在不断适应端局内交换容量的情况下，根据对用户可以满足的程度和范围，按电缆出局方向、电缆路由或配线区，分期分批地逐步建设形成。

② 在全面规划的基础上，应考虑相应满足年限的需要，根据今后相关地区的用户需要量和发展特点，确定本工程的电缆容量和路由，使本期及以后的扩建工程技术经济合理。

③ 应考虑线路网的整体性，具有一定的通融性，安全灵活，投资节省，适应用户的发展和变动，并注意环境美化，逐步实现用户线路的隐蔽和埋入地下。

④ 在同一路由上，电缆对数应综合考虑，不宜分散设置多条小对数电缆，也不宜在原有不合理的基础上再增加新的小对数电缆。

⑤ 电缆线路建设应保持相对稳定，积极采用新技术、新设备、降低成本，满足各种新业务的要求。

7.2 主干电缆网的配线设计

主干电缆网的配线确定应该以用户的预测、交接区的划分、道路的规划等情况作为依据，既要保证用户当前需要，又能适应未来的发展，只有用这种分配芯线的方式才称作是“对电缆进行配线”。

主干电缆，又称馈线电缆，一般是300对以上的大对数电缆。配线电缆是从主干电缆的分支点或交接箱连接各分线设备的100对以下小对数电缆线路（也有用200对的）。

市内用户线路的的配线方式有直接配线、复接配线、自由配线和交接配线等几种。市内用户线路的配线设计，应根据用户分布（含近期待装用户）、用户密度、自然环境、用户到电话局的距离等进行现场调查，一般是在街道（或电信杆路）平面分布图纸上作记录，如图7-2所示。图纸上的累计用户数就是配线点的出线位置，也是分线设备容量、电缆对数等有关配线设计内容的主要原始依据。

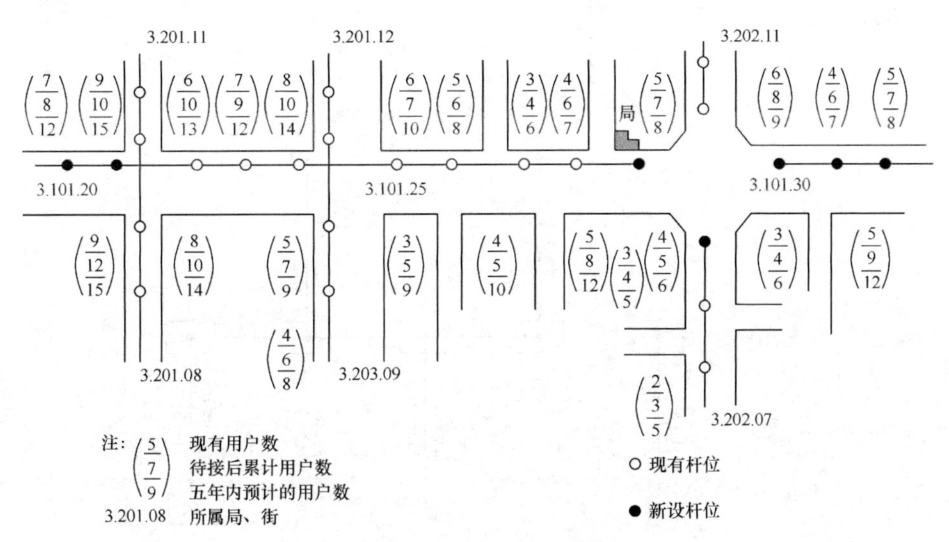

图7-2 电话用户分布示意图

为使电缆配线系统便于管理和维护，根据划分小区配线的要求，凡从主干电缆引出的每一条配线电缆，都要划分为较固定的配线服务区域。每一配线区的容量，一般以100对容量为宜（有的是50对，或150对，或200对）。

在配线区的各分线点，把配线电缆芯线按对做好成端，这种便于用户引入线连接的成端设备称为分线设备，它包括分线箱（盒）和轻便型分线盒。

分线箱（盒）的容量有10、15、20、30和50对等，都是固定安装在杆位或墙壁上的。

交接箱是安装在主干和配线电缆交接端口处的连接设备，在该箱内可以让主干和配线电缆芯线对任意连接。交接箱的容量系列有300、600、1 200、1 800和2 400对等。交接箱有落地式安装和架空式安装。

主干电缆网配线目前主要有直接配线、复接配线和交接配线3种，其配线规则如下。

7.2.1 直接配线

主干电缆网直接配线是由局内总配线架经馈线电缆延伸出局将电缆芯线通过分支器直接分配到分线设备上，分线设备之间及电缆芯线之间不复接，如图7-3所示。

7.2.2 复接配线

主干电缆网复接配线是将电缆线对复接到两个以上的配线区内，再接着分配到配线点上。这种配线方式的备用线较多（通常为15%左右），适合于发展不平衡或不稳定的配线区，使之有较高的通融性。主干电缆的复接方式分为全部复接和部分复接两种，部分复接配线如图 7-4 所示。

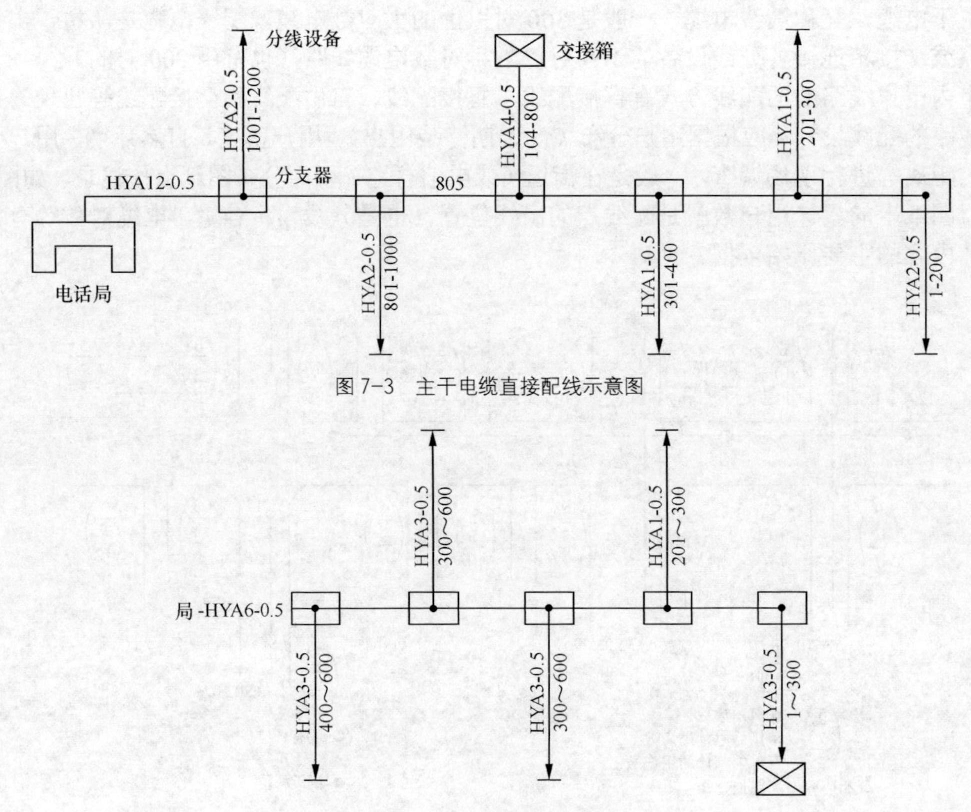

图 7-3　主干电缆直接配线示意图

图 7-4　主干电缆复接配线示意图

7.2.3　交接配线

采用交接箱通过跳线将主干电缆与配线电缆灵活连通的方式称为交接配线。在交接箱内能分隔线对，因此对障碍线对的调度、测试等维护工作都比较方便。ITU-T 建议交接配线作为主要的配线方式。

在交接配线制中，按交接方式又分为：二级电缆交接法、三级电缆交接法、缓冲交接法、环连交接法和二等交接法 5 种。下面介绍前 2 种交接配线的方法。

1. 二级电缆交接法

电缆从电话局经过交接箱到分线设备有两级电缆，自电话局到交接箱一段为主干电缆，自交接箱到分线设备一段为配线电缆。各自按不同的配线比例设计用户线，二级交接配线方式如图 7-5 所示。

二级电缆交接法的特点是：根据电缆设计的满足年限，增强了线路网的灵活性和稳定性，并且构造简单；当用户增加或者变动时，只需要在配线电缆段调整变化，从而减少局内配线架随之变化。

由于用户在某具体地点出现带有偶然性及用户的迁移等，在交接配线中，给主干电缆留有一定数量的备用线对是必要的。从电话局到交接箱这段主干电缆的备用线对一般为 7%～8%，由交接箱到分线设备这段配线电缆的备用线对一般为 15%左右。而其他配线方式的备用线对，从分线设备一直通到电话局内总配线架一般为 15%左右。两级电缆交接法能够节省主干电缆备用线对。

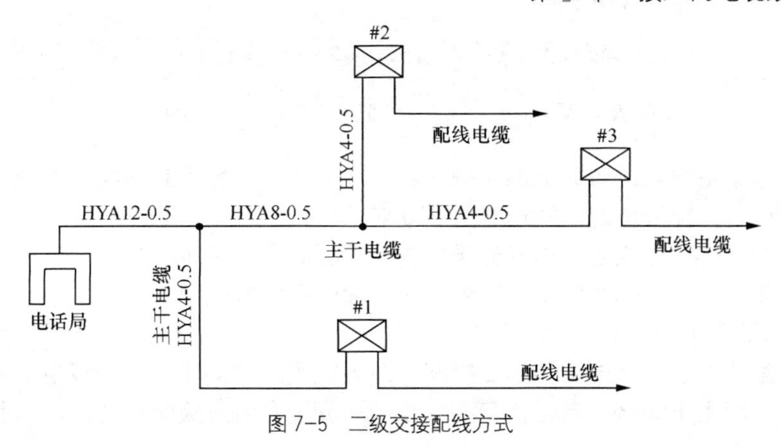

图7-5 二级交接配线方式

（1）根据用户数 N 对主干电缆配线对数 M 的估算

假设交接区内的预测用户数总为 N，则引入交接箱的主干电缆对数 M，应用概率统计学方法分析可得：

$$M = N + \gamma\sqrt{N} \tag{7.1}$$

式中，γ 为一常数，它取决于在用户接入网中电缆芯线备用线对平均值。如若引入交接箱的主干电缆芯线备用率为10%，交接箱的平均实装容量是200对，则求出 $\gamma = \sqrt{2}$。这时，式(7.1)变为

$$M = N + \sqrt{2N} \tag{7.2}$$

（2）根据每个分线设备（分线盒）的容量 N_k 对配线电缆对数 R_k 估算

假设每个分线设备的容量为 N_k，利用和式（7.1）相类似的关系式，可以求出每个分线设备所对应的配线电缆对数 R_k 为

$$R_k = N_k + \gamma_k\sqrt{N_k} \tag{7.3}$$

当交接区内有 n 个分线设备与配线电缆相配，则配线电缆总对数 R 为

$$R = nR_k = n(N_k + \gamma_k\sqrt{N_k}) \tag{7.4}$$

式中，n 为交接区内的分线设备数（并假设分线设备之间不复接）。

如果该交接区内的设计用户数为 $N=nN_k$，即

$$n=N/N_k \tag{7.5}$$

将式（7.5）代入式（7.4），则得：

$$\begin{aligned} R = nR_k &= N + \gamma_k N/\sqrt{N_k} \\ &= N + \gamma_k\sqrt{N}\sqrt{N/N_k} \end{aligned} \tag{7.6}$$

从上式可见，由于 $N > N_k$，故 $N/N_k > 1$，与式（7.1）比较得知，配线电缆的总对数要比主干电缆的对数多（即 $R > M$）。这里式（7.6）中的 γ_k 值要小于式（7.2）中 $\gamma = \sqrt{2}$ 的值。通常 γ_k 取值应不大于 1.2，换算出备用线对数。在一般情况下配线电缆备用线对取用指标为20%～30%，而主干电缆的备用线对为10%～15%。

【例 7-1】 已知某交接区内的预测用户数 N=157 户，各配线点的配线电缆接入平均每个分线设备的容量为 N_k=5，取常数 γ_k=1.2 和 $\gamma = \sqrt{2}$。试求主干电缆和配线电缆的实用对数。

解：根据式（7.2）和式（7.6），代入题设已知条件计算出结果为

$$M = N + \gamma\sqrt{N} = 157 + \sqrt{2\times 157} \approx 174.7$$

$$R = N + \gamma_k N / \sqrt{N_k} = 157 + 1.2\times\frac{157}{\sqrt{5}} \approx 241$$

参考我国市话电缆芯线对数标准系列，从上述计算值换算得到的实用对数为：主干电缆的实用对数200对；配线电缆的实用对数250对。

这种二级交接配线方式是国内当前推广的交接配线中的基本方式。凡属中等以上容量的市话局就可以采用以交接配线为主，直接配线为辅的配线方式。

2. 三级电缆交接法

此种交接配线方法，自电话局到交接间（即大容量的交接箱）为一级主干线路，自交接间到交接箱为二级主干线路，自交接箱到分线箱或分线盒为三级配线线路，如图7-6所示。

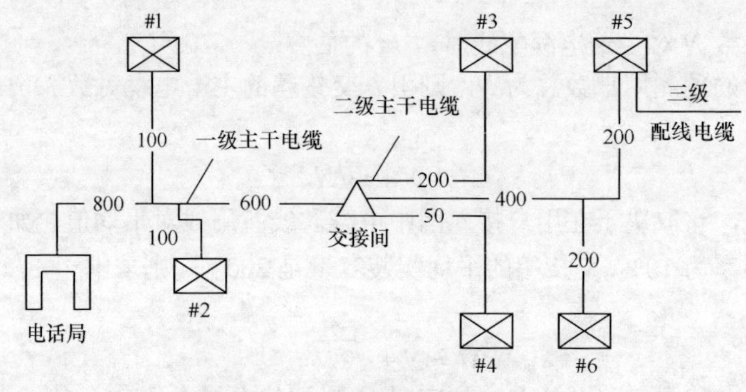

图7-6 三级电缆交接配线图

三级电缆交接法，用于容量较大并且距局较远的线路时，具有较大的技术经济优越性。

三级电缆交接配线方式的各级缆芯线对数估算如下。

各二级主干电缆的对数估算式与式（7.1）相似：

$$M_i = N_i + \gamma\sqrt{N_i} \tag{7.7}$$

其中，下标 i 表示第 i 个交接区，N_i 就是第 i 个交接区的预计用户数，M_i 就是第 i 个交接箱的二级主干电缆理论计算对数，则二级主干电缆芯线实用总对数的计算式为

$$M_{\text{II}} = \sum_{i=1}^{n} M'_i \tag{7.8}$$

式中，M'_i 为第 i 个交接箱二级主干电缆芯线实用对数。

一级主干电缆芯线的理论计算对数为

$$M_{\text{I}} = \sum_{i=1}^{n} N_i + \gamma\sqrt{\sum_{1}^{n} N_i} \tag{7.9}$$

式中，n 为交接间所属的交接箱（区）个数。

【例7-2】 参照图7-7所示的配线分布和各交接区预测用户数：N_1=172户，N_2=152户，N_3=83户，N_4=114户，常数 $\gamma=\sqrt{2}$。根据式(7.7)求出各二级主干电缆理论计算对数为 M_1=191对、M_2=169对、M_3=96对、M_4=161对，实用二级主干电缆对数为 M'_1=200对、M'_2=200对、M'_3=100对、M'_4=200对，M_i 为理论计算对数。预计所需二级主干电缆实际对数为700对。而一级主干电缆实用对数，应用式（7.9），经选用后为600对。

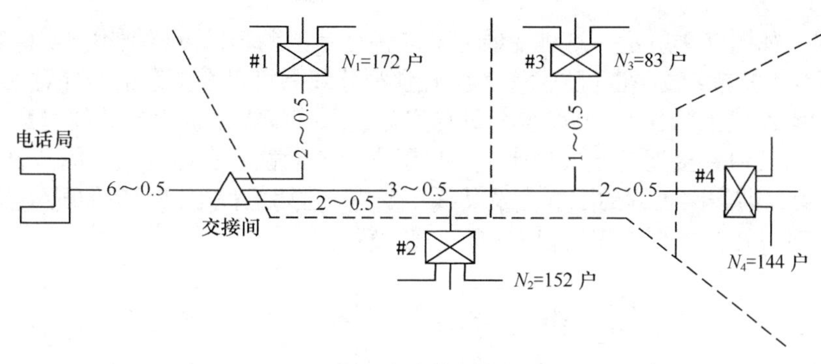

图 7-7 三级交接法例题用图

7.3 配线电缆网的配线设计

配线电缆网的配线主要负责把主干电缆的芯线资源在地域上进行合理分布与覆盖。其配线方法有直接配线、自由配线、复接配线和交接配线 4 种。

7.3.1 直接配线

直接配线是把电缆芯线直接分配到分线设备上，分线设备之间不复接，彼此之间没有通融性。直接配线如图 7-8 所示。

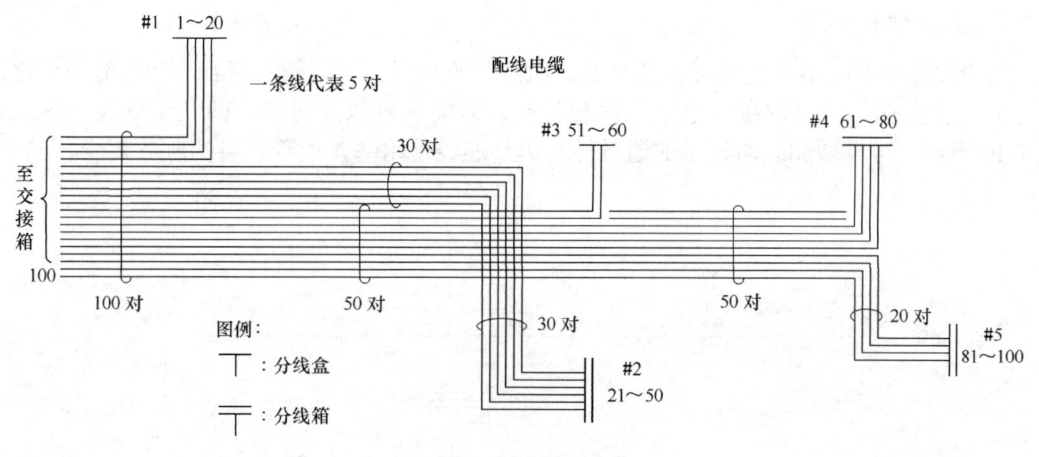

图 7-8 直接配线

图 7-8 所示是一个直接配线的例子。图中 100 对配线电缆（线序 1～100）自交接箱至#1 号分线盒 20 对（线序 1～20），然后递减为 80 对，分为两条电缆（50 对及 30 对电缆各一条）。其中一条 30 对电缆至#2 号分线箱 30 对（线序 21～50）为止，另一条 50 对电缆接入#3 号分线盒 10 对（线序 51～60）后，仍为一条 50 对电缆，它在 3 号盒的接头处将线序 51～60 的芯线切断（交接箱侧芯线接至#3 号盒，另一侧芯线可在接头处作甩线处理），这实际上相当于递减一条 40 对的电缆，即 50 对电缆只能当 40 对用。该 50 对电缆至#4 号分线箱 20 对，将线序 61～80 的线对接至箱内，然后递减为 20 对电缆并接至#5 号分线箱 20 对（线序 81～100）。就这样把 100 对电缆用直接配线的方式，将全部芯线在一个配线区内分配完毕。

7.3.2 自由配线

自由配线是直接配线的另一种形式，是近几年来为推广使用全塑色谱对称电缆而研究出的一种新方式，如图 7-9 所示。这种配线方式的特点是电缆芯线可根据用户实际需要能随时引出，电缆芯线不复接，线序也可以不连续，轻便型分线盒可以在电缆沿线任意地点安装（含在杆档之间的钢绞线上附挂），分线盒容量与实际接入接线端子板上的芯线对数也可以不一样。这些安排与其他直接配线方式相比，突出了它的灵活性，自由度大。图 7-9（a）、（b）表示第一期、第二期线路工程的配线点及其线序安排。前期工程中已无用的配线点可以拆除，新的配线点就可以在第二期工程只根据实际需要设置。

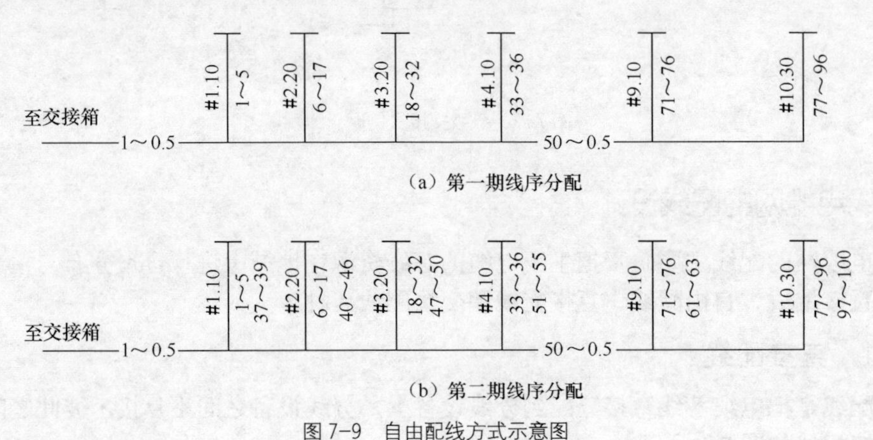

图 7-9　自由配线方式示意图

7.3.3　复接配线

用户发展的情况不是完全可以预测的，而线路的布置又不可能考虑到一切可能的变化。为适应这种变化，一定数量的电缆芯线相复接，即同一对线同时接入两三个分线设备，如图 7-10 所示，可以增加线路设备的通融性，提高芯线使用率，改善设备的服务效能。

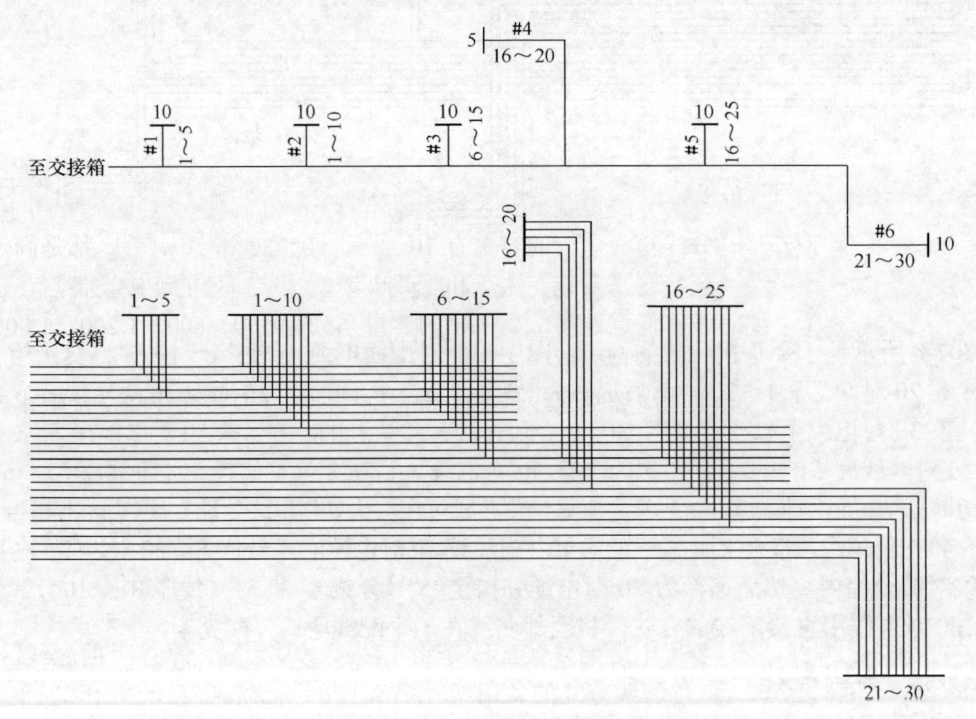

图 7-10　复接配线示意图

7.3.4 交接配线

交接配线法，一般适用于用户密集区域，其范围是由交接箱配出若干条配线电缆，以每100 对电缆所覆盖的地区作为一个交接配线区，将线序直接分配至各分线箱（盒）设备上，配线区芯线利用率在 70%左右。

7.4 衰减受限下的用户线路设计

用户线路设计是指电缆用户接入网的设计。这里根据全程电话网传输衰减分配进行用户线路设计，此仅限于对语音信号的效果来讨论。在电话网中，全程传输衰减必须限制于某一最大值，才能使通话双方能够听到足够响亮的声音。若保证任意两地用户相互通话清楚，则要求发送端的话机输出功率（P_1）为 1mW，接收端话机灵敏度（P_2）为 1μW 时，此时可推出的语音线路中容许最大衰减值为

$$A = 10\lg\left|\frac{P_1(\text{mW})}{P_2(\text{mW})}\right| = 10\lg\left|\frac{1}{1\times10^{-3}}\right| \approx 30\text{dB}$$

根据正常人耳的听觉测定结果，得到任何两个电话用户之间话路衰减值与实际通话质量的关系，如表 7-1 所示。

表 7-1　　正常人耳的听觉效果评价等级

话路中传输衰减（dB）	8.687	17.4	26.0	34.7	43.4
语音的实际效果评价	很好	好	完全满意	不完全满意	不满意

7.4.1 全程电话网传输衰减的分配

一个通话连接的全程传输衰减允许值为长途数字电话网全程允许传输衰减不大于 22dB（市内连接此值为 18.5dB），用户接入网允许传输衰减不大于 7dB。据有关部门的调查统计显示，我国用户线路的长度分布规律为 95%距离市话端局在 5km 以内，根据话机水平和市内电话、长途电话全程的现状条件，参照 ITU-T 建议，提出了我国长途电话自动拨号网传输衰减限值分配标准方案。

1. 长途数字电话网全程衰减限值分配

长途数字电话网的任意两用户之间最大的连接全程衰减不大于 22dB，如图 7-11 所示。

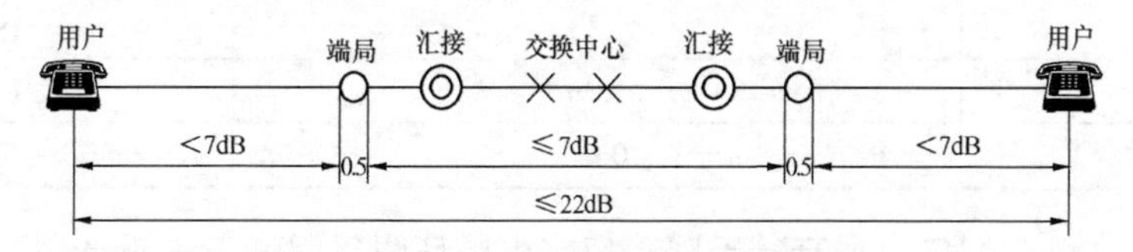

图 7-11　国内长途数字电话网全程传输衰减分配

该系统做过汉语单字清晰度实验，评定的清晰度达到 88%。据此，可以认为该话路系统是令人满意的。在实际操作中为了方便，传输衰减限值分配也可以如图 7-12 所示。

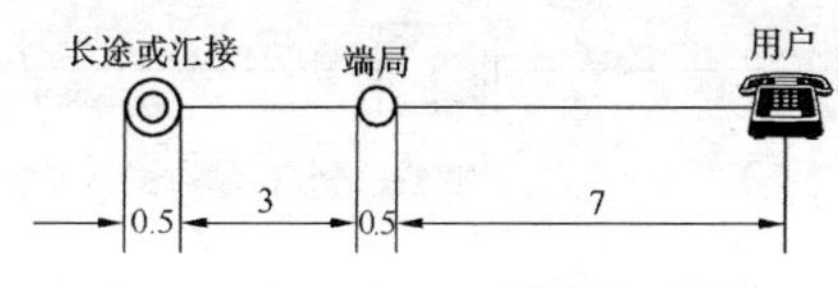

图 7-12　长途至端局传输衰减分配（dB）

2. 本地数字电话网传输衰减限值分配

基于市话网中采用非加感电缆线路，以800Hz时的传输衰减为条件，两分局之间中继线路的衰减不大于3.5dB，用户电缆线路衰减不大于7dB，如图7-13所示。

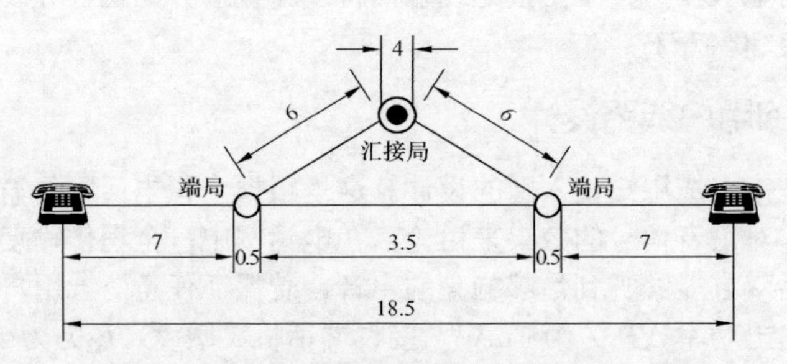

图7-13 本地数字电话网中的传输衰减分配（dB）

7.4.2 衰减受限下的用户线路设计实例

根据传输距离的衰减受限和电缆环阻受限下两者的最大传输距离可按下式估算。

电缆衰减受限下的传输距离估算为

$$L_1 = \frac{7\text{dB}}{\alpha\ \text{dB/km} \times 1.01} \quad (\text{km})$$

式中，α为各种线径电缆在800Hz频率的衰减系数，1.01为电缆的绞合系数。

电缆环阻受限下的传输距离估算为

$$L_2 = \frac{1300\Omega}{R_L\Omega/\text{km} \times 1.01} \quad (\text{km})$$

式中，R_L为各种线径电缆环阻；R_L为两条导线连成环形回路的每千米的直流电阻；1.01为电缆的绞合系数。最大传输距离为L_1与L_2相比较小的值。各种线径的800Hz下衰减系数和电缆环阻如表7-2所示。

表7-2 各种线径电缆衰减系数和电缆环阻

电缆线径（mm）	800Hz衰减系数α（dB/km）	环阻R_L（Ω/km）
0.32	2.10	472.0
0.40	1.64	296.0
0.50	1.33	190.0
0.60	1.06	131.6
0.80	0.67	73.2

为了简单，这里介绍仅根据衰减受限（忽略电缆环阻受限）下来设计用户线路的实例。假设用户线路的主干电缆二级交接配线分布，如图7-14所示。为了保证该线路段的允许衰减值为4.34dB的要求，选出两个分配方案进行比较。

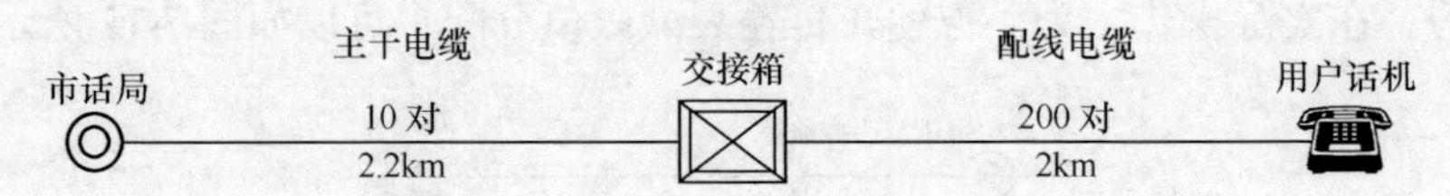

图7-14 用户电缆线路分布示意图

下面给出两个不同的衰减分配限制方案。

方案1：市话局至交接箱的主干电缆线衰减为1.7dB，用户配线衰减为2.64dB。

方案2：市话局至交接箱的主干电缆衰减为2.64dB，用户配线衰减为1.7dB。

为了计算上述工程方案，用表7-3列出3类全塑对称电缆相关参数。需说明的是不同信号频率下，其电缆衰减系数α是不同的。另外，对称电缆的工程单价（元/对千米）也是根据电缆对数不同，每对每千米价格不同，通常同型号大对数电缆的平均每对每千米价格低于对数少的电缆，如10对0.4线径HYA对称电缆价格为4 457.6元/km（或445.76元/对千米），而300对0.4线径HYA对称电缆价格为42 672元/km（或142.24元/对千米）。

表7-3　全塑市话对称电缆参考数据

全塑市话对称电缆	线径（mm）	0.4	0.5	0.6	0.7	0.9	备注
	α（dB/km）	1.64	1.33	1.06	0.903	0.77	测试条件800Hz
最大通话距离（km）	$L=\frac{4.34\text{dB}}{\alpha\text{dB/km}\times1.01}$	2.62	3.23	4.05	4.62	5.58	TD/T 322-1996标准
限额（km）	$L=\frac{7\text{dB}}{\alpha\text{dB/km}\times1.01}$	4.23	5.21	6.54	7.68	9.00	现行标准
铜导线单位重量（千克/对千米）		2.2	3.5	5.0	6.8	11.3	
工程单价（元/对千米）		142.24	212.35	291.42	388.01	545.70	以300对为例

根据上述两个方案的设计核算其结果，列入表7-4中。所得结果说明方案1的工程总费用比方案2的要少64 669.84元，并且耗铜量也要少1 181.4kg。

表7-4　用户线路衰减设计方案对比表

工程方案	方案1		方案2	
分类	用户干线电缆	用户配线电缆	用户干线电缆	用户配线电缆
衰减分配（dB）	1.7	2.64	2.64	1.7
衰减平均值（dB/km）	$\frac{1.7}{2.2}\approx0.77$	$\frac{2.64}{2}=1.32$	$\frac{2.64}{2.2}=1.2$	$\frac{1.7}{2}=0.85$
需用线径（mm）	0.9	0.5	0.6	0.7
对公里数	22	400	22	400
工程单价（元/对千米）	545.70	212.35	291.42	388.01
费用小结（元）	12 005.40	84 940.00	6 411.24	155 204.00
总费用（元）	96 945.40		161 615.24	

7.5　接入网电缆线路工程设计文件编制举例

本小节为设计文件的编制举例，给出某地区新世纪花园接入线路工程一阶段设计报告。

7.5.1　设计文件的封面编制

1．文件封面的内容

“某地区新世纪花园接入线路工程一阶段设计”，设计编号为“2011-CQLT0040-S(006V0)”，建设单位为“××公司”，设计单位为“信科设计院”，设计证书为“A150002936”，勘察证号为“412010-kj”。最后盖上设计单位公章。

2. 文件扉页的内容

“某地区新世纪花园接入电缆线路工程一阶段设计”，主管为“赵××”、总工程师为“张××”、设计总负责人为“李××”、单项设计负责人为“王××”、设计人为“黄××”、审核人为“彭××”、证号为“通信（概）字221546”，预算编制人为“侯××”、证号为“通信（概）字220745”。

7.5.2 设计文件的正文内容编制

1. 设计说明

（1）工程概况

本工程设计是紧邻部新世纪大道南北两边的用户，包括23个自然村，有人口6000余户。

近年来，随着电信事业的发展和电话的普及，该区群众对电话的需求愈来愈迫切，为解决该区群众装电话难的问题，××电信局立项：××寨（ONU）用户电缆线路工程。

本工程共出局6000对线，分为1条2400对主干电缆、2条1000对主干电缆、1条800对主干电缆、2条600对主干电缆、1条400对主干电缆、1条300对主干电缆、1条300对直接配线电缆、1条200对直接配线电缆、3条100对直接配线电缆、1条20对直接配线电缆。考虑未来发展的需要，配线与用户比率125%即备用线25%。

本工程总造价为1 313 284.00元。其中，直接工程费造价为1 196 890.00元，工程建设其他费用造价为65 883.00元，预备费造价为50 511.00元。

（2）设计依据

某市电信局致××公司关于“某地区新世纪花园接入线路工程一阶段设计”的设计委托书；

YD 5102-2010《通信线路工程设计规范》和 YD 5121-2010《通信线路工程验收规范》；

YD 5039-2009《通信工程建设环境保护技术暂行规定》。

（3）设计范围及阶段

本工程设计范围是在xx寨机房设立ONU点，电缆线路覆盖家属院、小学、幼儿园、新世纪花园、锦绣园物业楼、妇幼保健站、计生委、xx寨六、七队等行政（自然）村。

本单项工程设计为一阶段设计。

（4）工程建设规模

本次工程共敷设电缆5.107公里，均选用HYA型0.4mm的电缆，其中管道电缆敷设5.101公里，直埋电缆敷设0.006公里。墙壁暗管电缆敷设（22.98+0.4）的100米条。

（5）主要工程量

列举电缆的主要工作量，如表7-5和表7-6所示。

表7-5 主要工作量统计表1

项目		单位	数量
敷设管道电缆	HYA2400/1000×2×0.4	1 000米条	0.499/1.071
	HYA800/600×2×0.4		0.098/0.099
	HYA500/400×2×0.4		0.565/0.031
	HYA300/200×2×0.4		0.127/0.392
	HYA100/50×2×0.4		0.261/1.288

续表

项目		单位	数量
敷设管道电缆	HYA30/20×2×0.4	1 000 米条	0.11/0.234
	HYA10×2×0.4		0.326
敷设直埋电缆	HYA2400×2×0.4		0.006
敷设墙壁暗管电缆	HYA20×2×0.4	100 米条	22.98
	HYA10×2×0.4		0.4

表 7-6　　主要工作量统计表 2

项目		单位	数量
布放总配线架 MDF 成端 2400×2		条	1
电缆芯线接续　模块		100 对	20.06
电缆芯线接续　接线子			20.06
电缆全程测试			24
封焊热可缩套管	RSBAF50/18-400	条	9
	RSBAF60/22-500		9
	RSBAF75/25-500		4
	RSBAF92/30-500		5
	RSBAF122/38-500		5
	RSBAF200/65-500		2
挖夯填电缆沟		$100m^3$	0.03
破人孔墙洞		处	1

（6）有关问题的说明

管道电缆敷设和直埋电缆敷设有关要求参阅第 5 章。

2. 其他内容

其他内容包含工程建设方案、电缆线路敷设要求、系统验收、电缆线路防护要求与措施、节能环保等，请参看第 4 章的 4.3.2 小节“设计文件的编制举例”，不多叙述。

3. 设计图纸

××新世纪花园配线电缆施工图 1

××新世纪花园配线电线施工图 2

××新世纪花园配线电缆施工图 3

7.5.3　××局市话电缆工程预算编制举例

1. 预算编制说明及依据预算表格

本设计为主要工作量有敷设管道电缆 5.25 千米条，穿放楼内暗管电缆 23.38 百米条。预算总价值 1 396 995 元。其中建设安装工程费为 1 275 585.78 元，工程建设其他费用为 67 678.17 元，预备费用为 53 730.56 元。总工日 626.36，其中技工工日 385.84，普工工日 240.52。

有关预算编制依据、费率的取定等参看 3.5.4 小节，不再赘述。

2. 预算表格

工程概、预算总表（表一）

建设项目名称：××——××段电缆传输系统工程

工程名称：××局市话电缆线路工程　　　　建设单位名称：×××　　　　表格编号：B1　第 全 页

序号	表格编号	工程或费用名称	概、预算价值（元）或外币（）							
			小型建筑工程费	需要安装的设备费	不需安装的设备、工器具费	建筑安装工程费	其他费用	预备费	总价值	
			（元）						人民币（元）	其中外币（）
Ⅰ	Ⅱ	Ⅲ	Ⅳ	Ⅴ	Ⅵ	Ⅶ	Ⅷ	Ⅸ	Ⅹ	Ⅺ
1		工程费				1 275 585.78			1 275 585.78	
2		工程建设其他费用					67 678.17		67 678.17	
3		小计				1 275 585.78	67 678.17		1 343 263.95	
4		预备费用（小计×4%）						53 730.56		
5		单项工程费用合计				1 275 585.78	67 678.17	53 730.56	1 396 995	

设计负责人：×××　　　　审核：×××　　编制：×××　　　　编制日期：×年×月

建筑安装工程费用概、预算表（表二）

工程名称：××局市话电缆线路工程　　建设单位名称：×××　　表格编号：B2　第 全 页

序号	费用名称	依据和计算方法	合计（元）
Ⅰ	Ⅱ	Ⅲ	Ⅳ
	建筑安装工程费	一+二+三+四	1 275 585.78
一	直接费	（一）+（二）	1 212 908.96
（一）	直接工程费	1+2+3+4	1 199 780.21
1	人工费	技工费+普工费——来自（表三）甲	22 406.2
（1）	技工费	技工工日×48 元/工日	18 520.32
（2）	普工费	普工工日×19 元/工日	3 885.88
2	材料费	主要材料费+辅助材料费	1 175 179.31
（1）	主要材料费	来自（表四）甲	1 119 218.39
（2）	辅助材料费	主要材料费×5%	55 960.92
3	机械使用费	来自（表三）乙	38.30
4	仪表使用费	来自（表三）丙	2 156.4
（二）	措施费	1+2+…+16	13 128.75
1	环境保护费	人工费×1.5%	336.1
2	文明施工费	人工费×1.0%	224.06
3	工地器材搬运费	人工费×5%	1 120.31
4	工程干扰费	人工费×6%	1 344.37
5	工程点交、场地清理费	人工费×5%	1 120.31
6	临时设施费	人工费×10%	2 240.6
7	工程车辆使用费	人工费×6%	1 344.37
8	夜间施工增加费	人工费×3%	672.19
9	冬雨季施工增加费	人工费×2%	448.1
10	生产工具用具使用费	人工费×3%	672.19
11	施工用水电蒸汽费	给定	1 000.0
12	特殊地区施工增加费	总工日【来自（表三）甲】×3.20 元	1 889.15
13	已完工程及设备保护费	给定	464.0
14	运土费	不计	
15	施工队伍调遣费	给定	253.0
16	大型施工机械调遣费	不计	
二	间接费	（一）+（二）	13 891.84
（一）	规定费用	1+2+3+4	7 169.98
1	工程排污费	政府部门相关规定（不计）	
2	社会保障费	人工费×26.81%	6 007.1
3	住房公积金	人工费×4.19%	938.82
4	危险作业意外伤害保险费	人工费×1%	224.06

续表

序号	费用名称	依据和计算方法	合计（元）
（二）	企业管理费	人工费×30%	6 721.86
三	利润	人工费×30%	6 721.86
四	税金	（直接费+间接费+利润）×3.41%	42 063.12

设计负责人：×× 审核： ×× 编制： ×× 编制日期：×年×月

建筑安装工程费用概、预算表（表三）甲

工程名称：××局市话电缆线路工程 建设单位名称：××× 表格编号：B3J 第1页

序号	定额编号	项目名称	单位	数量	单位定额值		合计值（工日）	
					技工	普工	技工	普工
Ⅰ	Ⅱ	Ⅲ	Ⅳ	Ⅴ	Ⅵ	Ⅶ	Ⅷ	Ⅸ
1	TXL1-002	施工测量电（光）缆	100m	75.88	1.10		83.47.	
2	TXL2-009	挖夯填电（光）缆沟及接头坑（硬土）	100m^3	0.03		69.00		2.07
3	TXL2-038	敷设埋式市话电缆（600对以上）	1 000米条	0.06	13..86	37.46	0.83	2.25
4	TXL4-082	人工敷设管道电缆（200对以下）	1 000米条	2.62	11.76	20.03	30.81	52.48
5	TXL4-083	人工敷设管道电缆（400对以下）	1 000米条	0.22	13.94	23.74	3.07	5.22
6	TXL4-084	人工敷设管道电缆（800对以下）	1 000米条	0.77	17.79	30.26	13.70	23.30
7	TXL4-085	人工敷设管道电缆（1200对以下）	1 000米条	1.08	21.63	36.83	23.36	39.78
8	TXL4-087	人工敷设管道电缆（2400对以下）	1 000米条	0.50	28.84	49.11	14.42	24.56
9	TXL4-106	穿放楼内暗管电缆（200对以下）	1 00米条	23.38	2.00	2.00	46.76	46.76
10	TXL4-118	布放总配线架MDF成端（2400对以下）	条	1.00	30.72		30.72	
11	TXL4-132	打人（手）孔墙洞（3孔以上）	处	1.00	0.54	0.54	0.54	0.54
12	TXL5-041	塑隔电缆芯线接续接线子0.6mm以下	100对	20.08	1.10		22.09	
13	TXL5-042	塑隔电缆芯线接续模块0.6mm以下	100对	75.50	0.66		49.83	
14	TXL5-063	封焊热可缩套管（ϕ30×900以下）	个	9.00	0.56	0.14	5.04	1.26

设计负责人：××× 审核：××× 编制：××× 编制日期： ×年×月

建筑安装工程费用概、预算表（表三）甲

工程名称：××局市话电缆线路工程　　建设单位名称：×××　　表格编号：B3J　　第 2 页

序号	定额编号	项目名称	单位	数量	单位定额值		合计值（工日）	
					技工	普工	技工	普工
Ⅰ	Ⅱ	Ⅲ	Ⅳ	Ⅴ	Ⅵ	Ⅶ	Ⅷ	Ⅸ
15	TXL5-064	封焊热可缩套管（ϕ70×900 以下）	个	9.00	0.72	0.18	6.48	1.62
16	TXL5-065	封焊热可缩套管（ϕ90×900 以下）	个	5.00	0.96	0.24	4.80	1.20
17	TXL5-066	封焊热可缩套管（ϕ110×900 以下）	个	6.00	1.12	0.28	6.72	1.68
18	TXL5-067	封焊热可缩套管（ϕ1300 以下）	个	3.00	1.28	0.32	3.84	0.96
19	TXL5-069	封焊热可缩套管（ϕ170×900 以下）	个	1.00	1.60	0.40	1.60	0.40
20	TXL5-070	封焊热可缩套管（ϕ180×900 以下）	个	1.00	1.76	0.44	1.76	0.44
21	TXL5-091	配线电缆全程测试	100 对	24.00	1.50		36.00	
		小计					385.84	204.52

设计负责人：×××　　审核：×××　　编制：×××　　编制日期：×年×月

建筑安装工程机械使用费概、预算表（表三）乙

工程名称：××局市话电缆线路工程　　建设单位名称：×××　　表格编号：B3Y　第 全 页

序号	定额编号	项目名称	单位	数量	机械名称	单位定额值		合计值	
						数量（台班）	单价（元）	数量（台班）	单价（元）
Ⅰ	Ⅱ	Ⅲ	Ⅳ	Ⅴ	Ⅵ	Ⅶ	Ⅷ	Ⅸ	Ⅹ
1	TSD5-012	敷设室内接地母线	10 米	6	交流电焊机	0.11	58.00	0.66	38.3
2									
		合计						0.66	38.3

设计负责人：×××　　审核：××　　编制：××　　编制日期：×年×月

建筑安装工程仪表使用费概、预算表（表三）丙

工程名称：××局市话电缆线路工程　　建设单位名称：×××　　表格编号：B3Z　第 全 页

序号	定额编号	项目名称	单位	数量	仪表名称	单位定额值		合计值	
						数量（台班）	单价（元）	数量（台班）	单价（元）
Ⅰ	Ⅱ	Ⅲ	Ⅳ	Ⅴ	Ⅵ	Ⅶ	Ⅷ	Ⅸ	Ⅹ
1	TSD5-015	接入网电阻测试	组	6.00	仪表费基价	250.0	1.00	1 500.0	1 500.0
2	TX L1-002	埋式电缆工程测试	百米	75.88	地下管线探测仪	0.050	173.0	3.79	656.4
3									
4									
5									
6									
7									
8									
9									
		合计						1 503.8	2 156.4

设计负责人：×××　　审核：××　　编制：××　　编制日期：×年×月

国内器材概、预算表（表四）甲

单项工程名称：××局市话电缆线路工程　　建设单位名称：×××　表格编号：B4　第1页

序号	名称	规格程式	单位	数量	单价（元）	合计（元）	备注
Ⅰ	Ⅱ	Ⅲ	Ⅳ	Ⅴ	Ⅵ	Ⅶ	Ⅷ
1	市话电缆	HYA10×2×0.4	m	450.00	2.50	1 125.0	电缆
2	市话电缆	HYA100×2×0.4		300.00	9.80	2 940.0	
3	市话电缆	HYA1000×2×0.4		1 100.0	77.00	84 700.0	
4	市话电缆	HYA20×2×0.4		3 200.0	3.60	11 520.0	
5	市话电缆	HYA200×2×0.4		420.0	17.00	7 140.0	
6	市话电缆	HYA2400×2×0.4		5 350.0	170.00	909 500.0	
7	市话电缆	HYA30×2×0.4		130.0	4.30	559.0	
8	市话电缆	HYA300×2×0.4		200.0	24.00	4 800.0	
9	市话电缆	HYA400×2×0.4		45.0	31.00	1 395.0	
10	市话电缆	HYA50×2×0.4		1 500.0	6.00	9 000.0	
11	市话电缆	HYA500×2×0.4		590.0	38.00	22 420.0	
12	市话电缆	HYA600×2×0.4		110.0	44.00	4 840.0	
13	市话电缆	HYA8600×2×0.4		105.0	60.00	6 300.0	
14	（14）小计					1 066 239.0	
15	供销部门手续费（14）×1.8%					19 192.30	
16	采购及保管费（14）×1.0%					10 662.39	
17	采购及保管费（14）×0.1%					1 066.24	
18	合计①					1 097 159.93	
19	PVC胶带		盘	0.90	6.00	5.40	电缆配件
20	电缆托盘		块	550.0	1.70	935.00	
21	电缆托盘穿钉	M16	副	550.0	5.20	2 860.0	
22	镀锌铁线	ϕ1.5mm	公斤	1.50	6.50	9.75	
23	镀锌铁线	ϕ3.0mm	公斤	6.00	6.16	36.96	
24	镀锌铁线	ϕ4.0mm	公斤	15.00	6.16	92.40	
25	二线接线子		100只	11.00	150.0	1 650.0	
26	分歧卡	小号	只	79.00	2.50	197.50	
27	分歧卡	中号	只	52.00	3.60	187.20	
28	分歧卡	大号	只	2.00	5.60	11.20	
29	户外电话线		百米	2.40	45.00	108.0	
30	接线模块		块	70.00	14.00	980.00	
31	托盘塑料垫		块	550.00	2.00	1 100.0	

设计负责人：×××　　审核：×××　　编制：×××　　编制日期：×年×月

国内器材概、预算表（表四）甲

单项工程名称：×××局市话电缆线路工程　建设单位名称：×××　表格编号：B4　第2页

序号	名称	规格程式	单位	数量	单价（元）	合计（元）	备注
Ⅰ	Ⅱ	Ⅲ	Ⅳ	Ⅴ	Ⅵ	Ⅶ	Ⅷ
32	（32）小计					8 173.41	电缆配件
33	供销部门手续费（32）×1.8%					147.12	
34	采购及保管费（32）×1.0%					81.73	
35	运输保险费（32）×0.1%					8.17	
36	合计②					8 410.43	
37	热缩端冒（不带气门）SD	RSM-40/15	套	2.00	6.70	13.40	热缩套管
38	热缩套管　RSBAF-100/37	−500	套	2.00	660.0	1 320.0	
39	热缩套管　RSBAF-122/38	−500	套	3.00	660.0	1 980.0	
40	热缩套管　RSBAF-160/55	−500	套	1.00	780.0	780.0	
41	热缩套管　RSBAF-200/65	−500	套	1.00	960.0	960.0	
42	热缩套管　RSBAF-75/25	−500	套	3.00	480.0	1 440.0	
43	热缩套管　RSBAF-85/30	−500	套	8.00	580.0	4 640.0	
44	热缩套管　RSBAF-92/30	−500	套	3.00	580.0	1 740.0	
45	热缩套管　RSBAF-60/22	−500	套	7.00	56.0	390.0	
46	热缩套管附件	PC-700	只	6.00			
47	（47）小计					13 263.4	
48	供销部门手续费（47）×1.8%					238.74	
49	采购及保管费（47）×1.0%					132.63	
50	运输保险费（47）×0.1%					13.26	
51	合计③					13 648.03	
	总计（合计①～合计③）					1 119 218.39	

设计负责人：×××　　审核：×××　　编制：×××　　编制日期：×年×月

工程建设其他费用概、预算表（表五）甲

单项工程名称：×××局市话端别缆线路工程　　建设单位名称：×××　　表格编号：B5　第 全 页

序号	费用名称	计算依据及方法	金额（元）	备注
Ⅰ	Ⅱ	Ⅲ	Ⅳ	Ⅴ
1	建设用地及综合赔补偿	不计		
2	建设单位管理费	给定	11 968.90	
3	可行性研究费	给定		
4	研究试验费	不计		
5	勘察设计费	给定	52 717.04	
6	环境影响评价费	不计		
7	劳动安全卫生评价费	不计		
8	建设工程监理费	不计		

续表

序号	费用名称	计算依据及方法	金额（元）	备注
I	II	III	IV	V
9	安全生产费	给定		
10	工程质量监督费	给定	1 795.34	
11	定额编制管理费		1 196.89	
12	引进技术及引进设备其他费用	不计		
13	工程保险费	给定		
14	工程招标代理费	不计		
15	专利及专利技术使用费	不计		
16	生产准备及开办费（运营费）	不计		
	总计		67 678.17	

设计负责人：×××　　审核：×××　　编制：×××　　编制日期：×年×月

复习题和思考题

1．按规定交换局至用户之间传输衰减是多少？

2．用户电缆线路分布如图7-15所示。用户线路的衰减限额7dB，参照7.4.2小节例题，试求衰减限额分配的较佳的用户电缆分布设计方案（作出两个对比方案）。

图7-15　用户电缆线路分布图

3．主干电缆网有几种配线方式？试分别画出每种配线方式的示意图。

4．配电缆网有几种配线方式？试分别画出每种配线方式的示意图。各种方式有什么作用？

5．已知如图7-16所示的某局市话电缆分布和各交接区的设计用户数。试求完成各主干电缆的计算对数和实用对数？各交接箱（间）的容量多大？

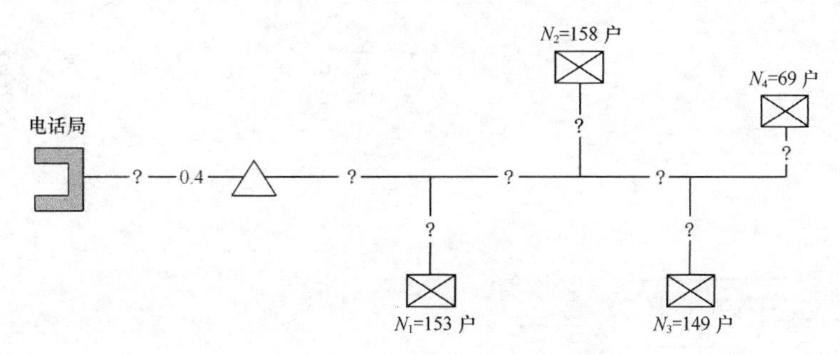

图7-16　某局三级交接配线区分布示意图

6．已知条件，如图7-17所示的交接法配线分布和各交接区预测用户数。并知从电话局到N_2交接箱处线路段的允许衰减值为5dB。①求出各二级主干电缆实用对数和一级主干电缆实用对数。②求出电话局到N_2交接箱处线路段较佳的设计方案（参照7.4.2小节的例题）。

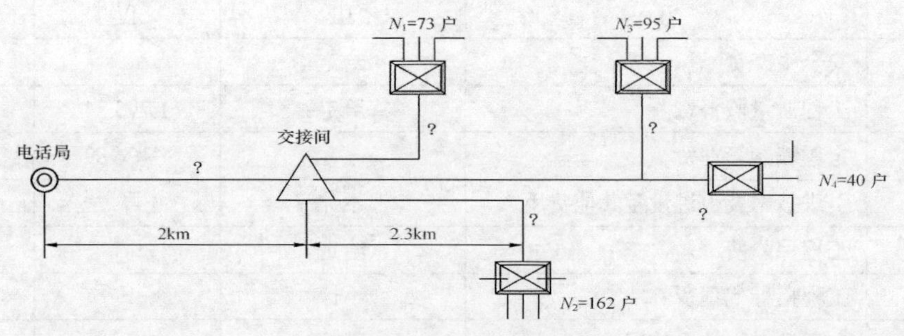

图7-17　用户电缆线路分布图

7．参考概、预算表提供数据，计算①在1个中继段中接续2个光缆接头（光缆在12芯以下）共需工程费用多少？②架空光缆中架设2km光缆（含钢丝吊线）共需工程费用多少？③立9根8米木电杆，共需工程费用多少？

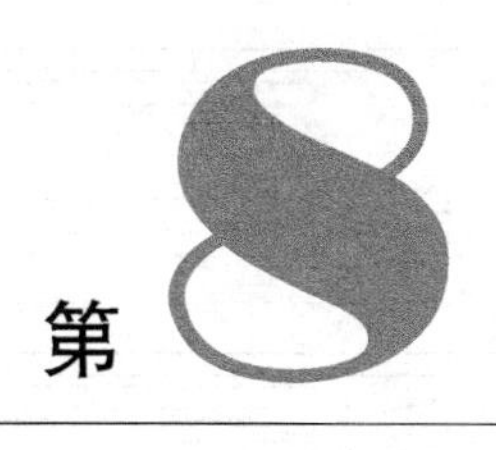

第8章 通信电缆施工与测试

通信电缆施工是实现电缆通信必须实施的工程项目，电缆施工质量直接影响到整个通信网络的可靠性，因此，通信电缆施工应严格按国家标准或行业标准进行操作。本章只对电缆施工作一些补充介绍，重点介绍电缆测试。因电缆施工与光缆施工相似，可参考第5章。

8.1 电缆线路施工准备

一般电缆线路施工主要流程与光缆线路施工相似，如图5-1所示。电缆（或全塑对称电缆）线路施工一般可以分为3个阶段：施工准备、工程施工和工程竣工。施工准备包括路由复测、单盘检测、电缆配盘和路由准备4个环节；工程施工包括电缆敷设、电缆接续、竣工测试3个环节；工程竣工包括隐蔽工程随工验收、线路初验和竣工验收3个环节。

在电缆线路施工准备阶段中，路由复测和路由准备环节不再介绍，可参考5.1节，这里根据电缆施工准备阶段特点，重点描述电缆的单盘检验与电缆配盘。

8.1.1 电缆的单盘检测

为了保证工程质量，电缆敷设前应进行单盘检验和配盘工作，本节主要介绍电缆的单盘检验。电缆单盘检测的主要内容有：不良线对检验、电缆气闭性检验、绝缘电阻检验、耐压检验及全塑电缆传输端别（A，B端）标记检验等。

1. 不良线对检测

电缆中常见的不良线对如图8-1所示。

所谓“断线”就是电缆芯线断开。

“混线”是导线相碰触（又名短路）。本对线间相碰为自混，不同线对间导线相碰为它混。

“地气”是导线与金属屏蔽层（地）相碰，又称接地。

“反接”是本对导线的a、b线在电缆中间或接头中间错接。

“差接”是本对导线的a（或b）线错与另一对导线的b（或a）线相接，又称鸳鸯对。

“交接”本对线在电缆中间或接头中间错接到另一对导线，产生错号，又称跳对。

单盘检验中一般只做断线、混线和地气检验。对于其他的不良线对检验项目，可查阅电缆出厂检验记录，一般工程上可不再进行检验。

电缆中常见的不良线对检测如下。

（1）断线检测

断线检测方法如图8-2所示。通过模块型接线子将一端（B端）短路，另一端（A端）抽出被测导线，其余线作短路，在调试端（A端）将已作短路的导线接出一根引线与耳机及干电池（3～6V）串联后，再接出一根摸线接线子的测试孔与被测导线接触，如耳机听到“咯”

声，说明是好线，如无声是断线。

障碍种类	符号	图示
断线	D	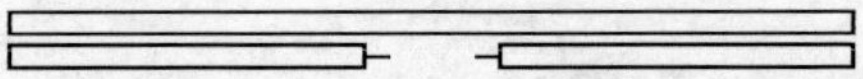
自混	C	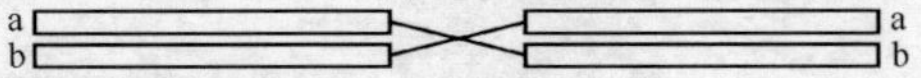 a b a b
它混	MC	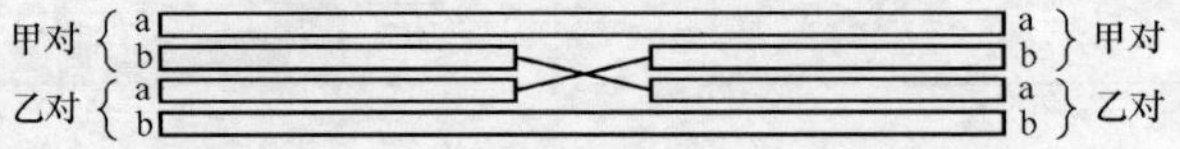 甲对 a b 乙对 a b a b 甲对 a b 乙对
地气	E	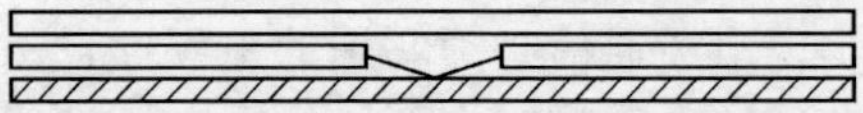 屏蔽层
反接	反	 a b a b
差接	差	 甲对 a b 乙对 a b a b 甲对 a b 乙对
交接（跳对）	交	 甲对 a b 乙对 a b a b 甲对 a b 乙对

图 8-1 常见的不良线对

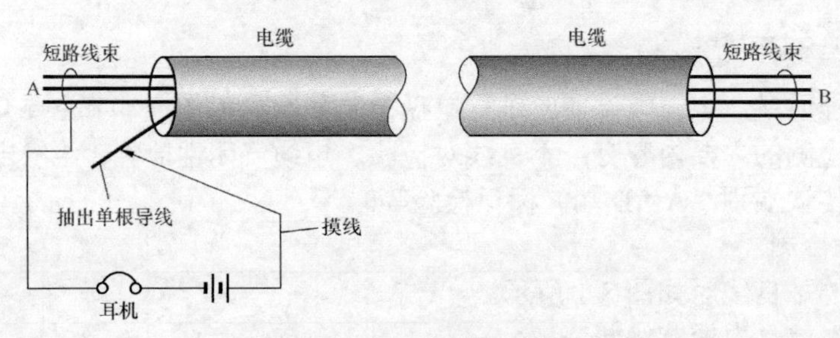

图 8-2 断线检测方法

（2）混线检测

混线检验按图 8-3 所示连接。测试端的接法与断线检测相同，另一端全部导线腾空，当摸线通过接线子的测试孔与被测导线接触时，耳机内听到“咯”声，即表明有混线。

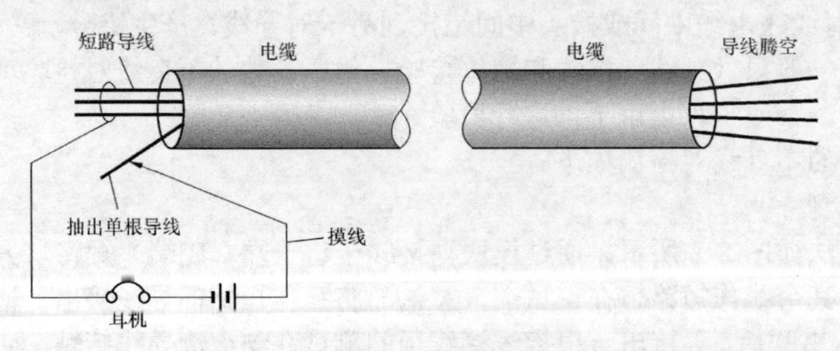

图 8-3 混线检测方法

（3）地气检测

地气检测按图 8-4 所示连接。电缆的另一端导线全部腾空，测试端的耳机一端与金属屏蔽层连接，“摸线”通过接线子的测试孔与导线逐一碰触，当听到“咯”声时，即表示有地气。

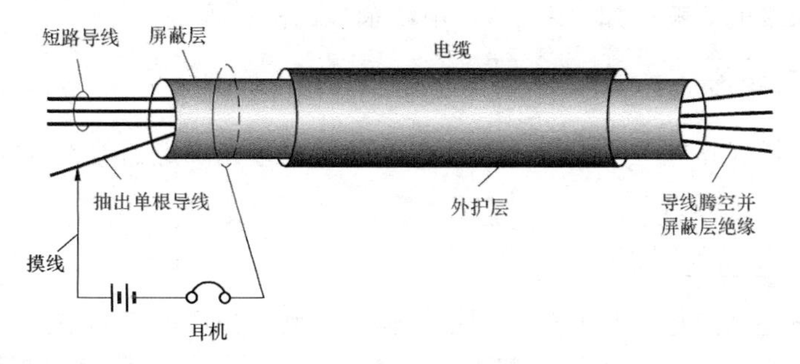

图 8-4　地气检测方法

2. 电缆气闭性检测

首先在全塑对称电缆的一端封上带气门的端帽，另一端封上不带气门的热缩端帽，以便充入气体和测量气压。充气时，在电缆气门嘴处通过皮管连接一个 0～0.25MPa 的气压表，用来指示气压，充气设备本身及输气管等不得漏气。充气设备可用人工打气筒或移动式充气机，充入电缆内的空气要经过干燥和过滤，滤气罐一般用有机玻璃制成，内装干燥剂（无水氯化钙或硅胶）。使用时一般应串接两个滤气罐，如图 8-5 所示。充气前应空打 1～2min，使充气设备内部的潮湿空气全部排除。充气时尽量要速度均匀，当综合护套全塑电缆气压表读数等于 50～100kPa 时应停止充气。隔 3h（铠装电缆为 6h）后检查气压，如电缆密闭性良好，气压不会下降，如果气压下降，说明电缆密闭性不好，应及时检查漏气点并进行修理，达不到要求的电缆不得用。

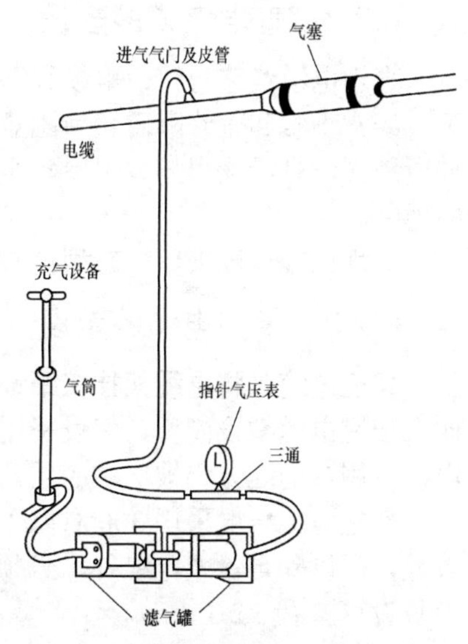

图 8-5　电缆充气检测

3. 绝缘电阻的测量

绝缘电阻测量包括线间和单线对地（金属屏蔽层）的绝缘电阻测量。参看 5.4.2 小节中“光缆中铜导线绝缘电阻测试”方法。

8.1.2　电缆配盘

电缆配盘应根据复测路由计算出的电缆敷设总长度进行合理配盘。电缆施工主要在用户接入线路段，无论是总长度，还是敷设路由，其条件都比光缆施工条件好，所以电缆配盘也可参考 5.1 节的相关部分。

电缆配盘时，由于各盘电缆的电特性不可能完全一样，长度也可能不同，按一定的要求将每盘电缆进行编组、配盘，把长度不等和电气性能不同的电缆安排在预定的段落内，以保证传输质量和合理的经济效果。这种选盘配放电缆的工作叫“配盘”。

电缆配盘必须以单盘电缆检验记录、线路图、电缆分歧点、递减点的分布等为依据。全塑对称电缆主要是根据电缆的制造长度配盘。根据线路图所提供的各种规格的电缆所在段长和现有盘装电缆的实际情况，在一定地段配设指定盘上一定长度的电缆，以免造成任意截断电缆，既增加接头，又浪费材料。对线路图所提供的长度，尤其对电缆管道的实际长度要进行实地测量。

在配盘时应熟悉敷设电缆的沿途地形，必要时还要实地查勘，要考虑到线路通过的特殊地段对电缆实际长度的影响，如“S”弯、电缆余长、留长等。

8.2 电缆线路工程施工

电缆敷设是电缆线路施工中的主要工作，必须根据预先确定的敷设方式，严格按照有关设计进行施工。

8.2.1 管道电缆的敷设

管道电缆敷设在用户与局间的接入网中占较大比例。在通信工程中，几乎每个工程都有一定比例的管道电缆。因此，管道电缆敷设技术是十分重要的。管道电缆敷设可参看 5.2.1 小节中管道光缆的敷设。

8.2.2 直埋电缆的敷设

直埋电缆线路与管道电缆线路相比，具有建筑费用低、施工简便等优点，但由于埋入地下，经常维修和查修障碍较为困难。只有在特殊情况下才考虑直埋敷设，如远离城市中心与局所地区，且沿途用户或房屋较少、目前该地区用户较少、近期无大发展、杆路架设有困难的地区。

直埋电缆一般采用填充型铠装电缆。直埋电缆敷设可参看 5.2.2 小节。

8.2.3 架空电缆的敷设

架空电缆是将电缆架挂在距地面有一定高度电杆上的一种电缆建筑方式，与地下电缆相比，架空电缆架设简便，建设费用低，所以在离局较远、用户数较少而变动较大、敷设地下电缆有困难的地方仍被广泛应用。

架空电缆一般采用 300 对以下的全塑对称电缆，由于电缆本身有一定的质量，机械强度较差，所以除自承式电缆外，必须另设电缆吊线，并用挂钩把电缆托挂在吊线下面。架空电缆敷设可参看 5.2.3 小节。

8.2.4 水底电缆的敷设

电缆线路经过江、河、湖泊等，可选用水底敷设建筑方式。水底路由的选择原则是确保电缆安全和投资最小、施工维护方便。敷设水底电缆前，应在水底用人工或机械挖掘沟槽，然后根据地区、季节和地点（江、河、湖泊）以及水底电缆结构采用相应的方法，一般有驳船法、抛锚法和浮筒法等，请参看 5.2.4 小节。

8.2.5 局内电缆的敷设

从局前人孔到地下室成端电缆接头的这一段电缆叫进局电缆，细节参看 5.2.5 小节。如果主干电缆采取直接上列（即不做成端接头只做气塞，局外电缆经局前人孔进地下室直接到配线架）的办法，那么，从局前人孔到配线架的这段电缆就叫进局电缆。如图 8-6 所示。

8.2.6 墙壁电缆及楼内电缆的敷设

我国城市电话已普遍进入寻常人家，特别在城市住宅小区，利用墙壁敷设全塑对称电缆，可以免去立杆路、铺管道等工作，大量而迅速地发展低成本市内电话。现代化的城市要求管线装设隐蔽、外观美观。因此建筑时应预设暗管暗线，以满足楼内用户的需要。本小节主要介绍墙壁电缆及楼内电缆敷设。

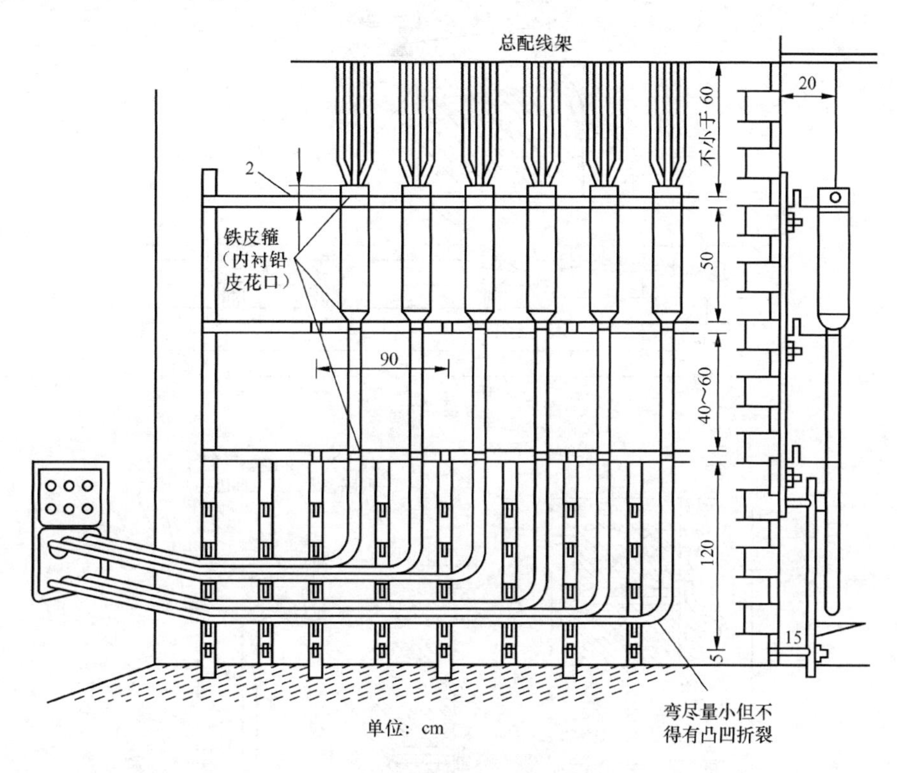

图 8-6　从局前人孔进地下室

1. 墙壁电缆敷设

墙壁电缆跨越街坊、院落，所以缆线最低点距地面应不小于4.5m，在有过街楼的地方穿越，缆线不应低于过街楼底层的高度。墙壁电缆与其他管线的最小间隔应符合表8-1所示的规定。墙壁电缆在穿越墙壁时应设预留穿墙管，穿墙管直径应比电缆外径大1/3左右，穿墙管应向外墙下方倾斜2cm，使雨水不致流入室内，如图8-7所示。

表 8-1　墙壁电缆与其他管线的最小间隔（cm）

其他管线名称	平行净距	交叉净距
避雷线接地引线	100	300
工作保护地线	50	20
电力线	150	50
给水管、压缩空气管	150	20
热力管（无包封）	500	500

一般沿室外墙壁敷设宜采用自承式、吊线式或卡钩式（钉固式）。自承式就是直接把电缆挂在托钩上；吊线式先拉钢丝吊线后挂电缆；卡钩式是用卡钩（如U形卡钩）直接将电缆固定在墙面上的敷设方式。卡钩的间隔距离要均匀，水平方向为50cm，垂直方向为100cm。如电缆转弯时，两边10～25cm处应用卡钩或挂带固定。卡钩式墙壁电缆的敷设如图8-8所示。

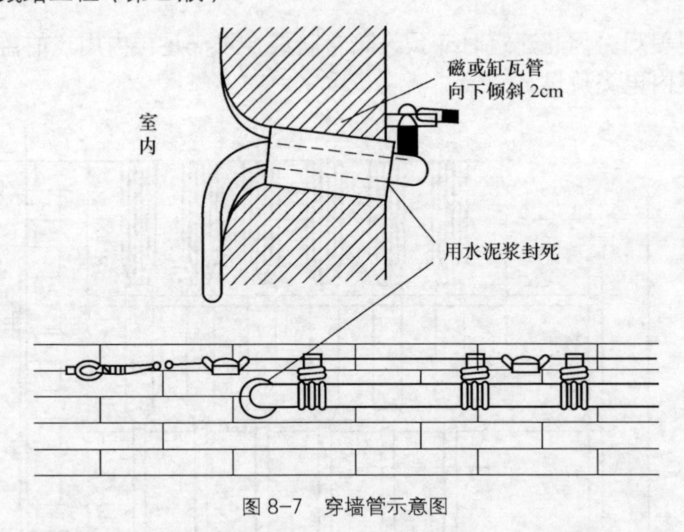

图 8-7　穿墙管示意图

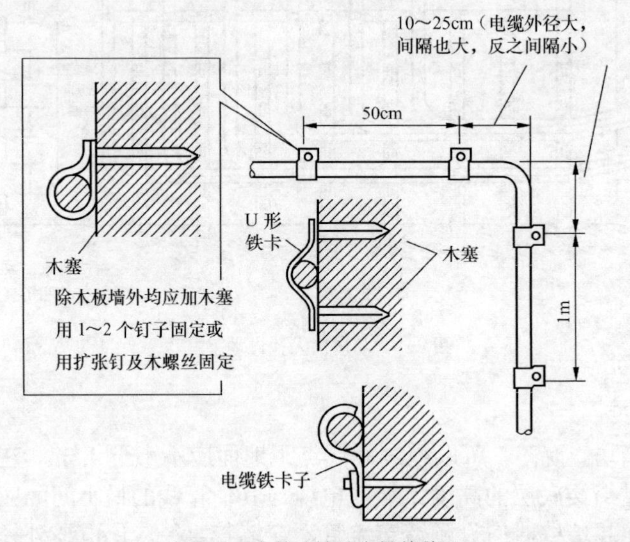

图 8-8　卡钩式墙壁电缆的敷设

2. 楼内电缆的敷设

（1）楼内电缆的敷设前设施

楼内暗管是指在建筑物内预埋的敷设通信电缆的管路。暗管管径根据电缆外径选用，如表 8-2 所示。

表 8-2　电缆外径与暗管管径关系

电缆外径（mm）	暗管外径（mm）
7～12	32
13～17	40
18～21	50
22～36	75

暗管一般采用钢管或塑料管。钢管的机械强度大，使用年限长，但重量人，价格贵。安装时，暗管两端管口应衬垫橡皮垫，以保护电缆，水平有缝管的接缝应置于管身的上方。暗

管转弯的曲率半径应大于可穿放最大电缆的最小曲率半径，转角角度必须大于 90°，一根暗管不得有两个以上的转角，且不得有“S”弯。

电缆槽的布放是在未设暗管的楼房，可加装“U”形电缆槽。

楼内电缆走向应从楼房旁边的手（或人）孔引入，在适当地点设总配线箱。楼内电缆从总配线箱到各配线箱一般选取垂直通道，也可通过楼梯道上下连通，一般每 1 层楼布放 1 条电缆，且不复接，如图 8-9 所示。

当电缆进入每层楼后，通常应进入室内配线箱或分线盒。配线箱箱体为一个铁箱或注塑成型箱，内装若干块 20 对或 50 对的穿线板与挂线板，箱的上下壁均设有电缆引入孔，外侧设有箱门，既可装于墙内，也可设于墙上。单元式住宅楼一般采用墙内配线箱，如图 8-10 所示。室内分线盒有 20 对/50 对，它可直接挂在每层楼墙上，如图 6-29 所示。

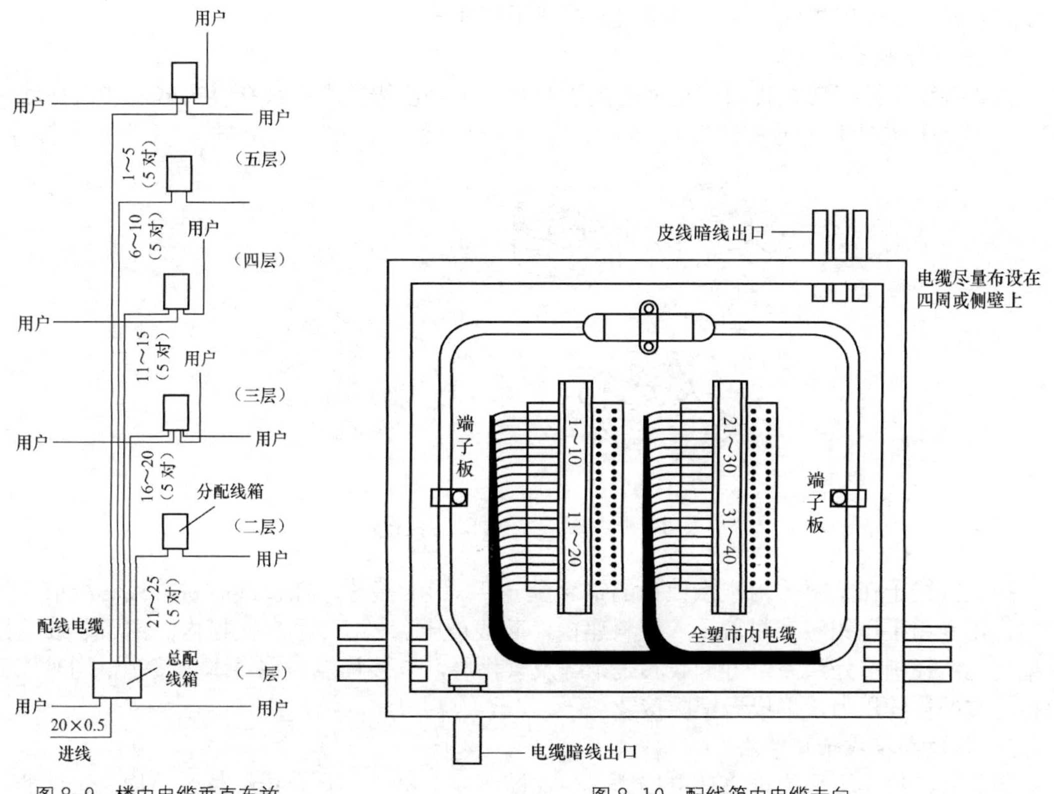

图 8-9　楼内电缆垂直布放　　　　图 8-10　配线箱内电缆走向

（2）暗管内电缆的布放

水平暗管内的电缆布放，首先根据设计规定进行现场核实管孔位置、电缆规格程式，检查暗管管口并把管口倒钝，以便布放过程中保护电缆。由两人在两端向前或向后牵动管内引线，检查管路是否畅通，如发现管路不够畅通，应检查原因。必要时，应在布放的电缆上使用润滑剂，然后，用网套牵引头牵引电缆，进入该段暗管。

垂直暗管内的电缆布放与水平暗管内的电缆布放基本相同，一般采用自上而下布放，需要时也可自下而上布放。如果跨楼层布放，跨层的楼面需有人监护电缆，直到布放完毕。

在配线箱内余长应圈好绑扎在配线箱内，并用棉纱等材料堵塞管孔与电缆间的空隙及空余的管孔。

8.3 全塑对称电缆接续

8.3.1 电缆芯线的编号与对号

电缆芯线的编号与对号是保证电缆芯线接续质量的一项重要工作。本小节简单介绍电缆芯线的编号与对号。全塑对称电缆多为全色谱电缆，单位式结构中往往以 25 对（或 10 对）为 1 个基本单位，并按色谱规定其芯线顺序，全色谱电缆芯线顺序是由中心层起向外层顺序编号的。

8.3.2 全塑电缆常用的接续方法

全塑对称电缆芯线接续是电缆敷设施工中的一个重要组成部分。我国全塑对称电缆芯线的接续方法主要采用扣式接线子和模块式接线子接续法。

1. 扣式接线子接续法

扣式接线子接续法是我国广泛采用的小对数全塑全色谱电缆芯线接续方式。扣式接线子（HJK）的外形结构和型号如图 8-11 所示。它由 3 部分组成：扣身、扣帽和“U”形卡接片。

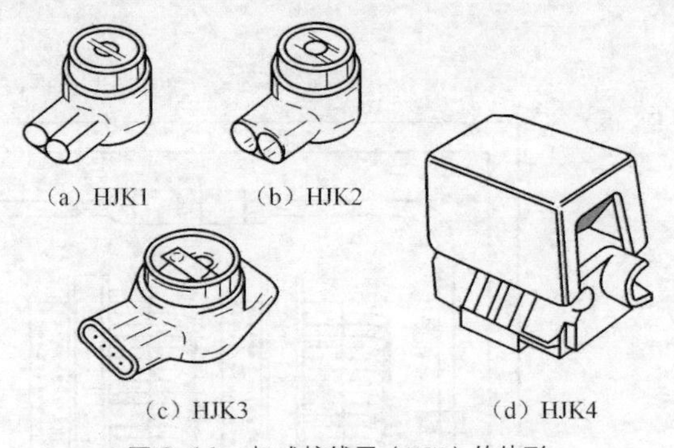

图 8-11　扣式接线子（HJK）的外形

扣式接线子在塑料盖内镶嵌镀锡的铜合金“U”形卡接片，在接续时将待接芯线放入沟槽内，用专用手压钳将塑料盖压入塑料座内，芯线被压入“U”形卡接槽内。由于芯线可压入槽内比线径稍窄处，刀口可卡破芯线绝缘及氧化层，卡接片能与铜线本体接触，同时能够保持一定的接续压力，形成无空隙接续。

2. 模块式接线子接续法

模块式接线子也称为模块型卡接排，简称模块或卡接排。具有接续整齐、均匀、性能稳定、操作方便和接续速度快等优点。一般模块式接线子一次接续 25 对。利用模块式接线子可进行直接、桥接和搭接。这是大对数电缆的常用方法。

模块式接线子的结构由底板、主板和盖板 3 部分组成。主板由基板、U 形卡接片和刀片组成。基板由塑料制成上、下两种颜色。靠近底板一侧与底板颜色相同，一般为金黄色；靠近盖板一侧与盖板颜色一致，一般为乳白色。一般用底板与主板压接局方芯线，主板与盖板压接用户芯线。模块式接线子的结构如图 8-12 所示。

模块式接线子接续规定如下。

① 按设计要求的型号选用模块式接线子。

② 接续配线电缆芯线时，模块下层接局端线，上层接用户端线；接续不同线径芯线时，模块下层接细线径线，上层接粗线径线。

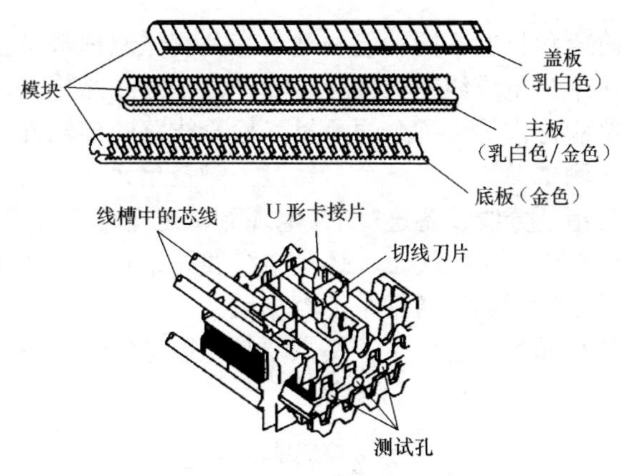

图 8-12　模块式接线子的结构

模块式接线子的接续方法如下。

① 电缆接续长度及模块式接线子排数，应根据电缆对数、芯线直径及接头套管的直径等确定。

② 全塑对称电缆护套开剥长度，根据电缆芯线接续长度而定。一般一字型接续（直接头）开剥长度至少为接续长度的 1.5 倍。例如：接续长度为 483mm，则护套开剥长度至少为 483mm×1.5=724.5mm。

③ 模块式接线子的排列：一般 400～1 200 对电缆按两排模块安排。1 200 对（含 1 200 对）以上的电缆一般也按两排模块安排，但也可根据套管长度、直径安排 3～4 排模块安排，如图 8-13 所示。模块式接线子接续后，应排列及绑扎整齐，并应在模块盖面上标明电缆线序。

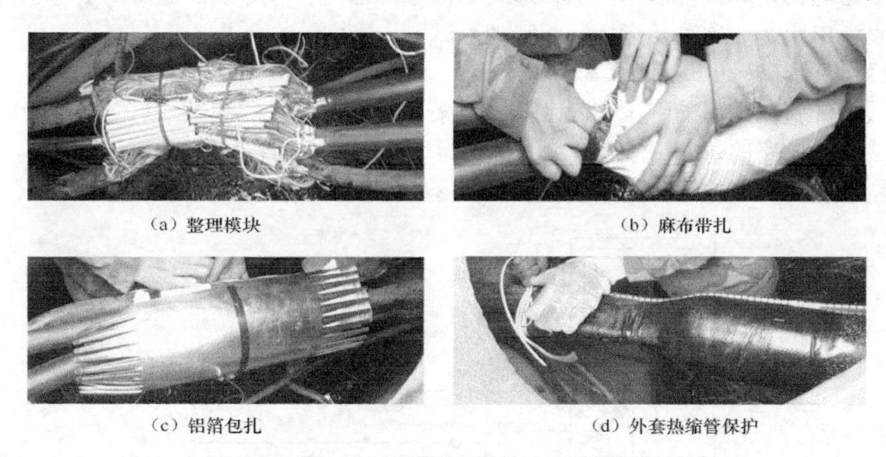

（a）整理模块　（b）麻布带扎

（c）铝箔包扎　（d）外套热缩管保护

图 8-13　模块式接续整理及包扎

④ 全塑对称电缆的备用线对，应采用扣式接线子接续。

⑤ 电缆接头保护方法是先整理模块，使模块的芯线部分朝向缆芯，模块排列成圆形，将麻布带扎在两模块间的芯线部分。

⑥ 用双手紧握模块，以面向局方作逆时针转动，使芯线全部包容在模块圈内以后，用聚乙烯带将模块两侧扎紧，再用铝箔包裹，最后套热缩管热缩即可，如图 8-13 所示。

8.4　电缆线路竣工测试

电缆线路测试与光缆线路测试相似，一般分单盘测试、竣工测试和维护测试，而这 3 种电缆线路测试虽然测试阶段和目的不同，但测试内容及测试原理却是基本一致的。电缆线路测试主要项目如表 8-3 所示。电缆线路工程竣工测试是电缆线路施工过程中较为关键的一项工序。竣工测试对电和绝缘特性等进行全面测量，检查线路的传输性能指标。

就电缆线路工程竣工测试而言，以一个自然段为测量单元，如局内总配线架测量室（或 MDF 架）至交接箱或交接箱至分线设备进行的。电缆测试是电缆工程中较为关键的一项工序，并且是必不可少的。无论是电缆工程竣工，还是电缆线路维护，都离不开对电缆进行测试。由于用户电缆对数较大，芯线对测试通常是抽查测试。

电缆线路竣工测试项目如表 8-3 所示，其主要是电缆电气特性测量和绝缘特性测量，检查线路的传输性能指标，供日后运行维护参考。

表 8-3　电缆线路测试项目

单盘测试或故障判断测试项目		竣工测试项目	
电气特性	绝缘特性	电气特性	绝缘特性
单根导线直流电阻	铜线绝缘强度	电缆直流电阻或环阻	不平衡电阻
电缆导线间绝缘电阻	接地线电阻	电缆导线间绝缘电阻	铜线绝缘强度检查
电缆气闭性检验		电缆屏蔽层连通电阻	接地线电阻
耐压测试		防潮层（铝箔内护层）对地绝缘检查（参考）	

8.4.1　直流电阻测试

电缆线路通常是通过传输电流来传递通话信号，因此希望导线的直流电阻越小越好，所以线路的直流电阻是一项重要指标，应定期测试。

1. 电缆直流环路电阻测试

电缆线路的直流电阻的测试实际上是将两条导线连通起来的测试。这时测出的电阻是两条导线连成环形回路的每 km 总电阻，通常称为环路电阻，简称环阻。

通信电缆直流环路电阻测量系统原理如图 8-14 所示。测量步骤如下。

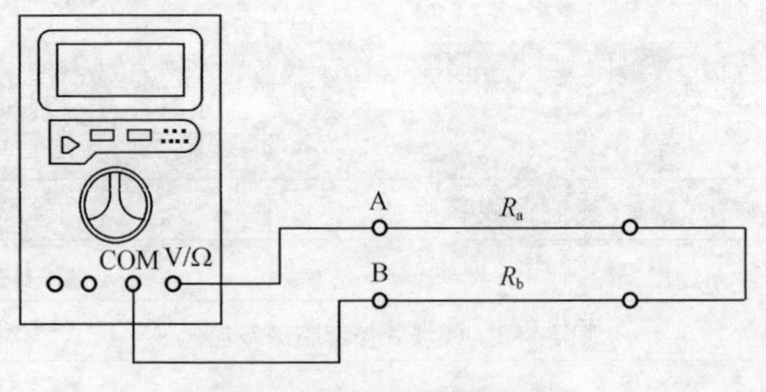

图 8-14　万用表测试导线环阻

① 用经校准的万用表，可从电缆一端直接测试出电缆线对直流环路电阻，但要求被测电缆线对的另一端进行短路连接。

② 指标要求。铜导线对环路电阻的指标，用户线路（不含话机内阻）总环阻最大值为 1 500Ω（20℃）。

2. 不平衡电阻测试

在正常情况下，每一对线路的两根导线的电阻值应该相同，因为它们的线径、长度、材料都一样。如果测出某两根导线的电阻不相等。它们之间的差值就叫做不平衡电阻ΔR($\Delta R = R_a - R_b$)。

不平衡电阻超过了一定限度，就会造成信号泄漏，以及产生串音干扰等不良现象。因此对不平衡电阻要求越小越好。一般，在一个接入段内，铜线线路的不平衡电阻要求小于2Ω；钢线线路（线径在0.4mm以下）的不平衡电阻要求小于10Ω。

不平衡电阻的产生原因通常是由于导线接头处的接触不好或是线条受伤使其不均匀。

测量系统原理如图8-15所示。测量步骤如下。

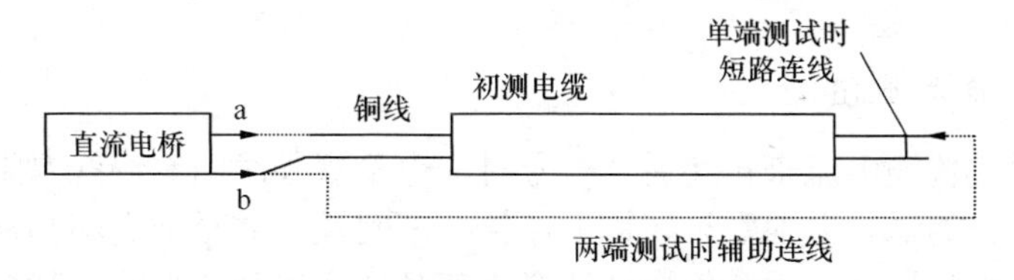

图8-15 铜导线直流电阻测试示意图

① 用经校准的万用表，从电缆两端直接测量出各铜线的单线电阻，并通过交叉测量算出各铜导线的单线电阻。

② 通过测量，计算出各线对的不平衡电阻，即环路电阻偏差。

③ 指标要求。铜导线的单芯直流电阻和环阻偏差的指标，在设计时，根据使用条件确定，目前铜线直径为0.9mm，其单根芯线直流电阻应为≤28.5Ω/km（20℃）；环阻偏差应不大于1%。

3. 电缆屏蔽层连通电阻测试

全塑电缆屏蔽层应进行全程连通测试，测试方法如图8-16所示。

先要在被测电缆末端将屏蔽线牢固地卡接在电缆屏蔽层上，选一对良好芯线，将其末端A、B线短路，并与电缆屏蔽线混死。打开万用表开关，万用表连线插接按图8-16所示连接，万用表量程开关拨到电阻量程范围，选择适当的测试挡，准确读取读数。测试步骤如下。

① 测试线对环路电阻（R_{AB}），如图8-16（a）所示。

② 测试A线与电缆屏蔽层的环路电阻（R_{AE}），如图8-16（b）所示。

③ 测试B线与电缆屏蔽层的环路电阻（R_{BE}），如图8-16（c）所示。

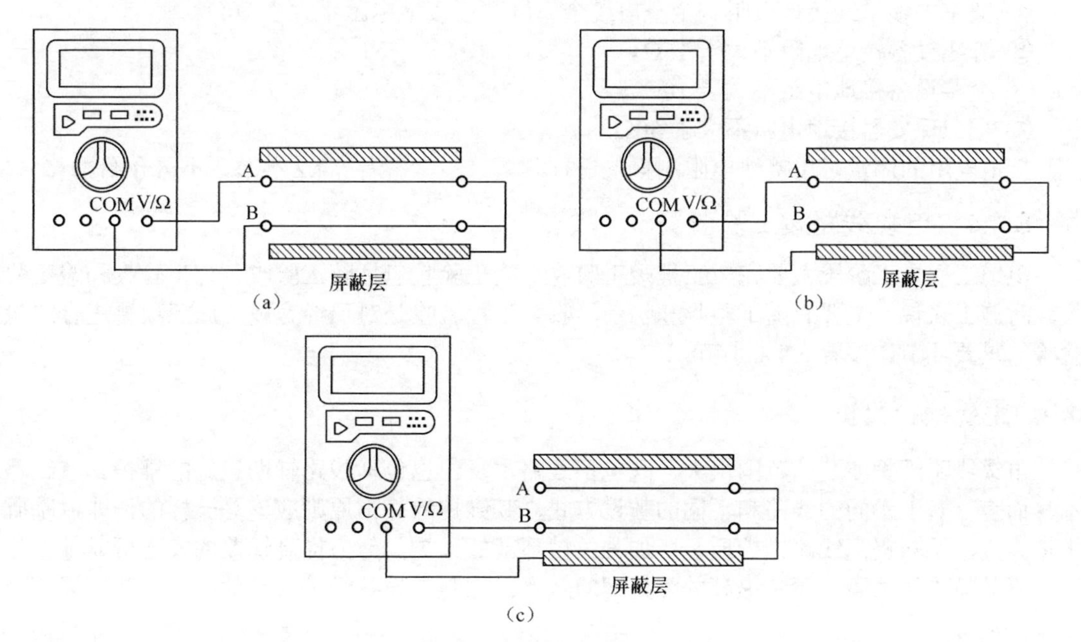

图8-16 万用表测电缆屏蔽层连通电阻

用以下公式来计算出电缆屏蔽层连通电阻：

$$R_{屏} = \frac{R_{AE} + R_{BE} - R_{AB}}{2 \times L} \quad （单位：\Omega/km）$$

式中，L 为被测电缆长度，单位为 km。

本地网全塑电缆屏蔽层连通电阻标准为：全塑主干电缆小于 2.6Ω/km，全塑架空配线电缆不大于 5.0Ω/km。

8.4.2 绝缘电阻测试

电缆线路在通过传输电流来传递通话信号时，也希望导线间等绝缘电阻越大越越好。绝缘电阻测试也叫隔电测试。电缆敷设在地下，导线之间及导线对地之间都需要绝缘，否则就会漏电，漏电到了一定程度，就会使通话音变小或是造成串音，严重时就会形成接地障碍或混线障碍，这时通信就无法进行了。因此需要定期地进行绝缘测试，绝缘测试有两种。

① 导线间绝缘测试，即两根导线之间的绝缘电阻测试，这种测试可以防止串音和混线障碍。参看 5.4.2 小节中“光缆中铜导线绝缘强度测试”。

② 导线对地绝缘测试，即测试导线对地的绝缘电阻，可以防止音小和接地障碍。参看 5.4.2 小节中“光缆中铜导线绝缘强度测试”。

绝缘电阻要求越大越好。绝缘电阻与气候条件有很大关系，一般说来，天气潮湿时测出的绝缘电阻较低，在干燥天气测出的绝缘电阻就大得多。因此一般要求以阴雨潮湿天气测得的绝缘电阻为准。通信线路的导线对地电阻要求大于 2MΩ/km。

8.4.3 接地电阻测试

地线的主要作用是防雷，以确保线路和电气设备安全，因此，必须使金属不带电的部分妥善地接地。凡接地设备都有电阻存在，如接地导线、地气棒（接地极）和大地对于所通过的电流均有阻抗。接地电阻对每一装置应达到规定值。否则在使用中不易保证安全。

接地电阻的规定值列出如下。

① 架空电缆吊线接地电阻、全塑电缆金属屏蔽层接地电阻不大于 20Ω。

② 分线设备接地电阻不大于 15Ω。

③ 交接设备接地电阻不大于 10Ω。

④ 用户保安器接地电阻不大于 50Ω。

接地电阻的测量可用接地电阻测量仪进行测量。步骤参看 5.4.2 小节，不再介绍。

8.4.4 电缆线路竣工验收

电缆工程竣工阶段主要完成工程竣工验收。竣工验收包括随工验收、初步验收和竣工验收。对施工来说，主要有随工验收和初步验收。工程验收是对已经完成的施工项目进行质量检验的重要环节，参看 5.4.4 小节。

8.5 电缆线路维护

电缆线路维护涉及的范围很大，既包括线路本身，也包括线路辅助设施的维护。就线路本身而言，对于不同的线路和不同的敷设方式，其维护的基本原则应该是一样的，即以基础维护为主，不断提高线路维护质量；加强关键环节的维护，努力提高线路的安全可靠性；注重积累故障抢修经验，逐步提高故障处理的效率；加强与设备维护人员的配合，共同提高全网维护质量。

8.5.1 电缆线路的常规维护内容及方式

电缆线路的常规维护与其他电信设施的维护一样，主要包括日常维护和巡修检测两部分。

1. 日常维护

日常维护就是按照预先制订的计划，开展线路的检修与整治。日常维护的主要内容包括以下几方面。

① 日常的巡视、重要运行参数的检测、对存在安全隐患的环节进行及时整治等，每一项工作都不是简单的重复，而是有许多诀窍要掌握。

② 室内电缆维护主要是预防火灾，各个机房要配备相应的灭火器，排除封堵机房之间的通道物品；防范鼠害，机房内如果有老鼠活动，对电缆是最危险的；要加强机房内的施工管理，防止人为事故的发生。

③ 室外电缆的维护是维护工作的重点与难点。室外电缆主要有 3 种即架空电缆、管道电缆和水下电缆。3 种不同类型敷设方式的电缆其维护方法各不相同。

架空电缆的维护重点是杆路。如果杆路出现问题，电缆就没有安全可言了。

管道电缆的维护是指对敷设在管道内的电缆进行维护。管道电缆维护的重点与难点就是管道的维护。管道的维护主要包括日常的管道巡视和管道故障抢修。管道巡视主要是沿着管道路由进行检查，检查管道上面的路面是否正常，有无因市政建设和其他原因产生的导致管道塌陷的情况发生，有无鼠害出现过的痕迹等。如果没有上述情况出现，通信管道一般比较正常。

2. 巡修检查

巡修检查即巡检巡修，是指维修中心对维护工作开展情况、维护制度落实情况的巡回检查，参看 5.6.1 小节。

8.5.2 维护项目及测试周期

电缆线路维护工作的主要测试项目和周期如表 8-4 所示。电缆线路设备定期维护及周期如表 8-5 所示。

表 8-4　全塑市话对称电缆线路设备的维护项目及测试周期

项目	测试周期
单根导线直流电阻、不平衡电阻、用户线路环阻测试	投入运行时或故障修复后
空闲主干电缆线对绝缘电阻测试	1 次/年，每条电缆抽测不少于 5 对
用户线路全程绝缘电阻测试	自动：1 次/3～7 天
用户线路传输衰减测试	投入运行时或故障修复后或线路传输劣化时
近端串音衰减、远端串音防卫度测试	投入运行时或按需
电缆屏蔽层连通电阻测试	1 次/年

表 8-5　定期维护项目及周期

<table>
<tr><th>项目</th><th>维护内容</th><th>周期</th><th>备注</th></tr>
<tr><td rowspan="3">架空线路</td><td>整理、更换挂钩、检修吊线</td><td>1 次/年</td><td rowspan="2">根据巡查情况，可随时增加次数</td></tr>
<tr><td>清除电缆、光缆和吊线上的杂物</td><td>不定期进行</td></tr>
<tr><td>检修杆路、线担、擦拭隔电子</td><td>1 次/半年</td><td>根据周围环境情况可适当增减次数</td></tr>
</table>

续表

项目	维护内容	周期	备注
管道线路	人孔检修	1次/2年	清除孔内杂物，抽除孔内积水
	人孔盖检查	随时进行	报告巡查情况，随时处理
	进线室检修（电缆光缆整理、编号、地面清洁、堵漏等）	1次/半年	
	检查局前井和地下室有无地下水和有害气体侵入	1次/月	有地下水和有害气体侵入，应追查来源并采取必要的措施。汛期应适当增加次数
充气维护	气压测试，干燥剂检查	不定期进行	有自动测试设备每天1次
	自动充气设备检修	1次/周	放水、加油、清洁、功能检查
	气闭段气闭性能检查	1次/半月	根据巡查情况，可随时增加次数。有气压监测系统的可根据实际情况安排巡查次数
防雷	接地装置、接地电阻测试检查	1次/年	雷雨季节前进行
	PCM再生中继器保护地线、接地电阻测试检查	1次/年	雷雨季节前进行
	防雷地线、屏蔽线、消弧线的接地电阻测试检查	1次/年	雷雨季节前进行
	分线设备内保安设备的测试、检查和调整	1次/年	雷雨季节前测试、调整、每次雷雨后检查
用户设备	投币电话、磁卡电话巡修	1次/年	结合巡查工作进行
	普通公用电话巡修	1次/季	
	用户引入线巡修	1次/2年	
接分线设备	交接设备、分线设备内部清扫、门、箱盖检查，内部装置及接地线的检查	不定期进行	结合巡查工作进行
	交接设备跳线整理、线序核对	1次/季	
	交接设备加固、清洁、补漆	1次/2年	应做到安装牢固，门锁齐全，无锈蚀，箱内整洁，箱号、线序号齐全，箱体接地符合要求
	交接设备接地电阻测试	1次/2年	
	分线设备油漆、清扫、整理上杆皮线	1次/2年	应做到安装牢固、箱体完整、无严重锈蚀，盒内元件齐全，无积尘、盒编号齐全、清晰
	分线设备接地电阻测试	20%/2年	

8.5.3 电缆线路常见的障碍与处理

电缆故障抢修的一般流程是电缆出现故障后，分析与判断故障点，制订抢修方案，障碍的抢修与处理，障碍修复后的整理，交付使用，至此本次故障抢修完成。

电缆运行过程中障碍的种类很多，有自然的原因，也有维护不到位的原因。根据严重程度可以分为中断型障碍和质量恶化型障碍两大类。

中断型障碍就是已经造成电缆不通、通信中断的障碍，主要有断线、严重潮气、严重碰线等。

质量恶化型障碍是指通信尚未中断，但是通信质量下降，影响用户正常使用的一些障碍。

该类障碍比较多，是维护人员障碍抢修的主要类型。其主要包括混线、绝缘不良、地气、串音、电缆衰耗变大等。

从多年处理各类型的障碍的统计来看，以上几种障碍都是比较常见的，处理方法是维护人员用万用表就可直接测量判断短路或断线故障；对于非直接短路和接地故障，可以用兆欧表遥测芯线间绝缘电阻或芯线对地绝缘电阻，根据其阻值可判定故障类型；对于电缆进水的问题，可以通过话机通话是否有杂音“呼、呼”的声音来判定，若有该杂音，一般是由于电缆进水或绝缘不好。

复习题和思考题

1．电缆单盘检验的项目有哪些？不良线对的检验主要进行哪几项？试绘图说明。
2．什么是电缆配盘？配盘的依据主要有哪些？试述布放全塑电缆时 A，B 端的置放要求。
3．进局电缆在电缆进线室的布放有哪些要求？
4．简述墙壁电缆的特点、墙壁吊线的架设和卡钩的钉固方法。
5．简述楼内暗管的敷设要求和暗管电缆的布放方法。
6．电缆工程竣工测试项目有哪些？全塑电缆有哪些常规维护内容？
7．全塑电缆线路常见障碍有哪些？造成电缆线路障碍原因有哪些？
8．用户电缆线环路电阻和导线对地电阻不大于多少Ω/km（20℃）？
9．如何利用 QJ-45 电桥测试电缆直流环路电阻，并判定电缆混线、地气障碍点？
10．全塑电缆线路常见的障碍有哪些？
11．架空电缆、管道电缆和水下电缆日常维护主要做哪些工作？
12．用兆欧表如何测试绝缘电阻？全塑电缆每公里绝缘电阻值是多少？
13．电缆线路常规维护内容有哪些？
14．交接箱和分线设备的种类和技术要求有哪些？

第 9 章 综合布线系统工程设计

本章是在第 1 章～第 8 章的光缆与电缆线路工程知识的基础上，应用前 8 章的线路特性和工程施工理论知识，对综合布线系统线路工程进行设计，为智能化建筑提供参考依据。

9.1 综合布线系统的基本概念

20 世纪 80 年代以来，随着科学技术的不断发展，尤其是通信、计算机网络、控制和图形显示技术的相互融合和发展，高层房屋建筑服务功能的增加和客观要求的提高，传统的专业布线系统已经不能满足需要。为此，发达国家开始研究和推出综合布线系统。同期综合布线系统也引入我国。近几年来，城市中各种新型高层建筑和现代化公共建筑不断建成，尤其是作为信息化社会象征之一的智能化建筑中的综合布线系统已成为现代化建筑工程中的热门话题，也是建筑工程和通信工程中设计和施工相互结合的一项十分重要的内容。

9.1.1 智能化建筑与综合布线系统的关系

智能化建筑具有多门学科融合集成的综合特点，国内外对它的定义有各种描述和不同理解，尚无统一的确切概念和标准。应该说“智能化建筑”是将建筑、通信、计算机网络和监控等各方面的先进技术相互融合、集成为最优化的整体。在国内有些场合把智能化建筑统称为“智能大厦”。目前的智能化建筑只是在某些领域具备一定智能化，其程度也是深浅不一，没有统一标准。

1. 智能化建筑的定义

智能化建筑的基本功能主要由以下部分构成，即大楼自动化（BA）、通信自动化（CA）、办公自动化（OA）、防火自动化（FA）和信息管理自动化（MA）和保安自动化（SA）。这 6 个自动化通常称为“6A”智能化建筑。甚至还有提出“8A”，“9A”的。但从国际惯例来看，FA 和 SA 等均放在 BA 中，MA 已包含在 CA 内，通常采用 BA、CA 和 OA 是智能化建筑中最基本的最核心“3A”，而且是必须具备功能。建议今后应以“3A”智能化建筑提法为宜。

2. 智能化建筑与综合布线系统的关系

由于智能化建筑是集建筑、通信、计算机网络和自动控制等多种高新科技之大成，所以智能化建筑工程项目的内容极为广泛，作为智能化建筑中的神经系统（综合布线系统）是智能化建筑的关键部分和基础设施之一。因此，不应将智能化建筑和综合布线系统相互等同，否则容易误解。智能化建筑与综合布线系统的关系是极为密切的，具体表现有以下几点。

① 综合布线系统是衡量智能化建筑智能化程度的重要标志。

② 综合布线系统使智能化建筑充分发挥智能化效能，它是智能化建筑中必备的基础设施。综合布线系统把智能化建筑内的通信、计算机和各种设备及设施，在一定的条件下纳入

综合布线系统，相互连接形成完整配套的整体，以实现高度智能化的要求。在建筑物中只有配备了综合布线系统，才有实现智能化的可能性，这是智能化建筑工程中的关键内容。

③ 综合布线系统随科学技术发展不断更新，其演进过程如图 9-1 所示。

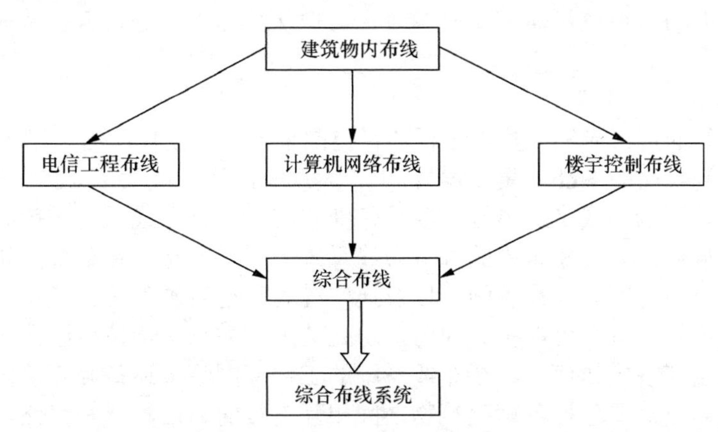

图 9-1　综合布线系统的演进

9.1.2　综合布线系统的定义、特点及应用范围

1. 综合布线系统的定义

由于各国产品类型不同，综合布线系统的定义存在差异。我国原邮电部于 1997 年 9 月发布的通信行业标准 YD/T 926.1-1997《大楼通信综合布线系统第一部分：总规范》中，将综合布线系统定义为："通信电缆、光缆、各种软电缆及有关连接硬件构成的通用布线系统，它能支持多种应用环境。即使用户尚未确定具体的应用系统，也可进行布线系统的设计和安装。综合布线系统中不包括应用的各种设备"。

综合布线是一种模块化的、灵活性极高的建筑物内和建筑群之间的信息传输通道，它能将缆线，如对绞线、同轴电缆或光缆等连接的硬件按一定秩序和内部关系而集成为一个整体，因此，目前综合布线系统是以通信自动化（CA）为主的一种标准通用的信息传输系统，今后随着科学技术的发展，会逐步提高和完善，最终能够真正满足智能化建筑的要求。

2. 综合布线系统的特点

综合布线系统是目前国内外推广使用的比较先进的综合布线方式，具有以下特点。

（1）综合性、兼容性好

综合布线系统具有综合所有系统和互相兼容的特点，采用光缆或高质量的布线部件和连接硬件，能满足不同生产厂家终端设备信号传输的需要。

（2）灵活性、适应性强

在综合布线系统中，任何信息点都能连接不同类型的终端设备，当设备的数量和位置发生变化时，只需采用简单的插接工序，实用方便，其灵活性和适应性较强，且能够节省工程投资。

（3）便于今后扩建和维护管理

综合布线系统的网络结构一般采用星形结构，各条线路自成独立系统，在改建或扩建时互相不会影响。综合布线系统的所有布线部件采用积木式的标准件和模块化设计。因此，部件更换容易，便于排除障碍，且采用集中管理方式，有利于分析、检查、测试和维修，节约维护费用，并能够有效提高工作效率。

（4）技术经济合理

综合布线系统各个部分采用高质量材料和标准化部件，按照标准施工和严格检测，能够保证系统技术性能优良可靠，满足目前和今后通信需要，且能够减少维修工作，节省管理费用。采用综合布线系统虽然初次投资较多，但从总体上看是符合技术先进、经济合理的要求的。

3. 综合布线系统的范围

综合布线系统的规模应根据建筑工程项目范围来定，小规模网络一般小于 12 个节点，直接用线缆连接到桌面的 Hub（集线器）；中、大规模网络一般大于 12 个节点，采用结构化布线，即线缆埋于墙体或走线槽等，要求仔细安装。综合布线系统一般有两种范围，即单幢建筑和建筑群体。单幢建筑中的综合布线系统范围一般是指在整幢建筑内部敷设的管槽、电缆竖井、专用房间，如设备间，以及通信缆线和连接硬件等。建筑群体因建筑物的数量不一、规模不同，有时可能扩大成为街坊式范围，如高等学校校园式，因此范围难以统一划分。但不论其规模如何，综合布线系统的工程范围除上述每幢建筑内的通信线路和其他辅助设施外，还需要包括各幢建筑物之间相互连接的通信管道和线路，此时的综合布线系统较为庞大而复杂。

我国通信行业标准 YD/T926《大楼通信综合布线系统》适用范围规定是跨越距离不超过 3 000 米、建筑总面积不超过 100 万平方米的布线区域，其人数为 50～50 万人。若布线区域超出上述范围时也可参照使用。

4. 综合布线系统的运用场合

随着智能建筑和建筑群的不断涌现，综合布线系统的适用场合和服务对象逐渐增多，目前主要有以下几类。

① 商业贸易类型，如商务贸易中心、金融机构、高级宾馆饭店、股票证券市场和高级商城大厦等高层建筑。

② 综合办公类型，如政府机关、群众团体、公司总部等的办公大厦，办公、贸易和商业兼有的综合业务楼、租赁大厦等。

③ 交通运输类型，如航空港、火车站、长途汽车客运枢纽站，江海港区（包括客货运站）、城市公共交通指挥中心、出租车调度中心、邮政枢纽楼、电信枢纽楼等公共服务建筑。

④ 新闻机构类型，如广播电台、电视台、新闻通讯社、书刊出版社、报社业务楼等。

⑤ 其他重要建筑类型，如医院、急救中心、气象中心、科研机构、高等院校和工业企业的高科技业务大楼等。

9.2 综合布线系统的构成和主要设备部件

9.2.1 综合布线系统构成

建筑物综合布线系统（Premises Distribution System，PDS）是智能大厦必不可少的组成部分，它由 6 个独立子系统组成，站在三维角度垂直来看 6 个系统所处位置，如图 9-2 所示。它们分别为：工作区子系统、配线（水平）子系统、干线（垂直）子系统、管理子系统、建筑群子系统、设备间子系统。若站在水平角度来看主要部件是配线架（CD、BD、FD）、缆线（双绞线电缆、光缆）和转接点（TP）、信息插座（TO）三类。综合布线系统水平构成如图 9-3 所示和 6 个子系统的分布如图 9-4 所示。

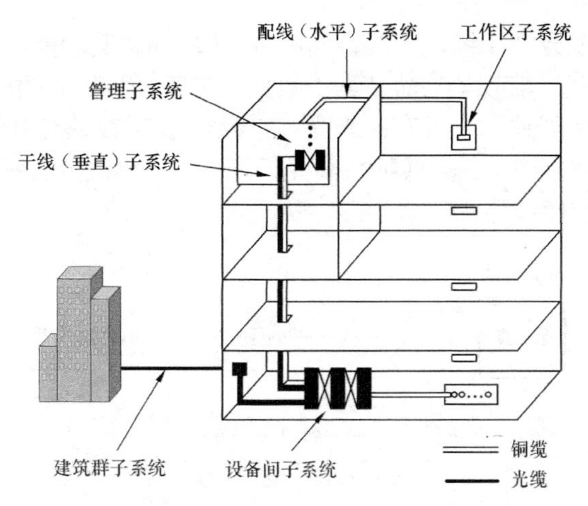

图 9-2 综合布线系统立体构成

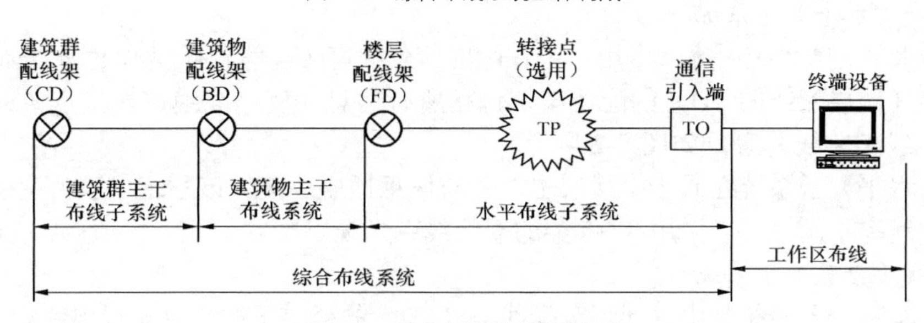

图 9-3 综合布线系统水平构成

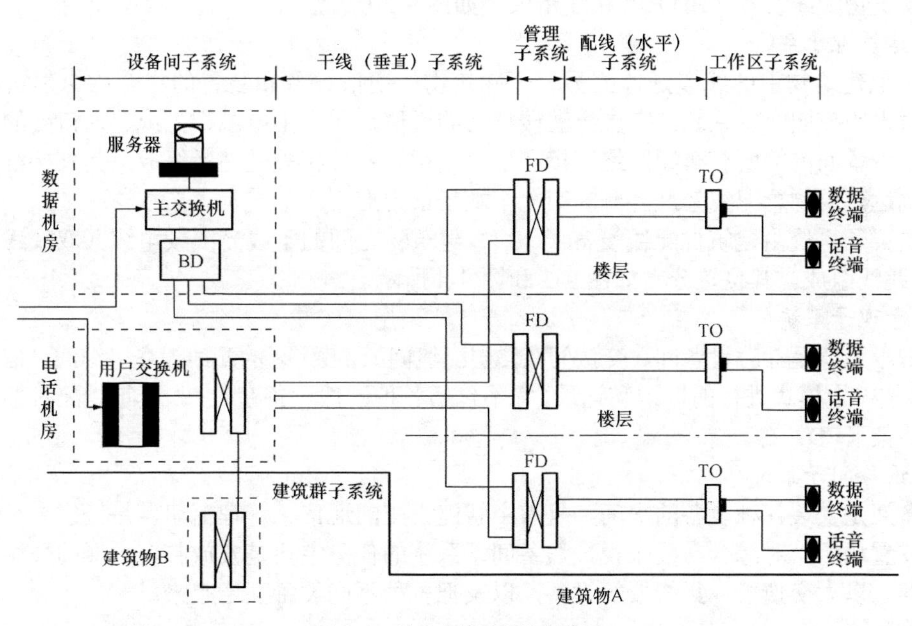

图 9-4 综合布线子系统布线图

9.2.2 综合布线系统中的各个子系统组成

1. 工作区子系统

工作区即用户的办公区域，它由终端设备到信息插座的连线（或跳线）组成。这些连线可以是3类线、5类线或光纤线缆，一般长度不宜超过3m。其功能是在终端设备（电话机、计算机、传真机、电视机、监视器、传感器、数据终端等）与信息插座（TO）之间搭桥，如图9-5所示。搭桥所构成器件和设备有：缆线，3类线、5类线或光纤缆线，一般长度不宜超过3m；缆线插头，3类线插头、5类线插头和光纤缆插头；导线分支和接续，如Y形适配器、中途转点盒、RJ-45标准接口等。

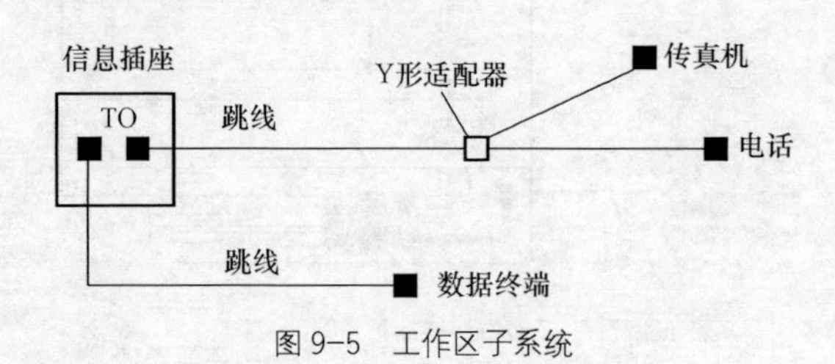

图9-5 工作区子系统

2. 配线（水平）子系统

配线（水平）子系统由每一个用户工作区的信息插座（含信息插座），经水平布线一直到管理子系统（楼层配线间FD）的配线架，包括所有信息插座、线缆、转接点（选用）及配线架（含配线架跳线）等，如图9-2所示。

配线（水平）子系统在同一个楼层上，并与信息插座连接。该系统一般为星型结构，依据所传输的速率不同，可以采用3～5类的双绞线或光缆。

3. 干线（垂直）子系统

干线（垂直）子系统是由各楼层分配线架（FD）的楼层干线垂直布线电缆端子口开始，一直到建筑物配线设备（BD）及跳线组成，如图9-2所示。

4. 建筑群子系统

将一个建筑物中的线缆延伸到另一个建筑物的通信设备和装置的集合称为建筑群子系统，有时也叫校园网子系统。它支撑着楼群间的通信，通常由电缆、光缆、入口处的电气保护设备、设备间内的所有布线网络连接和信息复用设备等相关硬件所组成，其外接线路分界点是以到达建筑物总配线架最外侧的第一个端子口为准。

建筑群子系统由建筑群配线设备（CD）、建筑物之间的干线光缆或电缆（双绞线、同轴电缆）、跳线组成。其位置分布如图9-3和图9-4所示。

5. 管理子系统

管理子系统是针对设备间、交接间（楼层配线间）、工作区的配线设备、缆线、信息插座等设施，按一定模式进行的标识和记录。它不包括各种硬件设备在内，如建筑物配线架（BD）、楼层配线架（FD）等。

6. 设备间子系统

设备间是安装各种设备的房间，是整个智能大厦的通信、管理枢纽，是楼宇有源通信设备主要安置场所。对综合布线来说，设备间子系统的任务主要是安放整个大楼的公用设备，如服务器、以太交换机、集线器等设备，以及把各种不同设备互连起来。

9.2.3 综合布线系统的主要设备部件

综合布线系统的主要设备部件有双绞线电缆、同轴电缆、光纤光缆、配线架硬件、网络连接设备等。

1. 双绞线电缆

双绞线电缆在配线（水平）子系统和干线（垂直）子系统的数据通信中起主要传输的作

用。双绞线的突出优点是在高频传输中，抗串音能力高于普通对称电缆。电参数请参看 7.3.2 小节内容。

2. 同轴电缆

同轴电缆由单根铜导线为内导体、隔开内外导体的绝缘材料、密集网状的外导体、最外面是一层保护性塑料构成。密集网状的外导体能将磁场反射回内导体，同时也使内导体免受外界干扰即起到金属屏蔽层作用，故同轴电缆比双绞线具有更高的带宽和更好的噪声抑制特性。同轴电缆的频率特性比双绞线好，能进行较高速率的传输。同轴电缆的带宽取决于电缆长度，1km 的电缆可以达到 1～2Gbit/s 的数据传输速率。目前，同轴电缆大量被光纤取代，但仍广泛应用于有线电视和某些射频局域网内。

3. 光纤光缆

光纤光缆由于频带宽、传输距离长等优点，综合布线的建筑群子系统的传输信道多采用光纤传输。

4. 配线架硬件

综合布线系统中配线架作为综合布线系统的核心产品，起着传输信号的灵活转接、灵活分配以及综合统一管理的作用。综合布线系统的最大特性就是利用同一接口和同一种传输介质，让各种不同信息在上面传输。这一特性主要通过连接不同信息的配线架之间的跳线来实现的。综合布线系统中配线架硬件一般有以下几种。

① 终端连接硬件，如总配线架（箱、柜），终端安装的分线设备（如电缆分线盒、光纤分线盒等）和各种信息插座和插头，如 RJ-45，如图 9-6 所示。

（a）RJ-45 插座

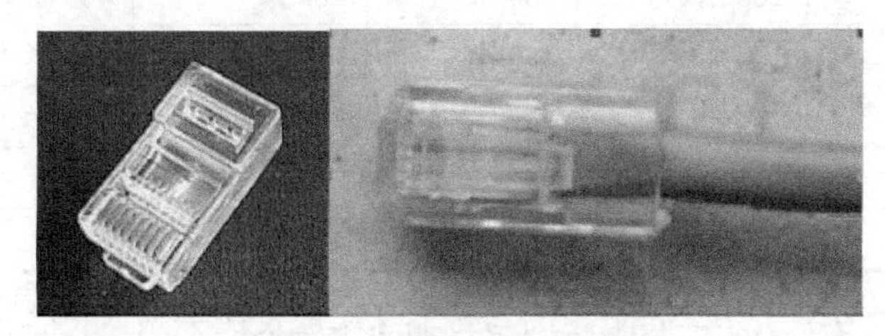

（b）RJ-45 信息插头

图 9-6　RJ-45 信息插座和插头实物图

② 中间连接硬件，如中间配线架（盘）和中间分线设备等。

③ 交接设备，如交接间的交接设备和屋外设置的交接箱等。

综合布线系统中配线架装设位置有建筑群配线架（CD），建筑物配线架（BD）和楼层配线架（FD）。

5. 网络连接设备

以以太网常用的网络设备为例，网络连接设备有网络中继器（Repeater）、网络集线器（Hub）、交换机（Switch）、网桥（Bridge）、路由器（Router）和网关（Gateway）等。这些网络连接设备与布线系统紧密相关。

9.3　综合布线系统工程设计

综合布线系统的标准化和开放性，要求综合布线系统的设计和实施必须符合有关的标准。作为一个合格的综合布线设计人员，应该能够根据用户的需求和实际情况，选择合适的设计标准。国际标准有 3 种： 是国际标准化组织（ISO）和国际电工技术委员会（IEC）组成了世界范围内的标准化专业机构，提出的国际标准；二是北美标准，它是美国国家标准局（ANSI）

委托 TIA（美国电信工业协会）和 EIA（美国电子工业协会）制定布线系统的标准；三是欧洲标准（信息技术——综合布线系统 EN50173)。国内的标准也有 3 种：一是国家标准（GB），二是行业标准（YD），三是协会标准。各个标准的细节参看相关标准书。

9.3.1 综合布线系统的传输线路设计

综合布线系统的传输线路设计主要考虑两个方面的内容：一是综合布线系统在水平、垂直和建筑群子系统中各传输线路的最大传输距离指标；其次要从整个系统的角度出发，权衡各种设备（如集线器、光端机等）和线路的配合，即信道的传输距离。

1. 传输媒质可达到传输距离

综合布线系统中传输链路是指两个接口间具有规定性能的传输通道。**传输距离是**根据传输媒质的性能要求（如对称电缆的串音或光缆的带宽）与不同应用系统的传输设备允许衰减等因素来制定的。在表 9-1 中列出了部分传输媒质和可以支持**传输距离**，供参考。

表 9-1 传输媒质可达到传输距离

最高传输速率（MHz）	传输媒质					
	双绞线对称电缆				光缆	
	3 类 100Ω 传输距离	4 类 100Ω 传输距离	5 类 100Ω 传输距离	5 类 150Ω 传输距离	多模光纤传输距离	单模光纤传输距离
0.1	2 000 米	3 000 米	3 000 米	3 000 米		
1	200 米	260 米	260 米	400 米		
16	100 米	150 米	160 米	250 米		
100			100 米	150 米		
>100					2 000 米	3 000 米
注	100Ω/150Ω 表示双绞线电缆特性阻抗					

从表 9-1 所示，传输距离与传输速率成反比关系，符合前面章节介绍的传输长度越长，能够传输速率就越低。

2. 综合布线系统各段缆线的最大长度

为满足布线系统中传输设备允许最大衰减的特性限制，保证通信传输质量，根据表 9-1 所列传输媒质可达到的传输长度，综合布线系统的组网和各段缆线的长度限值必须符合图 9-9 中所示的要求。

图 9-7 中 CD 表示建筑群配线架，用于建筑楼 A 群、建筑楼群 B 之间连线光缆或电缆配线使用，同时又与本建筑楼群内多个建筑物配线架（BD）相连。BD 表示建筑物配线架，用于与各楼层的楼层配线架（FD）相连。FD 表示楼层配线架，用于与同楼层的转接点（TP）以及信息插座（TO）相连接。TP 表示转接点，它可以同时于一个或对个信息插座（TO）相连接。TO 表示信息插座，它直接与终端设备相连接。

图 9-7 中的 A、B、C、D、E、F、G 表示相关段落缆线或跳线的长度。$A+B+E\leqslant 10$m 为配线子系统中工作区电缆、光缆、设备缆线和接插软线或跳线（其长度不应超过 5m 或不应大于 7.5m）的总长度；$C+D\leqslant 20$m 为建筑物配线架或建筑群配线架中的接插软线或跳线长度；$F+G\leqslant 30$m 为建筑物配线架或建筑群配线架中的设备电缆、光缆长度。楼层配线架到建筑群配线架之间和建筑群主干光缆如采用单模光纤光缆作为主干布线时，其最大长度可延长到 3 000m。

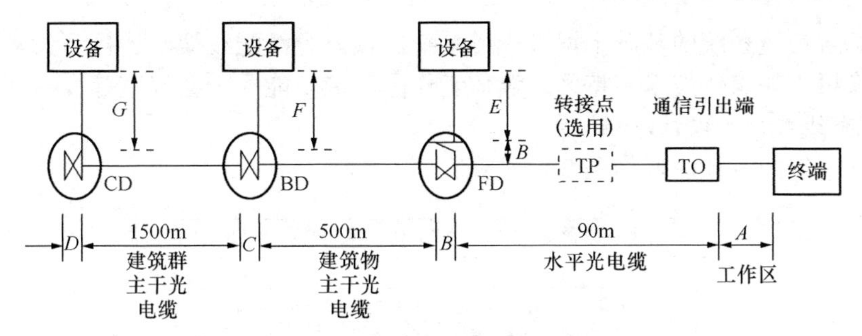

图 9-7　综合布线系统各段缆线的最大长度

3. 开放办公室综合布线结构的缆线长度

对于房地产部门开发的写字楼、综合楼等商用建筑物，由于其流动性或不确定性，宜采用开放办公室综合布线结构，并符合下列规定。

① 采用多用户信息插座时，每一个多用户插座包括适当的备用量在内，最多包含 12 个信息插座，各段线长度应符合表 9-2 的规定。

表 9-2　办公室综合布线的各段线长度限制

电缆总长度（m）	水平布线电缆（m）	工作区电缆（m）	交接间跳线和设备电缆（m）
100	90	3	7
99	85	7	7
98	80	11	7
97	75	15	7
97	70	20	7

② 采用集合点（功能上与多用户信息插座相似）时，集合点宜安装在离 FD 不小于 15m 的墙面或柱子等固定结构上。集合点是水平电缆的转接点（TP），从集合点引出的水平电缆必须终接于工作区的信息插座或多用户信息插座上。

9.3.2　综合布线系统的工程设计与要点

一个完善的综合布线系统，应充分满足各楼宇、场地的办公自动化的需求。结构形式可采用星形拓扑结构布线方式，具有多元化的功能，可以使任一子系统单独地布线，更改任一子系统时，均不会影响其他子系统，遵循兼容性、开放性、灵活性、可靠性和先进性的基本原则。

建筑物综合布线系统的设计等级是根据客户的需求对客户给出的不同服务等级。2000 年实施的《综合布线系统工程设计规范》将综合布线系统设计等级可以分为基本型、增强型和综合型设计等级三大类。随后于 2007 年 4 月由建设部发布相关工程设计规范，对综合布线系统设计等级有了一些新含义。

设计等级的选择应在充分的用户需求分析的基础上进行。例如，某奥体中心体育场馆按照不同的功能区域设计等级如下。

① 基本型适用于综合布线系统中配置标准较低的场合，用电缆组网，每个工作区按 1 个信息点、1 个话音点/10m^2 来设置，如观众接待区、售票处、问询处、观众临时医疗处、失物招领处、通信服务点、媒体接待区、媒体看台等。

② 增强型适用于综合布线系统中中等配置标准的场合，用电缆组网。每个工作区按 2～3 个信息点和 2～3 个话音点/10m^2 信息点来设置，如运动员区、贵宾区、竞赛管理区、竞赛区等。

③ 综合型适用于综合布线系统中配置标准较高的场合，用光缆和电缆混合组网。在基本

型和增强型综合布线系统的基础上增设光缆系统，预留光纤配线架，连接两条4芯光纤直通本地核心交换机，如媒体技术支持区、媒体工作区、多功能厅、会议室等。

1. 综合布线系统的设计流程

综合布线系统的设计流程如图9-8所示。

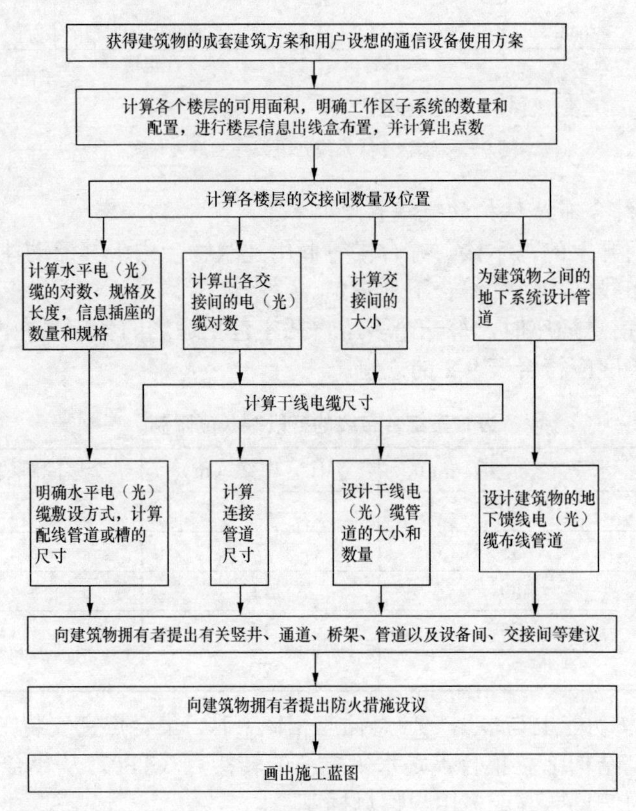

图9-8 综合布线系统的设计流程

2. 综合布线系统的设计要点

（1）配线（水平）子系统线路设计要点

① 水平子系统一般采用双绞线。

② 确定介质布线的方法和线缆的走向。

③ 水平子系统线缆长度一般不得超过90 m，如果超过可多设置几个管理间。

④ 走线必须布放在走线槽或天花板吊顶内，尽量不要走地面线槽。

⑤ 用3类双绞线可传输16Mbit/s速率信号，用5类双绞线可传输100Mbit/s速率信号。

⑥ 确定距服务接线间最近和最远的I/O位置。

⑦ 计算水平区所需线缆的长度。

（2）干线（垂直）子系统线路设计要点

① 选用合适的介质，绝大部分情况下选用光缆，以提高传输速率，延长传输距离；在距离短、传输速率要求不高的情况下，也可以采用大对数电缆。

② 光缆可以选用单模光纤（传输距离较远时），也可以选用多模光纤（室内距离较近时），或者塑料光纤。

③ 光缆在拐弯处不要拐直角，曲率半径应大于光缆直径的15倍，以免损伤光缆，避免增大光纤的损耗。

（3）楼群子系统线路设计要点

楼群子系统的线路负责连接主机房和“校园内”其余大楼的设备间，一般情况下是以主设备房为中心的星形结构。其设计一般应注意以下几点。

① 室外一般选择单模光纤为传输模块，当然传输距离很短的也可以选择多模光纤。

② 室外敷设时应根据具体情况合理地选择敷设方式，可以是架空、直埋、壁挂和管道或是几种方式的任意组合。

③ 选择合适的建筑物入口位置，并注意保护好光缆的安全。

④ 系统的线缆应考虑雷击、电源碰地、电源感应电压或地电压上升等因素，必须设计配备合适的保护器去保护这些线缆。

以上所述的是综合布线系统中线缆设计部分应注意的方面，设计中其余需要了解的部分与前面章节讲述的内容一致，此处不再重复。

3. 综合布线系统设计一般步骤

通常设计与实现一个合理的综合布线系统有以下几个步骤。

（1）前期勘察

① 获取建筑物有关资料和设计图。

② 分析用户信息需求，了解用户在投资方面的承受能力。其具体要求是对通信引出端又称信息点或信息插座的数量、位置以及通信业务需要进行调查预测。

③ 对设计地点进行详细的现场勘察。

（2）一阶段设计

一阶段设计内容包含信息点设计、系统结构设计（管道和桥架设计）、布线路由设计、绘制布线施工图、编制材料清单和编制概、预算文件。

9.3.3 综合布线各子系统的设计

在综合布线系统中，常用的网络拓扑结构有星形、环形、总线型、树形和网状形，其中以星形网络拓扑结构使用最多。综合布线系统采用哪种网络拓扑结构，应根据工程范围、建设规模、用户需要、对外配合和设备配置等各种因素综合研究确定。

综合布线系统工程的范围大小不一，基本分为单幢建筑和多幢建筑两种，即单幢智能化建筑和由多幢智能化建筑组成的建筑群体，后者又称智能化小区或校园式小区。因此，在进行工程总体方案设计时，应关注工程范围和系统组成。综合布线系统结构如图 9-9 所示，下面分别对其中部分子系统设计进行介绍。

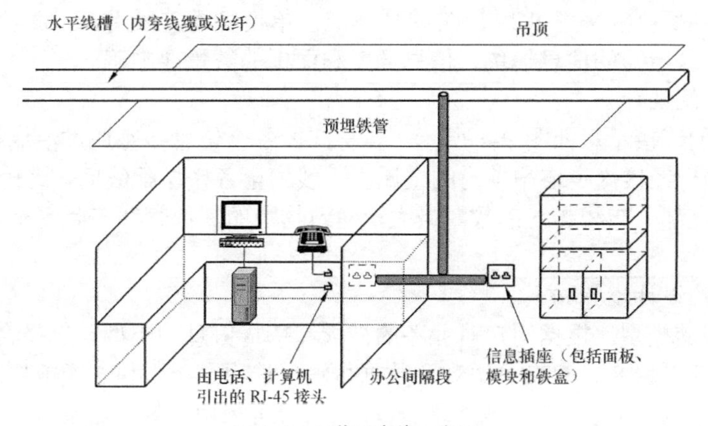

图 9-9　工作区布线示意图

1. 工作区子系统设计

工作区子系统（Work Area Subsystem）的功能是将用户终端系统连接到信息播座上，一个独立的需要配置终端的区域可以划分为一个工作区。工作区终端设备可以是电话、计算机、数据终端、仪表、传感器、探测器和监控设备等，工作区其他部件可以是标准插接线、光纤跳线、电缆适配器等，如何将这些不同的终端使用同样的数据传输线连入网络，如何为以后可能出现的终端设备预留接入端口，是工作区系统的设计关键。

工作区子系统设计步骤如下。

① 首先要统计信息点数量,采用图纸上请求的信息点为依据或根据每层楼布线面积估算计信息点数量。对于智能大厦等商务办公环境，一般每 9m^2 设计 1～2 个信息插座。

② 确定信息插座的类型和个数。

③ 确定各信息点的安装具体位置并进行编号,便于日后的施工。信息点的编号原则如下。

- 一层数据点是 1C××(C=Computer)。
- 一层语音点是 1P××(P=Phone)。
- 一层数据主干是 1CB××(B=Backbone)。
- 一层语音主干是 1 PB××(B=Backbone)。

以商务办公环境的工作区布线设计举例，商务办公环境的工作区布线，如图 9-9 所示。

① 每个工作区面积一般在 5～10m^2，线槽的敷设要合理、美观。

② 信息插座有墙上型、地面型和桌上型等多种。一般采用 RJ-45 墙上型信息模块，设计在距离地面 300mm 以上，距电源插座 200mm 为宜。信息插座的安装如图 9-10 所示。

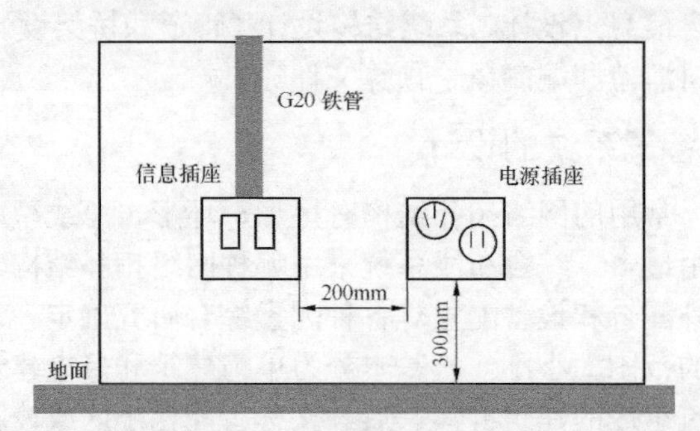

图 9-10 信息插座安装示意图

③ 信息插座应为标准的 RJ-45 型插座,RJ-45 信息插座与计算机设备的距离要保持在 5m 范围内。多模光缆插座宜采用 SC 或 ST 接插形式，单模光缆宜采用 FC 插座形式。

④ 所有工作区所需的信息模块、信息插座和面板的数量要准确。

2. 水平子系统设计

水平子系统的连接示意如图 9-4 所示。自房间内各个信息插座通过沿墙柱敷设的金属管槽或明装 PVC 线槽经楼内走道吊顶内的金属主干线槽至各楼层配线间，比较简洁、美观，适合于新楼施工。这部分布线缆线的数量最大，建筑物中的其他管线多且复杂，所以此子系统设计难度较大。

水平子系统的设计步骤如下。

① 确定缆线的类型。根据用户对业务的需求和待传信息的类型，选择合适的缆线类型。水平干线电缆推荐采用 8 芯 UTP。语音和数据传输可选用 5 类、超 5 类或更高型号电缆，目前主流是超 5 类 UTP。对速率和性能要求较高的场合,可采用光纤到桌面的布线方式(FTTP)，光缆通常采用多模或单模光缆，而且每个信息点的光缆 4 芯较宜。

② 确定水平布线路由，根据建筑物结构、布局和用途，业务需求情况确定水平干线子系统设计方案。一条 4 对 UTP 应全部固定终接在一个信息播座上。水平干线子系统的配线电缆长度不应超过 90m。水平干线光缆距离可适当加长。

③ 确定水平缆线数量。根据每层所有工作区的语音和数据信息插座的需求确定每层楼的干线类型和缆线数量。

④ 确定水平布线方案。水平布线子系统应采用星形拓扑结构，布线时可采用走线槽或天花板吊顶内布线，尽量不走地面线槽。

3. 管理间子系统

管理间由各层分设的配线间构成。配线间是放置连接垂直干线子系统和水平干线子系统的设备的房间。配线间可以每楼层设立，也可以几层共享一个，用来管理一定量的信息模块。配线间主要放置机柜、网络互连设备、楼层配线架和电源等设备。配线间应根据管理的信息点的数量安排使用房间的大小和机柜的大小。如果信息多，应该考虑用一个房间来放置；信息点少，则没有必要单独设立一个配线间，可选用墙上型机柜。

管理间子系统设计步骤如下。

① 配线间位置确定。配线间的数目应从所服务的楼层范围来考虑，如果配线电缆长度都在 90m 范围以内，宜设置一个配线间；当超出这一范围时，可设两个或多个配线间。通常每层楼设一个楼层配线间。当楼层的办公面积超过 1 000m^2（或 200 个信息点）时，可增加楼层配线间。当某一层楼的用户很少时，可由其他楼层配线架提供服务。

② 配线间的环境要求。配线间的设备安装和电源要求与设备间相同。配线间应有良好的通风。安装有源设备时，室温宜保持在 10～30℃，相对湿度宜保持在 20%～80%。

③ 确定配线间交连场的规模。配线架配线对数可由管理的信息点数决定，管理间的面积不应小于 5m^2，当覆盖的信息插座超过 200 个时，应适当增加面积。

4. 干线（垂直）子系统设计

干线（垂直）子系统（Vertical Subsystem）负责连接设备间主配线架和各楼层配线间分配线架，一般采用光缆或大对数 VTP。干线（垂直）子系统如图 9-2 所示。

垂直干线子系统设计步骤如下。

① 确定干线子系统规模。根据建筑物结构的面积、高度以及布线距离的限定，确定干线通道的类型和配线间的数目，整座楼的干线子系统的缆线数量，是根据每层楼信息插座密度及其用途来确定的。

② 确定楼层配线间至设备间垂直路由应选择干线段最短、最安全和最经济的路由。通常采用管道法和电缆竖井法。

管道法就是将垂直干线电缆放在金属管道中，金属管道对电缆起保护作用，而且防火，如图 9-11 所示。

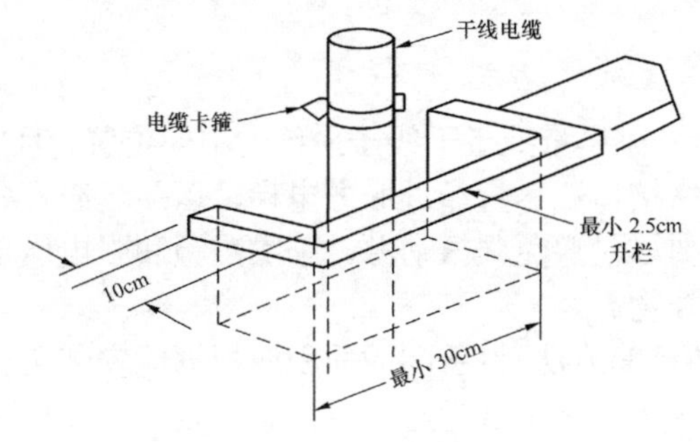

图 9-11 电缆管道法

电缆竖井法指在每层楼板上开出一些方孔，使电缆可以穿过这些电缆井，从某层楼延伸到相邻的楼层，上下对齐，如图9-12所示。

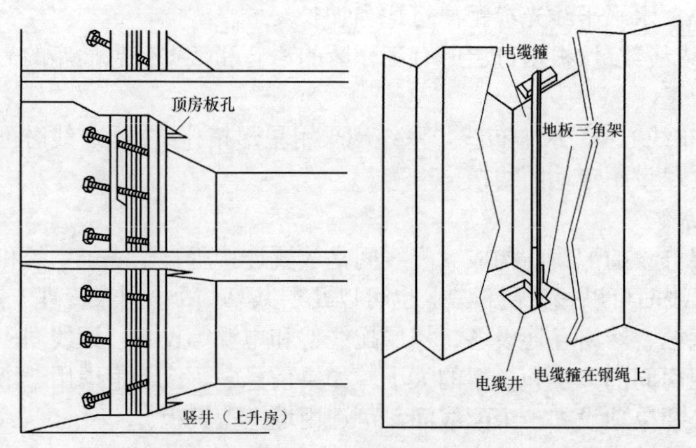

图9-12 电缆竖井法

③ 确定垂直干线电缆的布线方式和电缆的类型。垂直干线电缆的布线方式有3种，如图9-13所示。电缆的类型和尺寸是根据建筑物的楼层面积、高度和建筑物的用途，选择1 000大对数电缆（UTP）、1 500大对数电缆（STP）、62.5/125μm光缆、50/125μm光缆等几种类型的垂直干线子系统线缆。

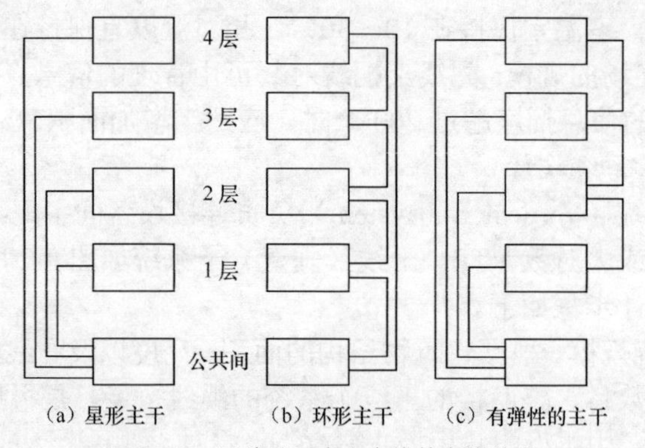

图9-13 干线（垂直）电缆的布线种类

垂直干线子系统所需要的总电缆对数和光纤芯数，可按GB/T50311《建筑与建筑群综合布线系统设计规范》的有关规定来确定。传送数据应采用光缆或5类以上（包括5类）电缆，传送语音电话应采用3类电缆。每段干线电缆长度要留有备用部分（约10%）和端接容差。

5. 设备间设计

设备间设计步骤如下。

① 设备间位置的选择，应尽量处于干线子系统的中间位置，且要便于接地；宜尽可能靠近建筑物电缆引入区和网络接口；尽量靠近服务电梯，以便运载设备；避免放在高层或地下室以及用水设备的下面；要尽量避免强振动源、强噪声源和强电磁场等；尽量远离有害气体源以及腐蚀、易燃和易爆炸物。

② 设备间使用面积的计算方法。设备间的面积应根据能安装所有屋内通信线路设备的数量、规格、尺寸和网络结构等因素综合考虑，并留有一定的人员操作和活动面积。根据实践经验，一般不应小于10m^2。

6. 建筑群子系统

建筑群电缆布线根据建设方法分为地下和架空两种。地下方式又分为直埋电缆法、地下管道法和通道布线法。架空方式分为架空杆路和墙壁挂放两种方法。敷设方法参看第8章。

9.3.4 综合布线中的线缆敷设方法

建筑物土建设计时，已考虑综合布线管线设计，水平布线路由从配线间经吊顶或地板下进入各房间后，采用在墙体内预埋暗管的方式，将线缆布放至信息插座。综合布线线缆敷设方式有活动地板，地板或墙壁内沟槽，预埋管路，机架走线架等方法。下面主要简介一下目前采用几种敷设方式示意图或实物图。

墙体暗管敷设方式如图9-14所示，墙面线槽敷设方和走廊槽式桥架敷设方式如图9-15所示，地面线槽布线法如图9-16和图9-17所示，预埋管路如图9-18所示，机架走线架如图9-19所示。

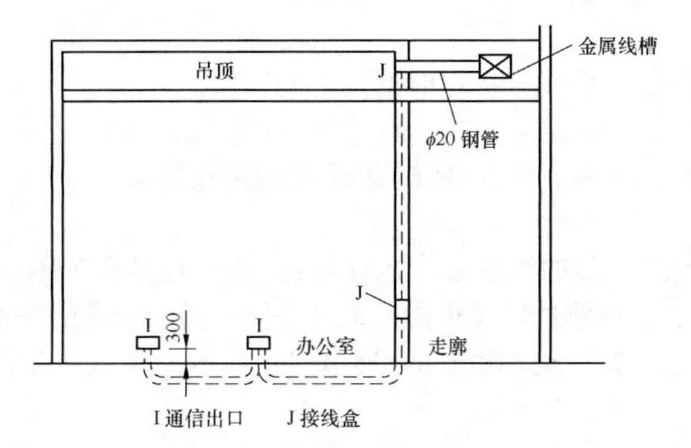

图9-14　墙体暗管敷设方式

图9-15　走廊槽式桥架方式

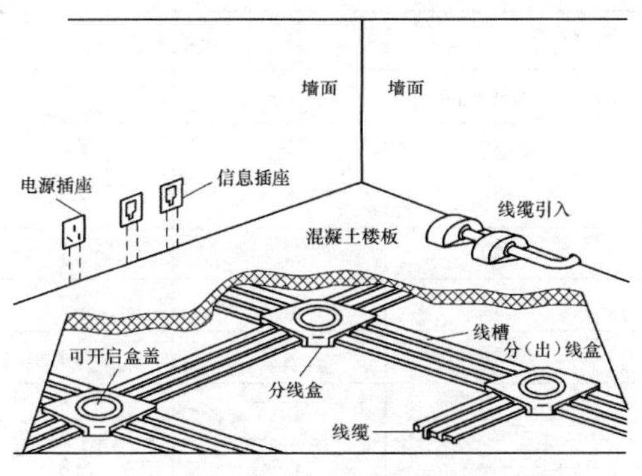

图9-16　地面线槽布线法

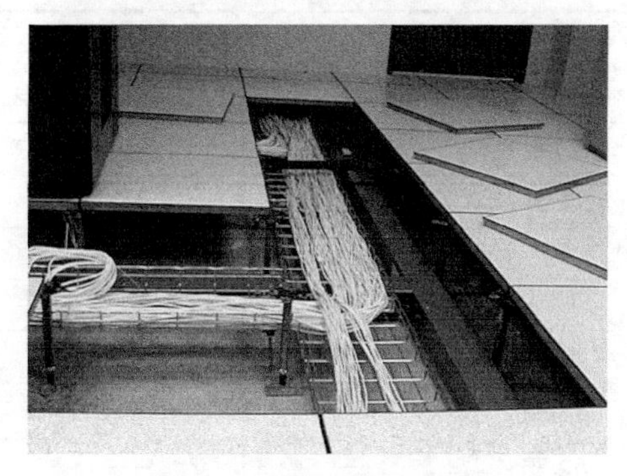

图9-17　地面线槽布线实例

图9-18　预埋管路

图9-19　机架走线架

9.4 综合布线系统的测试

衡量布线系统正常与否有几项重要的指标，即近端串扰衰减（NEXT）、干线电缆衰减、长度、接线图、特性阻抗与噪声等。目前，5 类双绞线的应用已变得越来越广泛，并已成为了高速局域网的首选布线材料。5 类 UTP 电缆的安装标准国际上早已有章可循，即 EIA/TIA 568A/B TSB-67 等。按 TSB-67 协议的测试参数如下。

1. 接线图

接线图用来表示接线方式以及验证线对的连接是否正确，必须遵照 TIA/EIA 568A 或 568B 的定义。A 端按标准 568A 排列线序，B 端按标准 568B 排列线序，如表 6-7 所示。

接线图测试是一个布线系统的最基本测试，例如 AB 线段，A 端插头的 1 号线位与 B 端插头的 1 号线位测试为导通，这样可保证所完成的 1 号连接是正确的。

2. 线路长度

长度指连接的物理长度。对于铜缆长度进行测试采用电时域反射测试仪。

3. 干线电缆衰减

电信号通过双绞线时信号会减弱这就称为衰减。按 TSB-67 要求在测量衰减。

4. 近端串扰衰减 NEXT

NEXT 测试有两个重要的规定。一是 NEXT 值的测试必须是双向的，这一点是在 TSB-67 规范中被明确指出，原因就是在一端 NEXT 值的测试结果可能是通过，而在另一端可能是不通过。二是频率分辨力。典型的各类双绞电缆的衰减系数α和近端串扰衰减 NEXT 与频率的关系，如表 9-3 所示。

表 9-3　垂直和水平双绞线α（dB/100m）和 NEXT（dB/100m）（20℃）

频率（MHz）	3 类线		4 类线		5 类线	
	α	NEXT	α	NEXT	α	NEXT
0.772	2.2	43	1.9	58	1.8	64
1.0	2.6	41	2.1	56	2.0	62
4.0	5.6	32	4.3	47	4.1	53
10.0	9.7	26	6.9	41	6.5	47
16.0	13.1	23	8.9	38	8.2	44
31.25	—	—	—	—	11.7	40
62.50	—	—	—	—	17.0	35
100.0	—	—	—	—	22.0	32

复习题和思考题

1. 我国综合布线系统划分成几个子系统？各子系统由哪些具体组成？各部分的作用是什么？

2. 简述综合布线系统定义、特点及应用范围。

3. 综合布线系统的水平子系统、干线子系统和楼群子系统的线缆设计要点有哪些？

4. 综合布线系统的主要设备部件有哪些？

5．综合布线采用的传输线种类有哪些？
6．双绞线的质量由哪些因素决定？
7．综合布线的线路长度主要受到哪些因素的制约？
8．说明综合布线设计的主要步骤。
9．综合布线系统设计原则有哪些？
10．在新建的写字楼内，综合布线系统设计要考虑哪些内容？
11．综合布线工程测试有哪些项目，其内容是什么？

第10章 无线网络规划基础

从下往上的无线网络建设工作顺序是网络规划、网络建设、网络维护、网络优化。网络规划处于网络建设第一位置。

无线网络规划的对象包含无线接入网（RAN）、传输网和核心网（CN）三大部分。无线接入网规划侧重于 RAN 的网元数目和配置规划。传输网规划侧重于各网元之间的链路需求和连接方式规划。核心网规划侧重于 CN 网元数目和配置规划。其中以无线接入网规划最为困难和重要，它的规划结果将直接影响传输网和核心网的规划。本章无线网络规划侧重于无线接入网（RAN）的规划即移动通信接入网的规划，有关传输网和核心网的规划，不作叙述。

10.1 无线网络规划概述

为什么需要网络规划呢？在上世纪 80 年代早期大的宏蜂窝网络（83 年上海开通了中国第一个寻呼台）那个时候 BB 机寻呼台的覆盖半径达到了 5～50km，基本上一个县市用一个基站就可以解决。80 年代中出现了第一代移动通信系统，属于小的蜂窝网络，典型代表“大哥大”终端，其覆盖半径为 1～5km，可能一个乡镇一个基站即可。到 90 年代中期微蜂窝出现了，覆盖半径为 100m～1km，还有微微蜂窝覆盖半径为 10～100m。随着 GSM 系统的广泛普及，每个小区的覆盖半径逐渐缩小，网络结构由单一向多层网络发展。对于这些微蜂窝小区要建设多少个，怎么建设，建在哪里，如何充分利用好有限的频谱资源，建好小区与小区间的切换以及邻区关系如何配置等，都是网络规划需要做的事情。

任何一个无线网络建设之初要做的第一件事情，就是“估算”。如“覆盖估算”算的是“站点数目”，“容量估算”算的是“载频数目”，可以认为这是一种特殊的“容量估算”，解决要建多少个小区的问题。另外还有一个“传输估算”，算的是各地面接口（Iu、Iub）传输带宽。通过估算可获得网络的建设规模（大致站点数目和载频配置情况），并由此得出建网成本。当然网络初期的估算并不能代替随后细致的网络规划工作，它只是给出一个网络结构的大致框架，可以作为后面网络规划的基础。

10.1.1 网络规划基础

所谓“规划”，就是为了达到预定目标而事先提出的一套有系统、有根据的设想和做法。更具体地说，规划就是根据已有数据，选择一整套数据构成一个系统，以达到一系列性能要求而又付出最小的代价。

无线网络规划是根据覆盖需求、容量需求以及其他特殊需求，结合覆盖区域的地形地貌特征，设计合理可行的无线网络布局，以最小的投资满足需求的过程。

移动通信网络规划包含了两个主要方面，即无线网络规划和地面网络策划。本章主要讨论无线网络的规划。移动通信系统的网络规划是为了达到按业务需要所设定的通信质量、服务面积、用户数量等方面的目标，同时在经济上支付最小的成本费用。

第三代移动通信网络（3G）规划与第二代移动通信网络（2G）相比更加复杂和富有挑战。一般来说，2G 主要是指 GSM 系统和 CDMA-IS95 系统。3G 如今包括 3 大主流国际标准，即世界公认三大标准 WCDMA、cdma2000、TD-SCDMA，其中 WCDMA 和 cdma2000 分别为 GSM 欧洲制式和 CDMA 北美制式的第二代的演进系统，TD-SCDMA 为我国自主研的 3G 标准。3G 标准的突出特点是能提供高速率的电路和分组业务。为了满足用户持续提升业务需求，3GPP（第三代合作伙伴计划）推出了无线接口长期演进（LTE）和系统构架演进（SAE）。LTE 系统具有更高的频谱效率、更高的传输速率和更低的时延性能。LTE 是现有 3G 向 4G 演进的线路方向。下面简单介绍各制式的系统构成及各部分的功能。

1. cdma2000 系统结构

cdma2000 系统采用与 GSM 系统类似的结构，如图 10-1 所示。系统主要包括 5 部分，即移动台（MS）、空中接口（Um）、无线接入网（RAN）、A 接口、电路域核心网、分组域核心网。

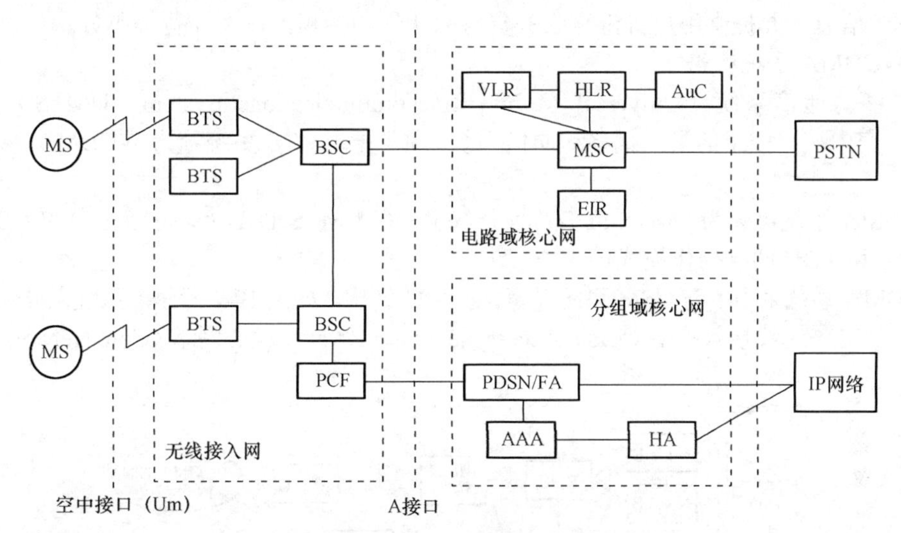

图 10-1 cdma2000 简化系统结构

移动台（MS）是为用户提供服务的设备，它通过空中接口（Um），给用户提供接入移动网络的物理能力，来实现具体的服务。

空中接口（Um）是移动台与无线接入网之间的接口，对应于移动通信系统所采用的无线传输技术。

无线接入网功能与 GMS 系统的非常类似，同时为了支持分组数据业务而增加了新的功能实体。这里只对新的功能实体作适当描述。

基站收发信机（BST）是负责接发空中接口（Um）的无线信号。

基站控制器（BSC）是对其所管辖的多个 BST 进行管理，将语音和数据分别转发给 MSC（移动交换中心）和 PCF（分组控制功能），也接收来自 MSC 和 PCF 的语音和数据。

分组控制功能（PCF）主要负责与分组数据业务有关的无线资源的控制。它是 cdma2000 系统中为了支持分组数据而新增加的部分，因此，它也可以看作分组域的一个组成部分。

电路域核心网主要承载语音业务，与 2G 核心网相似。

分组域核心网即 cdma2000 系统的分组数据网是建立在 IP 技术基础上的，大量地利用 IP

技术，构造自己的分组数据网络，并逐渐向全IP的核心网过渡。

cdma2000分组域核心网包括以提供分组数据业务所必需的路由选择、用户数据管理、移动性管理等功能。

分组数据服务节点（PDSN）是为移动用户提供分组数据业务的管理与控制功能，它至少要连接到一个基站系统，同时连接到外部公共数据网络。

PDSN主要有建立、维护、终止与移动台的PPP连接；为简单IP用户指定IP地址；为移动IP业务提供外地代理的功能；与鉴权、授权、计费（AAA）服务器通信，为移动用户提供不同等级的服务，并将服务信息通知AAA服务器；与靠近基站侧的PCF共同建立、维护及终止第二层的连接等功能。

归属代理（HA）主要用于为移动用户提供分组数据业务的移动性管理和安全认证，包括对移动台发出的移动IP的注册信息进行认证；在外部公共数据网与外地代理之间转发分组数据包；建立、维护和终止与PDSN的通信并提供加密服务；从AAA服务器获取用户身份信息；为移动用户指定动态的归属IP地址等几个方面。

AAA服务器是鉴权、授权与计费服务器的简称，它负责管理用户，包括用户的权限、开通的业务等信息，并提供用户身份与服务资格的认证和授权，以及计费等服务。

2. WCDMA系统结构

通用移动通信系统（Universal Mobile Telecommunications System，UMTS）是采用WCDMA空中接口技术的第三代移动通信系统，通常把UMTS系统称为WCDMA移动通信系统。

WCDMA系统可分为UMTS FDD（频分双工）和UMTS TDD（时分双工），WCDMA涵盖了FDD和TDD两种操作模式。

WCDMA系统采用了与GSM系统逻辑上类似的结构，如图10-2所示。系统主要包括用户终端设备（UE）、无线接入网络（Radio Access Network，RAN）、核心网络（Core Network，CN）。

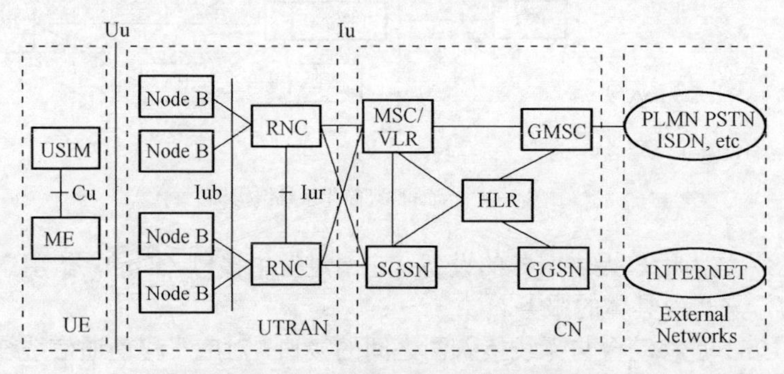

图10-2　WCDMA/TD-WDMA系统结构图

UE是用户终端设备（或用户装置）。它通过Uu接口与无线接入网络设备进行信令交互，并为移动用户提供CS（电路域）和PS（分组域）内的各种业务应用功能。

WDMA网络的标准接口主要包括Uu、Iub、Iur、Iu等，如图10-3所示。

它的主要功能包括收发信基站（Node B）和无线网络控制器（RNC）两部分。RNC与RNC之间通过标准的Iur接口互连，RNC与核心网通过Iu接口互连。其主要功能包括网络连接建立和断开、切换、宏分集合并、无线资源管理控制等。

UTRAN由多个无线网络子系统（RNS）组成，每个RNS包括1个RNC和一个或多个Node B。

Node B 是 WCDMA 系统的基站，为一个小区或多个小区服务无线收发信设备。其主要完成 Uu 无线接口与物理层的相关处理，如信道编码、交织、速率匹配、扩频等，同时还完成如功率控制等一些无线资源的管理功能。它在逻辑上对应于 GMS 网络中的基站（BTS）。

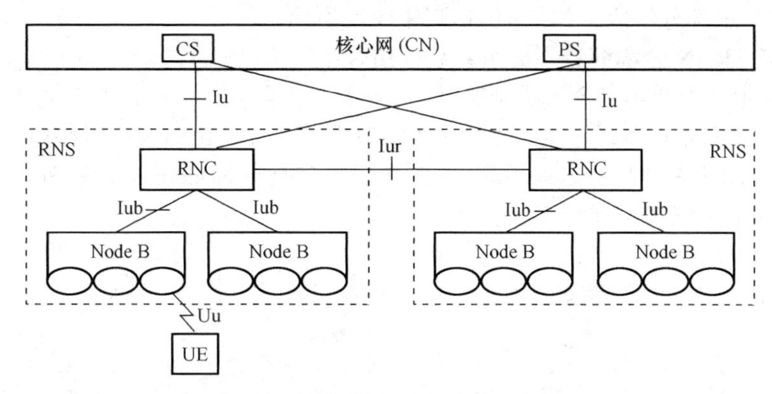

图 10-3 WCDMA/TD-SCDMA 接口分布

RNC 具有分配和控制与之相连的一个或多个 Node B 的无线资源，是控制和管理的功能实体。

CN（核心网络），R99 版本的 CN 包括电路域（CS）和分组域（PS）两大部分。CS 域的功能实体网元包括 MSC 和 VLR 等。PS 域的功能实体包括 SGSN 和 GGSN，为用户提供数据支撑业务。HLR、AuC、EIR 为 CS 和 PS 域共用网络单元。

MSC 是移动业务交换中心；VLR 是拜访位置寄存器；SGSN 是 GPRS 服务器节点；GGSN 为 GPRS 网关节点；HLR 为归属位置寄存器；AuC 为鉴权中心；EIR 为设备识别寄存器；MSC Server 为移动交换中心服务器；CS-MGW 为电路域媒体网关。

核心网络（CN）的协议版本演进，如 R4 版本的核心网（CN）是在 R99 核心网的基础上把 MSC 的功能成两个独立的网元 MSC Server 和 CS-MGW 来实现。R5 版本的核心网相对 R4 版本增加了一个 IP 多媒体域。R6、R7 面向全 IP 化业务应用发展。在 WCMDA 系统中不同协议版本的核心网设备都是基本相同的，这易于网络演进和平滑升级。

3. TD-SCDMA 系统结构

TD-SCDMA 标准规范的实质性工作主要在 3GPP 体系下完成。在网络结构方面，TD-SCDMA 与 WCDMA 采用完全相同的系统框架体系和标准规范，包括核心网与无线接入网之间采用相同的 Iu 接口，在空中接口高层协议栈上二者也完全相同，如图 10-2 和图 10-3 所示。其主要差别是在物理层技术和移动信号管理等方面。

TD-SCDMA 系统采用 TDD 方式工作，比起 FDD 更适用于上下行不对称的业务环境，同时采用了先进的智能天线技术，充分利用了 TDD 上下行链路在同一频率上工作的优势，这样可大大增加系统容量、降低发射功率，更好地克服无线传播中遇到的多径衰落问题。另外在 TD-SCDMA 中还用到了联合检测、软件无线电、接力切换、同步 CDMA 等技术，这使得系统在性能上有了较大程度的提高，在硬件制造方面则降低了成本。TD-SCDMA 系统特别适合于在城市人口密集区提供高密度大容量的语音、数据和多媒体业务。

4. LTE 系统结构

LTE 项目是 3G 的长期演进项目，始于 2004 年 3GPP 的多伦多会议。LTE 是定位于 3G 与 4G 之间的一种技术标准，致力于填补这两代标准间存在的巨大技术差异。

LTE 同时定义了 LTE FDD 和 LTE TDD 两种双工模式。LTE TDD 承担了 TD-SCDMA 后

续演进技术，LTE FDD 承担了 WCDMA 和 cdma2000 后续演进技术，中国移动采用 TD-LTE 双工模式。

TD-LTE 系统由演进型陆地无线接入网（E-UTRAN）、演进型分组核心网（EPC）和用户终端设备（UE）三部分组成，如图 10-4 和图 10-5 所示。

EPC 与 E-UTRAN 合称演进型分组系统（EPS）。

E-UTRAN 由一个或者多个演进型基站（eNode B）组成，eNode B 通过 S1 接口与 EPC 连接，eNode B 之间则可以通过 X2 接口互连。S1 接口和 X2 接口为逻辑接口。

eNode B 是 LTE 中的基站名称。eNode B 除了具有原来 Node B 的功能外，还承担了传统的 3GPP 接入网中 RNC 的大部分功能。

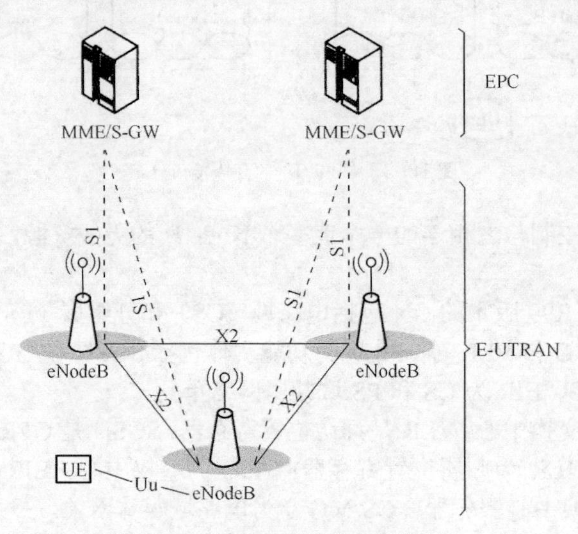

图 10-4　TD-LTE 系统网络结构

EPC 意在帮助运营商通过 LTE 技术来提供先进的移动宽带服务，以更好地满足用户现在以及未来对宽带及业务质量的需求。

EPC 网络构架，如图 10-5 所示，EPC 包含了移动管理实体（MME）、服务网关（S-GW）、分组数据网络网关（P-GW）、归属签约用户服务器（HSS）及策略和计费功能单元（PCRF）。S-GW 与 P-GW 统称 SAE-GW。

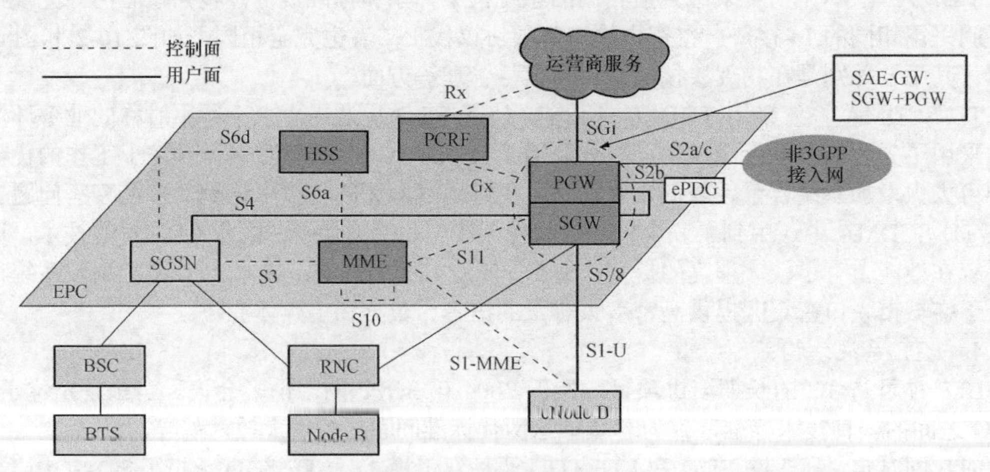

图 10-5　EPC 网络构架

10.1.2 无线网络规划的原则

第一，应该用一个发展的眼光去对待这个复杂的工程，要充分考虑网络规模和技术手段的未来发展和演进方向，对整个网络进行统一的规划，尽量避免在后续的工程中对无线网络结构和基站整体布局进行巨大变动、更换大量网元设备的情况。

第二，要权衡好无线网络的覆盖、容量以及投资效益之间的关系，确保网络建设的综合效益。

第三，应该坚持以差异化策略指导网络规划与建设，无线网络的规划应该尽量采用能够降低成本的覆盖方案，从而确保工程建设投资和网络运营维护成本最小化。

第四，无线网络的规划存在反复调整和预优化的循环过程。

第五，在技术合理的条件下，应充分利用运营商现有的网络基础设施，例如机房、铁塔、传输、站址等，避免重复建设，降低建设成本。

第六，应根据实际用户的敏感程度来分析确定不同区域覆盖的重要程度。

第七，对室内覆盖要特别重视，尤其是对人员流动量大、话务集中的室内环境，应该重点保证覆盖质量。

10.2 无线网络规划的目标和内容

10.2.1 网络规划目标

无线网络规划的目标包含覆盖、容量、质量以及投资成本这4个方面。结合规划区域的业务预测分析，应当首先确定规划目标的4个方面的要求，即在保证服务质量的前提下，以最小的成本构建一个覆盖最大、容量最大的、质量最好的无线网络。

具体无线网络规划的设计目标应有以下几个方面。

1. 网络覆盖目标

网络覆盖的规划需要根据各类业务需求预测及总体发展策略，针对不同的业务和覆盖区域使用覆盖率、穿透损耗等指标来表示。移动通信网络中的业务分为分组业务和语音业务，分组业务和语音业务还可以进一步按不同速率等级进行细分。覆盖区域可以划分为市区、县城、乡镇、交通干道、旅游景点等。覆盖率是描述不同业务在不同网络覆盖区域覆盖效果的主要指标，覆盖率可以分为面积覆盖率和人口覆盖率。特别是人口覆盖率反映了无线网络某个业务的发展潜力，面积覆盖率反映了无线网络某个业务的覆盖完备程度和可移动范围。

在网络规划时，需要合理划分覆盖区域，并根据无线网络的各业务市场定位和发展目标，设定不同业务在不同区域中的覆盖目标，然后利用网络规划软件，计算规划区内的每个点接收和发送无线信号的质量，根据预先确定的不同业务的覆盖门限，判断该点是否被该业务覆盖，然后对整个规划区进行统计，以确定覆盖概率是否达标。

网络覆盖规划过程如图10-6所示。通常覆盖规划是通过仿真软件来实现的，需要输入一些外部条件，导入三维电子地图，初步计算出网络的小区数、载频数，输出站点的位置建议，并根据规划结果计算出覆盖的信号强度。如果说计算的结果能达到要求，此时就可到现场做站点勘察，如果达不到要求，也要到现场勘查，可能会发现实际的环境并没有适合建设基站的楼宇，但是楼宇的安全、物业协调等方面存在问题，此时也要对规划方案进行调整。最终确定站点位置，并需要对基站每个频点使用的频率，配置的邻区进行规划。

对于覆盖规划来说，最重要的就是“估算”小区的覆盖半径，这时需要两大法宝。

一是传播模型和链路预算。“传播模型”是表征一个地区覆盖特性的经验公式，在频段等基本参数确定的情况下，公式中只有两个未知数即最大允许路径损耗 *PL* 和覆盖半径 *d*；而 *PL* 可以通过“链路预算”得到，同时 *d* 也可得到。当然，具体做起来还是较难的。要得到一个地区精确的“传播模型”并非易事，需要做“传播模型校正”，校准传播模型，使计算结果与网络最终结果尽量吻合。

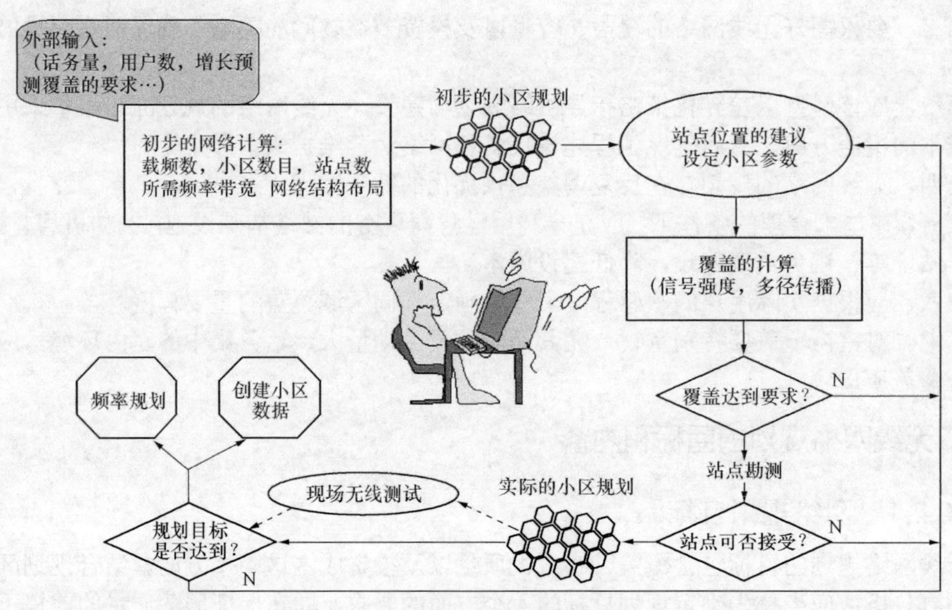

图 10-6 网络覆盖规划过程示意图

二是影响链路预算的主要因素。如发射功率、接收机灵敏度（和业务类型有关）、天线增益、各种损耗（含馈线损耗、人体损耗、穿透损耗……）、各种余量（快衰落余量、慢衰落余量、干扰余量……）等。除此之外，还需要了解网络将采用的各种天线型号的电气性能，为规划的基站确定某个类型的天线服务。

最后还要作网络规划仿真。若仿真结果符合要求，就需到现场进行基站勘察了。理想的站址是需要满足两个条件，一是既能够实现目标区域覆盖，又能保持干扰辐射最小；二是尽可能靠近话务热点，基站越靠近话务热点，基站和 UE 所需的发射功率越小，对周边站点和用户的干扰越小。

2. 网络容量目标

网络容量反映系统建成后所能够满足的各类业务的用户总数。减少干扰，达到系统最大可能容量。对于各个区域、各个阶段的用户数、负载因子、软切换比例、提供的承载服务、可以提供的业务类型、各种业务平均每用户忙时的业务量、各种业务用户渗透率等参数调整直接影响容量规划的达标情况。

在进行网络容量规划时，需要根据对不同业务的市场预测和发展目标，预测各业务的用户规模和区域网络容量需求，然后根据不同业务的业务模型来计算不同基站配置下基站对各业务的容纳能力，最后利用网络规划软件来仿真计算以判断网络容量的达标情况。

不同的移动技术体制对网络容量影响的主要因素也不同，比如 TD-SCDMA 主要属于码道受限的系统，WCDMA 系统主要属于容量受限于干扰功率（下行）或者干扰（上行）系统，减少小区内和小区间的干扰，增大小区容量，使有限的硬件资源、频率资源容量最大化，而 TD-LTE 网络容量与信道配置、参数配置、调度算法、小区间干扰协调算法、多天线技术选取等都有关系。因此，在进行不同的移动技术体制下网络容量规划和仿真时，需要考虑的因素更加复杂。

3. 服务质量目标

服务质量目标包括语音业务质量目标和数据业务质量目标，最优化设置无线参数，最大化提高系统服务质量。评估无线网络服务质量的指标有接入成功率、忙时拥塞率、无线信道呼损、块误码率、切换成功率、掉话率等。在进行无线网络规划时，网络覆盖连续性、附加损耗冗余、网络容量等指标的设定对最终无线网络的服务质量都有十分重要的影响。

4. 投资成本目标

无线网络规划的重要目的是在确定合理的无线网络投资，确定最恰当的无线网络结构、最大化的网络容量、最完善的网络覆盖和最匹配的网络性能，实现综合的投资优化。

在满足容量和服务质量前提下，尽量减少系统设备单元，降低成本。科学预测话务分布，确定最佳基站分布网络结构，同时还应考虑网络要适应未来网络发展和扩容的要求。

总之，无线网络规划应以基础数据的收集整理和需求分析为基础，确定规划目标，完成用户及业务预测并制定网络发展策略，然后利用链路预算，大致确定满足覆盖目标所需的基站数量，再经容量估算，得到在满足容量目标的前提下所需的基站数量。比较满足覆盖需求和容量需求的基站数量，选择其中较大者，作为初步布站的数量。

10.2.2 网络规划内容

按照网络建设阶段的不同，无线网络规划可以分为新建网络规划和网络扩容规划两类。

对于新建网络规划，只要确定网络覆盖目标，就可以在整个覆盖范围内成片地进行基站设置，不需要考虑对现网的影响，但因为没有实际运营数据进行参考，网络规划只能依赖理论计算、软件仿真和试验网测试结果，因此网络规划的精确性上可能相对存在不足。

对于扩容网络的规划，由于有准确的路测数据、用户投诉及操作维护中心的统计报告，并且目标覆盖区域的市场发展情况和目标更为清晰，因此针对性和精确性更高。

无线网络规划的的重点和难点是对无线基站的规划。其主要内容是针对基站（Node B）的站址、设备配置、无线参数设置等进行规划，并对最终的无线网络性能进行预测和分析。

1. 站址规划

在进行站址规划时，需要根据小区覆盖能力和容量，计算完成覆盖目标所需要的基站数，并通过站址选取确定基站的地理位置。

在网络中，小区的覆盖能力和小区的容量与信道配置、参数配置、设备性能、系统带宽、每小区用户数、天线模式、调度算法、边缘用户所分配到的无线模块数、小区间干扰协调算法、多天线技术选取等都有关系。

但在进行小区的覆盖能力测算时，链路预算仍然是可行的方法。可以通过对小区特定参考信号（RS）和上下行控制信道的覆盖性能进行预测，并结合小区边缘业务速率来实现对小区的有效覆盖范围的判定。

2. 基站设备配置

无线网的基站设备配置需要根据各基站服务区域内的覆盖、容量、质量要求和设备能力，确定每一个基站的硬件和软件配置，包括基站的处理能力、发射功率、载扇数、信道单元等参数的配置。

3. 无线参数规划

无线参数规划包括频率规划、码资源规划和时隙规划等。网络有同频组网和异频组网两种方式，同时也有多种带宽配置方案，在网络规划时可以根据可用频点数量、覆盖区域、市场和业务发展目标等进行灵活的频率配置。

4. 无线网络性能预测分析

网络关注的性能参数包括覆盖、小区吞吐量、边缘速率、可接入率、无线接通率、掉线率、切换成功率等，这些网络性能参数是网络服务质量的数据化体现。

在规划前，应根据市场及业务发展目标设定合理可行的网络质量指标，在规划过程中需要利用仿真软件对规划结果进行多次系统仿真和性能预测，并根据预测结果与规划目标之间的差距对规划进行反复调整，直至得到的系统仿真结果达到或者超过设定目标。在设定的目标网络性能指标时，应略高于网络实际运行时需要达到的性能参数指标。

经过上述步骤完成站址选择和基站工程参数设计以后，再进行频率规划、邻区规划、码资源规划、跟踪区规划最终完善整个网络规划。

10.2.3 网络规划基本流程

无线网络规划从流程上来说主要分为规划准备阶段、预规划阶段和详细规划阶段共 3 个阶段。具体实施需要完成市场需求预测、频率规划、覆盖规划及链路预算、容量规划与规模估算、站址规划、、邻区规划、码资源规划、网络仿真等一系列工作，最终目标是实现网络覆盖、网络容量、服务质量和建设成本之间的平衡。

网络规划流程及各阶段的工作内容，如图 10-7 所示。在网络规划建设的不同阶段，对无线网络规划的深度有不同要求，并非每次规划都需要涵盖所有的规划步骤。例如，为了估算投资规模，只需通过预规划对基站数量和规模进行初步估算，即可得到大约的投资规模，而无需完成详细规划。

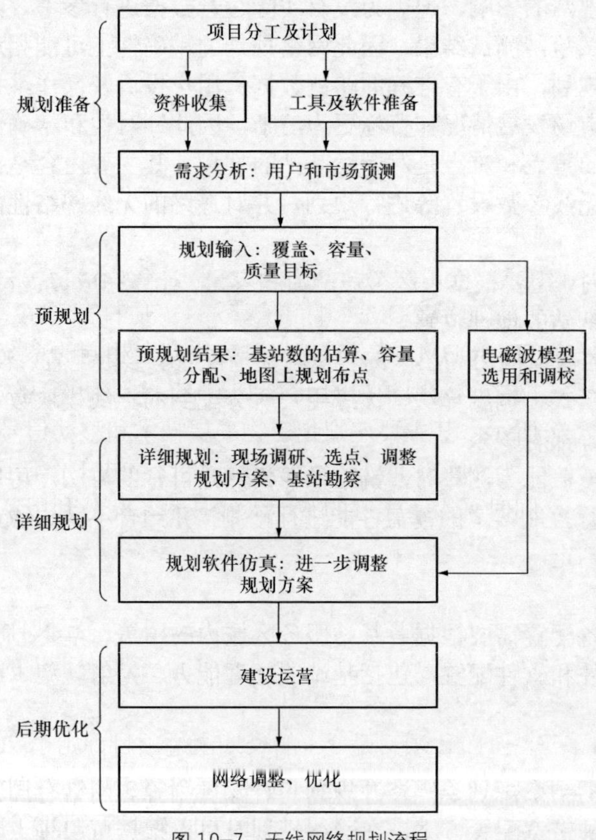

图 10-7　无线网络规划流程

规划准备主要对网络规划工作进行分工和计划，准备需要用的工具和软件，收集市场资料做需求分析，如3G用户预测，采用方法有人口普及率法、市场调查法、趋势外推法等。

预规划主要工作是无线网络估算，包括链路预算、小区覆盖范围计算、容量估算、基站数量估算、站址初选等内容。

在从覆盖角度出发计算最小基站数，从容量角度出发计算最小基站数，分析两者计算结果，得出预规划所需基站数。

详细规划要完成的工作是在无线网络预规划方案的基础上开展站址选择/勘测，根据实际环境确定出每个基站具体的天线参数，记录下基站周围的环境状况。

后期优化是指系统刚开通后要完成网络调整及优化，使实际网络满足设计要求，达到较佳效果。当然，随着用户的逐渐增多和网络的负载加大，需要进行长期的网络优化工作。

10.3 无线网络规划的实施

3G网络规划与2G网络相比更加复杂和富有挑战，3G无线网络规划主要面临下列挑战是3G业务复杂，而3G网络的无线接入方式都是基于CDMA的接入方式，这种接入方式的最大特点是自干扰，3G网络的QoS保证比2G网络复杂，在不同QoS要求下网络覆盖和容量的平衡也是3G网络规划所面临的难点之一。

以TD-SCDMA网络规划为例作一个方法性介绍。TD-SCDMA网络规划要重点考虑干扰计算、信道分配、接力切换等因素影响。

10.3.1 预规划

CDMA无线网络的预规划阶段也称分析研究阶段。预规划主要研究将要运营的网络的基本属性，如业务类型、业务量的大小、用户分布及通话量、地理属性等，并进行资源估计，为详细规划阶段提出基站站点设置方案指导。预规划实施主要完成链路预算和容量估算，即覆盖分析和容量分析。

1. 链路预算

链路预算仍是评估无线通信系统覆盖能力的主要方法，通过链路预算，可以在保证通话质量的前提下，确定基站和移动台之间的无线链路所能允许的最大路径损耗。从而估算出一个目标区域中，需要覆盖的基站数量是和每个基站的覆盖范围有关的。在进行链路预算分析时，需确定一系列关键参数，主要包括基本配置参数、收发信机参数、其他损耗及传播模型。

链路预算又分为下行链路（前向链路）预算和上行链路（反向链路）预算。

下行链路是指基站发、移动台收的通信链路。TD-SCDMA的前向链路采用正交的Walsh码进行扩频，基站与基站之间同步（通过GPS或其他方式），对干扰具有较强的抑制作用。

上行链路是指移动台发、基站收的通信链路。由于受到体积、重量和电池容量的制约，手机的发射功率不可能做得很大。因此，TD-SCDMA小区的大小一般是上行链路受限。

链路预算重点对上行链路预算。上行链路模型如图10-8所示。

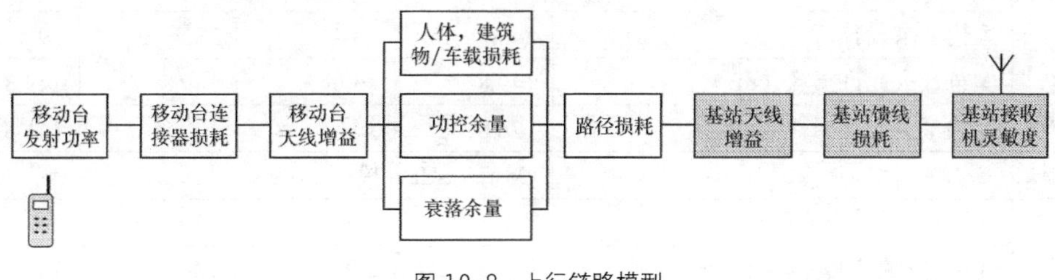

图10-8 上行链路模型

上行链路允许的最大路径损耗$[L_{\max}]$为

$$[L_{\max}]=[P_{\max}\times G_{\mathrm{T}}]-[L_{\mathrm{a}}]-[L_{\mathrm{w}}]-[L_{\mathrm{b}}]-[M_{\mathrm{a}}]-[M_{\mathrm{PC}}]-[L_{\mathrm{P}}]+[G_{\mathrm{NR}}]-[L_{\mathrm{Nb}}]-[s_{\min}]$$

其中，[ ]为 10lg，各项参数含义 $P_{\max}$ 为移动台最大发射功率，G_{T} 为移动台天线增益，$[P_{\max}\times G_{\mathrm{T}}]$为移动台发射系统最大有效全向辐射功率，单位为 dBm；$[L_{\mathrm{a}}]$为移动台连接器损耗，单位为 dB；$[L_{\mathrm{w}}]$为人体损耗，单位为 dB；$[L_{\mathrm{b}}]$为建筑物穿透损耗，单位为 dB；$[M_{\mathrm{a}}]$为**衰落余量**，单位为 dB；$[M_{\mathrm{PC}}]$为功控余量，单位为 dB；$[L_{\mathrm{P}}]$为自由空间传播损耗，单位为 dB；$[G_{\mathrm{NR}}]$为**基站接收天线增益**，单位为 dB；$[L_{\mathrm{Nb}}]$为基站馈线损耗，单位为 dB；$[s_{\min}]$为基站接收灵敏度，单位为 dBm。

根据上面参数设置，可得到 TD-SCDMA 系统上行链路预算值，如表 10-1 所示。

表 10-1　　TD-SCDMA 语音业务的上行链路预算表

上行链路		密集城区	城区	郊区	乡村
系统参数	载波频率（MHz）	2 000	2 000	2 000	2 000
	扩频带宽（MHz）	1.6	1.6	1.6	1.6
	噪声温度（K）	290.0	290.0	290.0	290.0
	热噪声功率（dBm）	−112.0	−112.0	−112.0	−112.0
	数据速率（kbit/s）	12.2	12.2	12.2	12.2
	处理增益（dB）	20.2	20.2	20.2	20.2
基站接收机	接收机噪声系数（dB）	4.0	4.0	4.0	4.0
	上行要求的 $E_{\mathrm{b}}/N_{\mathrm{t}}$（dB）	4.8	4.8	4.8	4.8
	接收机灵敏度（dBm）	−115.0	−115.0	−115.0	−115.0
	天线增益（dB）	17.0	17.0	17.0	17.0
	天线赋形增益（dB）	8.0	8.0	8.0	8.0
	接收端馈线、连接器等损耗（dB）	0.0	0.0	0.0	0.0
	天线输入端的最小信号功率（dBm）	−139.7	−139.7	−139.7	−139.7
移动台发射机	最大/业务信道发射功率（dBm）	21.0	21.0	21.0	21.0
	移动台天线增益（dB）	0.0	0.0	0.0	0.0
	发射端馈线、连接器等损耗（dB）	0.0	0.0	0.0	0.0
	业务信道最大发射功率（dBm）	21.0	21.0	21.0	21.0
余量计算	衰落余量（dB）	5.4	5.4	5.4	5.4
	干扰余量（dB）	1.5	1.5	1.0	1.0
	人体损耗（dB）	3.0	3.0	3.0	3.0
	建筑物穿透损耗（dB）	23.0	17.0	12.0	8.0
	室外总余量预留（dB）	11.4	11.4	11.4	11.4
	室内总余量预留（dB）	34.4	28.4	23.4	19.4
最大允许路径损耗	室外最大允许损耗（dB）	149.8	149.8	149.8	149.8
	室内最大允许损耗（dB）	126.8	132.8	137.8	141.8
覆盖范围		Cost231-Hata 模型			
小区最大传播距离	小区室外最大传播距离（km）	2.26	2.77	14.3	20
	小区室内最大传播半径（km）	0.5	0.9	7.8	14.3

下行链路预算采用同样方法完成。由于 CDMA 通常是上行受限系统，下行链路预算的目的在于保证由上行链路预算所确定的小区覆盖内基站有足够的功率分配给各个移动台。

下行链路预算的参数和上行链路预算的参数有相同之处，如固定的系统参数、天线增益和馈线损耗，也有不同点如在于上行链路发射、接收的信号和干扰功率等不同，这里就不讨论下行链路预算。

在 TD-SCDMA 系统中，网络规划还要考虑数据业务的覆盖。同理也可得到 TD-SCDMA 数据业务的链路预算表如表 10-2 所示。

表 10-2　　TD-SCDMA 数据链路预算表

一般城市数据业务	64kbit/s	144kbit/s	384kbit/s
扩频带宽（MHz）	1.28	1.28	1.28
噪声温度（K）	290	290	290
热噪声功率谱密度（dBm/Hz）	−174	−174	−174
接收机噪声系数（dB）	4.0	4.0	4.0
接收噪声谱密度（dBm/Hz）	−170	−170	−170
所需的 E_b/N_t（dB）	2.4	1.6	1.3
接收机灵敏度（dBm）	−118.0	−118.0	−119.0
基站天线增益（dB）	17	17	17
基站接收端馈线、连接器等损耗（dB）	0.0	0.0	0.0
基站天线输入端的最小信号功率（dBm）	−137.8	−135.6	−133.3
移动台业务信道最大发射功率（dBm）	24.0	24.0	24.0
移动台天线增益（dB）	2.0	2.0	2.0
移动台发射端连接器等损耗（dB）	0.0	0.0	0.0
移动台业务信道最大有效发射功率（dBm）	26.0	26.0	26.0
基站接收端馈线、连接器等损耗（dB）	0.0	0.0	0.0
阴影衰落标准差（dB）	8	8	8
衰落余量（dB）	5.4	5.4	5.4
人体损耗（dB）	0.0	0.0	0.0
干扰余量（dB）	6.0	6.0	6.0
总余量预留（dB）	7.7	7.7	7.7
最大允许的路径损耗（室外）（dB）	160.1	160.9	161.2
最大允许的路径损耗（室内）（dB）	143.1	143.9	144.2
覆盖范围	Cost231-Hata 模型		
最大覆盖半径（室外）（km）	4.5	4.7	4.8
最大覆盖半径（室内）（km）	1.76	1.86	1.9

2. 容量估算

容量估算在完成计算单小区单载波容量的基础上，结合网络的业务需求，可以估算网络所需要的基站数目。容量估算可分为通话容量估算和数据容量估算两种。

通话容量估算采用话务理论量，如话务量等。话务量是表示话务负荷，由于用户的电话呼叫完全是随机的，因此话务量是一种统计量。话务量的大小与用户通话频繁程度和通话占用的时间长度以及统计观察的时间长度有关，单位为爱尔兰，用 Erl 表示。

数据容量来源于分组数据业务，估算的最好的办法还是通过动态的系统及性能仿真。CDMA 数据容量估算过程，如图 10-9 所示。

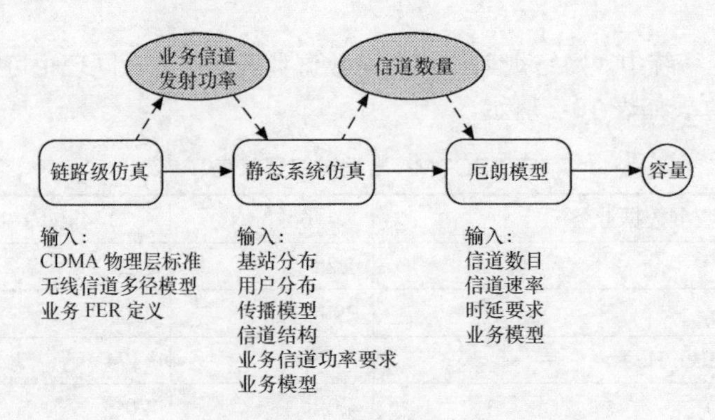

图 10-9　CDMA 数据容量估算过程

对系统容量的评估需要针对具体的网络应用业务进行，因为不同业务各自具有的特性会给系统带来不同的业务负荷，从而影响整个系统性能的评估。比如语音业务用平均话务量评估容量，数据业务用数据业务呼叫模型评估容量。

容量估算方法，有上行链路容量包括单小区系统容量分析、多小区系统容量分析，从覆盖角度出发计算最小基站数、从容量角度出发计算最小基站数，分析两者计算结果，得出预规划所需基站数。下行链路容量等这里主要介绍了 TD-SCDMA 系统预规划中的链路预算与容量估算。在网络规划中，考虑到 3G 无线网络初期建网的特点和工程实施方面的因素，可以简化预规划方法，一般可以将预规划分为以下三步，即从覆盖角度出发计算最小基站数，从容量角度出发计算最小基站数，分析两者计算结果，得出预规划所需基站数。

10.3.2　详细规划

无线网络详细规划是在预规划的基础上，对初步布置的站点进行勘察落实，设置基站参数。无线网络详细规划是一个“勘察-仿真-调整”反复循环的过程。比如站址获取有难度，就需要对原先的方案进行必要的调整。若某一个基站位置的调整又会对周边其他站址选取造成一定的影响，引起一系列的连锁反应，就要借助软件仿真，经过一系列的调整，使网络质量满足建设目标。如果不满足，就需要对基站位置、基站参数进行修改。

详细规划要完成覆盖规划、容量规划、基站规划（含用户需求、视距传播、 可扩容性、干扰）、QoS 评估（考察网络在覆盖要求的极限负载条件下是否可以承载更多的用户、上下行吞吐率统计、导频污染、切换区域覆盖）。

详细规划的具体操作内容是网络仿真、无线参数规划、码资源规划。

网络仿真作用，因系统实际运行效果与地形、基站位置、设备参数配置、实际用户的分布及用户行为关系等诸多因素密切相关，因此在完成无线网络规划后，还应模拟实际网络的运行情况，对规划结果进行系统级网络仿真。

无线参数规划作用，主要对邻小区规划和频率规划。TD-SCDMA 自身的技术问题会使系统频谱效率下降，主要表现在下列两个方面。

① 当有大量用户聚集在同频邻小区重叠区域时，智能天线空间滤波作用会大幅下降，智能天线无法降低小区间干扰。

② 目前的联合检测算法仅能完成小区内用户的联合检测，无法降低小区间干扰。

码资源规划主要下行同步码规划和复合码规划。详细规划流程如下。

① 分析建网目标，明确网络建设的容量、覆盖和质量要求。

② 在预规划中进行链路预算和覆盖估计，根据业务分布、话务密度，对网元数量及其能力进行估计，从而确定目标覆盖区域的站点配置、分布及数量情况。

③ 输入同时支持的用户数、传播模型参数、话务模型参数、业务参数、工程参数和基站设备的性能参数等进行仿真。

④ 根据仿真结果和基站地形调查，对网络性能进行评估，调整基站及参数，使仿真结果达到规划的目标。

复习题和思考题

1．无线网络规划的原则、目标？网络覆盖规划目标是什么？

2．无线网络基站选址规划内容是什么？

3．预规划、详细规划包括哪些内容？

4．无线规划流程有哪些？解释每个流程的含义。

第  章 基站工程初步设计

随着 4G 的出现与 3G 的普及，在我国工业和信息化部最新公布的通信水平情况，全国移动电话的普及率已经达到了 94.6%。移动通信的基站系统，作为整个通信网络中的接入网的部分自然是必不可少的。而在中国 3G 基站的总数量已经突破 100 万大关。而随着 4G 的推广，原有的基站数量已经不能满足日益增长的客户需求了，所以扩建、增建基站成了必然的选择。

基站在整个通信网络中连接上层的核心网络和为下行的用户提供稳定的信号，通过接收与发射信号来达到让用户通信的目的。可以说，基站是最贴近于用户网络节点了，而基站设计是目前应用最多的一个无线工程建设项目，本章重点是基站系统工程设计。设计内容囊括了建设基站的选址，预规划的结果，相关设备参数的确定，设备的选取与安装，设备的布局方式，机房与铁塔以及天线布放的方式，这里不作工程项目的概预算。

11.1 基站系统设计方法

11.1.1 基站的整体结构

GSM 网络的 2G 基站的整体结构，如图 11-1 所示。基站总体包括传输系统、电源系统、基站收发信机主设备以及天馈系统四大部分组成。

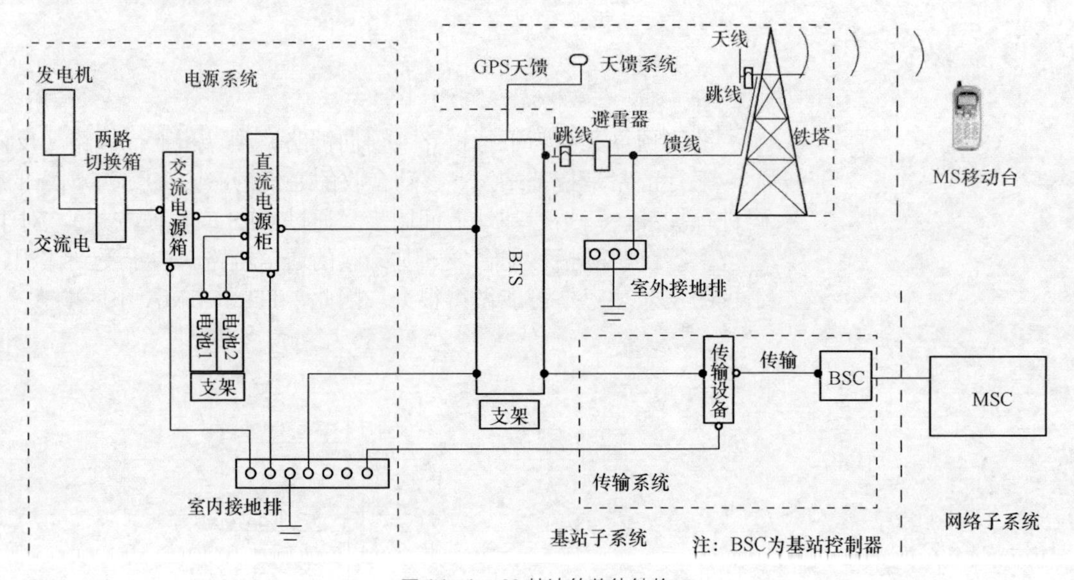

图 11-1 2G 基站的整体结构

如图 11-1 所示，最左侧电源系统是由交流电源柜与直流电源柜组成；传输系统是由传输设备以及各处传输线路组成；BTS 和 BSC 为主设备；天馈系统是由天线、跳线、铁塔以及馈线共同组成。

在 2G 基站中，天馈系统是用来进行信号的变换，即从无线电波信号与无线信号的变换，与用户侧的关系上来看，是用来接收与发射起到传递的功能。

GSM 网络的主设备 BTS 包括网络交换子系统（NSS）、基站子系统（BSS）、移动台（MS）、操作维护中心（OMC）。网络交换子系统主要完成交换功能、用户数据与移动性管理和安全性管理所需的数据库功能。基站子系统主要完成无线发送接收和无线资源管理等功能。移动台完成话音编码、信道编码、信息加密、信息的调制和解调、信息发射和接受。操作维护中心主要对整个 GSM 网络系统进行管理和监控。

GSM 网络中，传输设备采用的是 SDH 传输设备，可以很好地处理语音话务业务，提供多个 2M 业务信道并将基站主设备与城市核心交换网进行连接，完成信息传输的核心任务。

GSM 基站的电源系统是为基站内的传输设备与主设备等提供稳定的电压输出。

GSM 所提供的基本业务主要包括话音业务、数据业务及短信息业务等。

3G 基站以 WCDMA 制式为例，其整体结构如图 11-2 所示。

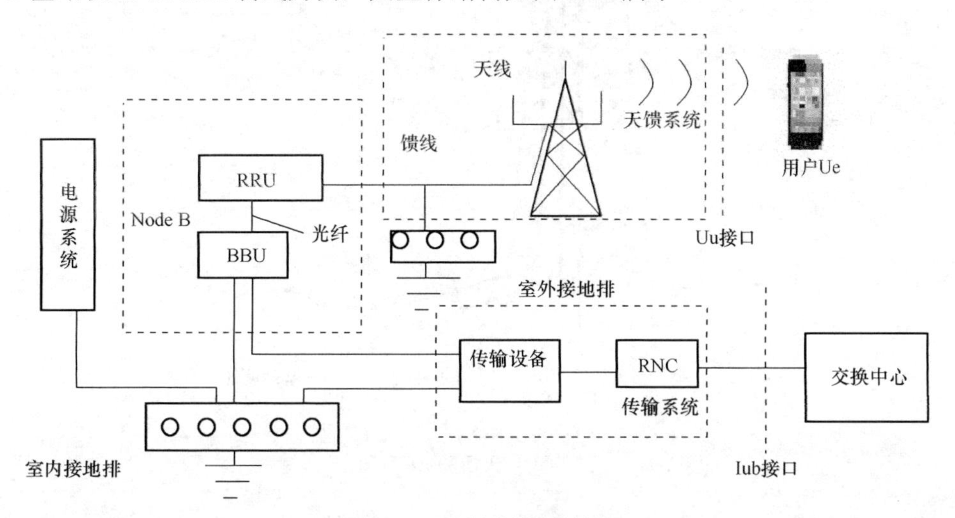

图 11-2 3G 基站的整体结构

3G 基站的整体结构与 2G 基站类似，只是主设备不称作 BTS 而称为 Node B，Node B 通常由基带处理单元（BBU）和射频拉远模块（RRU）组成。在逻辑结构上，Node B 与 2G 的 BTS 是相同的。Node B 逻辑模块有 RF 收发放大模块、射频收发系统、基带部分、传输接口单元和基站控制部分组成。从交换中心引出的光缆线路在到达基站后，先连接无线网络控制器（RNC），然后进入基站的传输设备，再与相关主设备相连接。

1. 天馈系统

基站的天馈系统自上而下由天线、跳线、馈线、跳线组成。天馈系统作为无线通信不可缺少的一部分，其基本功能是把无线信号转换成无线电波。天馈系统可以看做两大部分，分别是天线与馈线。

天线主要功能是接、发电磁波，在发射时，把高频电流转换为电磁波。接收时，把电滋波转换为高频电流，传递给基站。天线对空间不同方向具有不同的辐射或接收能力。基站使用的多为定向天线，定向天线具有最大辐射或接收的方向性，能量集中，抗干扰能力比较强，增益相对全向天线要高等特点，适合于远距离点对点通信。

馈线一般为同轴电缆或波导，它是连接基站设备与天线的重要线路，对于不同粗细、质量。工作频率的馈线传输损耗会产生很大的影响，天馈系统如图 11-3 所示。

图 11-3 中所标注的避雷针起到防雷的作用，铁塔是起到建设平台放置天线，确保其覆盖范围的功能；天线是对电信号进行变换，并起到接收放大的作用；抱杆上安置天线，可调整其方位角度；塔放是用来补偿上行的馈缆损耗使用，可以降低以动态的发射功率，改善 WCDMA 系统上行链路的容量，并可以提高基站接收机的灵敏度，增加了上行得到服务的用户数。

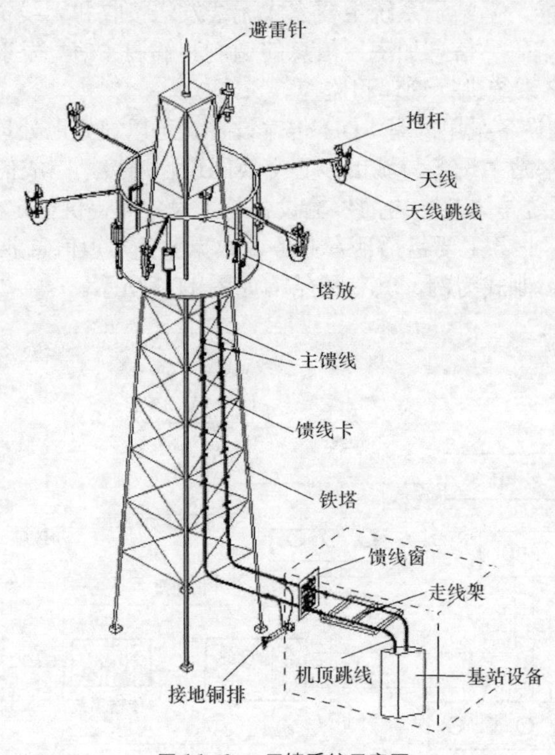

图 11-3　天馈系统示意图

2. Node B 设备

Node B 通常由 BBU 和 RRU 组成。BBU 的功能是完成 Uu 接口的基带处理功能（编码、复用、调制和扩频等）、RNC 的 Iub 接口功能、信令处理、本地和远程操作维护功能，以及 NodeB 系统的工作状态监控和告警信息上报功能。

而 RRU，可分为 4 个部分，分别是数字中频模块、收发信机模块、功放模块和滤波模块。数字中频模块用于光传输的调制解调、数字上下变频、A/D 转换等；收发信机模块完成中频信号到射频信号的变换；再经过功放和滤波模块，将射频信号通过天线口发射出去。

Node B 逻辑组成框图如图 11-4 所示。其中多载波功放与收发信机的模块由 RRU 设备完成，是射频系统。基带处理、传输接口单元以及主控制单元由 BBU 设备完成，是基带处理子系统，BBU 与 RRU 间是采用光纤连接。上图中省略了传输部分到 Node B 的结构，只画出了 RRU 到天线的简单示意，Uu 接口是天线到用户侧，无线接入网的端口名称。下面分别介绍 3G 基站中的各个模块及功能。

Node B 通过与基站控制器（RNC）相连可以灵活组网。Node B 组网，如图 11-5 所示。

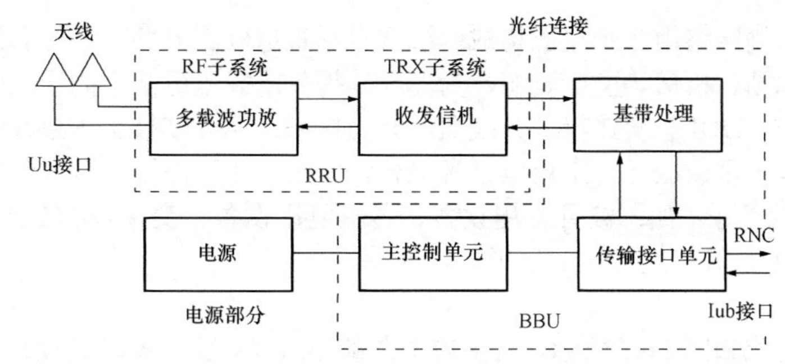

图 11-4 Node B 逻辑组成示意图

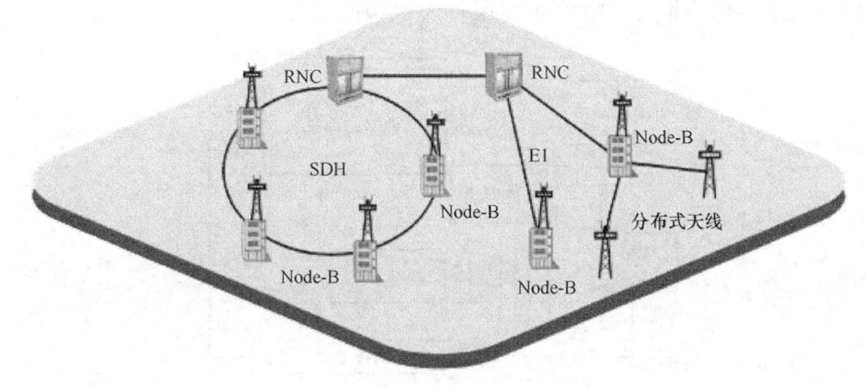

图 11-5 Node B 组网方式

3. 传输系统

传输系统是实现通信网络上各个网元数据传递，就基站而言传输系统的作用是实现基站（Node B）与基站控制器（RNC）之间的数据交换。基站内的传输系统如图 11-6 所示。

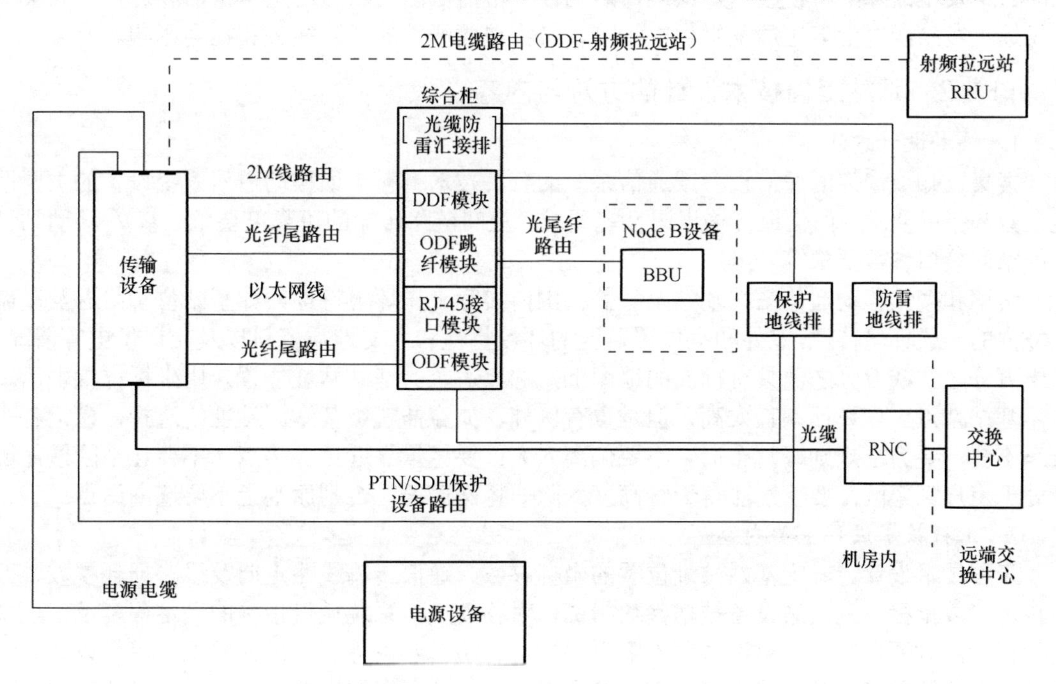

图 11-6 传输系统组成示意图

一般来讲，传输网络由3个层面构成。底层包括管道段、人井、手井、线杆、标石等基础设施，还包括局站、机房等空间资源，为光缆等提供承载服务。中间层：包括光缆段、电缆段、纤芯、ODF、DDF、交接箱、分线盒、光交接箱、光分歧接头、接线盒等，它们为上层传输逻辑网络提供承载服务。上层包括各类传输网络设备和网络连接（SDH或PTN），以及传输网络的逻辑资源，如：波分复用设备、传输复用设备、交叉设备、中继设备（TM、ADM、DXC、REG）等以及波道、通道、电路等。

4. 电源系统

电源系统的构成如图11-7所示，它主要由三部分组成：交直流转换模块，监控模块，直流配电单元。其中交直流转换模块负责将输入的交流电转换为设备需要的直流电，监控模块是实现电源柜内的监控，直流配电单元实现直流电源的输出。

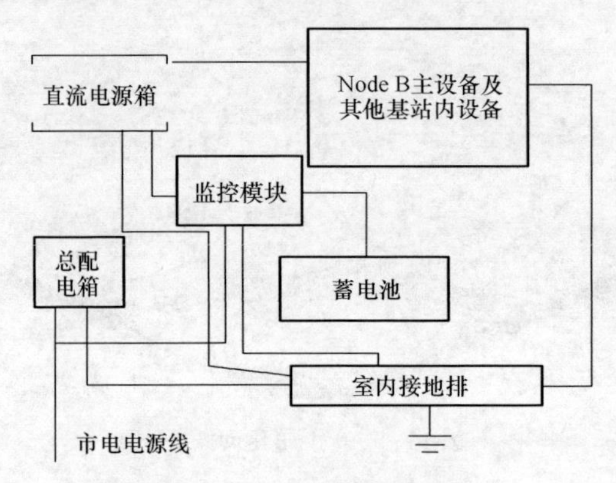

图11-7 电源系统组成示意图

通信电源是向通信设备提供交直流电的能源，它是电信设备运行的“心脏”。如果一个基站的供电发生故障，将使整基站瘫痪，影响该站覆盖范围内用户的正常生活和运作。如果一个长途干线站或电信枢纽局发生供电故障，必将造成严重的经济损失和社会影响。

11.1.2 基站工程技术设计的方法与内容

1. 技术设计方法

搜集已知或选定的通信设备或通信系统的有关技术资料，如移动通信系统设备的主要性能参数和指标要求，如信道传输误码性能要求、空间链路传输的可靠度要求、基站-移动站设备的空间接口参数要求等。

考察和搜集移动通信系统基站及覆盖范围内实际工作环境特性，如基站位置附近及覆盖区域内的一般环境特性，室外和室内覆盖区的环境特性和水文地质资料以及交通供电等情况。在十万分之一或万分之一具有标高的地图上，选取适合的基站站址位置，用坐标位置表示。

基站站点工程设计不宜太高，但是也有例外，如穿插超级基站。站址的选择，谨记有三要三不要，要力求规则蜂窝布局，不要偏离太大；要尽量靠近话务热点，不要让小区覆盖边缘处于用户密集区；要特别注意天线高度，除非特殊情况，否则原则上不要选高站点。

2. 工程技术设计主要内容

工程技术设计。确定基站站址位置的坐标参数、通信传输线路走向及线路损耗参数、天线技术参数指标、直放站设备技术参数指标、对移动通信系统质量指标的满足程度及工程系统的指标测试要求等；提出设备供电配电、接地、防雷避雷等安全保证要求；提供设备订购清单，估计工程建设概算费用等。工程技术设计要为接下来的安装和调试工程设计提供必要的设计依据。

安装工程设计。根据工程技术设计提供的设备与器材的技术和几何物理参数，结合实际使用环境和地点设计设备安装固定及走线、布线所需的工程安装施工图纸，列出所需的安装器材等，进行供电配电以及防雷避雷接地等安全保证的基础工程设计。

调试测试与工程移交。根据工程技术设计提供的设备技术参数及系统质量指标要求，提出所需的测试仪器设备，并对已安装的设备系统进行调试和测试，使设备系统工作状态最佳化，最大限度地满足系统质量指标要求。

11.2　基站与基站覆盖系统的设计

11.2.1　基站的种类与使用

根据无线组网的不同用途，基站种类可分为宏基站、微基站、射频拉远、直放站。

1. 宏基站

宏基站是构建无线网络覆盖的主要设备类型，广泛应用于市区、郊区、农村、道路等各种环境。宏基站的优点是：容量大，可靠性高，维护方便；缺点是：价格昂贵，安装施工工程量大，不宜搬迁，机动性差。

宏基站可以应用于城区、郊区、农村、乡镇等的广域覆盖，也可以用于解决城区话务密集区域的覆盖、室内覆盖等深度覆盖。

2. 微基站

微基站是无线网络城市覆盖补盲的一种重要补充方式，同射频拉远起到同样的作用。它具有发射功率高、集成传输电源、安装方便灵活、适应力强、综合投资低等优点，此外还具有能满足边际网广覆盖、低话务、快速建站、节约投资等特点。微基站作为室内分布系统的信号源，可解决有一定话务量大楼的室内覆盖和容量问题。

微基站设备分支持智能天线的微基站及支持普通天线的微基站两类。支持智能天线的微基站的天馈系统设计与宏基站的相同。支持普通天线的微基站，其天馈系统的设计与2G或其他3G系统的微基站天馈设计相同。这类微基站由于没有智能天线，基站覆盖能力有限，一般作为室内分布系统的信号源或用于局部覆盖补盲。

微基站的配套主要有传输、电源和塔桅。微基站具有体积小，安装方便等优点，它一般支持E1、STM-1的传输接入，在设计中可就近解决传输。微基站的电源解决方案同射频拉远，主要是交流220 V接入，也有支持24 V、48 V直流接入的。微基站的塔桅与射频拉远的相同，主要有桅杆、简易塔、H杆等。

微基站广泛应用于城区小片盲区覆盖、室内覆盖、导频污染区覆盖等环境深度覆盖，采用大功率微蜂窝覆盖农村、乡镇、公路等容量相对较小的区域，解决这类地区的广域覆盖。

3. 射频拉远

射频拉远是指将基站的单个扇区的射频部分，用光纤拉到一定的距离之外，占用一个扇区的容量。射频拉远具有体积小、安装方便的特点。

使用射频拉远技术，可以灵活、有效地根据不同环境，构建具有星形、树形、链形、环形等拓扑结构的各种网络。例如，该技术可以用于扩展购物中心、机场、车站等人流密集区域的容量，以及改善企业总部、办公楼或地下停车场等信号难以到达区域的覆盖质量。

射频拉远的建议应用环境是机房位置不理想时，使用射频拉运来减小馈线损耗；容量需求大，但无法提供机房的区域；用于农村、乡镇、高速公路等广域覆盖区域；城区地形、地貌复杂的深度覆盖区域。

4. 直放站

直放站（中继器）属于同频放大设备，是指在无线通信传输过程中起到信号增强的一种无线电发射中转设备。其组成如图11-8所示。直放站的基本功能就是一个射频信号功率增强器。直放站在下行链路中，由施主天线在现有的覆盖区域中拾取信号，通过带通滤波器对带通外的信号进行极好的隔离，将滤波的信号经功放放大后再次发射到待覆盖区域。在上行链路中，覆盖区域内的移动台手机的信号以同样的工作方式由上行放大链路处理后发射到相应基站，从而达到基站与手机的信号传递。

直放站作为实现“小容量、大覆盖”目标的必要手段之一，是一种中继产品，衡量直放站好坏的指标有智能化程度（如远程监控等）、低噪声系数（NF）、整机可靠性和技术服务等。

使用直放站好处在于扩大服务范围，消除覆盖盲区。其主要应用在郊区增强场强，扩大郊区站的覆盖；沿高速公路架设，增强覆盖效率；解决室内覆盖；将空闲基站的信号引到繁忙基站的覆盖区内，实现疏忙；其他因屏蔽不能使信号直接穿透之区域等。

直放站是解决通信网络延伸覆盖能力的一种优选方案，可广泛用于难于覆盖的盲区和弱区，如商场、宾馆、机场、码头、车站、育馆、娱乐厅、地铁、隧道、高速公路、海岛等各种场所，可以提高通信质量，解决掉话等问题。

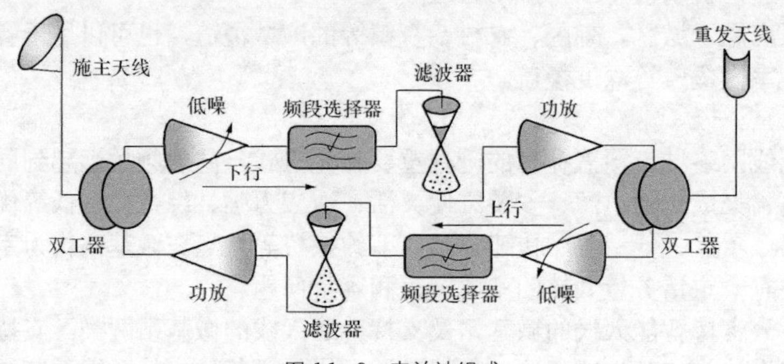

图11-8 直放站组成

11.2.2 基站覆盖系统的设计

基站覆盖系统的设计的内容包括基站区的结构（全向区、扇形小区）划分、基站容量计算、基站数量计算、站址布局、站址选择等。

1. 基站区的结构划分

基站区有大区、小区、微蜂窝区和全向区、扇区小区之分。一个基站区是否要划分成扇形小区，主要取决于用户密度分布和可用频道数。对于高密度用户分布，应采用扇形小区基站；对于中密度用户分布区，一般也应采用扇形小区基站；对于低密度用户分布区，则宜采用全向基站。

2. 基站容量及基站数量计算

基站容量及基站数量计算是在用户预测和用户密度分布预测基础上进行的。

（1）用户预测

业务量是设计移动通信网络的基站设计基础数据。基站设计、设备配置、建设规模及分期扩建方案都取决于业务量预测结果。实际上，工程建设的可行性也是由用户预测结果所决定的，如果用户太少，那么工程建设为不可行或本期设局不可行。所以，业务量预测是工程设计的前提。

业务量预测的内容应包括用户数预测、话务量估算、数据估算，用户密度分布的预测则主要用于计算基站应配置的信道数。

由于移动通信仍处于高速发展时期，预测期不宜太长，一般可取为：本期 5 年（包括建设期 2 年）和远期 10 年（包括建设期 2 年）。

本期用户预测可在网络规划中采用几种方法：增长趋势预测法、人口普及率法、成长曲线法、二次曲线法。

（2）用户密度分布预测

用户密度分布预测主要对话务和数据业务量的分布预测。我国蜂窝移动业务的话务和数据分布特点是集中在大中城市，形成话务和数据密集区，并且还存在局部的更高的话务和数据热点，而郊县的话务和数据量较低。建网时考虑高话务和数据密度区容量，必须进行话务和数据密度分布预测，并且根据预测结果进行基站布设和信道配置。

根据预测的用户密度，将服务区划分成不同密度用户区。对于特大城市，通常将移动通信网的服务区分成高密度用户区、中密度用户区和低密度用户区。用户密度达到或大于 1 000 户/km^2 高密度用户区，一般位于市中心商业、外企、娱乐场所较为集中的繁华区；用户密度达到 500 户/km^2 的中密度用户区位于城市边缘或一般住宅区、政府部门、国有企业所在地、县城；用户密度低于 20 户/km^2 的低密度用户区位于远郊的农村、山区这些地区的。

通过上面的用户预测和话务需求分布，可得出服务区内总的话务量需求和每个特定区域的话务需求量与区域面积。

（3）基站容量计算

基站容量是指一个基站或一个小区应配置的信道数，应根据基站区或小区范围及用户密度分布计算出用户数，再按照呼损率及话务量指标，查爱尔兰表求得应配置的信道数。

例如估算 GSM 一个基站小区的容量采用一般方法是估算基站小区的覆盖面积乘以相应的话务密度，得到该小区目前需满足的话务量；根据话务量和指定呼损指标查爱尔兰表，得出该基站小区所需的话音信道数；将话音信道加上应配置的控制信道后，除以 8 得出该基站该小区所需的载频。

由于在大城市和特大城市，用户增长很快，对于每个基站或小区都是尽量配足可用频道数。因此，基站容量的计算变成了由频道数计算用户容量。

（4）基站数量计算

基站数量计算是通过用户容量推算出基站区或小区面积，再计算出基站数量的过程。

估算某区域所需基站总数方法如下。

① 根据本次工程将要用到的频率复用方式，估算每个基站所能配置的最大容量。

② 某个区域总话务量除以每个基站的最大容量，可得出这个区域所需的基站总数。

③ 用该区域面积除以基站最小覆盖面积（估算），得出基站数目。

3. 基站覆盖区设计

基站覆盖区设计要从基站初始布局和站址选择与勘察等方面进行设计，最终达到完成基站覆盖区设计。

（1）基站初始布局

在基站初始布局的基础上进行蜂窝小区的设计。基站初始布局确定好以后，要根据勘察、小区设计、覆盖预测、容量规划的结果作反复的调整，如图 11-9 所示。

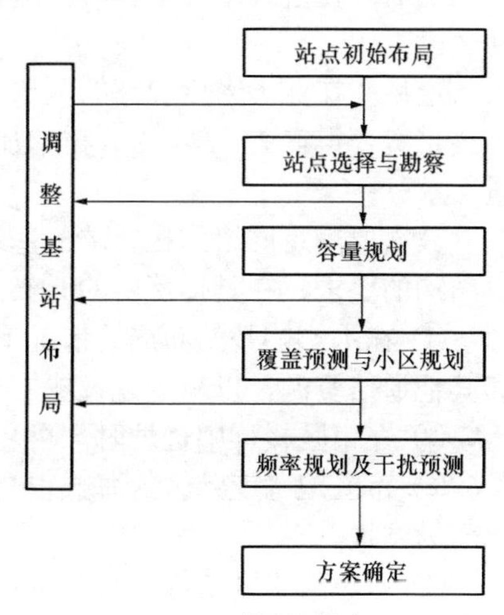

图 11-9　基站初始布局

基站布局主要受场强覆盖、话务密度分布和建站条件三个方面因素的制约，基站布局的疏密要对应于话务密度分布情况。如繁华商业区、娱乐场所集中区、文教区应设最大配置的定向基站，站间距在 0.6～1.6km；如经济技术开发区、住宅区也应设较大配置的定向基站站间距取 1.6～3km；城市边缘近郊区等工业区及文教区可设小规模不规则定向基站或全向基站，站间距在 5km 以上。

（2）站址选择与勘察

站址选择与勘察是根据站点布局图进行站址的选择与勘察。选址勘察流程如图 11-10 所示。

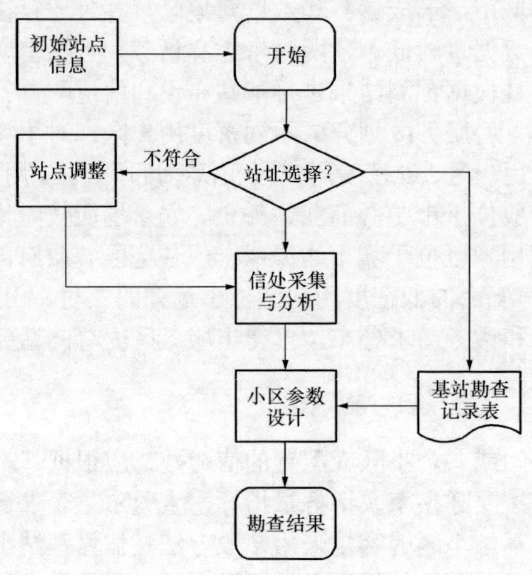

图 11-10　基站勘察流程

初始站点信息，来源于书面规划提供的站点供选择的站址或运营商现有站址等。

站址选择的具体原则如下。

首先，要重点考虑周围的传播环境对覆盖和容量会产生哪些影响，参考链路预算的计算值，充分考虑基站的有效覆盖范围，使系统满足覆盖目标的要求，充分保证重要区域和用户密集区的覆盖。

然后，在进行站址选择时应进行需求预测，将基站设置在真正有话务和数据业务需求的地区。

最后，在业务密度较高的区域设置基站时，应在满足覆盖指标的前提下，根据系统可用无线带宽使得在 1～2 年内只需增加基站的载频数量，而不对基站数量做较大调整就可满足容量需求。

其次要满足网络结构要求。基站站址在目标覆盖区内尽可能平均分布，尽量符合蜂窝网络结构的要求，在具体落实的时候注意事项。

① 在不影响基站布局的情况下，视具体情况尽量选择现有设施，充分利用现有基站选址和其他通信资源，以减少建设成本周期。

② 在市区楼群中选址时，可巧妙利用建筑物的高度，实现网络层次的划分。

③ 市区边缘或郊区的海拔很高的山峰（与市区海拔高度相差 1 000m 以上），一般不考虑作为站址。

④ 避免将小区边缘设置在用户密集区，良好的覆盖是仅有一个主力覆盖小区。

⑤ 基站的选址要考虑将来的可扩展性，机房应具备适当的面积，条件允许的情况下机房

建议面积为 $27m^2$ 以上，以便于扩容和新加其他系统。

11.3 基站施工

就单个移动通信基站工程施工而言，它主要包括：通信铁塔、天馈系统（天线、馈线）、通信机房、主设备（BBU+RRU）、配套设施（接地系统、电源系统、防雷设施、传输设备、传输线路、空调、走线架、照明、监控设施、防火设施等）等内容。

移动通信基站施工项目包括基站设备的安装、基站附属设备的安装、线缆的布放和铁塔的安装。由于基站设备是由供货厂家的技术人员负责安装，所以这里不介绍基站设备的安装，重点介绍基站附属设备、线缆布放和通信铁塔的施工。

11.3.1 基站附属设备的安装

基站附属设备包括设备机架、配线架、线缆走线架及槽道等。

1. 机架的安装

设备机架是整个通信机房设备安装的框架，机架的正确布局和安装直接决定机房设备的布置是否科学合理，也会影响整个机房以后的设备安装、维护、扩容。根据基站安装规范，对机架的安装主要有以下几方面要求。

- 机架后部（或侧面）与墙间距应大于 0.6m，机架各排间距大于 1m，机架与走线架应高于架顶 0.3m 以上。特殊情况下，由于受空间限制，有机架可以靠墙固定，但由于机架背后有风扇的进出气口，故应至少离墙 0.3m 以上。
- 机架与机架间距。大部分厂家的机架可以紧挨布放。对于一侧有边门的，机架间应留出 0.6m 左右的间隙以便开启侧门。机架与电源架的间距不小于 5cm。
- 机架底部用 4 个膨胀螺栓固定，对于电源线是由机架底部引入的，固定机架时要加装支撑底座。
- 基站内部接地线要连到室内的主接地排，室内主接地排连到外部接地系统，各机架独立接地分别连接到室内主接地排。接地线不得与交流中性线相连，也不能复接。
- 机架接地线采用截面不小于 $35mm^2$ 的多股铜线，接地线的颜色为绿色，接地线的铜接头（铜鼻子）要用胶带或热缩套管封紧。电源架到室内主接地排、基站外部接地体到基站内主接地排使用截面不小于 $70mm^2$，多股铜导线连接。

2. 配线架的安装

- 总配线架底座位置应与成端电缆上线槽或上线孔洞相对应，跳线环安装位置应平直整齐。
- 各种配线架（ODF、DDF）各直列上下两端垂直误差应不大于 3mm，底座水平误差每米不大于 2mm。
- 配线架接线板安装位置应符合施工图设计，各种标志完整齐全。
- 保护地、防雷地等地线连接牢固，线径符合设计要求。

3. 走线架及槽道安装

基站线缆布放在机房走线架和走线槽道上，通过设计合理的走线架和槽道，可使机房的布线符合电磁特性，符合美观和经济要求，如图 11-11 所示。

- 电缆走道及槽道安装位置应符合施工图设计的规定，左右偏差不得超过 50mm。
- 安装平直走道应与列架保持平行或直角相交，水平度每米不超过 2mm；垂直走道应与地面保持垂直并无倾斜现象，垂直度偏差不超过 3mm；走道吊架的安装应整齐牢固，保持垂直，无歪斜现象。

(a) 室内走线架垂直走线

(b) 室内走线架水平走线

图 11-11　室内走线架及走线

- 电缆走道穿过楼板孔或墙洞的地方，应加装子管保护。电缆放绑完毕后，应用盖板封住洞口，子管和盖板应采用阻燃材料，其漆色宜与地板或墙壁的颜色一致。

11.3.2　线缆的布放

基站的线缆布放从功能上可分为信号线缆和电源线两种布放情况。

1. 信号线缆的布放

- 电源电缆、信号线缆、用户线缆与中继线缆应分离布放，以减少干扰。线缆排列必须整齐，外皮无损伤。
- 线缆转弯处应均匀圆滑，弯曲的曲率半径应大于 60mm。
- 布放走道和槽道线缆必须绑扎。绑扎后的线缆应互相紧密靠拢，尽量不交叉，外观平直整齐，线扣间距均匀，松紧适度；用麻线扎线时必须浸蜡。
- 在活动地板下布放的线缆，应注意顺直不凌乱，尽量不交叉，并且不得堵住送风通道。
- 架间线缆的插接、走向及路由均应符合有关设备安装的技术规定。线缆布放后两端必须有明显标志，没有错接、漏接的现象。

2. 电源线的布放

- 机房直流电源线的安装路由、路数、布放位置、电源线的规格和熔丝的容量均应符合设计要求。
- 电源线必须采用整段线料，中间无接头。直流电源线的成端接续连接牢固，接触良好，电压指标及对地电位应符合设计要求，如图 11-12 所示。

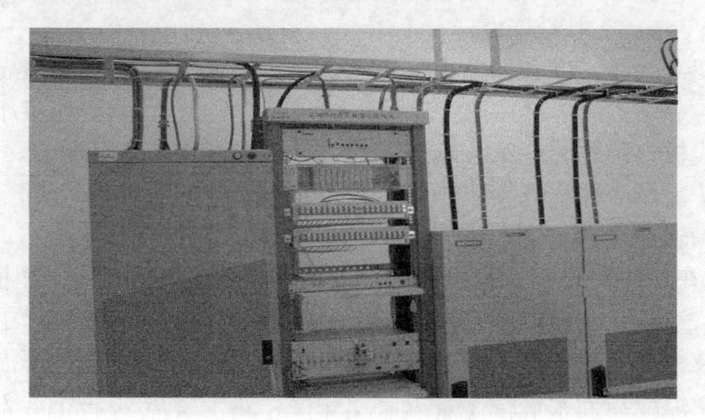

图 11-12　电源柜与电源线的布线

- 机房的每路直流馈电线，连同所接的列内电源和机架引入线的两端，悬空时用 500V

绝缘电阻表测试正负线间和负线对地间的绝缘电阻均不得小于 1MΩ。

- 铜（铝）条馈电线的正极涂上红色油漆、负极涂上蓝色油漆，其他不同电压的电源线也要有不同的颜色标志。漆面应光滑均匀，无漏涂和流痕。安装好的电源线末端必须有绝缘物封头，电缆剖头处必须用胶带和护套封扎。

11.3.3　通信铁塔施工

通信铁塔是装有天线的重要室外基站设备，其安装位置和施工质量，决定信号的发射和接收质量，对通信效果有直接影响。

1. 铁塔基础施工

铁塔基础施工包括基础的放线、基坑的开挖、坑壁的支持、施工排水、验槽及基底土的处理、钢筋工程、混凝土工程、模板工程、避雷接地和土壤回填等项目。下面只对铁塔基础施工作个解释。

基础的放线是指在基坑开挖前，对现场布置进行施工校核，严格执行设计要求及规范，控制开挖深度及平面尺寸，做好抄测记录。

基坑的开挖是指开挖时要按尺寸施工，并随时注意检查。做好施工区的场地平整和防洪排水工作。如地质不符，要及时请设计单位、监理单位、地质勘察部门联系验槽，同时做好验槽记录。

坑壁的支持是指开挖基坑时，需不需要支撑，视土的种类、状态、基坑深度和外露时间的长短而定。如果土质均匀、含水量正常，施工时间又短时，可不做支撑。

施工排水是指在地下水位以下开挖基坑和基础的施工中，主要问题是处理地下水。施工时必须做好排水，防止或减少地下水渗入基坑。

钢筋工程要保证搭接及锚固长度，钢筋替换必须得到监理工程师的同意。

避雷接地装置的接地电阻值必须符合设计要求，接至电气设备、器具和可拆卸的其他非带电金属部分接地的分支线，必须直接与接地干线串联联接。

2. 铁塔塔身施工

铁塔塔身的安装可采用单件吊装、扩大拼装和综合安装等方式，有条件时可采用整体起调的方法安装。铁塔塔身施工还要注意以下问题。

所建铁塔高度应符合设计要求。基站铁塔如建在飞机航线上的，其顶部必须安装警航灯；不在航线上，但塔顶离地高度大于 60m，也必须安装警航灯。

铁塔天线固定杆需垂直安装。铁塔、桅杆的爬梯在明显位置悬挂或涂刷通信标志和“通信设备，严禁攀登”的警告标志牌。

桅杆高于 4m 时必须安装脚梯和角铁，以便于馈线卡子的固定和维护。桅杆、角钢、扁钢、爬梯、紧固件均应符合室外防锈防腐要求。

3. 铁塔的避雷

按信息产业部颁布的《移动通信基站防雷与接地设计规范》执行。

铁塔顶避雷针应和建筑物主钢筋分别就近焊接，且不少于两处。

铁塔接地时，其铁塔地网与机房地网之间每隔 3～5m 应焊接连通一次，连接点不少于两点。铁塔地网面积应延伸到塔基四角 1.5m 以远的范围，网格尺寸应不大于 3m×3m，其周边封闭。山区接地电阻必须小于 5Ω，平原接地电阻小于 1Ω。

建铁塔时，在大楼顶直接采用桅杆安装天线时，每根桅杆应分别就近接至楼顶避雷带。

塔灯、电调天线等附属在铁塔、桅杆上的电气设备的室外电源线，应穿过铁软管布放，并可靠地固定在塔身和桅杆上，铁软管两端就近接地。

室外应在馈线入室口设接地铜牌，并与走线架、塔身等保持绝缘。接地铜牌应采用不小于40mm×4mm的镀锌扁铁就近与基站地网可靠连接。

4. 天线的安装

基站天馈线基本结构如图11-13所示。天线要安装在铁塔避雷针保护范围内，固定在支架的固定杆上，天线伸出铁塔平台距离应不小于lm。

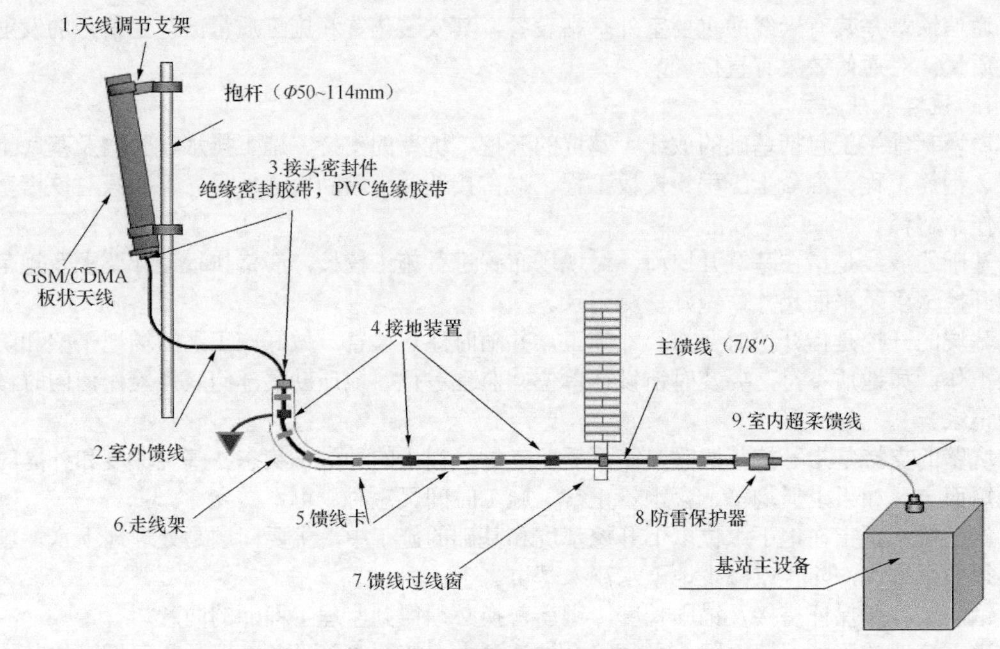

图11-13 基站天馈线系统示意图

天线的方位角误差不大于5°，俯仰角误差不大于0.5°。

天线馈线沿铁塔或走线架排列时，应无交叉和重叠，馈线从上往下边理顺、边紧固馈线固定夹。天线馈线弯曲的最小弯曲半径应大于馈线直径的15倍。

天线馈线、密封窗、避水弯的防水处理要符合设计要求，如图11-14所示。

图11-14 密封窗、避水弯的防水处理

复习题和思考题

1．画出 3G 基站的整体结构，介绍各部分功能。
2．基站种类与应用领域有哪些？
3．基站设计内容是什么？解释基站容量及基站数量计算方法是什么样？
4．基站施工主要工作范围有哪些？各部分的工作细节是什么？
5．叙述基站勘察流程和初始布局。

第12章 无线网络优化基础

无线网络建设工作，即从网络规划到网络工程实施到网络优化再回到网络新规划的过程。网络的优化，所处阶段是在规划结束后，商用之前以及商用之后相当长一段时间内所必须进行的工作，会一直伴随着整个网络的存在而存在。它对于网络的稳定发展，以及健壮性和成熟性具有极其重要的作用。

网络优化本身是一个比较复杂的系统性工作，优化者需要具备对于网络原理，以及无线信号传播理论、系统性能，对相关信令流程和设备运行特性参数等知识的深入理解，在此基础上，网络优化的开展和讨论才有意义。

蜂窝移动通信网络优化又称无线网优或网优。其主要是对核心网、传输网、无线接入网（或无线网络）三部分的优化，但由于核心网、传输网网元相对较少，性能相对稳定，相反的无线接入网网元数目繁多，无线环境复杂多变，加上用户的移动性，因此一般意义上的移动通信网络优化主要是指无线接入网的优化。

无线网络优化主要内容是指改善空中接口的信号性能变化，比如用手机打电话碰到的通话中断（掉话）、听不清对方声音（杂音干扰）、回音、接不通、单通、双不通等网络故障就属于无线网络优化人员要从事的改善范畴。无线网络优化实质上是对手机和基站之间的空中信号的性能改善，换言之就是通过数据采集、性能评估，找出影响网络质量的原因，制定优化方案，通过技术手段或参数调整实施优化方案，使网络达到最佳运行状态的方法，使网络资源获得最佳效益，同时了解网络的增长趋势，为扩容提供依据。

本章以 WCDMA 网络优化为例，介绍网络优化方法、流程和实施。与传统的 2G 网络不同，站点在 3G 阵列的 WCDMA 网络最主要的特点是同频的性质，即网络中不同的小区使用的是同一个频点，只是在接收解调时以扰码进行区分。那么，这就要求在进行相关优化时以对覆盖的合理控制和降低不同小区间的信号干扰为基本原则，在这个原则基础上才会体现出网络在容量和覆盖之间平衡的关系。

12.1 无线网络优化概述

无线网络不论是在初期建设阶段，还是过渡阶段或稳定的运营阶段，都会遇到很多问题，为了解决这些问题，都离不开无线网络优化。因此，如何实现网络资源的合理配置，提高网络的服务质量，解决无线网络中出现的各种问题，改善无线网络的运营环境，已经是 WCDMA 无线网络优化的重点工作。

第三代移动通信系统如今包括 4 大主流国际标准，世界公认三大标准 WCDMA，cdma2000，TD-SCDMA 和 2007 年 10 月新接纳的 WiMAX802.16e。其中作为中国拥有自主知识产权的 3G 标准之一的是 TD-SCDMA。目前在中国政府的大力支持下，国内三大运营商

3G 网络产业化已经初具商用规模。

WCDMA 标准的第三代移动通信系统由于其技术本身的原因，与第二代移动通信系统在实践应用方面具有极大的区别。WCDMA 通信系统的工程应用涉及核心网建设，无线接入网建设，主干传输网及配套网络建设，室内分布式覆盖系统建设，直放站建设及无线网络优化等。网络的高速发展必然会带来一些问题，无论是初期建设阶段，还是过渡阶段或稳定的运营阶段，都离不开网络优化工程。因此，如何实现网络资源的合理配置，提高网络的服务质量；如何解决网络中出现的各种问题，改善网络的运营环境，解决网络的安全问题，提升网络覆盖范围及服务质量，使网络运行在最佳状态是 WCDMA 网络优化的关键问题。

为什么需要网络优化呢？可从 4 个方面说明缘由。一是无线环境，它包括无线信道的时变系统、多径效应、多普勒效应等不确定性和环境的不确定性如基础设施、障碍物的变化等。二是用户分布，如用户数量与需求变化性。三是使用行为，如功率控制和切换等多变性。四是网络结构，如基站变化等。

网络优化是指通信网络建成之后，在此基础上进行各种优化（包括软件、硬件、配置等）。通过调整各种相关的无线网络工程设计参数和无线资源参数，满足系统现阶段对各种无线网络指标的要求。

无线网络优化的目的是什么？是使用户获得价值最大化，达到覆盖、容量、价值的最佳组合，并通过无线网进行优化，使用户提高收益率和节约成本。无线网络优化可在现有网络资源基础上，提高系统运行性能以及网络质量，结合网络发展规划，提出相应扩容建议。

网络优化的目的是对现有资源的挖潜，如现有设备的挖掘、无线资源的挖潜。网优的几项指标考察，如通话质量考核、接通率、拥塞率与掉话率、网络覆盖情况、全网总话务量与每线话务量、单位频点与设备所服务的用户数。

网络优化的重要性是使解决网络拥塞变为顺畅快捷、用户感知由差变好、用户由减变增、营运商品牌形象不断提升。

12.2 无线网络优化的内容和方法

12.2.1 网络优化的工作内容

网络优化工作就是不断收集网络的各项技术数据，发现问题并通过对设备、参数的调整，使网络的性能指标达到最佳状态，最大限度发挥网络能力，提高网络的平均服务质量。

网络优化主要工作内容，如设备排障，提高网络运行指标即无线接通率、话务掉话比、掉话率、最坏小区、切换成功率、阻塞率，提高话音质量，网内各小区之间话务均衡，网络均衡即信令负荷均衡、设备负荷均衡、链路负荷均衡等，合理调整网络资源即提高设备利用率、频谱利用率、每信道话务量等，建立和维护长期的网络优化工作平台，建立和维护网络优化档案。

WCDMA 网络优化主要包括工程优化和日常优化。工程优化是指在基站建设完成后，正式商用前进行的网络优化。日常优化是指在网络运营期间，通过优化手段来改善网络质量，提高客户满意度。

工程优化和日常优化区别之处，如表 12-1 所示。

表 12-1　　工程优化与日常优化区别

类别	工程优化	日常优化
所处阶段	商用前	商用后
网络负载	几乎空载	用户数量逐渐增加

续表

类别	工程优化	日常优化
优化目标	让网络达到商用信号的覆盖和质量要求	确保网络运行正常，发现网络潜在问题，为下一步网络变化做好分析工作
优化重点	改善无线覆盖	提升网络系统运行性能指标
优化方法	以全网性的路测（DT）、通话质量测试（CQT）和通话位置跟踪（CDT）为主	网管性能指标，监控和分析为主，借助针对性的DT和CQT
工作内容	单站验证、RF（射频）优化、簇优化、全网优化	确保网络运行正常，提升网络性能指标，发现网络潜在的问题

1. 工程优化

工程优化指在工程建设阶段进行的优化，包括新建站以及扩容站的优化，该工作在基站工程建设完成后、投入运营之前进行主要目标是通过调测和优化使站点达到验收指标并可以正常开通。工程优化主要分为4个步骤：单站优化，RF（射频）优化，基站簇优化，全网优化。

（1）单站优化

单站优化也称单站点验证。它主要是基站开通入网初期时，对单个站点的测试优化内容，主要包括以下几点。

- 天馈系统和无线参数检查。它包括经纬度、天线挂高、扇区朝向、下倾角、馈线长度、驻波比等内容。
- 前后台配置及告警检查。它包括单板软件版本、小区识别码（PN）和邻区列表、搜索窗口参数设置、天线锁定、基站底噪（RSSI）数值、后台告警等内容。
- 性能检查。它包括话音和数据方面的功能检查，如话音呼叫、话音切换、数据呼叫、Ping FTP、数据业务速率等。

（2）RF（射频）优化

当规划区域内的所有站点安装和验证工作完毕后，RF优化工作随即开始，目的是在优化覆盖的同时控制干扰和导频污染。RF优化也称为覆盖功能性优化，它以检查在站点覆盖范围内网络的信号场强以及质量的情况为主的。RF优化的主要内容有覆盖问题、导频污染、切换问题、干扰问题和掉话问题。

（3）基站簇优化

基站簇优化是指对某个范围内的数个独立基站进行具体条目的优化（每个簇包含15～30个基站）。基站簇划分的主要依据：地形地貌、业务分布、相同的BSC和LAC（位量区编码）区域等信息。每个基站簇所包含的基站数目不宜过多，并且基站簇之间的覆盖区域要有重叠。

基站簇优化的目的是分区域定位、解决网络中存在的问题，主要解决前期单站验证、路测和其他途径发现的本簇内的问题。常见问题包括：话音质量差、掉话高、呼叫接续困难、数据业务速率低、数据呼叫不成功或建立时间过长、数据切换成功率低等。

在这里与提出基站簇优化不一定要簇内所有站点全部建设完成，一般在开通率大于90%即可开始簇优化，基站簇优化工作内容如下几点。

- 优化前需要对全网进行分簇，一般每簇不超过30个基站，相邻簇之间需要有重叠。
- 基站簇主要基于以下几种标准划分：地形地貌；业务需求，如对数据或话音业务有特别需求的成片区域，最好划分到同一簇，以方便同类问题的解决。前期发现的网络中存在的问题，对于存在相同问题的成片区域，可以划分到一个簇。
- 根据可提供资源情况和优化的时间需求，多个基站簇的优化可以并行或串行执行。

- 可以分类解决相关问题，如话音质量、掉话、起呼、被呼、数据业务等。
- 根据优化前网络评估、簇内测试或其他途径得到的本簇存在问题信息，优化工程师对问题进行分析定位，给出调整方案。
- 实施调整方案后（包括站点的调整和后台参数的调整），测试工程师对存在问题区域重新测试，如果问题已经解决，进入下一个问题，否则重新分析。
- 当前基站簇所有问题解决后，测试工程师对整个基站簇进行测试，收集项目验收关注的指标。如果达到验收标准，转入下一基站簇的优化，否则分析可能影响指标的因素，进一步执行优化。

（4）全网优化

全网优化流程是在基站簇优化完成的基础上，对更大区域的网络进行优化，BSC优化。全网优化具体工作内容如下几点。

- 优化边界硬切换包括BSC边界和MSC边界。处理簇交界问题，保证整个网络协调性。
- 解决簇优化阶段没有定位的问题。优化阶段完成后达到系统运行性能指标。

2. 日常优化

日常优化是在网络商用之后的日常维护工作中，通过对网络的后台性能和运行数据分析、用户投诉分析、DT（路测）和CQT（通话质量测试或拨打测试）分析等手段，发现问题，并通过对硬件设备、参数的调整，使网络的性能指标达到最佳状态，最大限度地发挥无线网络能力，提高网络的服务质量。日常优化的目的，是为了保障设备平稳运行，随时关注并解决网络瓶颈，满足网络发展的需求。日常优化工作内容主要包括以下几点。

① 设备故障监控，发现并及时处理驻波，RSSI（基站底噪），单板故障等硬件故障。

② 季度DT/CQT分析，要求按季度对优化区域内主干道，重点道路，重点场所进行DT/CQT测试，测试完成输出优化报告，并针对问题点进行优化。

③ 日常参数核查，要求按月对基站单板软件版本运行信息，MSC他局小区数据，BSC外部载频数据，登记参数、接入参数、切换参数、冗余频点、搜索窗参数、载波功率等无线参数，Ona-way[主小区的邻接小区的邻接小区包含有和主小区相同的PN（小区识别码）]，two-way（主小区的邻接小区的邻接小区PN与主小区的邻接小区的PN相同）情况，LAC（位置区编码）边界小区Total_zone（登记区数），Zone-Timer（登记方式）参数设置，单双载波边界硬切换开关、伪导频切换、驻留策略进行核查，并输出核查报告，根据报告对相关异常参数进行修改。

④ 日常投诉处理，主要针对路测无法发现的问题，而且在有用户发现该问题，并申告给运维部门。这对提升用户感知度有很大的提升。

⑤ TOPN小区（日常最差小区）处理。TOPN小区优化是基础网络优化的重要内容，通过统计小区忙时数据根据设定的门限筛选出最差小区，并定期跟踪优化，可以起到处理一个最差小区，带来一片小区性能的提升的作用。

⑥ 重大节假日保障。WCDMA系统是一个自干扰系统，在重大节假日，用户的分布是比较集中地，比如说重庆作为一个劳动力输出大省，在春节期间，会有大量外省用户返回重庆。也就导致了节假日期间，话务量分布于工作日是不同的。故针对这种情况，有必要形成一种保障机制，针对节假日期间重点话务区域制定相关的应急预案。

⑦ 专项优化是针对网络共性问题，所提出的一整套的优化建议。它一般是全网进行，并且优化周期长，对于用户感知度及系统指标有很明显的提升。

12.2.2 网络优化方法

在网络优化方法的研究工作中，总结出了4种方法，一是无线网络性能评估方法，二是网络运行指标优化法，三是专项网络优化法，四是网管系统（OMC）告警数据分析法。

1. 无线网络性能评估方法

目前采用最多是无线网络性能评估方法。它是通过对网络的DT或CQT及通话位置跟踪测试或拨打测试（CDT），来采集网络的信息和数据，然后进行数据分析以达到判断网络存在哪些问题，并对网络进行合理的调整，改善网络的性能即网络优化。

（1）DT测试

DT（Drive Test路测）测试分为语音业务及数据业务，主要目的是对道路信号覆盖情况进行评估。话音业务DT测试评估包括覆盖率、呼叫成功率、掉话率、话音质量和切换成功率；数据业务DT测试主要采集前/反向的平均传输速率。

覆盖率所测试数据，可直接用于数据统计基站发射功率$T_x \leqslant 3$dBm、接收功率$R_x \geqslant -85$dBm和$E_c/I_o > -12$dB的比率，三者结合得到总的覆盖率。

呼叫成功率包括发起呼成功率和被呼成功率，计算方式是（接通总次数/呼叫总次数）×100%。

掉话率包括主叫掉话率及被叫掉话率，计算方式是（掉话总次数/接通总次数）×100%。

语音质量由于话音质量指标比较难以衡量，可以用前向业务信道误码率（FFER）代替。

切换成功率通过测试过程OMC后台跟踪统计，得到切换成功率。

数据业务前/反向的平均传输速率：通过对DT测试数据的统计可以得到。

（2）CQT测试

CQT（Call Quality Test）测试主要依靠人工拨打电话并记录测试结果。在测试开始前，应仔细设计好测试记录表格，使测试人员能够方便清楚地记录下在每个测试点处试拨的总次数、掉话的次数、接入失败的次数、单方通话的次数、出现话音断续的通话次数、出现回声的通话次数、出现背景噪声较大的通话次数和出现串话的通话次数等测试结果。

CQT测试要求是覆盖区内的重点位置通话质量的测试，测试包括话音业务和数据业务的测试。其中话音业务包含覆盖率、呼叫成功率、掉话率、质差通话率和平均呼叫时长。数据业务包含平均传输速率、呼叫成功率、呼叫延时。

覆盖率是通过对各测试点的统计得到T_x、R_x、E_c/I_o等参数来衡量，$R_x \geqslant -95$dBm视为能够覆盖。

质差通话率的测试过程中，通常以主观话音质量评测（Mean Opinion Score，MOS）来表示，记录出现话音断续、变音、回声、单通、串话、无声、背景噪声等话音质量不好的通话，统计话音质量不好的呼叫在总呼叫次数中所占比例。

呼叫延时包括空中建链延时和PPP连接延时，测试过程中记录的信令信息分析得到每次呼叫的延时，所有数据求平均得到。

其余呼叫成功率、掉话率，平均传输速率同DT测试优化相同。

CQT测试数据与DT测试数据后进行的优化方式基本相同，因此这里主要介绍DT测试后做的优化方案。

2. 网络运行指标优化法

对于网络运行指标优化方法，首先通过提取问题点的运行指标情况，分析运行指标问题原因再做出相对应的调整方案，最后跟踪调整结果。

DT测试和CQT测试虽然可以比较详细地分析网络问题，但受测试路线和测试时间的限制，只能对某些特殊路线和特殊地点进行测试，无法对整个网络的运行质量进行整体评估。要全面评估网络的运行情况，还必须通过采集网络的运行指标。

衡量网络运行质量的指标为业务接入能力指标，即呼叫建立成功率、无线连接成功率等。

业务保持能力指标包括：掉话率、坏小区、忙小区、切换成功率等。

衡量网络运行成本的指标为网络资源利用率指标，即业务信道占用率、超忙和超闲小区比例等指标。

3. 专项网络优化法

对于专项网络优化方法，首先通过将网络中存在的同一类型的问题进行规整，并安排专人对该问题进行处理，这样可以形成专项问题处理流程，有助于提升以后对同类型问题的分析速度和准确度。

4. OMC 告警数据分析法

OMC 告警数据分析法，通过告警数据分析，提出有针对性优化方案，并予以实施后反馈优化效果。

总之，网络优化的基本思路是进行网络分析与问题定位。首先从 Node B 级指标入手，了解整个网络的整体运行指标。如果 BSC 级的指标没有异常，则需要对问题小区的指标进行分析，确认该问题小区是普遍现象还是个别现象。如果是普遍现象，需要从覆盖、容量、干扰、掉话、话务均衡、切换、传输、设备软硬件、无线参数等方面进行分析。如果是个别小区异常，应从相应的小区性能统计项进行分析，并注意搜集告警信息、操作信息和外部事件信息来综合判断。对于运行指标统计分析无法判别的情况，可以结合 DT 和 CQT 测试数据进行分析。

12.2.3 网络优化流程

以 WCDMA 网络优化流程为例，其流程主要包括单站验证及优化，RF（射频）优化，性能参数优化三个阶段，如图 12-1 所示。

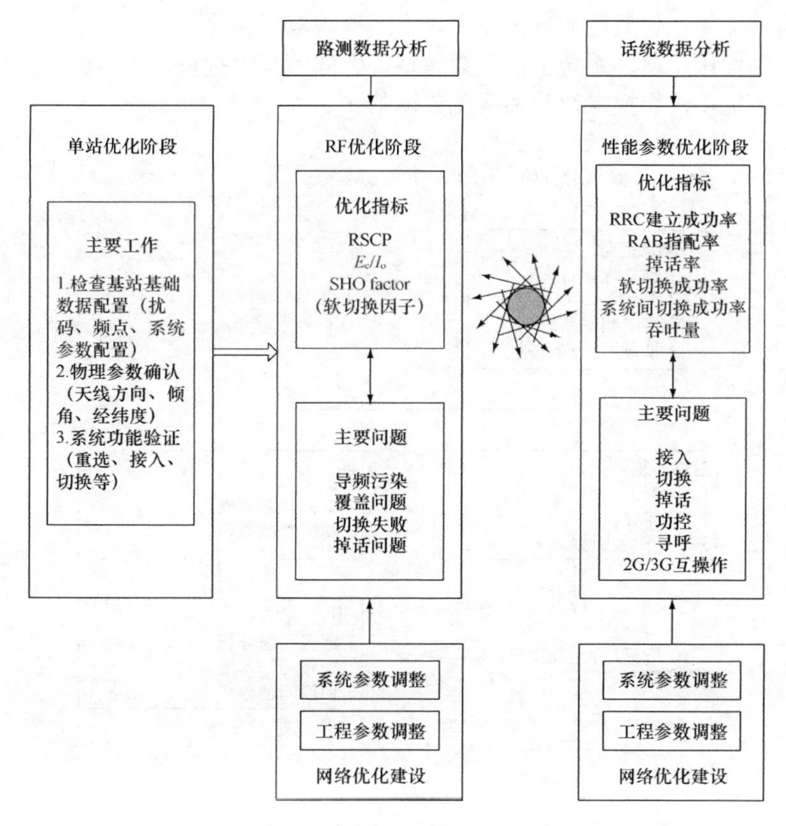

图 12-1 WCDMA 网络优化工作流程图

1. 单站验证及优化

单站验证是在网络刚建成但还未商用阶段所要做的工作，目的是解决设备功能和工程安装问题，为随后的 RF 优化和性能参数优化打下良好的基础。单站验证及优化主要检查基站的基础数据配置是否正确，硬件是否正常（如有无天线接反，硬件告警等），系统功能是否正常如小区重选，小区扰码、接入，切换，语音/视频/数据业务，站点覆盖等方面。涉及硬件告警，天线连接错误，基础数据配置错误，工程参数错误以及功能性的问题需要在这个阶段进行解决。单站验证及优化主要内容如下。

- 单站点覆盖情况验证，是通过检查 WCDMA 系统中无线覆盖（下行）方向上的接收信号码功率（RSCP，单位为 dBm）和码片信干比（E_c/I_o，单位为 dB）值是否正常来衡量的。覆盖验证的目的是排除站点的一些异常问题。检查方法是使用测试手机或测试软件检查一定视距范围内天线主覆盖方向上 RSCP 和 E_c/I_o 值的大小，如果较小可能处于弱覆盖。
- 小区扰码验证，小区扰码的作用是在下行方向上区分小区的，在 WCDMA 系统频率复用关系中，复用范围内的小区应使用不同的扰码配置。小区扰码验证方法是使用测试手机或测试软件把测试结果与工程参数对比，判断其扰码配置是否正确。
- 验证有无安装错误，如天线接反等。进行 CQT 测试及业务测试，检查功能是否正常。
- 检查小区重选，切换功能是否正常，是否有异常情况（如掉话，切换失败等）产生。

2. RF 优化

RF（射频）优化主要针对覆盖和切换进行优化，也是 WCDMA 网络优化的主要阶段之一，如图 12-2 所示，在 RF 优化阶段，主要包括测试准备，数据测试，调整实施，问题分析这 4 个流程。图中各个流程分别阐述了具体的工作内容。RF 优化阶段主要解决的问题如下。

- 信号覆盖优化，包括覆盖盲区和主导小区覆盖范围优化。
- 导频污染优化，通过系统工程参数调整，降低下行干扰量。
- 切换问题优化，切换参数和邻区配置调整。

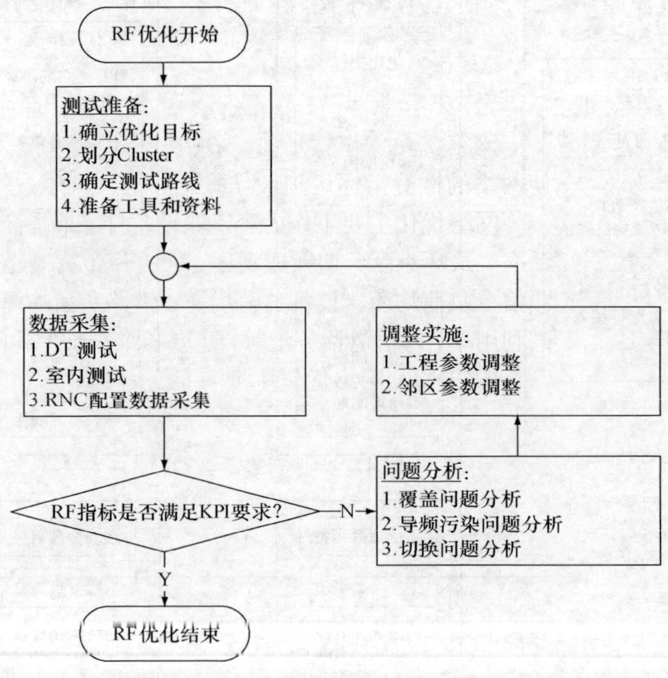

图 12-2 RF 优化流程图

3. *性能参数优化*

在整个优化过程中，当RF优化结束后进入参数优化阶段。RF优化主要是工程参数调整（可能涉及切换优化时的邻区列表优化），主要目的是解决覆盖问题和干扰问题，使网络具有合理的结构和顺畅的切换关系。而参数优化调整主要是对无线参数的调整，也涉及天馈参数，硬件配置等调整的可能性。参数调整主要目标在于通过结合DT数据，话务数据，告警数据以及参数配置数据进行分析，进一步解决网络中存在的问题使之达到KPI（关键绩效指标）的验收要求。此外，对于重点的问题还需要结合信令跟踪进行判定。

由12-2图可见，WCDMA网络优化是建立在无线传播理论，WCDMA原理，信令流程，关键算法，系统参数等的基础上的，只有充分理解和掌握它们才能对系统出现的问题，如覆盖问题，掉话问题，切换和接入问题等进行定位和分析，并提出合理的调整建议以达到要求。

12.3 无线网络优化的实施

在WCDMA网络中经常遇到的问题和运维中遇到网络性能KPI指标劣化的问题，归纳起来主要有这样几点，即邻区列表的配置不当、覆盖问题、导频污染、搜索窗的设置、接入失败、拐角效应、孤岛效应和硬件故障等。本节将重点对WCDMA网络优化过程中，常见的问题分析和解决问题的方案的介绍。

12.3.1 覆盖问题及优化

覆盖问题分析是无线网络优化的重点，主要包括信号覆盖空洞、弱覆盖、越区覆盖、导频污染、上下覆盖不平衡、无主服务小区等。下面重点介绍弱覆盖、越区覆盖、导频污染和上下行链路不平衡等问题和优化方案或优化措施。

1. *覆盖空洞优化*

覆盖空洞是指在连片站点中间出现的完全没有信号的区域。UE的灵敏度一般为−108dBm，当广播信道的RSCP<−105dBm的区域时定义为覆盖空洞。一般的覆盖空洞都是由于规划的站点未开通、站点布局不合理或新建的建筑遮挡导致的。最佳的解决方案是增加站点或使用射频拉远单元（RRU）。其次可在调整周边基站的工程参数和功率来尽可能地解决覆盖空洞，或使用直放站或RRU解决。

2. *弱覆盖优化*

弱覆盖一般是指有信号，但信号强度不能够保证网络能够稳定地达到要求的KPI的情况。弱覆盖区域一般伴随有UE的呼叫失败、掉话、乒乓切换以及切换失败。例如，对于TD-SCDMA系统来说，天线在车外测得的覆盖区域导频信号的RSCP<−85dBm的区域时定义为弱覆盖区域。天线在车内测得的导频信号的RSCP<−90dBm的区域也定义为弱覆盖区域。弱覆盖区域的RSCP和E_c/I_o指标都很差。

弱覆盖直接导致的后果就是业务无法建立，甚至用户终端脱网。

弱覆盖原因分析。在RF优化测试过程中，如果发现某个小区的信号水平非常弱，那么可能存在下面几种可能：第一是小区站点出现故障信号没有发射；第二是天线可能被阻挡，比如新建建筑物、广告牌等阻挡物比较大而影响了天线信号发射；第三是此小区天线的倾角过大，导致信号不能正常发射和覆盖；第四是因测试路线没有经过此小区的覆盖方向，导致不能正常接收此小区的发射信号。

对于弱覆盖优化措施如下。

① 调整基站天线方向角和机械下倾角等工程参数，增加站址高度或更换高增益天线，强化覆盖效果，对于因天线受阻挡的情况可调整天线安装位置或更改站址，也可以增加导频功

率来适当增强覆盖。

② 使用直放站。能在不增加基站数量的前提下延伸网络的覆盖能力。其造价远低于有同样效果的微蜂窝系统。但直放站会给系统带来同频干扰，特别是对施主基站的覆盖和容量有影响，需慎重使用。

③ 根据实际网络规划需要在覆盖弱区和盲区增加新的基站也可以解决弱覆盖问题，但是需要注意避免产生干扰问题。

④ 对于重要场所、高大建筑物室内、城中村等区域，既要保证覆盖，又要保证质量，可采用新增 RRU 或室内分布式系统，泄漏电缆等覆盖方式解决弱覆盖问题。

3. 越区覆盖优化

越区覆盖是指某站点的信号脱离了自身应该覆盖的范围，通过地形环境等因素传播或者投射到了离它比较远的区域，并且成为了主服务小区。

当某个小区的信号出现在周围一圈邻区以外的区域时，并且信号还很强（车外 RSCP>−85dBm，车内 RSCP>−90dBm），此现象称为越区覆盖。当被越区覆盖的区域四周没有邻区时，此现象则称为“孤岛”。如果移动台在此区域（或“孤岛”）移动，由于没有邻区，移动台无法切换到其他的小区，会导致掉话发生，同时还会对较远区域产生导频污染，从而恶化信号质量，增加干扰，降低小区容量。

越区覆盖的原因分析。第一是站点的高度超过周围其他站点的高度，导致其发射信号很难被约束住，从而越区到了比较远的区域；第二是站点的倾角没有按照规划设计设置或者设计本身就不合理导致信号越区；第三是因为环境等因素，比如高楼玻璃面的反射、水面的反射等致使信号传播到了比较远的区域。

越区覆盖的解决方法是首先考虑降低越区信号的信号强度，可以通过增大下倾角、调整方位角、降低发射功率等方式进行。降低越区信号时，需要注意测试该小区与其他小区切换带和覆盖的变化情况，避免影响其他地方的切换和覆盖性能。

越区覆盖优化方法举例，某公司接到有用户对黄桷垭小学存在掉话的投诉，某公司马上派人去现场即南山养老院和黄桷垭小学两个区域进行 DT 测试，现场测试结果如图 12-3 所示。

从测试结果来上看，南山养老院第一扇区扰码 78 号的测试值为 RSCP=−66.91dBm，E_c/I_o=−6.41dB，而黄桷垭小学第三扇区扰码 53 号的测试值为 RSCP=−81.12dBm，E_c/I_o=−20.62 dB。掉话区域应该黄桷垭小学第三扇区扰码 53 号，因南山养老院第一扇区扰码 78 号的 RSCP、E_c/I_o 较强，而越区覆盖。越区覆盖导致无法切换到附近 RSCP 较弱的扇区，最终导致掉话。

对于越区覆盖的解决措施如下。

① 对于越区覆盖问题，需要尽量防止天线方向角面对道路传播，或利用周围的建筑群的遮挡反射效应，减少越区覆盖。但同时需要避免对其他基站产生同频干扰。

② 对于站址较高的情况，最直接有效的方法是更换站址。如果遇到在周围找不到更合适的候选基站情况，则通常调整导频功率或适当增加天线下倾角，以减小某些基站的覆盖范围来消除“孤岛效应”。

4. 导频污染优化

判断网络中的某点存在导频污染的条件：一是 RSCP>−85dB 的小区个数大于等于 4 个；二是 RSCP(fist)－PCCPCH_RSCP(4)≤6dB。当上述两个条件都满足时，即为导频污染。

导频污染定义可只考虑某点接收到的强导频信号数量超过了激活集的定义的数目，使得某些强导频不能加入到 UE 的激活集，因此 UE 不能有效地利用这些信号，这些信号就会对有效信号造成严重的干扰，即在接收地点存在过多的强导频。

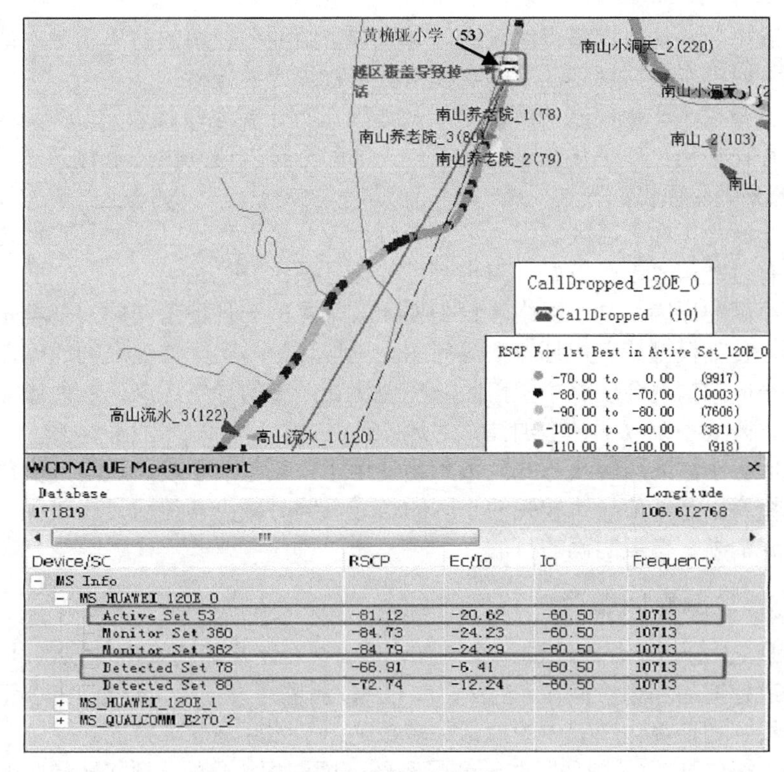

图 12-3 越区覆盖案例

导频污染对网络性能影响，主要表现如下。

呼通率降低。在导频污染的地方，由于手机无法稳定驻留于一个小区，不停地进行服务小区重选，在手机起呼过程中会不断地更换服务小区，易发生起呼失败。

掉话率上升。出现导频污染的情况时，由于没有一个足够强的主导频，手机通话过程中，乒乓切换会比较严重，导致掉话率上升。

系统容量降低。导频污染的情况出现时，由于出现干扰，会导致 Node B 接收灵敏度要求的提升。距离基站较远的信号无法进行接入，导致系统容量下降。

发现导频污染区域后，首先根据距离判断导频污染区域应该是哪个小区，明确该区域的切换关系，尽量做到相邻两小区间只有一次切换。

然后看主导小区的信号强度 RSCP 是否大于－85dBm，若不满足，则调整主导小区的下倾角、方位角、功率等。

最后以降低其他不需要参与切换的相邻小区的信号，直到不满足导频污染的条件为止。

5. 上下行覆盖不平衡优化

上行覆盖是用手机的发射功率来衡量，而下行覆盖是用基站发射功率来衡量。如果在本地方下行或上行覆盖都比较好时，而对方覆盖比较差时，则称为上行或下行覆盖不平衡。

上下行覆盖不平衡可分为上行覆盖受限和下行覆盖受限两种情况，上行覆盖受限表现为 UE 的发射功率已经达到了最大值，但仍然满足不上行链路误码率要求；下行覆盖受限表现为下行的发射功率已经达到了最大值，但仍不能满足系统对于业务质量的要求。

上下行覆盖不平衡容易导致掉话，实践案例中常见的原因多是上行覆盖受限引起的。

上下行覆盖不平衡原因，一种是上下行出现干扰，下行的干扰一般是其他小区覆盖问题导致的导频污染，上行干扰一般是外部干扰或者设备内部产生的干扰；另外一种情况是在总功率一定的情况下导频功率调整得比较高，导致预留给业务使用的功率不足；最后一种情况就是在网络规划时没有根据规划区域的实际情况进行很好的分析。

对于上下行覆盖不平衡问题的解决一般通过对上行干扰系统接收总功率（RTWP）的监测来确定是否存在干扰，如果存在干扰问题，先消除干扰以达到优化下行 E_c/I_o 值来改进的。

6. 无主服务小区优化

无主服务小区是指在覆盖区域出现多个导频，没有主导频小区，并且它们之间的信号水平相差不大，有可能信号都比较好，但也有可能信号都比较差。

无主服务小区的原因，是在网络建设初期比较常见的一种覆盖问题，基本是由于规划阶段在仿真地图、传播模型或者规划参数等问题上出现理论与实际情况之间的偏差造成的。

无主服务小区的情况会使整个覆盖区域出现比较严重的导频污染，从而影响信号质量、频繁发生切换、降低系统效率、增加掉话的风险。

对于无主服务小区问题解决方式，依然是使用 RF 调整的手段，通过方位角和倾角的调整，在覆盖区域突出某一信号比较强的小区的信号，同时减少其他信号比较弱的小区在此的信号以达到信号清晰、覆盖明确的目的。

12.3.2 邻区漏配问题及优化

邻区优化是 RF 分析优化阶段的一个工作内容，结合路测的切换事件报告以及路测数据，可对现有邻区进行增加和删除操作。当然，在 OMC 测进行设置也可根据 RNC 记录的测量报告进行邻区分析。初期优化过程中的掉话大多数是由于邻区漏配导致的。

邻区优化主要包括同/异频邻区漏配和异系统邻区漏配优化。异频邻区漏配的确认方法和同频相同，主要是掉话发生的时候，通过信令分析发现手机没有测量或者上报异频邻区，而手机掉话后重新驻留到异频邻区上。异系统邻区漏配表现为手机在 3G 掉话，掉话后手机重新选网驻留到 2G 网络。

邻区漏配优化方法实例，由邻区漏配引起了扰码 44 小区掉话。如图 12-4 所示，掉话前激活集中小区箭头标记所示 PSC44 小区的 RSCP=-86.17dBm，*Ec*/*Io*=-6 dB 值反映信号质量很好，但未加入激活集，故引起了扰码 44 小区掉话。

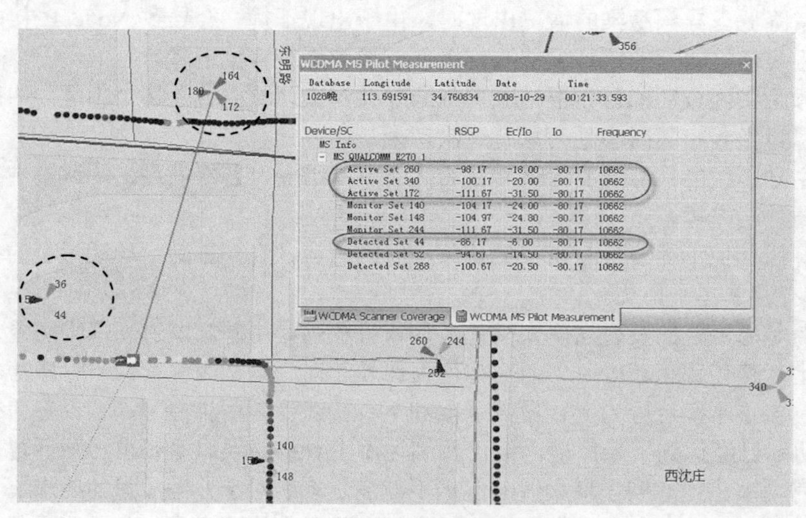

图 12-4 邻区漏配案例

解决措施，通过对 UE 所在小区 RSCP 和 E_c/I_o 分析，发现手机激活集中仅发生扰码 172

和扰码 340 两个小区的位置变更，而没有让扰码 44 的小区位置变更，此后让扰码 44 的小区从 Monitor 中删除，并进入到 Detected Set 中，扰码 44 小区信号仍然很好，且掉话消失了。

12.3.3　切换问题及优化

WCDMA 系统是软切换系统，其特点是在不同无线链路之间，可以同时存在于 UE 的激活集中使用的，只不过最后在 RNC 或者 Node B 中进行合并。在 RF 优化阶段，切换出现的问题基本与覆盖和邻区相关，在实际优化过程中，这些切换问题主要包括切换不及时、切换频繁、切换比例过高、切换失败等。

切换不及时指的是 UE 在移动过程中由于信号突变造成切换来不及完成的现象，该现象一般发生在道路的拐角、导频污染较严重、异频覆盖的边缘、高速移动的终端等场景中，并且切换不及时带来的问题一般都会造成掉话。引起切换不及时的原因有很多，比如上下行的干扰，切换的速度过慢、时延过长，信号覆盖不连续导致上行的测量报告无法解调或下行的信令接收不到等，从测试数据上看激活集中小区的信号已经变得比较差了，监视集中的信号比较好但无法加入到激活集中。这种情况最开始是通过调整覆盖来进行改善，但同时还可以通过调整与切换相关的参数来解决。

切换不及时或失败的原因有很多，这里主要分析两点，一是邻区列表设置问题，切换参数设置不合理。通常来说，掉话前后最佳小区不一致可能是邻区漏配。如果掉话前的最佳小区不是激活集中信号最强的小区，则可能是切换参数设置不合理导致的没有及时触发切换。二是从切换信令流程上来看，CS 业务软切换时，RNC 发激活集更新命令（同频切换时为物理信道重配置信令）给 UE，指示 UE 变更无线链路，若 UE 收不到激活集更新命令，就会造成切换不及时或失败。PS 业务有时候会在切换之前先发生业务无线承载（TRB）复位，也会导致切换不及时或失败。

切换问题优化方法实例，已知掉话小区为扰码 23 小区。如图 12-5 所示，可以看出掉话发生前 UE 激活集的扰码 23 小区的 RSCP 和 E_c/I_o 值较差（RSCP=−92.84dBm，E_c/I_o=−19.5dB），而激活集中的扰码 255 小区的 RSCP 和 E_c/I_o 值都很好（RSCP=−76.83dBm，E_c/I_o=−3.5dB）。但此时业务并没有将 23 小区切换到扰码 255 小区作为业务主服务小区，而是主服务小区仍选择使用扰码 23 小区。

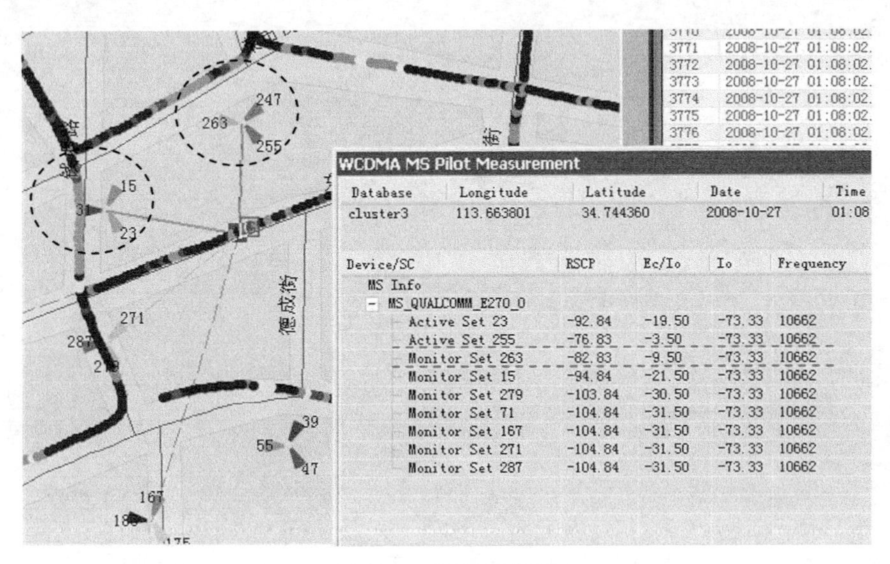

图 12-5　切换问题案例

由于切换参数设置不合理导致的切换问题。合理设置切换参数，包括各种切换事件的报告范围，切换迟滞，切换触发时间等，都可解决相关的切换问题。

复习题和思考题

1．为什么需要网络优化？
2．无线网络优化的目的是什么？
3．工程优化和日常优化的区别？
4．列举 DT/CQT 测试的项目？
5．举例说明越区覆盖优化如何进行？

参考文献

[1] 张引发等．光缆线路工程设计、施工与维护（第2版）[M]．北京：电子工业出版社，2007.8.

[2] 楼惠群等．通信线路工程与施工[M]．北京：人民交通出版社，2014.3.

[3] 胡庆等．电信传输原理（第2版）[M]．北京：电子工业出版社，2012.9.

[4] 陈昌海等．通信电缆线路[M]．北京：人民邮电出版社，2005.2.

[5] 吴柏钦等．综合布线[M]．北京：人民邮电出版社，2008.7.

[6] 胡庆等．通信光缆与电缆线路工程[M]．北京：人民邮电出版社，2011.3.

[7] 胡庆等．光纤通信系统与网络（第3版）[M]．北京：电子工业出版社，2014.9.

[8] 陈昌宁等．电信线务员维护技术手册[M]．北京：人民邮电出版社 2007.9.

[9] 刘强等．通信管道与线路工程设计（第2版）[M]．北京：国防工业出版社 2009.1.

[10] 谢桂月等．通信线路工程设计[M]．北京：人民邮电出版社，2008.10.

[11] 施扬等．通信工程设计[M]．北京：电子工业出版社，2012.9.

[12] 戴源等．TD-LTE 无线网络规划与设计[M]．北京：人民邮电出版社，2012.6.

[13] 王晓龙．WCDMA 网络专题优化[M]．北京：人民邮电出版社，2011.10.

[14] 罗世全，移动通信中继覆盖系统设备与工程设计 [M]．北京：电子工业出版社，2012.4.

[15] 丁么明等．光波导与光纤通信基础[M]．北京：高等教育出版社 2005.5.

[16] 邵汝峰等．移动通信基站工程与维护[M]．北京：北京师范大学出版社，2013.9.

[17] 罗建标等．通信线路工程设计、施工与维护[M]．北京：人民邮电出版社，2012.1.（2014.7 第 6 次印刷）

[18]工信部通信工程定额质监中心，通信建设工程概预算管理与实务[M]. 北京：人民邮电出版社，2009.3.（2014.3 第 10 次印刷）

[19] 胡庆．保偏光纤桥梁变形测量方法研究[J]．激光杂志（一级核心期刊）2007.4.

[20] 胡庆等．一种 WDM 光缆传输性能自动监测系统[J]．重庆邮电学院学报，2001 年 1 期.

[21] 胡庆等．在最小二乘法模式下对幻峰对 OTDR 测试光纤接头损耗的影响[J]．光通信技术（核心期刊），2003 年 4 期.

[22] 胡庆等，“认知无线电中基于频谱聚合的需求改进型频谱分配算”[J]．重庆邮电大学学报（核心期刊），2014 年 2 月.

[23] 中华人民共和国工业和信息化部，通信建设工程概算、预算编制办法，2008.5（75 号）.

[24] 中华人民共和国通信行业标准 YD5137-2005，本地通信线路工程设计规范，2005.5.

[25] http://www.ceeb32.com/jss/html/tuijian/8.html.

[26] http://www.cabling-system.com/html/2007-11/6487.html.